国家级职业教育规划教材
对接世界技能大赛技术标准创新系列教材
全国技工院校工业机械自动化装调专业教材

机械传动与装调

人力资源社会保障部教材办公室　组织编写

中国劳动社会保障出版社

内 容 简 介

本书为全国技工院校工业机械自动化装调专业教材，主要内容包括机械传动与装调的认知、机械传动与装调基础、带传动的安装与调试、链传动的安装与调试、齿轮传动的安装与调试、丝杠螺母的安装与调试、轴承与密封、轴校准与联轴器的装调、离合器和制动器的装调、机械传动中的动态测量及控制、机械传动装调综合训练，同时附有机械装调技术竞赛模拟题。

图书在版编目（CIP）数据

机械传动与装调 / 人力资源社会保障部教材办公室组织编写．-- 北京：中国劳动社会保障出版社，2021

对接世界技能大赛技术标准创新系列教材　全国技工院校工业机械自动化装调专业教材

ISBN 978-7-5167-3552-7

Ⅰ.①机…　Ⅱ.①人…　Ⅲ.①机械传动装置－装配（机械）－技工学校－教材②机械传动装置－调试－技工学校－教材　Ⅳ.①TH13

中国版本图书馆 CIP 数据核字（2021）第 094778 号

中国劳动社会保障出版社出版发行

（北京市惠新东街 1 号　邮政编码：100029）

*

北京市艺辉印刷有限公司印刷装订　新华书店经销

787 毫米 ×1092 毫米　16 开本　23.75 印张　380 千字

2021 年 8 月第 1 版　2023 年12月第 2 次印刷

定价：69.00 元

营销中心电话：400-606-6496

出版社网址：http://www.class.com.cn

http://jg.class.com.cn

对接世界技能大赛技术标准创新系列教材

本书编审人员

主　编：储燕青

参　编：徐建峰　申如意　邓　敏

主　审：杨全利

序

世界技能大赛由世界技能组织每两年举办一届，是迄今全球地位最高、规模最大、影响力最广的职业技能竞赛，被誉为“世界技能奥林匹克”。我国于2010年加入世界技能组织，先后参加了五届世界技能大赛，累计取得36金、29银、20铜和58个优胜奖的优异成绩。第46届世界技能大赛将在我国上海举办。2019年9月，习近平总书记对我国选手在第45届世界技能大赛上取得佳绩作出重要指示，并强调，劳动者素质对一个国家、一个民族发展至关重要。技术工人队伍是支撑中国制造、中国创造的重要基础，对推动经济高质量发展具有重要作用。要健全技能人才培养、使用、评价、激励制度，大力发展技工教育，大规模开展职业技能培训，加快培养大批高素质劳动者和技术技能人才。要在全社会弘扬精益求精的工匠精神，激励广大青年走技能成才、技能报国之路。

为充分借鉴世界技能大赛先进理念、技术标准和评价体系，突出“高、精、尖、缺”导向，促进技工教育与世界先进标准接轨，完善我国技能人才培养模式，全面提升技能人才培养质量，人力资源社会保障部于2019年4月启动了世界技能大赛成果转化工作。根据成果转化工作方案，成立了由世界技能大赛中国集训基地、一体化课改学校，以及竞赛项目中国技术指导专家、企业专家、出版集团资深编辑组成的对接世界技能大赛技术标准深化专业课程改革工作小组，按照创新开发新专业、升级改造传统专业、深化一体化专业课程改革三种对接转化原则，以专业培养目标对接职业描述、专业课程对接世界技能标准、课程考核与评价对接评分方案等多种操作模式和路径，同时融入健康与安全、绿色与环保及可持续发展理念，开发与世界技能大赛项目对接的专业人才培养方案、教材及配套教学资源。首批对接 19 个世界技能大赛项目共 12 个专业的成果将于 2020—2021 年陆续出版，主要用于技工院校日常专业教学工作中，充分发挥世界技能大赛成果转化对技工院校技能人才的引领示范作用。在总结经验及调研的基础上选择新的对接项目，陆续启动第二批等世界技能大赛成果转化工作。

希望全国技工院校将对接世界技能大赛技术标准创新系列教材，作为深化专业课程建设、创新人才培养模式、提高人才培养质量的重要抓手，进一步推动教学改革，坚持高端引领，促进内涵发展，提升办学质量，为加快培养高水平的技能人才作出新的更大贡献！

2020 年 11 月

目　录

模块五 齿轮传动的安装与调试

模块六 丝杠螺母的安装与调试

模块七 轴承与密封

模块八 轴校准与联轴器的装调

模块九 离合器和制动器的装调

模块十 机械传动中的动态测量及控制

模块十一　机械传动装调综合训练

附录

模块一
机械传动与装调的认知

工业生产和人们的生活都离不开机械，机械在现代化建设中起着重要作用。工业机械是指在工业建设及工业制造过程中所使用的代替人工劳动力或辅助人工劳动力的机械设备，它的发展水平是衡量一个国家工业化程度的重要标志。机械传动主要是指利用机械方式来传递动力和运动，机械传动系统是工业机械的重要组成部分，应用非常广泛，如图 1–1 所示。

图 1–1　工业机械设备的应用

课题 1 机械传动与装调的发展

学习目标

1. 能感知职业，明确工业机械装调的任务及其在工业应用中的角色。
2. 了解工业机械装调发展趋势。
3. 掌握机械传动的特点及分类。

机械传动系统由若干零件组成。加工好的零件按系统的装配技术要求，组合成完整产品，同时对系统进行检测和调试，以满足机械传动要求。对于机械传动系统来说，零件加工精度的高低是保障机械传动质量的基础，安装与调试对整个传动起着关键性的作用。因为某些零部件即使加工质量很高，但安装和调试不到位，传动质量也不会达到要求。

一、工业机械装调发展趋势

工业机械的发展，对安装和调试这一职业从业人员的需求日益加大。2009 年 11 月，人力资源和社会保障部颁发了“工程机械装配与调试工”这一新职业的职业技能鉴定标准。工程机械是指土石方施工工程、路面建设与养护、流动式起重装卸作业及各种建筑工程所需的机械装备，工业机械涵盖了上述范围。

1. 工业机械装调简介

“工业机械装调”这个名词来源于世界技能大赛比赛项目。

世界技能大赛由世界技能组织举办，被誉为“技能奥林匹克”，是世界技能组织成员展示和交流职业技能的重要平台。工业机械装调是世界技能大赛比赛项目之一，如图 1-1-1 所示。在第 44 届世界技能大赛中，我国选手宋彪勇夺工业机械装调项目金牌，并荣获最高奖项——阿尔伯特 · 维达尔奖，实现了中国选手参赛以来历史性重大突破。

工业机械是指在工业建设及工业制造过程中所使用的代替人工劳动或辅助人工劳动的生产型机械及设备，它主要包含农业机械、工程机械、重型矿山机械、电工机械、机床设备、基础机械、运输机械、包装机械等。工业机械装调的工作内容主要是对工业机械、机械设备、自动化系统和机器人系统的安装、维护、检修和拆除。

a)

b)

图 1-1-1　世界技能大赛工业机械装调项目比赛现场

a）装配调试　b）操作机床

2. 工业机械装调行业发展趋势

工业机械装调技术是建立在工业机械发展趋势的基础上，随着对产品质量的要求不断提高和生产批量增大而发展起来的。在现代工业发展过程中，机械装调技术水平不断提升，也为从事这一行业的人员带来了新的挑战和机遇。

在工业机械发展初期，受技术与工艺限制，装调工作往往由多个单一工种、单一技能来协助完成。但随着经济和社会的飞速发展，过去的装配、维修从业人员已不能完全适应新形势的需要。目前，企业对机电类专业技术人员的需求是巨大的，且机电设备制造、装配、维修基础领域也越来越需要集加工、装配、检测、维护技术技能于一体的高技能人才。工业机械装调作为世界技能大赛竞赛项目，依据社会职业发展实际设置，具有一定的前瞻性和引领性，突出复合技能和综合能力的培养，它的建设能为学生提供广阔的就业空间。

二、机械传动及分类

机械传动主要是指利用机械方式传递动力和运动的传动，它在工业机械中应用非常广泛，如图 1-1-2 所示。机械传动的优点：传动比准确，适用于定比传动；能实现回转运动，结构简单，并能传递较大转矩；故障容易发现，便于维修。其缺点是：一般情况下不太稳定，制造精度不高时，振动和噪声较大；实现无级变速的结构复杂，成本高。

图 1-1-2　机械传动的应用

a）带传动在汽车中的应用　b）链传动在工程机械中的应用　c）齿轮传动在钟表中的应用

1. 常见传动形式

根据所采用的传动介质不同，常见传动形式一般可分为四大类：

（1）机械传动

机械传动由机件直接实现传动，其中又有啮合传动和摩擦传动之分，如齿轮传动（属于啮合传动）、带传动（属于摩擦传动）。

（2）电气传动

电气传动是利用各种电动机将电能变为机械能的传动。传动功率范围大，易实现自动控制和遥控，近代出现的伺服电动机、步进电动机、直流电动机、直线电动机等特种电动机，是数控系统所不可缺少的传动装置。电气传动系统较复杂，成本较高。

（3）液压传动

液压传动是以液体为工作介质实现传动的。其结构简单，传动平稳，易实现自动控制，应用日益广泛。

（4）气压传动

气压传动以空气为工作介质实现传动。与液压传动相比，气压传动动作迅速、反应快、维护简单、工作介质清洁，不存在介质变质等问题。而且成本低，过载能自动保护。但工作速度稳定性稍差，驱动力小，噪声大。

工业机械中的传动系统往往不是单一的某一传动，常常是以上几种传动的综合应用。

2. 机械传动方式分类

按传递运动和动力的方法不同，机械传动一般分类如图 1-1-3 所示。

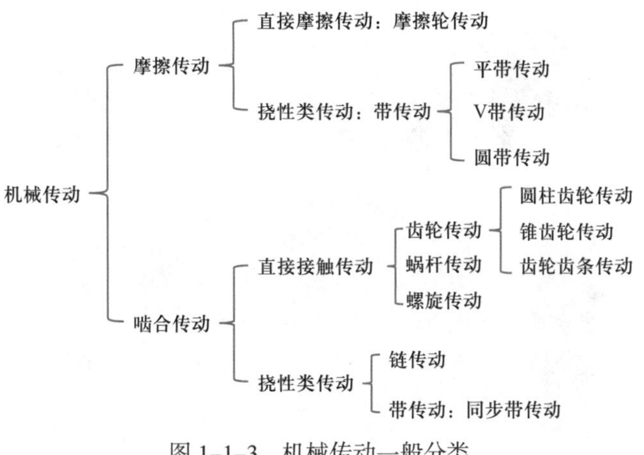

图 1-1-3　机械传动一般分类

3. 机械传动装置的重要性

为了实现工业机械设备正常工作，工作机一般都要靠原动机供给一定形式的能量，但是，把原动机和工作机直接连接起来的情况很少，往往需要在二者之间加入传递动力或改变运动形式、运动规律的机械传动装置。

采用机械传动装置的原因在于：

（1）工作机所需要的速度一般与原动机的最优速度不相符合。

（2）很多工作机都需要根据生产要求进行速度调整，但是仅仅依靠原动机的速度来达到这一目的不太经济，也不太可能。

（3）在有些情况下，需要用一台原动机来带动若干个工作速度不同的工作机。

（4）为了安全及维护方便，或因设备的外廓尺寸受到限制等原因，不能将原动机和工作机直接连接在一起。

三、机械传动及装调的主要任务

正确安装与保养是确保机械传动系统使用寿命与安全的重要因素，如图 1-1-4 所示，对从事机械传动及装调的人员来说，其主要任务包括：

（1）对机械传动系统进行拆除与安装。

（2）使用测试仪器和试验设备对机械传动系统进行性能检测与调试。

（3）安全规范地挑选、使用装配工具和检测器具，并进行维护和保养。

（4）定期维护中使用测量设备诊断机械传动故障，并在识别故障后能迅速修复。

（5）对机械传动进行质量控制，提出质量改进方案。

图 1-1-4　轴承座支架安装

思考与练习

1. 简述工业机械装调这一职业工种的内容及特点。
2. 结合实践，试述工业机械装调未来发展的趋势。
3. 常见传动形式有哪些？举例说明各自的特点及应用。
4. 试述机械传动装置的重要性，并举例说明。
5. 说出机械传动与装调的主要任务。

课题 2
机械传动与装调工作场地

学习目标

1. 掌握机械传动与装调工作场地作业原则，并能按安全操作规程工作。
2. 能识别工作环境的安全标志。
3. 了解机械传动与装调作业的环境卫生要求。
4. 掌握“6S”管理主要内容和目的，养成良好的工作习惯，提升职业素养。
5. 了解安全用电知识。

合理组织机械传动与装调工作场地，是提高劳动生产率、保证产品质量和安全生产的一项重要措施。机械传动与装调的工作场地一般应当具备以下要求：各区域大小配置合理、方便操作、整洁有序；操作区域光线充足，远离振源，通道畅通；常用设备布局安全、整齐；工量具摆放整齐、无杂物；起重、运输设施安全可靠等，如图 1-2-1 所示。

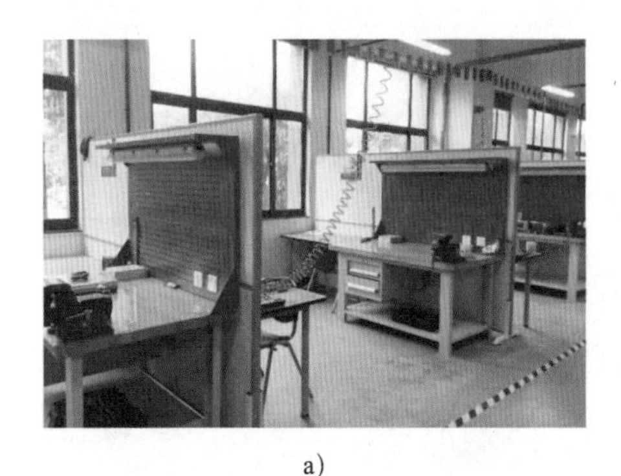
a）

b）

图 1-2-1　机械传动及装调工作场地

a）钳工工作区域　b）划线测量区域

一、机械传动与装调工作场地规章制度

在现代工业生产中，作为一名工业机械装调人员，要增强“安全第一，预防为主”的意识，严格遵守安全操作规程，养成文明生产的良好习惯，避免疏忽大意而造成人身事故和国家财产的重大损失。

1. 场地安全作业原则

（1）工作场地应悬挂安全警示标识，张贴应不得低于1.5 m。工作中，必须根据工作情况选用警告牌（如“禁止合闸”等），不准相互替用或乱挂，工作完毕后必须收回。

（2）易燃、易爆等危险品不得在露天存放，危险化学品搬运时应轻拿轻放，加强管理，严格执行《易燃易爆危险品管理制度》。

（3）消防措施执行“三定”管理，即定人管理、定位管理、定期更换管理。

（4）消防器材的放置地点要以不影响生产现场的正常操作为原则，便于取用、醒目的固定位置，并放置于特制的箱内，有明显的标志。

（5）工作场地应该保证道路通畅，毛坯、半成品应按规定堆放整齐，通道上不允许堆放任何物品。

（6）工具、夹具、器具应放在指定的地方，严禁乱堆乱放。

2. 场地安全操作规程

（1）工作时必须穿戴防护用品，否则不准上岗。

（2）不得擅自使用不熟悉的设备和工具。

（3）使用电动工具，插头必须完好，外壳接地，并应戴绝缘手套，穿胶靴，防止触电。如发现防护用具失效，应立即修补或更换。

（4）多人作业时，必须有专人指挥调度，密切配合。

（5）使用起重设备时，应遵守起重工安全操作规程。在吊起的工件下方，禁止进行任何操作。

（6）高空作业必须戴安全帽，系安全带。不准上下投递工具或零件。

（7）易滚易翻的工件，应放置牢靠。搬动工件要轻放。

（8）试车前要检查电源连接是否正确，各部分的手柄、行程开关、撞块等是否灵敏可靠，传动系统的安全防护装置是否齐全，确认无误后方可开车运行。

（9）原则上不准带电作业，特殊情况需要带电作业，要经批准并采取可靠的安

全措施。

（10）工作场地应保持整洁。工作完毕，对所使用的工具、设备都应按要求进行清理、润滑。

3. 常用安全标志

安全标志用以表达特定的安全信息，由安全色、几何形状（边框）、图形符号或文字构成。安全标志是向工作人员警示工作场所或周围环境的危险状况，指导人们采取合理行为的标志。安全标志能够提醒工作人员预防危险，从而避免事故发生；当危险发生时，能够指示人们尽快逃离，或者指示人们采取正确、有效、得力的措施，对危害加以遏制。安全标志不仅类型要与所警示的内容相吻合，而且设置位置要正确合理。

根据 GB 13495.1—2015《消防安全标志　第 1 部分：标志》国家标准，安全标志分为禁止标志、警告标志、指令标志、提示标志，此外还有补充标志。表 1-2-1 为常见工作场地安全标志。

表 1-2-1　常见工作场地安全标志

禁止标志的含义是不准或制止人们的某些行动。禁止标志的几何图形是带斜杠的圆环，其中圆环与斜杠相连，用红色；图形符号用黑色，背景用白色

禁止标志	禁止通行	禁止饮用	禁止乘人	禁止戴手套	禁止堆放
含义	此处禁止行人通过	不是饮用水，禁止饮用	货梯不允许人乘坐	在操作时，不允许戴手套	禁止堆放物品
禁止标志	修理时禁止转动 Repair prohibit rotation	禁止抛物	禁止吸烟	禁止放易燃物	禁止启动
含义	维修时，禁止转动方向盘	禁止从高空向下扔物品	有火灾危险物质的场所，禁止吸烟	具有明火设备或高温场所，禁止放易燃物	暂停使用的设备，禁止启动

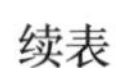
续表

禁止标志					
含义	设备或线路检修时，相应开关禁止合闸	禁止触摸设备或物体	不允许攀爬设备及设施	不允许靠近危险区域	具有直接危害的场所，禁止人员停留

警告标志的含义是警告人们可能发生的危险。警告标志的几何图形是黑色的正三角形、黑色符号和黄色背景

警告标志					
含义	工作场所设立的警示标志，提醒人们注意安全	在有行车起吊物品时，应注意安全	在高温区，应注意安全，以免烫伤	在机械加工区，应避免被机械绞伤	带电区域，谨防触电
警告标志					
含义	在堆放物品区，应避免绊倒	在焊接加工区，应戴好防护镜，以免弧光灼伤眼睛	易发生火灾场所，注意安全	工作场所有车辆出入，注意安全	工作中易造成手部伤害，注意防范

指令标志的含义是必须遵守的行为。指令标志的几何图形是圆形，蓝色背景，白色图形符号

指令标志					

续表

含义	对眼睛有伤害的工作场所，必须戴防护眼镜	具有粉尘的工作场所，必须戴防尘口罩	对脚部有伤害的工作场所，应穿防护鞋	头部易受外力伤害的工作场所，应戴安全帽	易发生坠落危险的场所，系好安全带
提示标志的含义是示意目标的方向。提示标志的几何图形是方形，绿、红色背景，白色图形符号及文字					

提示标志	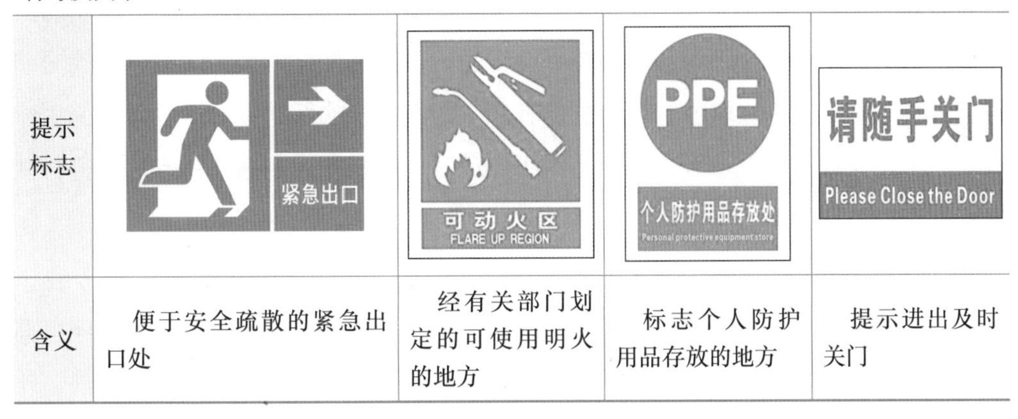			
含义	便于安全疏散的紧急出口处	经有关部门划定的可使用明火的地方	标志个人防护用品存放的地方	提示进出及时关门

二、机械传动与装调作业要求

1. 机械传动与装调作业的环境卫生要求

生产环境卫生除一般指作业环境干净、整齐外，主要是指各种作业环境中，清除或减少各种危害人体健康的因素，如噪声、振动、气压、电磁波、有毒气体等，这是保证生产环境卫生的主要任务。

（1）有毒气体及粉尘的防治。工业生产中有害气体很多，如甲醛、铅蒸气、汞蒸气，以及电镀、清洗剂、热处理、塑胶加工中产生的气体等。一些挥发性很强的有毒化学物质能够污染整个作业环境；还有一些生产性粉尘，如磨削加工、铸造、石棉加工等产生的微小的有害颗粒弥散在空气中，也会对人体造成很大危害。治理这类危害最有效的办法是将污染源完全封闭起来，将有害气体和粉尘通过管道排到专门设施内处理，而不是直接排放到空气中。不便完全封闭的作业（如有些磨削加工），也必须有排尘装置，其吸尘口应尽量靠近污染源，以最大限度防止污染扩散，同时要加强个人防护（如戴防护面具、口罩，穿工作服等）。有害作业环境必须保持空气流通，有良好的换气设备。

（2）噪声与振动的防治

噪声在接近 60 dB 时，会使人烦躁不安，不仅会损伤听觉器官，而且影响人的大脑，令人精神紧张，易于疲劳，甚至引发多种疾病。防治噪声的方法一般从三个方面入手：控制声源，消除或尽量减少发声体的振动和噪声，通过改进工艺、改造设备结构等方法，最大限度地降低设备本身的噪声；控制噪声的传播途径，利用隔音、吸声、减振等方法阻断和减弱声波的传播；做好噪声防护，利用防声耳塞、耳罩等防护用品做好个人防护。

设备运转时，力的大小产生周期性的变化，从而引起机体振动。一般微小的变化，引起的振动也很小，但当运转体平衡很差时，力的变化就大，造成机体的振动也就大。振动不仅产生噪声，而且强度较大、时间较长的振动会直接危害人的身体健康。防止振动的措施主要是消除、减少振动源，阻断和控制振动的传播途径，并做好个人的防护工作。

（3）高温的防治

在工业生产中，常遇到高温（38 ℃以上）、高温伴随强辐射热以及高温伴有高湿的异常工作环境，在这种环境下所从事的工作都是高温作业。如炼钢、炼铁、轧钢、有色金属冶炼、铸造浇注、热处理等均属于高温作业。在炎热的夏季，特别是在南方，露天作业（如建筑、搬运）会受到高温和太阳辐射的影响，容易引起中暑，也是高温作业。

改善高温作业劳动条件，对保护劳动者的健康、促进生产发展具有重要意义。在高温作业中可采取的措施有：合理安排高温车间的热源、隔热措施以及通风等各种措施，降低高温作业场所温度；对高温作业工人（包括新工人、临时工）进行就业前和入暑前的健康检查；供给足够的合乎卫生要求的饮料、含盐饮料等；对高温作业工人提供手套、鞋靴罩、护腿、围裙、眼镜和隔热面罩等劳动防护用品；合理安排作业时间和工间休息。

2. 现场 6S 管理知识

6S 管理是指在生产现场对人员、机器、材料、方法、信息等生产要素进行有效管理。其内容包括整理（Seiri）、整顿（Seiton）、清扫（Seiso）、清洁（Seiketsu）、素养（Shitsuke）、安全（Security）。6S 活动对企业的作用是基础性的，是环境与行为建设的管理文化，它能有效解决工作场所凌乱、无序的状态，有效提升个人行动能力与素质，有效改善文件、资料、档案的管理，有效提升工作效率和团队业绩，使工序简洁化、人性化、标准化。

6S 管理基本内容见表 1-2-2。

表 1-2-2　6S 管理基本内容

项目	基本内容	目的
整理	将生产现场的所有物品分为需要的与不需要的，需要与不需要的物品必须严格区分，除了需要的留下来以外，其他的都清除或放置在别的地方。它是改善生产现场的第一步	有助于树立正确的价值意识，即关注物品的使用价值，而不是原购买价值。这样才能腾出空间，消除积压物品，防止物品误用，营造清爽的工作场所环境
整顿	把需要留下的物品定量、定位放置，并摆放整齐，必要时加以标识。它是提高效率的基础	有助于使工作场所一目了然，营造整齐的工作环境，消除找寻物品的时间，这是提高工作效率的基础
清扫	彻底清扫工作场所及生产所用设备，保持环境干净、亮丽	通过责任化、制度化的清扫，消除脏污，保持场地内干净、明亮，使员工保持良好工作情绪，稳定产品质量
清洁	对整理、整顿、清扫之后的工作成果要认真维护，使现场保持完美和最佳状态，是对前三项活动的坚持和深入	使整理、整顿和清扫工作成为一种惯例和制度，是标准化的基础
素养	每位成员遵守规则做事，培养积极主动的精神，养成良好的习惯	培养遵守规则、有好习惯的员工，营造团结合作的精神
安全	重视全员安全教育，树立“安全第一”的观念，维护人身与财产安全，以创造一个零故障、无意外事故发生的工作场所	保证人身安全，保证生产正常进行，同时减小因安全事故而带来的经济损失

3. 安全用电常识

电是现代工业生产和日常生活中不可替代的，但它在给人们的生活带来方便的同时，也带来一定的危险。因此，正确利用电力资源，安全使用电能是生产、生活活动的前提，掌握安全用电知识是安全用电的保障。

（1）合理选用安全电压

安全电压是指为了防止触电事故而采用的由特定电源供电的电压系列。安全电压的选用必须考虑用电场所和用电器具的安全。一般现场选用安全电压的依据是：凡高度不足 2.5 m 的照明装置、机床局部照明灯具、移动行灯、手持电动工具以及潮湿场所的电气设备，其安全电压应采用 36 V。凡工作地点狭窄、工作人员活动困难、周围有大面积接地导线或金属机构，因为存在高度触电危险的环境以及特别潮湿的场所，应采用 12 V 安全电压。

（2）正确使用电气设施及工具

在使用电气设施及工具时，要严格按照操作规程使用。定期对电气设施进行维护保养，确保设施的完好无损，严禁电气设施及工具带“病”作业。

（3）做好电气设备的保护接地和保护接零

电气设备上与带电部分绝缘的金属外壳，通常因绝缘损坏或其他原因而导致外壳意外带电，造成人身触电伤亡。为避免或减少事故的危害性，电气工程中常采用保护接地或保护接零的安全技术措施。

（4）正确使用劳动保护用品

作业时必须穿着全棉工作服、绝缘鞋，戴绝缘手套、安全帽，高空作业时必须系安全带，必须符合操作环境的技术要求，同时在作业前要检查劳保用品是否完好。

（5）严格遵守安全操作规程

1）电气操作人员在电气线路未经测电笔确定无电前，应一律按“有电”进行操作。

2）工作前应详细检查自己所用工具是否安全可靠，穿戴好必需的防护用品，以防工作时发生意外。

3）维修线路要采取必要的措施，在开关手把上或线路上悬挂“有人工作、禁止合闸”的警告牌，防止他人中途送电。

4）使用测电笔时要注意测试电压范围，禁止超出范围使用。电工使用的测电笔，一般只允许在 500 V 以下电压使用。

5）要处理好工作中所有拆除的电线，带电线头做好绝缘处理，以防发生触电。

6）所用导线及熔丝，其容量必须合乎规定标准，选择开关时必须大于所控制设备的总容量。

7）检修完工后，送电前必须认真检查，看是否合乎要求并和有关人员联系好，方能送电。原有防护装置随时安装好。

8）发生火警时，应立即切断电源，用四氯化碳粉质灭火器或黄沙扑救，严禁用水扑救。

思考与练习

1. 简述机械传动与装调工作场地安全操作规程。
2. 常见工作场地安全标志有哪几类？请举例说明。
3. 试述噪声和振动对人体有何危害，并提出防治措施。
4. 简述工作场地实施“6S”管理的意义，其主要内容和目的。
5. 如何在机械传动与装调工作中做好安全用电？
6. 请按“6S”管理规范要求整理机械传动与装调工作场地。

模块二
机械传动与装调基础

做好机械传动与装调前的准备工作对充分发挥各方面的积极因素，合理利用资源，提高生产效率和工作质量，确保操作安全，降低生产成本及获得较好经济效益都起着重要作用。

课题 1
机械传动与装调工作的组织

学习目标

1. 熟悉机械传动安装工作组织形式。
2. 了解机械传动安装中应考虑的因素。
3. 明确安装工艺过程。
4. 能做好机械传动与装调的清理和清洗工作。

一、机械传动安装工作组织形式

一般生产类型大致可分为单件生产、成批生产和大量生产三种。生产类型与安装工艺的组织形式、安装工艺的方法、工艺过程、工艺装备、手工操作等方面紧密相关，并起着支配安装工艺的重要作用。

1. 单件生产的安装

单个制造不同结构的产品且很少重复，甚至完全不重复的生产方式，称为单件生产。单件生产的安装多在固定地点进行，由一个工人或一组工人从始至终完成安装工作，所以这类安装称为固定式安装，如图 2-1-1 所示。这种组织形式的安装周期长，占地面积大，需要大量的工具和装备，修配和调整工作较多，互换件较少，因此要求工人有较高的装调技能。小批生产的结构不十分复杂的产品一般也采用这种安装组织形式。

2. 成批生产的安装

每隔一定时期，产品交替、成批制造的生产方式称为成批生产。成批生产时，安装工艺通常分成部装和总装，每个部件由一个或一组工人来完成，然后进行总装。如果零件预先经过选择分组，则零件可采用部分互换的安装，因此有条件组织移动式安装。在安装过程中，安装对象（部件或组件）顺序地由一个工序转移给另一个工序。这种转移可以是安装对象移动，也可以是工人移动。这种安装组织形式称为移动式安装，也称为流水线安装法，如图 2-1-2 所示。成批生产的安装组织形式的安装效率较高。

图 2-1-1　固定式安装

图 2-1-2　移动式安装

3. 大量生产的安装

产品的制造数量庞大，每个工作地点频繁、重复地完成某一工序，并且有严格的节奏性，这种生产方式称为大量生产。在大量生产中，产品的安装过程首先划分为主要部件、主要组件的安装，并在此基础上再进一步划分为部件、组件的安装，使每一道工序只由一个工人来完成。在这样的组织下，只有当从事安装工作的全体工人按顺序全部完成了所担负的安装工序，才能装配出完整的产品。为了保证安装工作的连续性，在安装线所有工作位置上，完成工序的时间都应相等或互成倍数。在流水线安装时，可以利用传送带、滚道或轨道上行走的小车来运送安装对象。在大量生产中，由于广泛采用零件互换性原则，并且安装工作工序化、机械化、自动化，因而安装质量好、安装效率高、占地面积小、生产周期短，因此这是一种较先进的安装组织形式。

二、安装中应考虑的因素

将机械零部件按设计要求进行安装时，必须考虑以下一些因素，以保证制定合理的安装工艺。

1. 在安装中应根据零部件大小来合理选择工具及设备，若尺寸较大，安装时则需要使用专用的起吊设备。

2. 安装过程应尽量在所有零件静止情况下进行，对于运动零件的安装，安装完后要检查运动的准确性和灵活性。

3. 为了保证机械传动有良好的工作性能，安装需要达到一定的精度要求。安装精度包含尺寸精度、配合精度、接触精度、相互位置精度和相对运动精度。

4. 从安装工艺角度出发，安装工作最好是只进行简单的连接过程，不必进行任何修理或调整就能满足要求。因此一般安装精度要求高的，那么零件精度要求也高。

5. 零部件安装时，要具有可操作性，便于操作工人使用普通安装工具进行操作。

6. 安装中要注意零部件的数量和安装顺序。

7. 安装中要具备一定的环境条件，如环境温度要求、空气净化程度要求以及采光要求等。

三、安装工艺过程

产品的安装工艺过程应包括以下四个阶段。

1. 安装前的准备

（1）组织准备主要是明确人员分工。技术准备包括技术资料的准备和确定安装步骤及方法（安装工艺）。

（2）研究和熟悉机械传动系统装配图、工艺文件和技术要求，了解其结构、各零部件的作用以及相互连接关系。

（3）准备安装所需要的工具与设备。

（4）整理安装的工作场地，对安装的零件进行清洗和清理，去掉零件上的毛刺、铁锈、切屑、油污，归类并放置好。

（5）检查零件加工质量，对某些零部件还要进行平衡试验、渗漏试验和气密性试验等。

2. 安装工作

较复杂产品的安装工作分为部装和总装两个过程。由于产品的复杂程度和安装组织的形式不同，部装工艺的内容也不一样。一般来说，凡是将两个以上的零件组合在一起，或将零件与几个组件（或称组合件）结合在一起，成为一个装配单元的安装工作，都可以称为部装。

把产品划分成若干个装配单元是保证缩短装配周期的基本措施。因为产品划分为若干个装配单元后，安装工艺上就可以组织平行安装作业扩大安装工作面，而且能按流水线组织生产。同时，各装配单元能预先调整试验，使各部分以比较完善的状态进入总装，有利于保证产品质量。

3. 调整、精度检验和试运行

（1）调整工作。调整工作包括调节零件或机构的相互位置、配合间隙、结合面松紧等，如轴承间隙、镶条位置、蜗轮轴向位置以及锥齿轮副啮合位置的调整等，其目的是使传动机构工作协调。

（2）精度检验。精度检验包括工作精度检验、几何精度检验等。几何精度通常是指形位精度，工作精度一般指设备安装完成后的工作试验。

（3）试运行。试运行包括机械传动系统运转的灵活性、工作温升、密封性、振动、噪声、转速、功率和效率等性能参数是否符合要求。

4. 喷漆、涂油、装箱

喷漆是为了防止工件表面锈蚀和使产品外表美观，涂油是防止工作表面及零件已加工表面生锈，装箱是为了便于运输，这些工作都需结合装配工序进行。

四、装调前的清理清洗工作

在装调过程中，零件的清理和清洗工作对提高装调质量、延长产品使用寿命有重要意义。特别对于轴承、精密配合件、液压元件、密封件以及有特殊清洗要求的零件等更为重要。如果装调前零件不经过清理和清洗，对产品的精度和使用寿命都会造成不良后果。例如，装调主轴部件时，如果零件清理和清洗不严格，容易引起主轴运转中轴承温升过高，并过早降低精度；如果相对滑动的导轨副装调前不经过清理和清洗，会因为摩擦面间有砂粒、切屑等而加速磨损，甚至会出现导轨副“咬合”等严重事故。为此，在装调过程中必须认真做好清理和清洗工作。

1. 清理清洗工艺过程

通常根据清洁度的要求和产品的特性确定零件的清理清洗工艺，可分为预清洗（清理）、中间清洗、精细清洗、最后清洗、漂洗、干燥等步骤。

影响清理清洗工艺主要与以下因素有关：清洗剂、清洗方法、温度、清洗的时间、二次清洗和干燥。

2. 清洗剂与清洗方法

（1）常用的清洗剂

常用清洗剂主要分为有机溶剂和水溶液清洗剂。

矿物油产品诸如汽油、煤油、柴油、松香水等都属于有机溶剂。其他的有机溶剂还有丙酮和酒精。

水溶液清洗剂根据酸含量分为三类，即酸性、中性和碱性。中性和碱性清洗剂专门用来脱脂处理。水溶液清洗剂最好是在加温的条件下使用。温度越高，油的黏度就会越低，清洗效果就越好。

1）工业汽油。主要用于清洗油脂、污垢和黏附的机械杂质，适用于清洗较精密的零部件。航空汽油用于清洗质量要求较高的零件。对橡胶制品，严禁用汽油清洗，以防发胀变形。

2）煤油和轻柴油。应用与汽油相似，但清洗能力不及汽油，清洗后干得较慢，但比汽油安全。

3）水溶液清洗剂。它是金属清洗剂起主要作用的水溶液，金属清洗剂占 4% 以下，其余是水。金属清洗剂主要是非离子表面活性剂，具有清洗力强、应用工艺简单、无毒、不燃、使用安全、成本低等特点，并有较好的稳定性、缓蚀性，多种清洗方法都可适用。常用的有 6501、6503 和 105 清洗剂等。

（2）零件的清洗方法

在单件和小批量生产中，零件可置于洗涤槽内用棉纱或泡沫塑料进行擦洗或冲洗，如图 2-1-3 所示。在成批或大量生产中，则采用洗涤机进行清洗，如图 2-1-4 所示。清洗时，根据需要可以采用手工清洗、浸洗、喷洗、高压清洗、超声波清洗等。

图 2-1-3　单件清洗

图 2-1-4　成批清洗

手工清洗操作简单，但生产率低，适用于单件和小批量生产的中小型零件及大件的局部清洗，特别是预清洗中应用较多。

在浸洗机中清洗金属产品是一个广泛应用的方法，它既可用有机溶剂又可用水溶液清洗剂。该方法是将产品在清洗槽的清洗剂中浸泡一定的时间（2 ~ 20 min），浸泡时间取决于使用的清洗剂、物品是否运动以及清洗剂温升情况。该方法操作简单，多用于批量较大的黏附油垢较少且形状复杂的零件的清洗。

喷洗法适用的清洗剂有汽油、煤油、柴油、化学清洗液、碱液或三氯乙烯等。这种方法清洗效果好，生产率高，劳动条件好，但设备较复杂，多用于黏附油垢严重或黏附半固体油垢且形状简单的零件的清洗。

高压清洗法是将产品放置在一个清洗装置内用高压喷射进行清洗。适用的清洗剂有汽油、煤油、柴油、乙醇和中性水溶液清洗剂等。高压清洗法特别适合于那些小批量生产的大型产品或单件生产的工件。

对于精度要求较高的零件，尤其是经精密加工、几何形状较复杂的零件，可采用超声波清洗。超声波清洗是利用高频率的超声波使零件上所黏附的油垢、颗粒等脱落。同时，超声波加速了清洗液对油垢的乳化作用和增溶作用，提高了清洗能力。超声波清洗时，既可使用有机溶剂，也可使用水溶液清洗剂。

思考与练习

1. 结合机械传动装调工作内容，简述其组织形式及特点。
2. 结合实践，举例说明安装中应考虑哪些因素。
3. 试述安装工艺过程及主要内容。
4. 简述机械传动与装调前的清理和清洗的重要意义。
5. 简述常用清洗剂及特点。
6. 结合实践，举例说明机械传动与装调中零件常采用哪些清洗方法。
7. 根据实训条件，选择对机械传动零件进行清洗，并达到清洗质量要求。

课题 2
常用装拆工具及紧固件的准备

学习目标

1. 能说出常用装调工具的名称及应用特点，并加以区别。
2. 能正确使用常用装拆工具。
3. 能严格执行工业安全程序，合理使用电动工具。
4. 了解常用紧固件种类，并能合理选用。
5. 能进行成组螺钉或螺母的拧紧。
6. 能用扭力扳手拧紧螺栓，达到拧紧力矩要求。

机械传动与装调工作中需要使用各种装拆工具，认识常用装拆工具并能正确使用，是每个装调人员必备的知识和技能。

一、常用螺钉旋具的使用

螺钉旋具用于拧紧或松开头部带沟槽的螺钉。它的工作部分用碳素工具钢制成，并经淬硬。

1. 一字螺钉旋具

它的规格用刀体部分的长度表示，常用的有 100 mm、150 mm、200 mm、300 mm 及 400 mm 等几种，可根据螺钉直径和沟槽宽度来选用，如图 2-2-1 所示。

2. 十字螺钉旋具

用于装拆头部带十字槽的螺钉，它在较大的拧紧力下，也不易从槽中滑出，如图 2-2-2 所示。

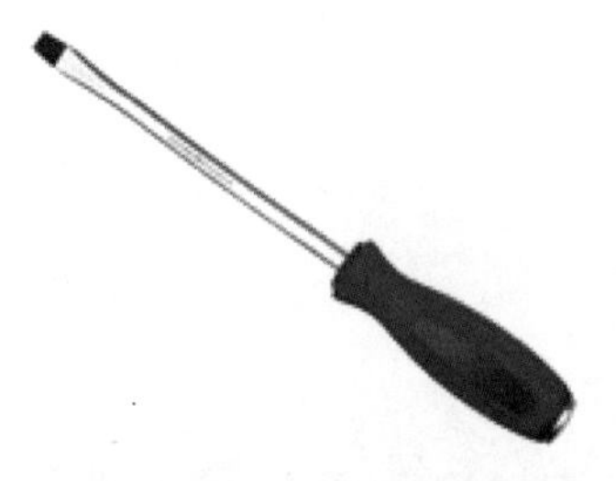

图 2-2-1　一字螺钉旋具

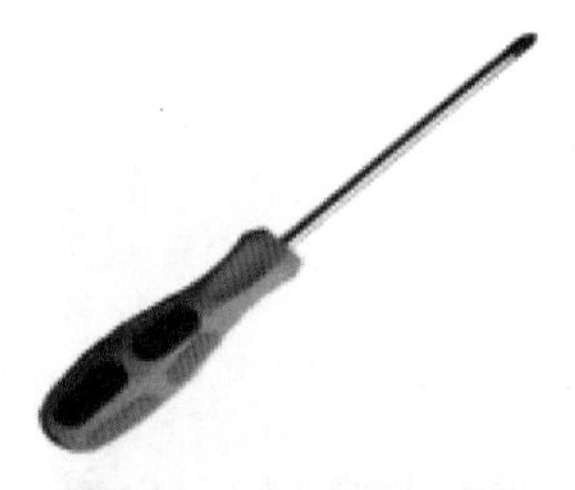

图 2-2-2　十字螺钉旋具

3. 其他螺钉旋具

弯头螺钉旋具（图 2-2-3）两端各有一个刃口，互成垂直位置，适用于螺钉头顶部空间受到限制的装拆场合。快速螺钉旋具（图 2-2-4）用于装拆小螺钉，工作时通过推压手柄使螺旋杆转动，从而加快装拆速度。

图 2-2-3　弯头螺钉旋具

图 2-2-4　快速螺钉旋具

二、常用扳手的使用

扳手用来装拆六角形、正方形螺钉和各种螺母。常用碳素工具钢、合金钢或可锻铸铁制成，其开口要求光洁、坚硬和耐磨。扳手有通用、专用和特殊三类。

1. 通用扳手

它是由扳手体和固定钳口、活动钳口及螺杆组成（图 2-2-5），其开口的尺寸能在一定范围内调节。使用活扳手时，应让固定钳口承受主要作用力，否则容易损坏扳手。其规格用长度表示。

2. 专用扳手

只能用来扳动一种规格的螺母或螺钉。常用的专用扳手有呆扳手、整体扳手、内六角扳手、套筒扳手、钩形扳手。

（1）呆扳手

呆扳手如图 2-2-6 所示，用来装拆六角形或方头的螺母或螺钉，有单头和双头之分。其开口尺寸是与螺母或螺钉对边间距的尺寸相适应，并根据标准尺寸做成一套。

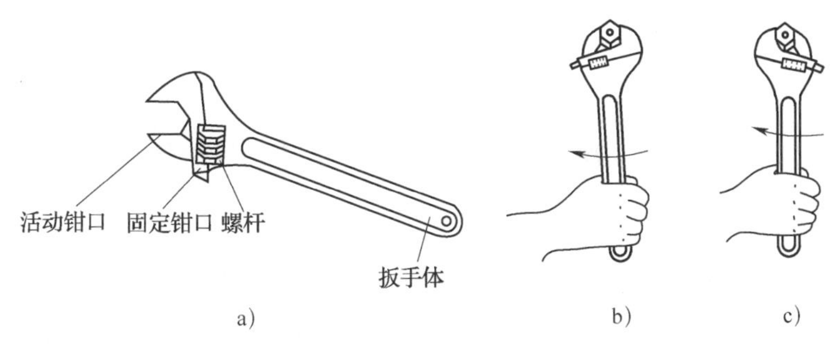

图 2-2-5 通用扳手及其使用

a）组成 b）正确 c）错误

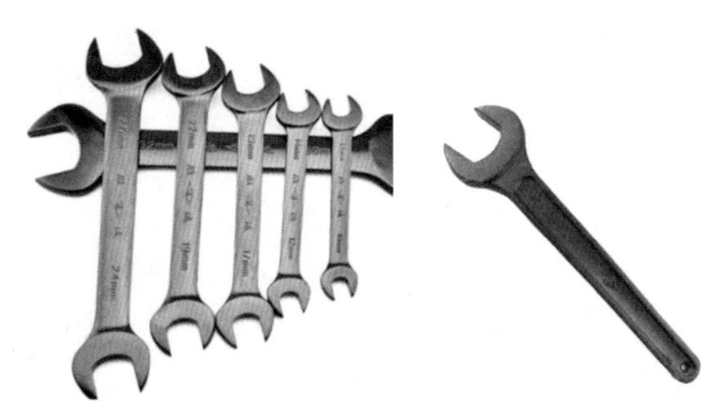

图 2-2-6 呆扳手

（2）整体扳手

整体扳手如图 2-2-7 所示，分为正方形、六角形、十二角形（梅花扳手）等。梅花扳手只要转过 30°，就可以改换方向再扳，适用于工作空间狭小不能容纳普通扳手的场合。

（3）内六角扳手

内六角扳手如图 2-2-8 所示，用于装拆内六角头螺钉。成套的内六角扳手可供装拆 M4 ～ M30 的内六角螺钉。

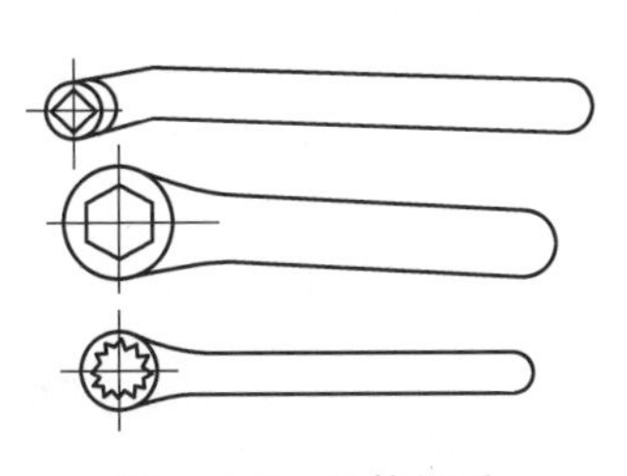

图 2-2-7 整体扳手

图 2-2-8 内六角扳手

（4）套筒扳手

套筒扳手如图 2-2-9 所示，由一套尺寸不等的梅花套筒组成。在受结构限制其

他扳手无法装拆或为了节省装拆时间时采用，使用方便，工作效率较高。

（5）钩形扳手

钩形扳手如图 2-2-10 所示，也称锁紧扳手，用于装拆在圆周方向开有直槽或孔的圆螺母。

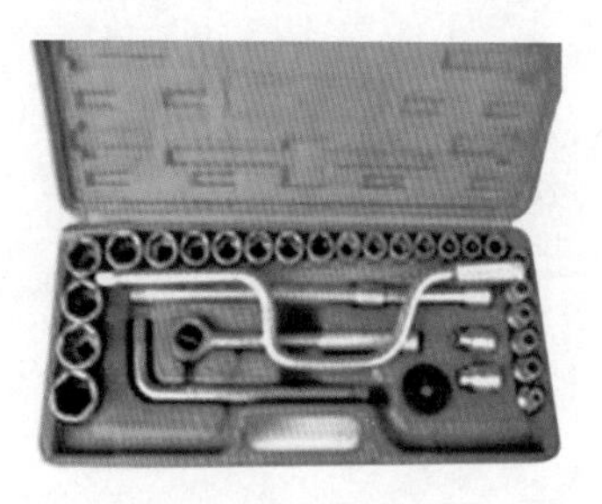

图 2-2-9　套筒扳手

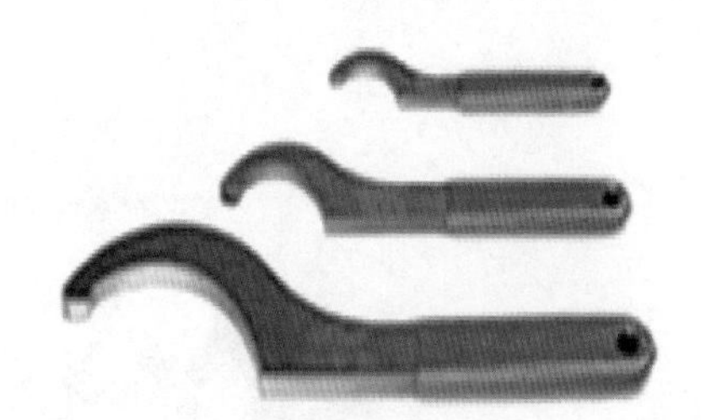

图 2-2-10　钩形扳手

3. 特种扳手

特种扳手是根据某些特殊要求而制造的，有棘轮扳手和管子扳手等多种。棘轮扳手（图 2-2-11）用于装拆处于狭窄位置上的螺母和螺钉，使用时正向转动（顺时针方向）为拧紧，反向转动为空行程；管子扳手（图 2-2-12）主要用于管子的装拆。

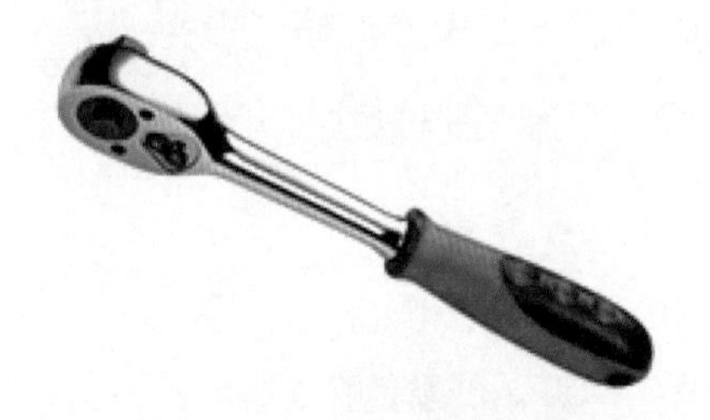

图 2-2-11　棘轮扳手

图 2-2-12　管子扳手

除了以上介绍的普通扳手以外，在成批生产和装配流水线上广泛采用风动、电动扳手。

三、常用钳子的使用

钳子是一种用于夹持、固定加工工件或者扭转、弯曲、剪断金属丝线的手工工具。钳子一般用碳素结构钢制造。

1. 钢丝钳

钢丝钳又称老虎钳，用于掰弯及扭曲圆柱形金属零件及切断金属丝，其外形如图 2-2-13 所示。由钳头和钳柄组成，常用的钢丝钳有 150 mm、175 mm、200 mm 及 250 mm 等多种规格。

2. 尖嘴钳

尖嘴钳又称修口钳，由尖头、刀口和钳柄组成。由于头部较尖，主要用于狭小空间中夹持零件，如图 2-2-14 所示。

图 2-2-13　钢丝钳

图 2-2-14　尖嘴钳

3. 挡圈钳

挡圈钳用于装拆起轴向定位作用的弹性挡圈，挡圈钳的规格因长度不同分为 125 mm、175 mm、225 mm 等，所用材料通常为碳素结构钢。

（1）轴用弹性挡圈安装钳（图 2-2-15）。机床上广泛采用弹性挡圈，它们多由弹簧钢淬火制成，脆性大，稍不留心即会断裂，故采用轴用弹性挡圈安装钳进行安装。

（2）孔用弹性挡圈安装钳（图 2-2-16）。孔用挡圈安装钳和轴用挡圈安装钳是不一样的。当用手捏紧钳把时，轴用挡圈安装钳钳嘴是张口的，而孔用挡圈安装钳的钳嘴是收缩的。

图 2-2-15　轴用弹性挡圈安装钳

图 2-2-16　孔用弹性挡圈安装钳

四、拆卸工具的使用

1. 拔销器

拔销器如图 2-2-17 所示，主要用于拔出带有内（或外）螺纹的小轴、带有内螺纹的圆柱销、圆锥销和带有钩头楔键的零件。

2. 顶拔器

顶拔器如图 2-2-18 所示，顶拔器常用于顶拔机械中的轮、盘或轴承等。顶拔时，用钩头钩住被拔零件，同时转动螺杆以顶住轴端面中心，用力转动手柄旋转螺杆，即可将被拔零件缓慢拉出。

图 2-2-17　拔销器

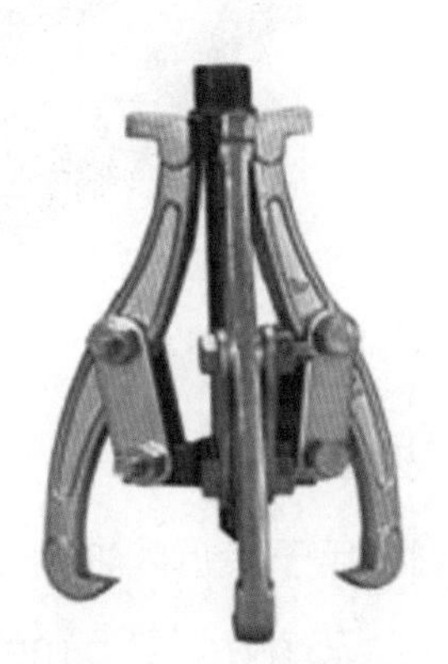
图 2-2-18　顶拔器

五、电动工具的使用

1. 手电钻

手电钻是一种便携式电动钻孔工具，如图 2-2-19 所示。在装配、修理工作中，当受工件形状或加工部位的限制不能用钻床钻孔时，则可使用手电钻加工。

手电钻的电源电压分单相（220 V，36 V）和三相（380 V）两种。电钻的规格是以其最大钻孔直径来表示的，采用单相电压的手电钻规格有 6 mm、10 mm、13 mm、19 mm 和 23 mm 五种；采用三相电压的电钻规格有 13 mm、19 mm 和 23 mm 三种。在使用时可根据不同情况进行选择。

图 2-2-19　手电钻

使用手电钻时应注意以下两点：

（1）使用前，应开机空转 1 min，检查传动部分是否正常，若有异常，应排除故障后再使用。

（2）所用钻头必须锋利，钻孔时不宜用力过猛。当孔即将钻穿时须相应减轻压力，以防事故发生。

2. 电磨头

电磨头属于高速磨削工具，如图 2-2-20 所示。它适用于在大型工具、夹具、模具的装配调整中，对各种形状复杂的工件进行修磨或抛光；装上不同形状的小砂轮，还可修磨凹、凸模的成形面；当用布轮代替砂轮使用时，则可进行抛光作业。

使用电磨头时应注意以下几点：

（1）使用前应开机空转 2 ~ 3 min，检查旋转声音是否正常，若有异常，则应排除故障后再使用。

（2）新装砂轮应修整后使用，否则所产生的惯性力会造成剧烈振动，影响加工精度。

（3）砂轮外径不得超过磨头铭牌上规定的尺寸。工作时砂轮和工件的接触力不宜过大，更不能用砂轮冲击工件，以防砂轮爆裂，造成事故。

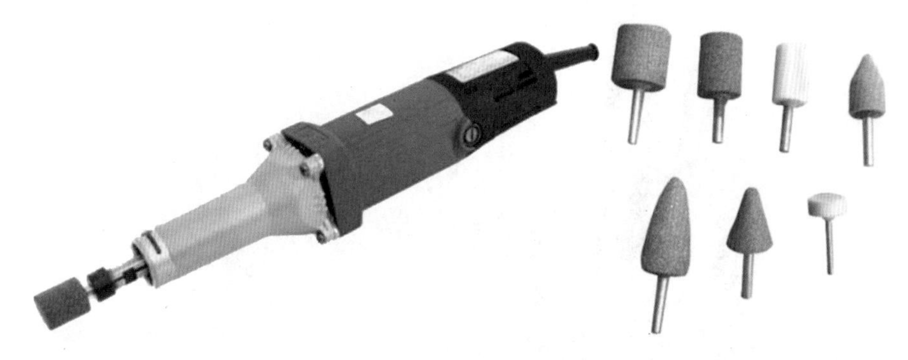

图 2-2-20　电磨头

3. 电剪刀

电剪刀的结构外形如图 2-2-21 所示。它使用灵活、携带方便，能用来剪切各种几何形状的金属板材。用电剪刀剪切后的板材，具有板面平整、变形小、质量好的优点。因此，它也是对各种复杂的大型板材进行落料加工的主要工具之一。

图 2-2-21　电剪刀

使用电剪刀时应注意以下几点：

（1）开机前应检查整机各部分螺钉是否紧固，然后开机空转，待运转正常后，方可使用。

（2）剪切时，两刀刃的间距需根据材料厚度进行调试。剪切厚材料时，两刀刃的间距为 0.2 ~ 0.3 mm；剪切薄材料时，间距为 0.2 δ（δ 为板材厚度）；作小半径剪切时，须将两刃口间距调至 0.3 ~ 0.4 mm。

六、常用紧固件

紧固件是用于两个或两个以上零件（或构件）紧固连接成为整体所采用的机械零件。它的特点是品种规格繁多，性能用途各异，而且标准化、系列化、通用化的程度也极高。因此也有人把已有国家标准的一类紧固件称为标准紧固件，或简称为标准件。

1. 紧固件的分类

紧固件通常包括以下 12 类：螺栓、螺柱、螺钉、螺母、自攻螺钉、木螺钉、垫圈、挡圈、销、铆钉、组合件与连接副、焊钉，如图 2-2-22 所示。

图 2-2-22　常用紧固件

（1）螺栓

螺栓是由头部和螺杆两部分组成的紧固件，一般与螺母配合使用，用于紧固连接两个带有通孔的零件。

（2）螺柱

螺柱是没有头部的，仅有两端均带外螺纹的紧固件。主要用于被连接零件之一厚度较大、要求结构紧凑，或因拆卸频繁，不宜采用螺栓连接的场合。

（3）螺钉

螺钉也是由头部和螺杆两部分组成的紧固件，螺钉按用途可以分为机器螺钉、紧定螺钉和特殊用途螺钉三类。机器螺钉主要用于一个紧定螺纹孔的零件，与一个带有通孔的零件之间的紧固连接，不需要螺母配合（这种连接形式称为螺钉连接，也属于可拆卸连接；也可以与螺母配合，用于两个带有通孔的零件之间的紧固连接）。紧定螺钉主要用于固定两个零件之间的相对位置。特殊用途螺钉，如带有吊环的螺钉可供吊装零件用。

（4）螺母

螺母带有内螺纹孔，形状一般为扁六角柱形，也有呈扁方柱形或扁圆柱形，配合螺栓、螺柱或机器螺钉，用于紧固连接两个零件。

（5）自攻螺钉

自攻螺钉与机器螺钉相似，但螺杆上的螺纹是自攻螺钉专用螺纹，用于紧固连接两个薄的金属构件，使之成为一个整体，构件上需要事先制出小孔，由于这种螺钉具有较高的硬度，可以直接旋入构件的孔中，使构件中形成相应的内螺纹。

（6）木螺钉

木螺钉上的螺纹是专用螺纹，可直接旋于木质件中。

（7）垫圈

垫圈是形状呈扁圆环形的一类紧固件。置于螺栓、螺钉或螺母的支撑面与连接零件表面之间，起着增大被连接零件接触表面面积，降低单位面积压力和保护被连接零件表面不被损坏的作用；另一类弹性垫圈，还能起阻止螺母回松的作用。

（8）挡圈

挡圈是装在机器、设备的轴槽或轴孔槽中，阻止轴上或孔中的零件左右移动的紧固件。

（9）销

销通常用于定位，也可用于连接或锁定零件，还可作为安全装置中的过载剪断元件。

（10）铆钉

铆钉是由头部和钉杆组成的紧固件。用于紧固连接两个带孔的零件，不可拆卸，拆卸即损坏。

（11）组合件与连接副

组合件是指组合供应的紧固件，如将某种机器螺钉（或螺栓、自攻螺钉）与平垫圈（或弹簧垫圈、锁紧垫圈）组合供应；连接副是指将某种专用螺栓、螺母和垫圈组合供应的紧固件，如钢结构用高强度大六角头螺栓连接副。

（12）焊钉

焊钉是由钉杆和钉头组成的异类紧固件，用焊接方法固定连接在一个零件上面，以便再与其他零件连接。

2. 常用紧固件的选用

常用紧固件选用时，应优先确定类别，再确定其品种和规格。

（1）标准紧固件共分12类，选用类别时应按标准紧固件的使用场合和其使用功能进行确定。

（2）品种的选择原则

1）从加工、装配的工作效率考虑，在同一机械或工程内，应尽量减少使用紧固件的品种。

2）从经济性考虑，应优先选用标准件品种。

3）根据紧固件预期的使用要求，按形式、机械性能、精度和螺纹等方面确定选用品种。

七、技能训练

1. 成组螺钉或螺母的拧紧

拧紧成组螺钉或螺母时，必须按一定的顺序进行，并做到分次逐步拧紧，否则会使各零件或螺杆出现松紧不一致甚至变形的现象。在拧紧长方形布置的成组螺钉或螺母时，应从中间开始，逐渐向两边对称地扩展，如图2-2-23a所示；在拧紧方形或圆形布置的成组螺钉或螺母时，必须对称地进行，如图2-2-23b所示。

操作注意事项：

（1）在使用前应先擦净螺钉旋具柄部和刃口的油污，以免工作时滑脱而发生意外，使用后也要擦拭干净。

（2）应根据旋紧或松开的螺钉头部的槽宽和槽形合理选用适当的螺钉旋具。

（3）使用时，不能把螺钉旋具当撬棒或錾子使用。

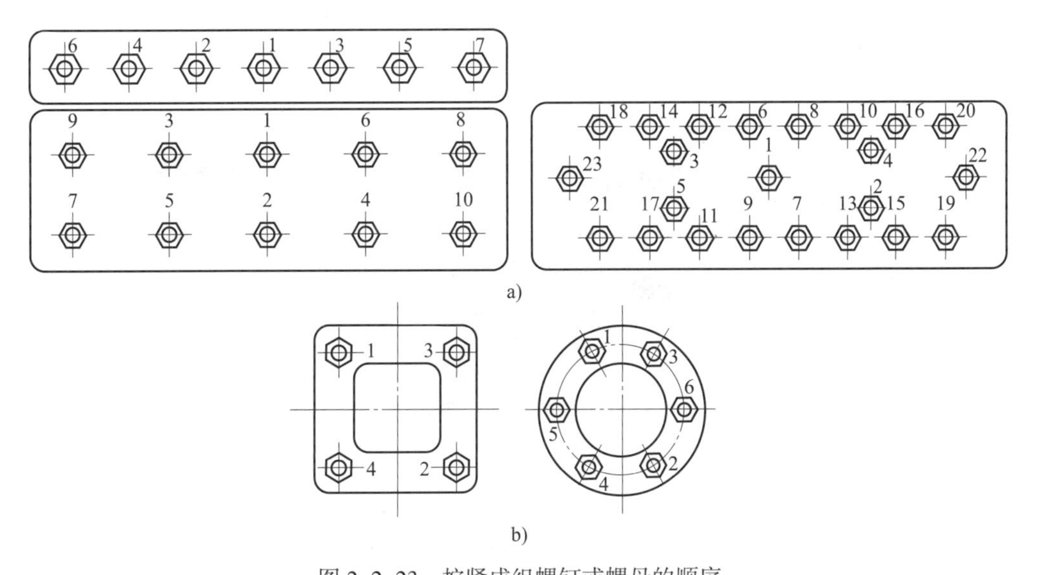

图 2-2-23　拧紧成组螺钉或螺母的顺序

a）长方形布置的拧紧顺序　b）方形或圆形布置的拧紧顺序

（4）不要用螺钉旋具旋紧或松开握在手中工件上的螺钉，应将工件夹固在夹具内，以防伤人。

（5）不能锤击螺钉旋具柄端部，不能用旋具撬开缝隙或剔除金属毛刺及其他的物体。

（6）用完工具应擦拭干净并有序排列。

（7）螺钉旋具不可放在衣服或裤子口袋内，以免碰撞或跌倒时受伤。

2. 用扭力扳手或定力矩扳手拧紧螺栓

使用扭力扳手或者定力矩扳手来控制螺纹连接拧紧力矩的大小，使预紧力达到给定值。此方法简便，但误差较大，适用于中、小螺栓的紧固。

如图 2-2-24 所示为常用的扭力扳手。当扳动手柄拧紧螺母时，扳手上的指针会指示或者数显表会显示拧紧力矩的大小。

如图 2-2-25 所示为控制力矩的定力矩扳手，定力矩扳手需要事先对扭矩进行设置。在拧紧时，当扭矩达到设定值时，操作人员会听到扳手发出响声且有所感觉，从而停止操作。这种扳手的优点是预先可以设定拧紧力矩，且在操作过程中不需要操作人员去读数，但操作完毕后，应将定力矩扳手的扭矩设为零。

操作注意事项：

（1）操作中应避免水分进入扭力扳手，以防止零件锈蚀。

（2）扭力扳手只能拧紧螺栓等紧固件，禁止用扭力扳手拧松任何紧固件。

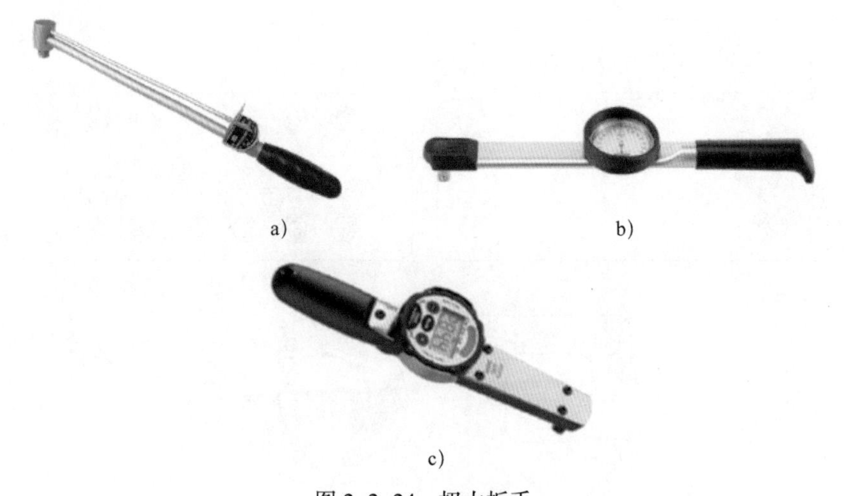

a)　　b)　　c)

图 2-2-24　扭力扳手

a）指针式扭力扳手　b）带表式扭力扳手　c）数显式扭力扳手

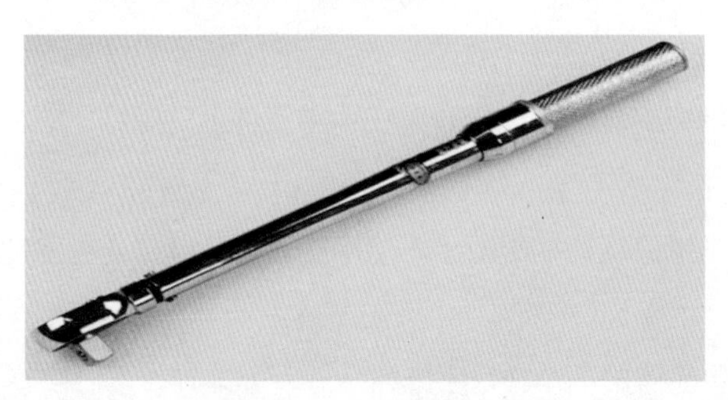

图 2-2-25　定力矩扳手

（3）使用扭力扳手测定紧固件的力矩值应设定在扳手最大量程的 1/3 ~ 3/4，禁止满量程使用扭力扳手。

（4）不能在扭力扳手尾端加接套管延长力臂，以防损坏扭力扳手。

（5）扭力扳手根据需要调节所需的扭矩，并确认调节机构处于锁定状态才能使用。

（6）扭力扳手使用时应平衡缓慢地加载，不可以猛拉猛压，这会造成过载，导致输出扭矩失准。在达到预置扭矩后，要停止加载。

（7）所选用的扭力扳手的开口尺寸必须与螺栓或螺母的尺寸相符，扳手开口过大容易滑脱并损伤螺栓或螺母。

（8）定力矩扳手使用完毕后，要将其调至最小的扭矩，使测力弹簧充分地放松，以延长使用寿命。

思考与练习

1. 常用螺钉旋具有哪些？各应用于什么场合？
2. 请举例说明通用扳手、专用扳手和特种扳手的区别。
3. 常用钳子有哪些？有何特点？
4. 使用手电钻时应注意哪些事项？
5. 常用紧固件有哪些？如何进行选用？
6. 完成成组螺钉或螺母的拧紧练习，结合实践说出操作中应注意的事项。
7. 完成用扭力扳手拧紧螺栓的练习，结合实践说出操作中应注意的事项。

课题 3
机械传动中的润滑

学习目标

1. 了解润滑剂的种类、性能及特点。
2. 能说出常用润滑剂的性能指标，根据性能指标合理选用润滑剂。
3. 熟悉机械传动常用润滑剂的选用。
4. 掌握常用机构传动润滑方式。
5. 能对典型机械传动零部件进行润滑。

润滑剂作为润滑、冷却和密封机械摩擦部分的物质，在机械传动中应用广泛。机械传动及装调过程中，应对机械传动零部件进行相应润滑工作。

一、常用润滑剂及润滑方式

润滑剂是用以降低摩擦副的摩擦阻力，减缓其磨损的一种介质。在机械中加入润滑剂，对摩擦副还能起到冷却、清洗和防止污染等作用。为了改善润滑性能，在某些润滑剂中还可加入合适的添加剂。

1. 润滑剂的种类

常用的润滑剂包括润滑油、润滑脂、固体润滑剂和气体润滑剂等，其性能特点及应用见表 2-3-1。其中，润滑油和润滑脂应用最为广泛。

2. 润滑剂的主要性能指标

（1）润滑油的性能指标主要有黏度、酸值、水分、机械杂质、凝点和倾点、闪点、抗氧化安定性等。

表 2-3-1　润滑剂的种类、性能特点及应用

种类	性能	指标	应用
润滑油	流动性好，内摩擦因数小，冷却作用较好，易从箱体内流出，故常需采用结构比较复杂的密封装置，且需经常加注	黏度 油性 闪点 凝点和倾点	润滑油具有较宽的黏度范围，对不同的负荷、速度和温度条件下工作的运动部件提供了较大的选择余地
润滑脂（黄油或干油）	油膜强度高，黏附性好，不易流失，密封简单，使用时间长，受温度影响小，对载荷性质、运动速度的变化等有较大的适应范围。润滑脂的缺点是内摩擦因数大，启动阻力大，流动性和散热性差，更换、清洗时需停机后再拆开设备	滴点 锥入度	不允许润滑油滴落或漏出的地方；加油和换油不方便的地方（润滑脂的使用周期一般较润滑油长）；需要与空气隔绝的地方（润滑脂本身就是较好的密封介质）；单独润滑或不易密封的滚动轴承等
固体润滑剂	利用固体粉末、薄膜或整体材料来减少作相对运动两表面间的摩擦与磨损并保护表面免于损伤。固体润滑剂能与摩擦表面牢固地附着，有保护表面的功能；抗剪强度较低；稳定性好，不产生腐蚀及其他有害的作用；承载能力较高	导入性 压实性	能够适应高温、高压、高真空、强辐射等特殊使用工况，特别适合于供油不方便、装拆困难的场合
气体润滑剂	一般采用高压空气、蒸汽或惰性气体（氮气、氦气等）作为润滑剂将摩擦表面隔开。优点是摩擦因数极小，几乎接近于零，且气体的黏度不受温度影响，因而气体润滑的轴承阻力小，精度高	温度 压力	气体润滑可以用在比润滑油和润滑脂更高或更低的温度下，应用于高速精密轴承

1）黏度是选择润滑油的首要指标，其代表润滑油在一定温度下黏稠的程度，是大多数润滑油划分牌号的主要依据。黏度过小会形成半液体润滑或边界润滑，加速运动副磨损，同时也易漏油；黏度过大，流动性差，渗透性差，散热性差，内摩擦阻力大，启动困难，消耗功率大，也会增加运动副磨损。

2）酸值是保证机件不受腐蚀的指标之一。在使用过程中，因氧化分解作用，酸值不断增加，当增加到一定程度，就应立即换新油，否则可能对机件产生腐蚀。

3）水分是指润滑油中含水量的质量分数。水能使油品变质，增加腐蚀性。水分汽化后形成气泡，产生气阻，中断供油。变压器油中若有水分可降低绝缘性。水分会使含添加剂的油品分解沉淀。冷冻机油含水分则会结冰堵塞油路。

4）机械杂质是指存在于润滑油中不溶于汽油、乙醇和苯等溶剂的沉淀物或胶状悬浮物。机械杂质来源于润滑油的生产、储存和使用中的外界污染或机械本身磨损。机械杂质可破坏油膜，增加磨损，堵塞油路及过滤器。变压器油中的机械杂质则会降低油的绝缘性。

5）凝点和倾点都是评价润滑油低温流动性能的指标，凝点是指润滑油在规定的条件下，冷却至油不流动时的最高温度。凝点高的油不能在低温下使用，一般润滑油的使用温度应高于润滑油凝点 10 ~ 20 ℃。而倾点是在规定条件下，被冷却了的润滑油开始连续流动时的最低温度。实际应用中，常用倾点来表示润滑油低温流动性能。

6）闪点是在规定条件下，加热油品所逸出的蒸气和空气组成的混合物与火焰接触发生瞬间闪火时的最低温度，以 ℃表示。闪点的高低表示润滑油在高温下的安全性，它是安全生产、储存、运输、合理使用的重要指标。闪点是区别易燃与可燃品的主要依据。闪点低于 45 ℃为易燃品，闪点高于 45 ℃为可燃品。

7）由于空气（或氧气）的作用而引起其性质发生永久性改变的能力，叫作润滑油的抗氧化安定性。油品在储存和使用过程中，经常与空气接触而起氧化作用，温度的升高和金属的催化会加深油品的氧化，而抗氧化安定性决定润滑油的使用寿命。

（2）润滑脂的性能指标主要有滴点、锥入度、保护性能、安定性、流变性等。

1）滴点是在规定条件下，润滑脂达到一定流动性时的最低温度。滴点是衡量润滑脂耐温程度的参考指标，一般润滑脂的最高使用温度要低于滴点 20 ~ 30 ℃，这样才能使润滑脂长期工作而不至于流失。润滑脂滴点的高低，主要在于稠化剂的种类和数量。

2）锥入度是评价润滑脂稠度的常用指标，它是在规定负荷、时间和温度的条件下，标准锥体沉入润滑脂的深度，单位为 0.1 mm。锥入度越大，表示润滑脂稠度越小，反之则稠度越大。锥入度过大易流失，过小流动性差。锥入度过小的润滑脂，不适用于高转速的运动副，也不适用于管道压力送脂润滑装置。

3）润滑脂的保护性能是指保护金属表面、防止生锈的能力，它包括三个方面：本身不锈蚀金属；抗水性好，即不吸水、不乳化、不易被水冲掉；黏附性好、高温不滑落、低温不龟裂，能有效地黏附于金属表面而将空气和腐蚀性物质隔绝。

4）润滑脂的安定性包括胶体安定性、化学安定性和机械安定性。润滑脂在储存和使用中抑制析油的能力，称为润滑脂的胶体安定性。胶体安定性差的润滑脂，析油严重，不宜长期储存。润滑脂在储存和使用中抵抗氧化的能力，叫作润滑脂的化学安定性。皂基脂比较容易氧化，对金属会产生腐蚀。润滑脂的机械安定性，是指润滑脂受到机械剪切时，稠度立即下降，当剪切作用停止后，其稠度又可恢复（但不能恢复到原来的程度）。机械安定性差的润滑脂，其使用寿命短。

5）流变性是指润滑脂在外力作用下产生形变流动的性能，其参考指标有强度极限和相似黏度。从降低机械摩擦力和便于管道供脂出发，润滑脂的强度极限和相似黏度不宜过大。

3. 润滑方式

润滑方式是将润滑剂按规定要求送往各润滑点的方法。润滑装置是为实现润滑剂按确定润滑方式供给而采用的各种零部件及设备。主要有油润滑、脂润滑。

（1）油润滑方式

1）手工给油润滑。手工给油润滑就是定期向润滑部位供给润滑油的润滑方式，润滑装置主要有手工旋盖式给油油杯（图 2-3-1）和手工压注式油杯（图 2-3-2）等。

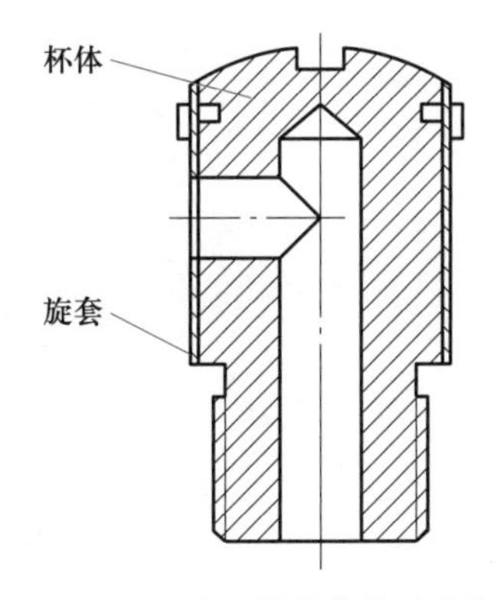

图 2-3-1　手工旋盖式给油油杯

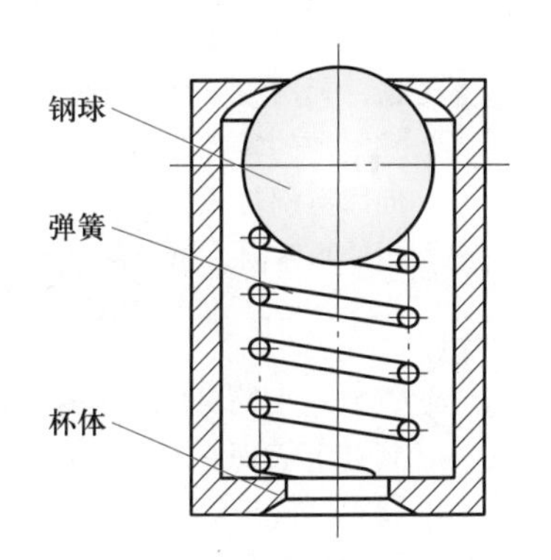

图 2-3-2　手工压注式油杯

2）连续供油润滑。连续供油润滑就是能够连续不断地向润滑部位供给润滑油的润滑方式。常见的供油方式有滴油润滑、油绳油垫润滑、浸油润滑、飞溅润滑、喷雾润滑等。

连续供油润滑方式常用润滑装置见表 2-3-2。

表 2-3-2 连续供油润滑方式常用润滑装置

润滑装置	描述	图示
滴油润滑装置	依靠油的自重向润滑部位滴油，构造简单，使用方便；缺点是给油量不易控制，机械的振动、温度的变化和液面的高低都会改变滴油量	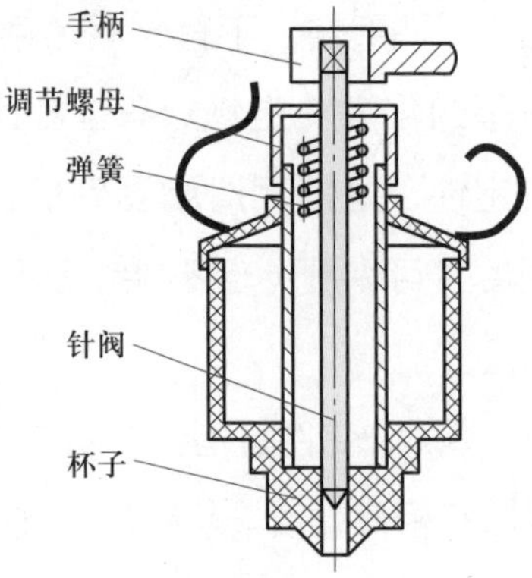
油绳油垫润滑装置	用油绳、油垫或泡沫塑料等浸在油中，利用毛细管的虹吸作用进行供油。油绳和油垫本身可起到过滤作用，能使油保持清洁而且是连续均匀的；缺点是油量不易调节，还要注意油绳不能与运动表面接触，以免被卷入摩擦面间。适用于低、中速机械	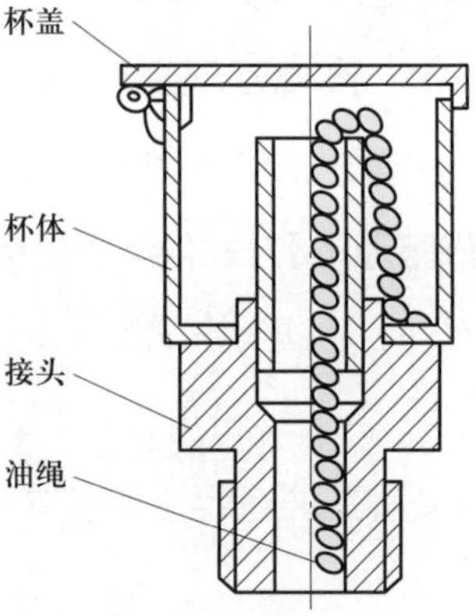
浸油和飞溅润滑装置	润滑部位浸入油池的润滑称为浸油润滑。利用浸入油池中高速旋转的零件或依靠附加的零件，将油池中的油溅散成飞沫向摩擦部件供油称为飞溅润滑。常用于密封的箱体内，如齿轮箱和减速器等	
喷雾润滑装置	利用压缩空气将油雾化，再经喷嘴喷射到润滑表面。有较好的润滑和冷却效果，缺点是排出的空气中有油雾粒子，会造成污染。多用于高速滚动轴承及封闭的齿轮、链条等	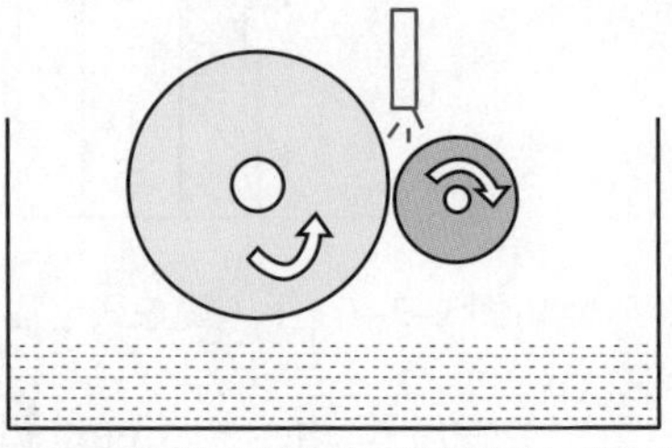

（2）脂润滑方式

1）手工润滑。利用脂枪把润滑脂从注油孔注入或者直接手工填入润滑部位，属于压力润滑方法，常用于高速运转而又不需要经常补充润滑脂的部位。

2）滴下润滑。将润滑脂装在脂杯里，向润滑部位滴下润滑脂进行润滑。

3）集中润滑。由脂泵将脂罐里的润滑脂输送到各管道，再经分配阀将润滑脂定时定量地分送到各润滑点。

二、机械传动的润滑

机械中的可动零部件在压力下接触而作相对运动时，其接触表面间就会产生摩擦，造成能量损耗和机械磨损，影响机械的运动精度和使用寿命。因此，在机械传动中，考虑降低摩擦，减轻磨损是非常重要的问题，其措施之一就是采用润滑。

1. 机械传动常用润滑剂的选用

（1）机械传动常用润滑油的选用

润滑油中使用最广泛的是矿物油。一般机械上用的润滑油，叫作全损耗系统用油。在润滑油品名前注有数字符号，表示同品名的不同黏度。例如，全损耗系统用润滑油有 L-AN5、L-AN7、L-AN10、L-AN15、L-AN22 等，数字越大，黏度就越大。

选用润滑油的类型主要依据运动速度、承载负荷、工作温度等。

（2）机械传动常用润滑脂的选用

与润滑油相比，润滑脂的流动性、冷却效果都较差，杂质也不易去除，因此，润滑脂多用于低、中速机械。机械常用润滑脂的品种很多，如钙基（皂）润滑脂和钠基（皂）润滑脂等。

1）钙基（皂）润滑脂（俗称牛油、黄油）用途最广，适用于工作温度不高、潮湿的金属摩擦件，如水泵轴承等。

2）钠基（皂）润滑脂的耐热性好，但不耐水。常用于高温重负荷处，如机车大轴轴承。

此外，机械常用润滑脂还有锂基（皂）润滑脂、铝基润滑脂、石墨润滑脂等，选用润滑脂的类型主要依据被润滑零件的工作温度、工作速度等。

2. 润滑方式的选择

机械传动润滑的方式一般有分散润滑和集中润滑两种。

分散润滑常用于润滑分散的或个别部件的润滑点，如使用便携式加油工具（油壶、油枪、手刷、氯溶胶喷枪等）对油池、油嘴、油杯、导轨表面等润滑点手工加油。

集中润滑要根据设备润滑点的分布情况，设计好相应的润滑系统线路，通过油管将润滑油输送到各个润滑点。集中润滑给油系统解决了传统人工分散润滑的不足之处，在机械运转时能定时、定点、定量地给予润滑，使机件的磨损降至最低，大大减少润滑油的使用量，在环保和节能的同时，降低机件的损耗和保养维修的时间，最终达到提高生产效益的最佳效果。

在选择润滑方式时，应参照摩擦副的种类和其运转条件、润滑剂的类型及性能、润滑方法的种类和供油条件等。

3. 选用润滑油或润滑脂的原则

（1）润滑油的选用原则

1）当设备负载要求比较大，速度较低时，应选择黏度高的润滑油，有利于润滑油膜的形成，对设备产生良好的润滑。

2）当设备运转速度较高时，应选择黏度低的润滑油，避免由于液体内部的摩擦，造成运行负载过大，引起设备发热。

3）当设备环境温度低时，应选择黏度较低的润滑油。

4）当设备转动部件间隙较大时，应选择黏度高的润滑油。

5）压力润滑、油绳润滑由于对流动性有较高的要求，应选择黏度低的润滑油。

（2）润滑脂的选用原则

1）当设备转速较低时，应选择锥入度小的润滑脂，反之，应选择锥入度大的润滑脂。

2）根据设备的工作温度选择合适的润滑脂，一般润滑脂的滴点温度应比设备工作温度低 15 ~ 20 ℃。

3）在潮湿的环境工作时，应选用钙基润滑脂；在较高温度工作时，应选用钠基润滑脂。

三、技能训练

1. 滚动轴承润滑

滚动轴承的润滑是为了降低摩擦阻力和减轻磨损，同时也有散热、缓冲、吸振、减少噪声以及防锈和密封等作用。因此，正确地润滑对滚动轴承的正常运转非常重要。滚动轴承所用润滑剂分为三大类，即润滑油、润滑脂和固体润滑剂。其中，润滑脂的应用最为广泛。

（1）润滑油润滑

润滑油的内摩擦较小，在高速和高温条件下仍具有良好的润滑性能。高速轴承一般采用浸油和飞溅润滑，如图 2-3-3 所示。当转速高于 10 000 r/min 时，需采用滴油或喷雾等方法进行润滑，如图 2-3-4 所示。

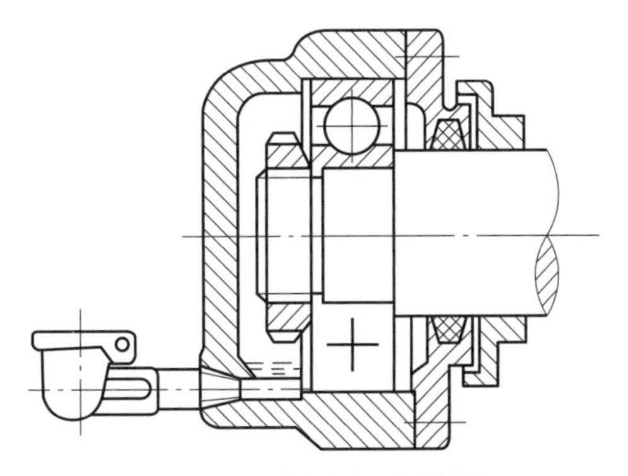

图 2-3-3　浸油和飞溅润滑

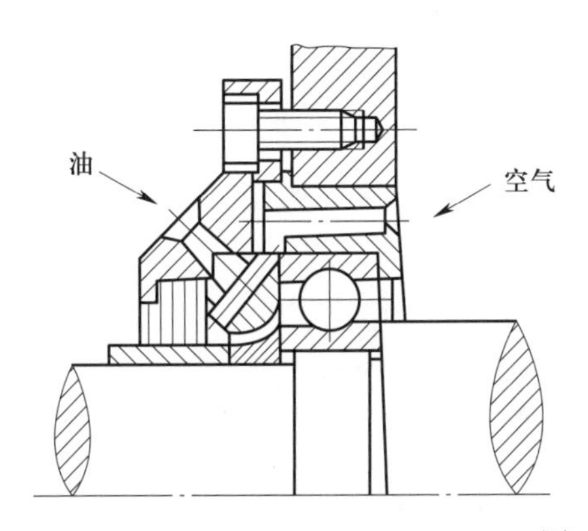

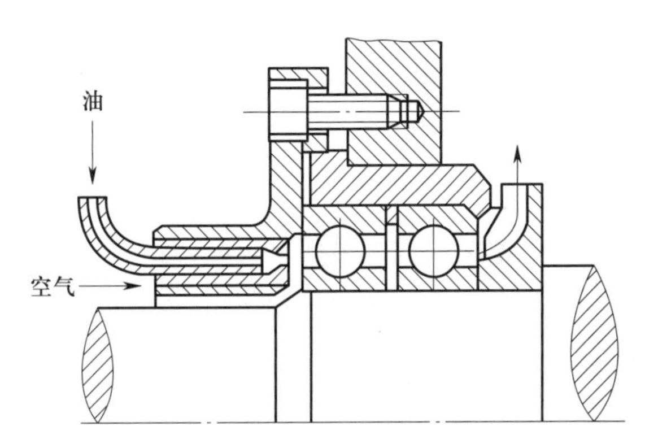

图 2-3-4　喷雾润滑

（2）润滑脂润滑

润滑脂不易渗漏，不需经常添加，而且密封装置简单，维护保养也较方便，并有防尘和防潮能力，但其内摩擦大，且稀稠受温度变化的影响较大。所以，润滑脂一般常用于转速和温度都不很高的场合。

（3）固体润滑剂润滑

当一般润滑油和润滑脂不能满足使用要求时，可采用固体润滑剂。常用的固体润滑剂是二硫化钼，它可以作为润滑脂的添加剂，也可用黏结剂将其黏结在滚道、保持器和滚动体上，形成固体润滑膜。

2. 齿轮传动的润滑

齿轮是机械传动中极为重要的零件，齿轮加工相对困难，因此加强齿轮的润滑，降低消耗，延长使用寿命，是装调中的工作重点。

（1）闭式齿轮传动的润滑

当齿轮的圆周速度 $v < 0.8$ m/s（轻载的闭式传动）时，一般采用润滑脂润

滑，否则应采用润滑油润滑。用润滑油润滑齿轮的方法主要采用浸油和飞溅润滑（图 2-3-5）及喷雾润滑（图 2-3-6）等。

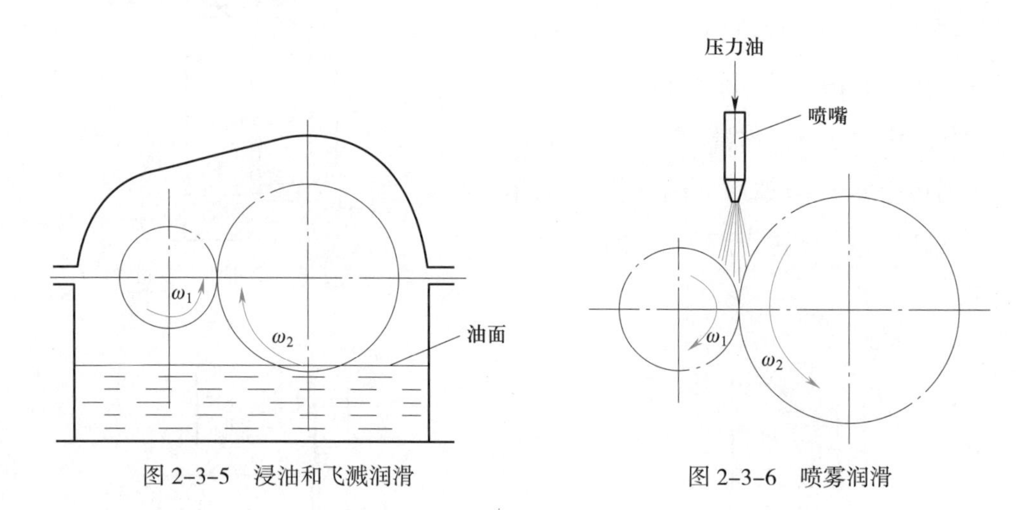

图 2-3-5 浸油和飞溅润滑

图 2-3-6 喷雾润滑

（2）开式、半开式齿轮传动的润滑

开式齿轮传动一般速度较低、载荷较大、接触灰尘和水分、工作条件差且油易流失。为维持润滑油膜，应采用黏度高、防锈性好的润滑油。速度不高的开式齿轮也可采用润滑脂。开式齿轮传动的润滑可用手工、滴油、浸油、飞溅润滑等方式供油。

3. 滚珠丝杠副的润滑

滚珠丝杠副的正常运行需要良好的润滑。润滑的方法与滚动轴承相同，既可以使用润滑油，也可以使用润滑脂。由于滚珠螺母作直线运动，丝杠上润滑剂的流失要比滚动轴承严重（特别是使用润滑油的时候）。

（1）润滑油

使用润滑油时，温度很重要。温度越高，油液就越稀（黏度变小）。滚珠丝杠副高速运行时温升非常小。因此，油的黏度变化不大。但是，润滑油确实会流失，要安装加油装置。

（2）润滑脂

使用润滑脂时，添加润滑剂的次数可以减少（因为流失的量比较小）。润滑脂的添加次数与滚珠丝杠的工作状态有关，一般每 500 ~ 1 000 h 添加一次润滑脂。可以安装加油装置，但并不是必需的。

思考与练习

1. 试述常用润滑剂的种类及性能特点。
2. 常用的润滑方式有哪些？各有何特点？
3. 试述集中润滑和分散润滑的区别。
4. 结合实践，试述机械传动中润滑油和润滑脂的选用方法。
5. 完成对机械传动装置润滑的练习。
6. 说出机械传动装置在润滑时应注意的事项。

模块三
带传动的安装与调试

带传动是当今工业机械中用于传送机械动力的主要方法之一，随着工业技术水平的不断提高，带传动目前被大量应用在各种自动化装配专机、自动化装配生产线、机械手及工业机器人等自动化生产机械中，同时还广泛应用于包装机械、仪器仪表、办公设备及汽车等行业，如图 3-1 所示。

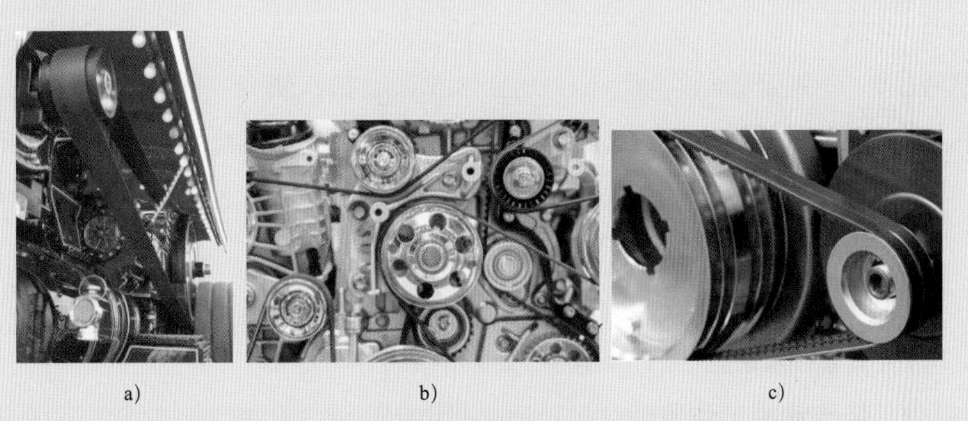

a)　　b)　　c)

图 3-1　带传动的应用

a）平带传动　b）带传动系统　c）V 带传动

课题 1 带传动概述

学习目标

1. 能说出带传动的组成，并掌握带传动的工作原理。
2. 了解常用带传动的特点、类型及应用。
3. 掌握 V 带传动的结构及主要参数。
4. 了解 V 带轮的材料和结构。
5. 能识读普通 V 带的标记，并进行相应计算。
6. 能对 V 带进行储藏。
7. 能对 V 带及带轮的特性进行判断。

一、带传动的组成与工作原理

带传动是一种常用的机械传动，是利用张紧在带轮上的传动带与带轮之间的摩擦力（或啮合）来传递运动和动力的。带传动具有工作平稳、噪声较小、结构简单、制造方便、不需要润滑、吸振，过载时因带传动会打滑可起保护作用，以及能适应两轴中心距较大的传动等优点，因此得到了广泛应用。但其缺点是传动比不准确（同步齿形带传动除外），传动效率低，带的使用寿命短。

1. 带传动的组成

带传动一般由固定于主动轴上的带轮（主动轮）、固定于从动轴上的带轮（从动轮）和紧套在两轮上的挠性带组成，如图 3-1-1 所示。

2. 带传动的工作原理

带静止时，两边带上的拉力相等。传动时，由于传递载荷的关系，两边带上的拉力会有一定的差值。拉力大的一边称为紧边（主动边），拉力小的一边称为松边

（从动边）。如图 3-1-1 所示，当主动轮按图示方向回转时，上边是紧边，下边是松边。

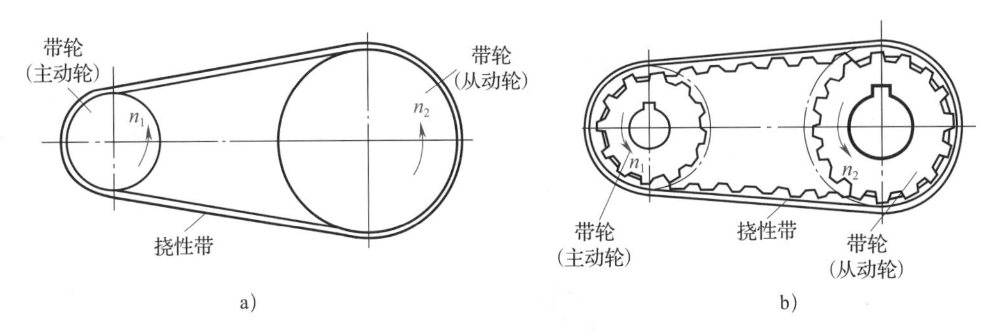

图 3-1-1 带传动的组成

a）摩擦带传动 b）啮合带传动

3. 带传动的传动比 i

机构中瞬时输入角速度与输出角速度的比值称为机构的传动比。因为带传动存在弹性滑动，所以传动比不是恒定的。在不考虑传动中的弹性滑移时，带传动的传动比只能用平均传动比来表示，其值为主动轮转速 n_1 与从动轮转速 n_2 之比，用公式表示为：

$$i_{12}=\frac{n_1}{n_2}=\frac{d_2}{d_1}$$

式中 n_1、n_2——主动轮的转速、从动轮的转速，r/min；

d_1、d_2——主动轮的直径、从动轮的直径，mm。

通常，V 带传动的传动比 $i \leqslant 7$。

二、带传动的类型

根据工作原理不同，带传动可分为摩擦型带传动和啮合型带传动两大类，其特点与应用见表 3-1-1。

表 3-1-1 带传动的类型、特点及应用

类型		图示	特点	应用
摩擦型带传动	平带		结构简单，带轮制造方便；平带质轻且挠性好	常用于高速、中心距较大、平行轴的交叉传动与相错轴的半交叉传动

续表

类型		图示	特点	应用
摩擦型带传动	V 带		承载能力大，是平带的 3 倍，使用寿命较长	一般机械常用 V 带传动
啮合型带传动	同步带		传动比准确，传动平稳，传动精度高，结构较复杂	常用于数控机床、纺织机械等传动精度要求较高的场合

三、V 带传动

V 带传动是由一条或数条 V 带和 V 带带轮组成的摩擦传动。V 带安装在相应轮槽内，以其两侧面与轮槽接触，而不与槽底接触。V 带传动的类型主要有普通 V 带传动、窄 V 带传动和多楔带传动三种形式，其中以普通 V 带传动的应用最为广泛。

1. V 带及带轮

（1）V 带

V 带是一种无接头的环形带，其横截面为等腰梯形，工作面是与轮槽相接触的两侧面，带与轮槽底面不接触，其结构如图 3-1-2 所示。

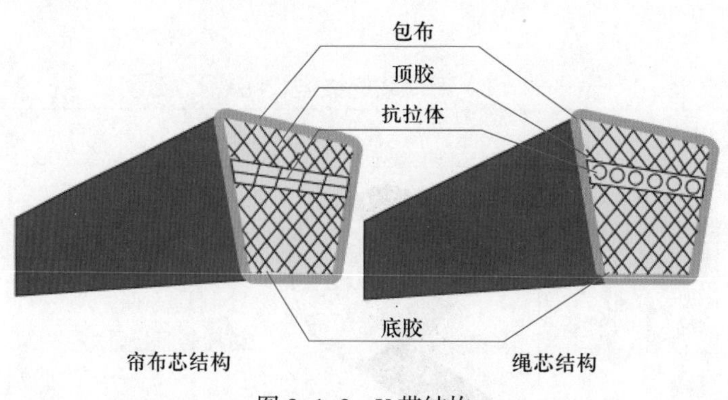

图 3-1-2　V 带结构

（2）V 带带轮

V 带带轮的常用结构有实心式、腹板式、孔板式和轮辐式四种，如图 3-1-3 所示。一般而言，基准直径较小时可采用实心式带轮；当带轮基准直径大于 300 mm 时，可采用轮辐式带轮。

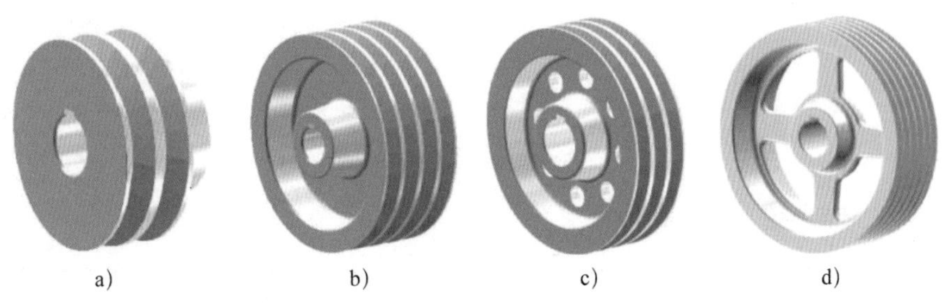

图 3-1-3　V 带带轮的常用结构

a）实心式　b）腹板式　c）孔板式　d）轮辐式

提示

普通 V 带带轮通常用灰铸铁制造，带速较高时可采用铸钢，功率较小的传动可采用铸铝合金或工程塑料等。

2. V 带传动的主要参数

（1）普通 V 带的横截面尺寸

楔角（带的两侧面所夹的锐角）α 为 40°、相对高度（h/b_p）近似为 0.7 的梯形截面环形带称为普通 V 带，其横截面如图 3-1-4 所示。其中，顶宽 b 为 V 带横截面中梯形轮廓的最大宽度，节宽 b_p 为中性层的宽度，高度 h 为梯形轮廓的高度。

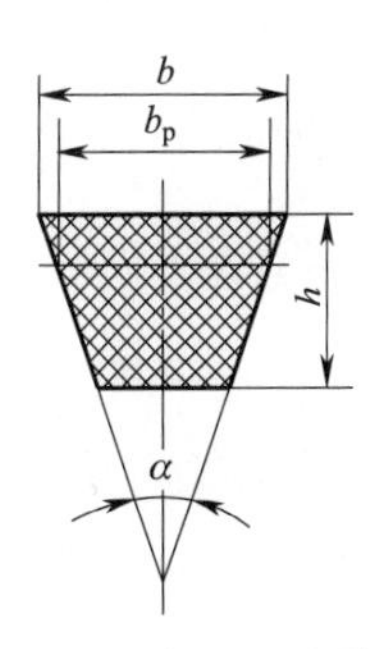

图 3-1-4　普通 V 带横截面

普通 V 带尺寸已经标准化，按横截面尺寸由小到大分为 Y、Z、A、B、C、D、E 七种型号，见表 3-1-2。在相同条件下，横截面尺寸越大，能传递的功率越大。

（2）V 带带轮轮槽角的选取

普通 V 带的楔角都是 40°，但安装在带轮上后，带弯曲会使其楔角 α 变小。为了保证带传动时带和带轮槽工作面接触良好，V 带带轮的轮槽角 φ（见图 3-1-5）要比 40°适当小些，一般取 34°、36°或 38°。小带轮角上 V 带变形严重，对应的轮槽角要小得多些，大带轮轮槽角则可小得少些。

表 3-1-2　普通 V 带截面尺寸（摘自 GB/T 11544—2012）

参数	V 带型号						
	Y	Z	A	B	C	D	E
节宽 b_p	5.3	8.5	11	14	19	27	32
顶宽 b	6	10	13	17	22	32	38
高度 h	4	6	8	11	14	19	23
楔角 α	40°						

（3）V 带带轮的基准直径 d_d

V 带带轮的基准直径 d_d 是指带轮上与所配用 V 带的节宽 b_p 相对应处的直径，如图 3-1-6 所示。

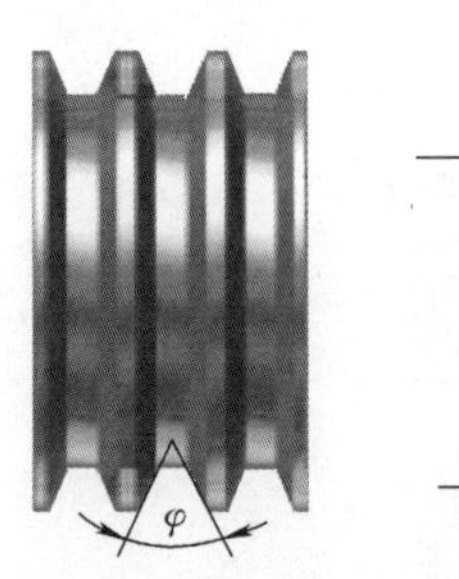

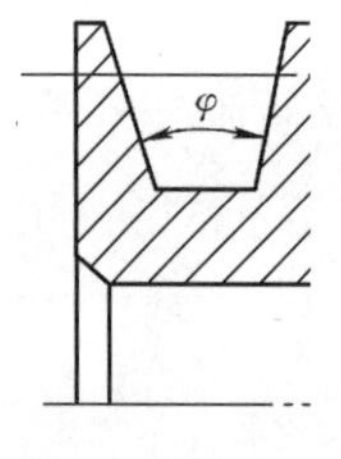

图 3-1-5　V 带带轮轮槽

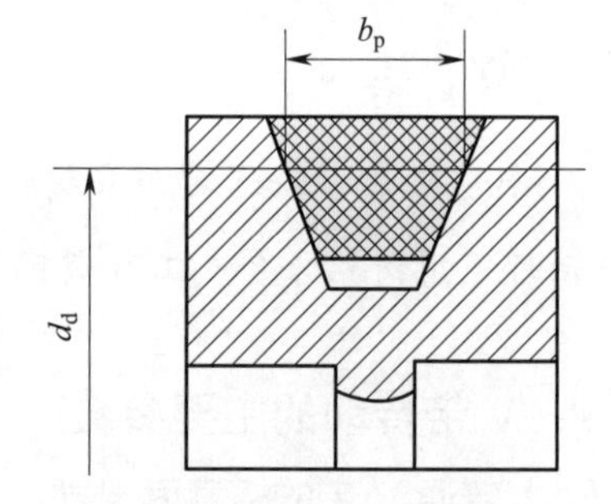

图 3-1-6　V 带带轮的基准直径 d_d

带轮的基准直径 d_d 是带传动的主要设计参数之一，d_d 的数值已标准化，应按国家标准选用标准系列值。在带传动中，带轮基准直径越小，传动时带在带轮上的弯曲变形越严重，V 带的弯曲应力越大，从而会降低带的使用寿命。为了延长传动带的使用寿命，对各型号的普通 V 带带轮都规定有最小基准直径 d_{dmin}。

普通 V 带带轮的基准直径 d_d 标准系列值见表 3-1-3。

表 3-1-3　普通 V 带带轮的基准直径 d_d 标准系列值（摘自 GB/T 13575.1—2008）

mm

槽型	Y	Z	A	B	C	D	E
d_{dmin}	20	50	75	125	200	355	500
d_d 的标准系列值	20、22.4、25、28、31.5、35.5、40、45、50、56、63、71、75、80、85、90、95、100、106、112、118、125、132、140、150、160、170、180、200、212、224、236、250、265、280、300、315、335、355、375、400、425、450、475、500、530、560、600、630、670、710、750、800、900、1 000、1 060、1 120、1 250、1 350、1 400、1 500、1 600、1 700、1 800、2 000、2 120、2 240、2 360、2 500						

(4) 小带轮的包角 α_1

包角是带与带轮接触弧所对应的圆心角，如图 3-1-7 所示。包角的大小反映了带与带轮轮缘表面间接触弧的长短。两带轮的中心距越大，要求小带轮包角 α_1 也越大，这样带与带轮接触弧也越长，带能传递的功率就越大；反之，带能传递的功率就越小。为了使带传动可靠，一般要求小带轮的包角 $\alpha_1 \geqslant 120°$。

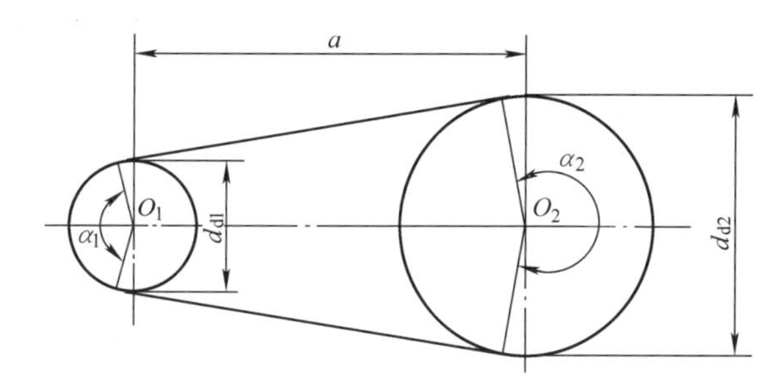

图 3-1-7　两带轮的中心距和带轮的包角

α_1—小带轮包角　α_2—大带轮包角　a—中心距

d_{d1}—小带轮的基准直径　d_{d2}—大带轮的基准直径

小带轮包角大小的计算公式为：

$$\alpha_1 \approx 180° - \left(\frac{d_{d2} - d_{d1}}{a}\right) \times 57.3°$$

(5) 中心距 a

中心距是两带轮中心连线的长度，如图 3-1-7 所示。两带轮的中心距越大，带的传动能力越高；但中心距过大，又会使整个传动尺寸不够紧凑，在高速时易使带发生振动，反而使带的传动能力下降。因此，两带轮的中心距一般为 (0.7 ~ 2)($d_{d1}+d_{d2}$)。

(6) 带速 v

带速 v 一般取 5 ~ 25 m/s。带速 v 过快或过慢都不利于带的传动。带速太低，在传递功率一定时，所需圆周力增大，会引起打滑；带速太高，离心力又会使带与带轮间的压紧程度减小，传动能力降低。

(7) V 带的根数 Z

V 带的根数影响到带的传动能力。根数多，传递功率大，所以 V 带传动中所需要的根数应按具体的传递功率大小而定。但为了使各带受力比较均匀，带的根数不宜过多，通常应小于 7。

3. 普通 V 带的标记

当 V 带绕带轮弯曲时，其长度和宽度均保持不变的面层称为中性层，如图 3-1-8 所示。在规定的张紧力下，沿 V 带中性层量得的周长称为基准长度 L_d，又称为 V 带节距长度。它主要用于带传动的几何尺寸计算和 V 带的标记，其长度已标准化，见表 3-1-4。

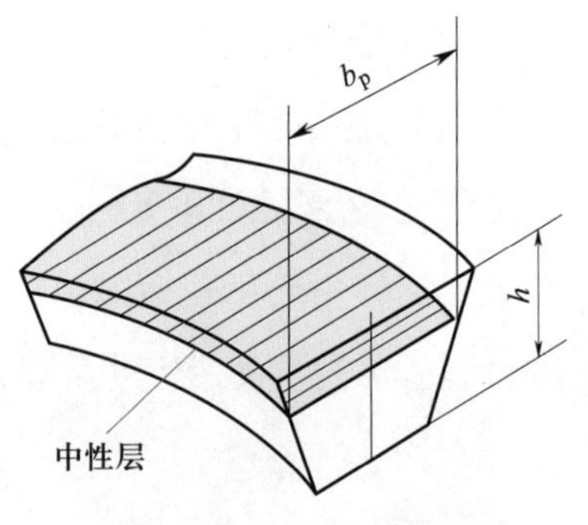

图 3-1-8　V 带中性层

b_p—中性层宽度　h—梯形轮廓的高度

表 3-1-4　普通 V 带的基准长度 L_d（摘自 GB/T 13575.1—2008）　mm

型号						
Y	Z	A	B	C	D	E
200	405	630	930	1 565	2 740	4 660
224	475	700	1 000	1 760	3 100	5 040
250	530	790	1 100	1 950	3 330	5 420
280	625	890	1 210	2 195	3 730	6 100
315	700	990	1 370	2 420	4 080	6 850
355	780	1 100	1 560	2 715	4 620	7 650
400	820	1 250	1 760	2 880	5 400	9 150
450	1 080	1 430	1 950	3 080	6 100	12 230
500	1 330	1 550	2 180	3 520	6 840	13 750
	1 420	1 640	2 300	4 060	7 620	15 280
	1 540	1 750	2 500	4 600	9 140	16 800
		1 940	2 700	5 380	10 700	
		2 050	2 870	6 100	12 200	
		2 200	3 200	6 815	13 700	
		2 300	3 600	7 600	15 200	
		2 480	4 060	9 100		
		2 700	4 430	10 700		
			4 820			
			5 370			
			6 070			

普通 V 带的基准长度 L_d 可以使用下面公式进行计算：

$$L_d=2a+\frac{\pi}{2}(d_{d1}+d_{d2})+\frac{(d_{d2}-d_{d1})^2}{4a}$$

式中　a——中心距，mm；

d_{d1}——小带轮的基准直径，mm；

d_{d2}——大带轮的基准直径，mm。

普通 V 带的标记由型号、基准长度和标准编号三部分组成，示例如下：

四、V 带的储存

V 带在储存中应避免阳光直射或者雨雪浸淋，保存在干燥、凉爽、通风良好处；储存中应防止与酸、碱、油类以及有机溶剂等物质接触，并防止机械损伤；储存期间应避免 V 带承受过大重量以免变形，最好将 V 带悬挂在托架上或平整地放在货架上。长的 V 带应正确卷绕、堆叠以节省空间。

五、技能训练

V 带的型号可以使用 V 带与 V 带带轮极限量规判定，而 V 带带轮以其外径与基准直径来描述其特性。在已知外径与 V 带类型时，基准直径可根据制造商提供的表格确定。

1. 检测 V 带特性

（1）用清洁布擦拭 V 带及 V 带带轮。

（2）将每片 V 带与 V 带轮极限量规放置于带轮上，直到找到最符合之处，如图 3-1-9 所示。

V 带与 V 带带轮极限量规如图 3-1-10 所示，符合标准规定的每个槽截面的各个标准角度，均应有一个极限量规。极限量规应标志有槽型和槽角。

极限量规的“最小”端用于检验槽角的最小值。符合规定的槽角，量规的底角与槽侧边应接触（图 3-1-11）或靠在槽侧边。

极限量规的“最大”端用于检验槽角的最大值、基准宽度、槽顶高 h_a 和槽底深 h_f。

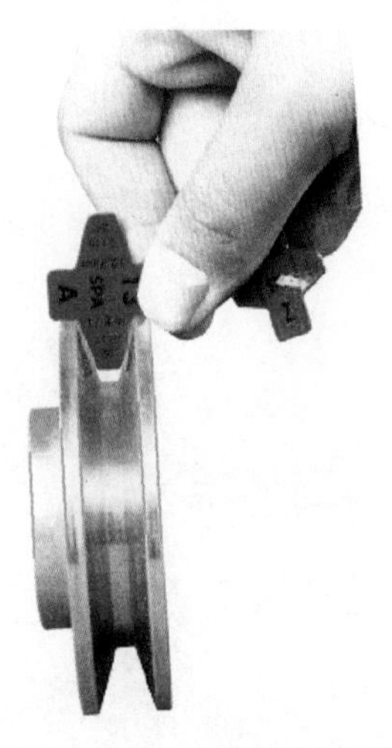

图 3-1-9　使用 V 带与 V 带带轮量规判断皮带类型

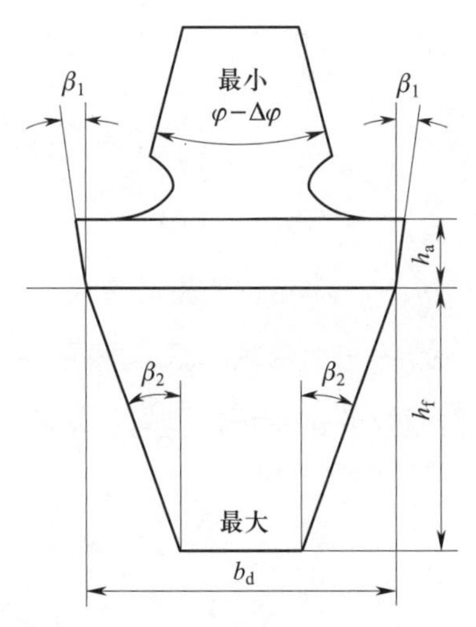

图 3-1-10　V 带与 V 带带轮极限量规

如果量规在宽度 b_d 处的角顶与槽侧边接触，并且量规的平台位于轮槽的直侧边以内（图 3-1-12a），则槽角、基本宽度、槽顶高 h_a 和槽底深 h_f 符合规定。

如果仅是量规“最大”端的角顶与槽接触，则槽角过大。如果量规的平台位于槽的直侧边以上，则基准宽度或槽顶高 h_a 过小（图 3-1-12b）。

如果量规与槽底接触，并且量规在 b_d 宽度处的角顶不接触槽的侧边，则槽深过小（图 3-1-12c）。

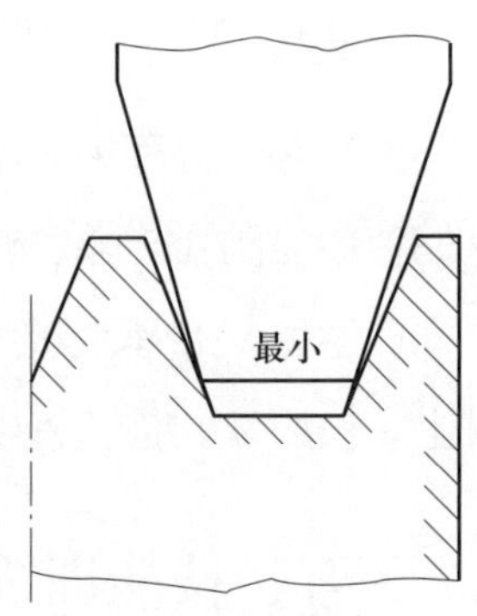

图 3-1-11　待检槽中的极限量规

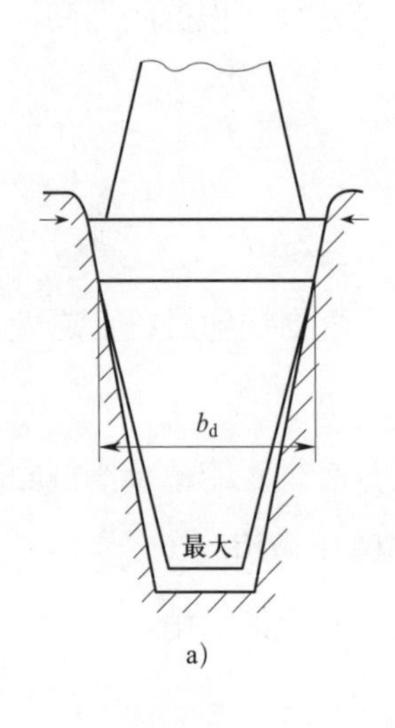

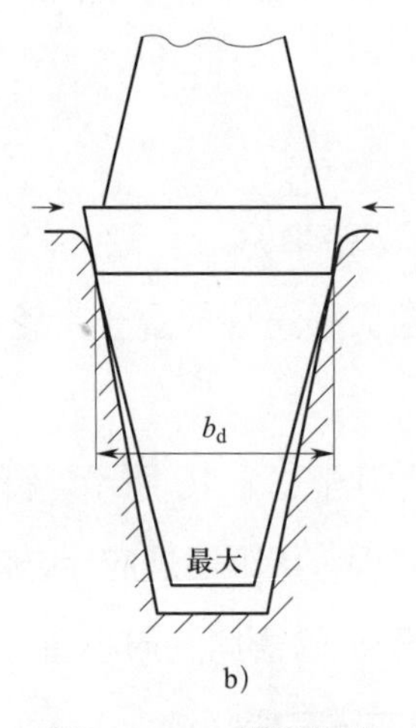

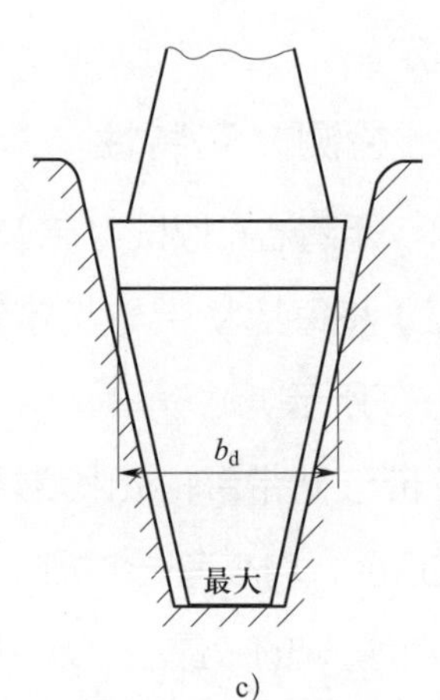

图 3-1-12　槽形检验

a）合格　b）不合格　c）不合格

（3）从相符 V 带与 V 带带轮极限量规中，判断相对应的 V 带。

（4）取下 V 带并使用游标卡尺测量 V 带横截面的高度与宽度。

（5）根据所测得的横截面，依据表格获得 V 带剖面。

2. 检测 V 带带轮特性

（1）使用游标卡尺，测量 V 带带轮的外径；

（2）根据 V 带带轮的外径，求出相应带轮的基准直径 d_d；

（3）选取 V 带基准长度。

不同型号带轮的外径与基准直径的换算是不一样的，一般比较容易测量到 V 带带轮的外径，可根据公式计算出基准直径：SPZ 基准直径 d_d= 外径 -4；SPA 基准直径 d_d= 外径 -5.5；SPB 基准直径 d_d= 外径 -7；SPC 基准直径 d_d= 外径 -9.6；A 或 SPA 的带轮最小外径尺寸为 80 mm，如小于该尺寸，特别是在高速的情况下，V 带容易出现分层及底部出现裂纹等缺陷。SPZ 的带轮，最小外径尺寸不小于 63 mm 即可。

思考与练习

1. 试述带传动的特点及工作原理。
2. 举例说明带传动的常见类型、特点及应用。
3. V 带带轮的常用结构有哪些？所用的材料是什么？
4. V 带带轮的基准直径有何含义。
5. 举例说明普通 V 带标记的组成。
6. 完成 V 带及 V 带带轮特性检测，并记录以下数据：相对应的 V 带类型及角度；V 带横截面尺寸数值（高度、宽度）；V 带带轮外径尺寸；V 带带轮基准直径；V 带基准长度。
7. 在进行 V 带及 V 带带轮特性检测时，请结合检测情况，说出操作中应注意哪些事项。

课题 2
V 带传动的安装与调试

学习目标

1. 能正确理解带传动的安装技术要求，掌握其安装要点。
2. 能对带轮和 V 带进行安装，安装方法和步骤合理、正确，动作熟练。
3. 能对安装后的带传动进行检查。

一、带传动的安装技术要求

1. 表面粗糙度

带轮轮槽工作面的表面粗糙度要适当，过小易使传动带打滑，传动不可靠；过大则传动带工作时易发热而加剧磨损，降低其使用寿命。其表面粗糙度一般取 $Ra3.2\ \mu m$，轮槽的棱边要倒圆或倒钝。

2. 安装精度

带轮在轴上的安装精度通常不得低于下述规定：带轮的径向圆跳动误差为（0.002 5 ~ 0.005）D（D 为带轮直径），轴向圆跳动误差为（0.000 5 ~ 0.001）D；安装后两轮槽的中间平面与带轮轴线垂直度误差为 ±30′；两个带轮的轴线应相互平行，相应轮槽的中间平面应重合，其误差不超过 ±20′，否则易使带脱落或加快带的侧面磨损。

3. 包角

带在带轮上的包角 α 不能太小。使用 V 带的小带轮的包角不能小于 120°，否则容易打滑。

4. 张紧力

带的张紧力对其传动能力、使用寿命和轴向压力都有很大影响。适当的张紧力是保证带传动能正常工作的重要因素。

二、带与带轮的安装

1. 带轮的安装要点

带轮孔与轴的连接一般采用过渡配合（H7/k6），这种配合有少量过盈，对同轴度要求较高。为了传递较大的转矩，需用键和紧固件等进行周向固定和轴向固定，如图 3-2-1 所示为带轮与轴的几种安装方式。

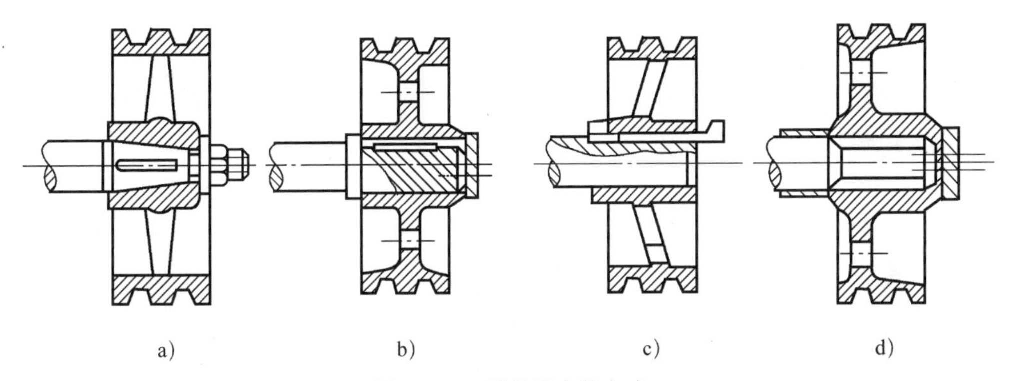

图 3-2-1 带轮的安装方式

a）锥轴螺母固定 b）平键挡圈固定 c）楔键固定 d）花键轴套固定

2. V 带的安装要点

V 带在轮槽中应有正确的位置。如图 3-2-2 所示，V 带顶面应与带轮外缘表面平齐或略高出一些，底面与槽底间应有一定间隙，以保证 V 带和轮槽的工作面之间充分接触。如高出轮槽顶面过多，则工作面的实际接触面积减小，使传动能力降低；如低于轮槽顶面过多，会使 V 带底面与轮槽底面接触，从而导致 V 带传动因两侧工作面接触不良而使摩擦力锐减，甚至丧失。

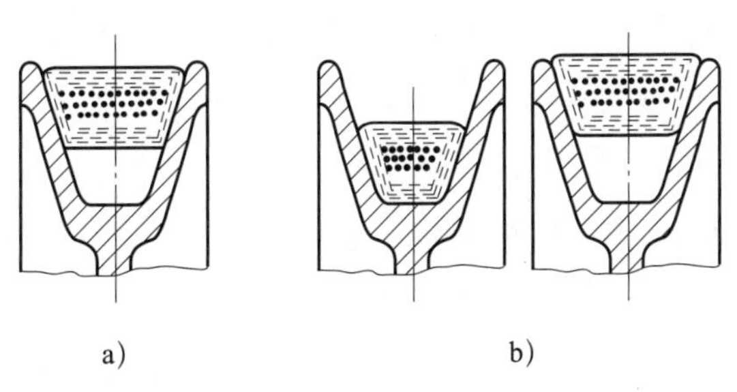

图 3-2-2 V 带在轮槽中的位置

a）正确 b）错误

三、技能训练

1. 带轮的安装

（1）安装带轮前，必须按轴和轮毂孔的键槽来修配键，然后清理安装面并涂上润滑油。

（2）将带轮装在轴上

把带轮装在轴上时，通常采用木锤锤击，螺旋压力机或油压机压装。由于带轮通常用铸铁制造，故当用锤击法装配时，应避免锤击轮缘，锤击点应尽量靠近轴心。如图 3-2-3a 所示是采用锤击法将轴压入带轮；也可用如图 3-2-3b 所示的双爪或三爪顶拔器将轴压入带轮；对于在轴上空转的带轮，应在压力机上将轴套或向心轴承先压入轮毂孔中，然后再将带轮装到轴上，如图 3-2-3c 所示。

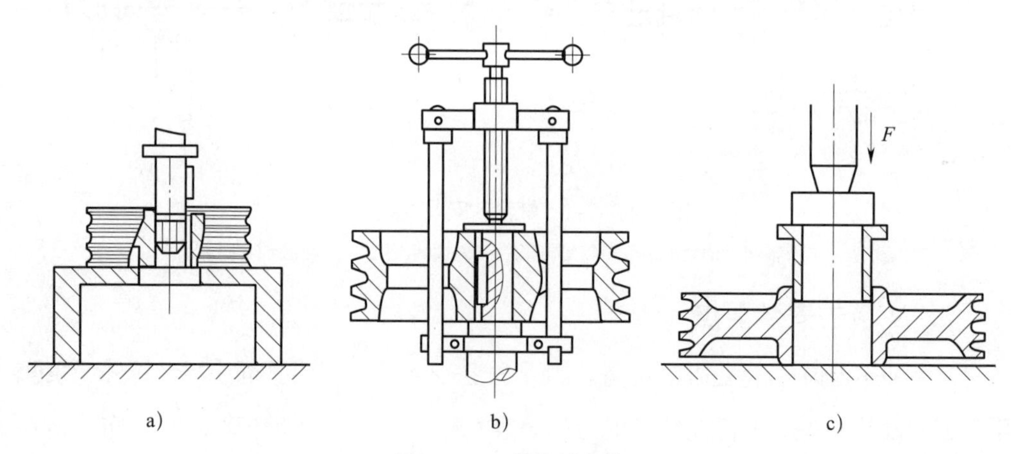

图 3-2-3　带轮的安装

a）用锤击法将轴压入带轮　b）用顶拔器将轴压入带轮　c）将轴套压入带轮轮毂内

（3）带轮检查

带轮装在轴上后，要检查带轮的径向圆跳动和端面圆跳动。通常用刻线盘或百分表来检查，检查方法如图 3-2-4 所示（如跳动量超差，可能是由于轴弯曲或带轮安装歪斜、键修配不正确造成偏心或带轮本身不合格等原因造成）。

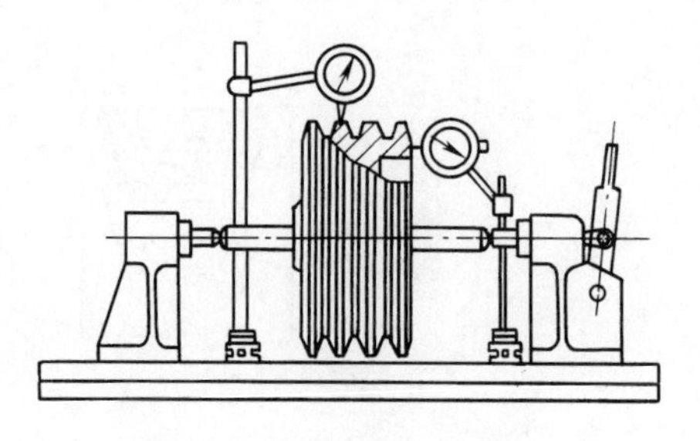

图 3-2-4　带轮跳动量检查

2. 带轮的对心

由于带轮安装是在 V 带安装前进行，因此必须确保安装的准确性。带轮未对心是引发带传动性能问题最常见的因素之一。两带轮相互位置不正确，会引起带张紧不均匀而过快磨损，产生较大噪声。

如图 3-2-5 所示，带轮相互位置不正确主要是两带轮倾斜或错位。

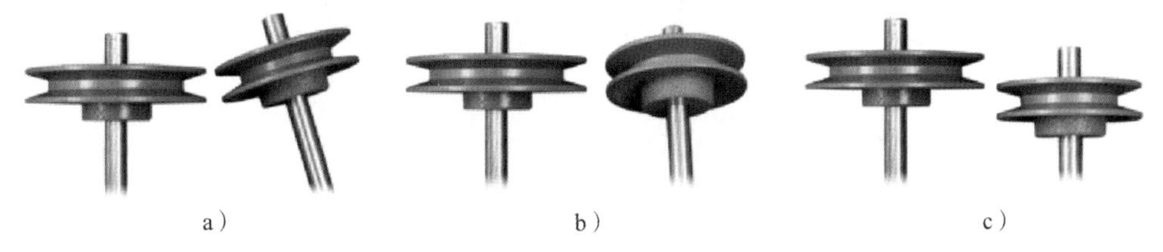

图 3-2-5　带轮的相互位置不正确

a）水平倾斜　b）垂直倾斜　c）错位

带轮相互位置正确性的检查方法如图 3-2-6 所示，中心距不大时用钢直尺进行测量，中心距较大时可用拉线法测量。

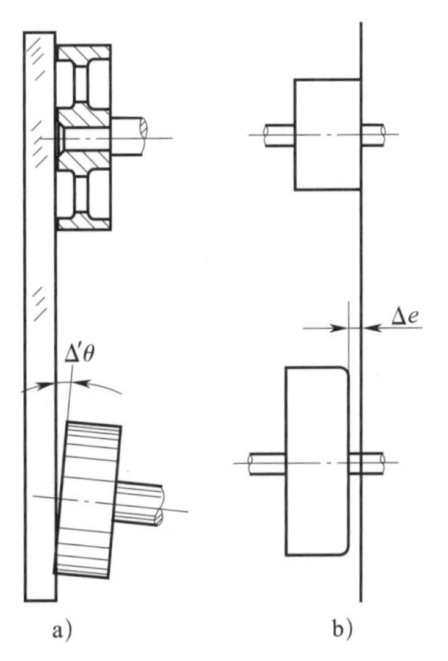

图 3-2-6　带轮相互位置正确性的检查

a）钢直尺测量　b）拉线法测量

3. V 带的安装

选择好型号后，先将 V 带套在小带轮轮槽中，然后套在大轮上，边转动大轮，边用一字旋具将带拨入带轮槽中（不要用带有锋利刃口的金属工具强行将带拨入轮槽，以免损伤带）。

4. 带传动机构安装的注意事项

（1）严格控制带轮的径向圆跳动和端面圆跳动。

（2）两带轮的端面一定要在同一平面内，轴线应相互平行。

（3）V 带安装时不能选错型号，不能新旧混用。

（4）带传动必须安装安全防护罩，不允许传动件外露。

（5）安装 V 带时，绝不允许直接用手拨撬 V 带，以防伤手。

（6）带轮在轴端应有固定装置，以防带轮脱轴。

（7）运行时带传动应平稳，声音要小而连贯，转动流畅不卡滞；不允许出现异常的振动及声响。

思考与练习

1．试述带传动的安装技术要求。

2．请说出 V 带在安装中与轮槽的正确位置，并阐述理由。

3．请按技能操作要求完成带轮的安装，并对安装好的带轮进行检查。

4．请完成 V 带的安装。

5．结合实践，试述带传动机构在安装过程中应注意的事项。

课题 3
V 带传动常见故障及维护

学习目标

1. 明确带传动对张紧力的要求。
2. 能对带传动的张紧力进行检查，并掌握其基本计算。
3. 了解常用的 V 带张紧装置。
4. 能对带传动系统进行定期维护，掌握带传动常见故障原因，并在识别故障后能迅速修复。
5. 能使用传动带张紧力测试仪测量皮带张紧力。
6. 能使用张紧轮对带传动张紧力进行调整。
7. 掌握带轮速度检测方法，并能进行转速相关计算。

一、张紧力的控制

1. 张紧力的要求

带传动是摩擦传动，适当的张紧力是保证带传动正常工作的重要因素。张紧力不足，带将在带轮上打滑，使带急剧磨损；张紧力过大则会使带的使用寿命降低，轴和轴承上作用力增大。合适的张紧力可通过计算确定。

2. 张紧力的检查

在检查 V 带张紧力时，可在带与带轮的切边中点处（图 3-3-1a）加一个垂直于传动带的载荷 G（一般可用弹簧秤挂上重物），通过测量带产生的下垂度（挠度）f 来判断实际的张紧力是否符合要求。有经验的装调人员也可用手感来判断紧边的张紧力是否恰当，如图 3-3-1b 所示，对中心距中等的一般 V 带传动，用拇指在 V 带与带轮两切点的中间处，以能将 V 带按下 15 mm 左右为宜。

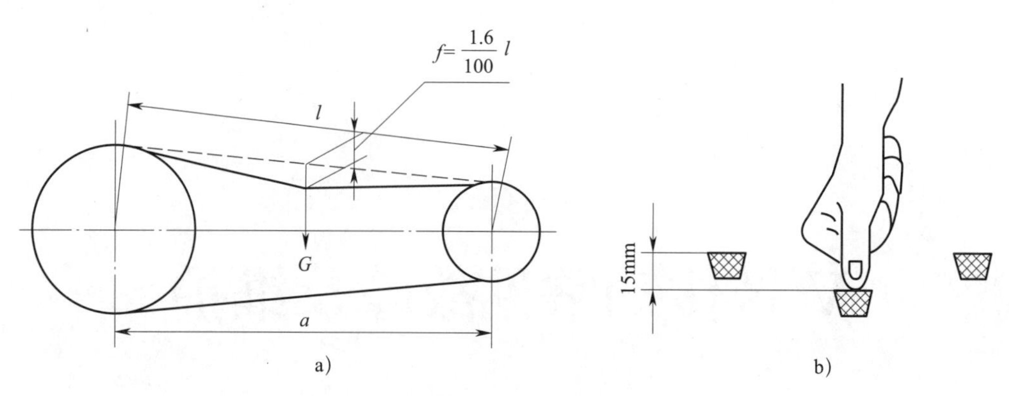

图 3-3-1　张紧力的检查

a）通过测量挠度检查张紧力　b）按下 V 带检查张紧力

3. 张紧力的基本计算

通常规定所需的张紧力 F_0，应在规定的测量载荷 G 作用下，使切边长 l 每长 100 mm 产生 1.6 mm 的挠度，即：

$$f=\frac{1.6}{100}l$$

测量载荷 G 的大小与 V 带型号、小带轮直径及带速有关，可按表 3-3-1 选取。

表 3-3-1　测定张紧力所需的测量载荷 G　N

带型		Z		A		B	
小带轮直径 d_1/mm		50 ~ 100	>100	75 ~ 140	>140	125 ~ 200	>200
带速 v/m · s^{-1}	0 ~ 10	5 ~ 7	7 ~ 10	9.5 ~ 14	14 ~ 21	18.5 ~ 28	28 ~ 42
	10 ~ 20	4.2 ~ 6	6 ~ 8.5	8 ~ 12	12 ~ 18	15 ~ 22	22 ~ 33
	20 ~ 30	3.5 ~ 5.5	5.5 ~ 7	6.5 ~ 10	10 ~ 15	12.5 ~ 18	18 ~ 27
带型		C		D		E	
小带轮直径 d_1/mm		200 ~ 400	>400	355 ~ 600	>600	500 ~ 800	>800
带速 v/m · s^{-1}	0 ~ 10	36 ~ 54	54 ~ 85	74 ~ 108	108 ~ 162	145 ~ 217	217 ~ 325
	10 ~ 20	30 ~ 45	45 ~ 70	62 ~ 94	94 ~ 140	124 ~ 186	186 ~ 280
	20 ~ 30	25 ~ 38	38 ~ 56	50 ~ 75	75 ~ 108	100 ~ 150	150 ~ 225

注：小带轮的直径小时取下限，直径大时取上限。

【例】V 带传动采用 B 型带，两带轮切点间距离 l=300 mm，小带轮直径为 130 mm，带速为 8 m/s。问检查其张紧力的测量载荷应为多少？允许挠度应为多少？

解：查表，每根 B 型带的测量载荷 G = 18.5 ~ 28 N，这里取 20 N。

计算挠度：

$$f=\frac{1.6}{100}l=\frac{1.6}{100}\times 300=4.8\ \text{mm}$$

若实测挠度大于计算值，说明张紧力小于规定值；反之，实测挠度小于计算值时，说明张紧力大于规定值。两种情况都需对张紧力作进一步调整。

4. V 带传动的张紧装置

在带传动机构中，都有调整张紧力的张紧装置。张紧装置的形式很多，其基本原理都是改变两带轮中心距以调整拉力的大小，如图 3-3-2 所示采用的是定期张紧装置，这是最简单的通用方法；而图 3-3-3 所示是自动张紧装置，它是靠电动机的自重或定子的反力矩张紧，多用于小功率的传动。当两带轮的中心距不可改变时，可应用张紧轮张紧，如图 3-3-4 所示。

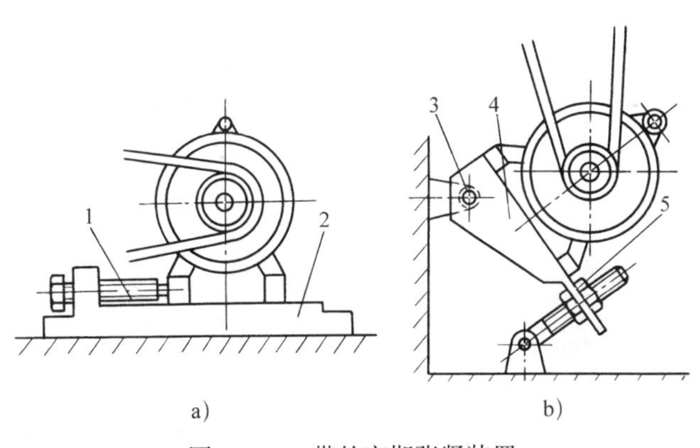

图 3-3-2　带的定期张紧装置

a）水平方向调节中心距　b）垂直方向调节中心距

1—调整螺钉　2—滑槽　3—固定轴　4—托架　5—调节螺母

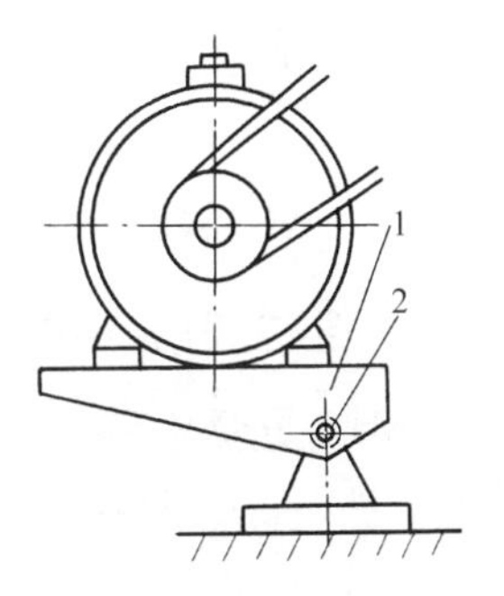

图 3-3-3　带的重力自动张紧装置

1—托架　2—固定轴

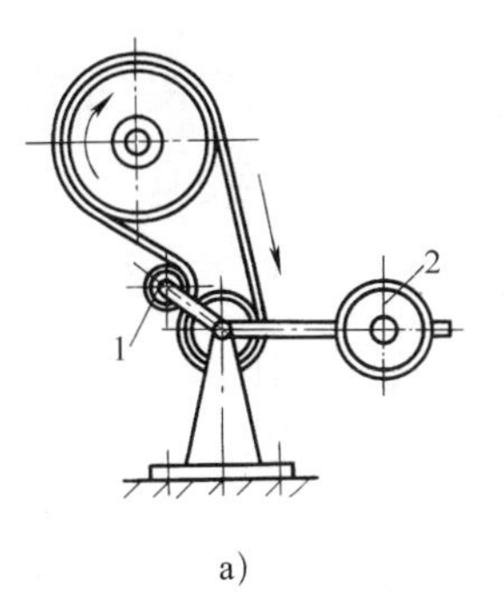

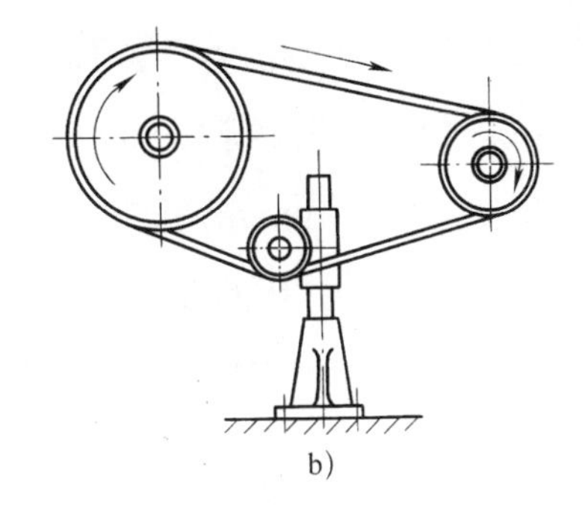

图 3-3-4　张紧轮装置

a）平带传动的张紧装置（张紧轮在外侧）　b）V 带传动的张紧装置（张紧轮在内侧）

1—张紧轮　2—平衡重锤

二、V 带传动常见故障及排除

带传动常见的损坏形式有轴颈弯曲、带轮孔与轴配合松动、带轮槽磨损、带拉长或断裂、带轮崩裂等。

1. 轴颈弯曲

带轮的动平衡不好，轴强度低或受载过大会导致轴颈弯曲。用划线盘或百分表在轴的外圆柱面上检查摆动情况，根据弯曲程度采用矫直或更换的方法修复。

2. 带轮孔与轴配合松动

这主要是孔轴之间相对活动产生磨损造成的。当带磨损不大时，可将轮孔用车床修圆修光，有时键槽也需修整，轴颈用镀铬、堆焊或喷镀法加大直径，然后磨削至配合尺寸。当磨损严重时，可将轮孔镗大后压装衬套，用骑缝螺钉固定。

3. 带轮槽磨损

随着带与带轮的磨损，带底面与带轮槽底部逐渐接近，最后甚至接触而将槽底磨亮。如槽底已发亮则必须换掉传动带并修复轮槽，可适当车深轮槽，然后再修整轮缘。

4. V 带拉长

V 带在正常范围内拉长，可通过调整中心距张紧。若超过正常的拉伸量，则应更换新带。更换 V 带时，应将一组 V 带同时更换，不得新旧混用，以免松紧不一致。

5. 带轮崩碎

受冲击或孔轴配合过紧会导致带轮崩碎，则必须更换新带轮。

三、V 带传动的保养

许多带传动问题都是因保养不当引起的，只有在日常进行良好的维护和正确的操作才能提高传动带的使用寿命和利用率，达到节约成本的目的。

1. 为保证安全生产和 V 带清洁，应给 V 带传动加防护罩，这样可以避免 V 带接触酸、碱、油等有腐蚀作用的介质及因日光曝晒而过早老化。

2. 要定期清理 V 带和带轮，检查 V 带是否有裂纹或磨损，如果磨损过量，则必须更换皮带。

3. 定期检查各传动带是否在同一平面上，以保证受力均匀。

4. 定期检查其余的传动部件，如轴承和轴套的对称，耐用性及润滑情况，以防止其他部件的问题而导致皮带损坏。

5. 应定期检查带传动。重要的传动系统一般每周或每两周就需要进行快速的目视与噪声检查，但大多数传动系统仅需每个月检查一次。

四、技能训练

1. 用传动带张力测试仪测量传动带张力

（1）用笔型传动带张力测试仪测量传动带张力

笔型传动带张力测试仪如图 3-3-5 所示，它由两个量表与两个 O 形圈组成。上量表指出偏转力，下量表指出所测的皮带跨距。

笔型传动带张力测试仪的测试方法如下：1）首先测量两带轮跨。2）将 O 形圈按跨度设置位置，O 形圈对应挠度即为标准。3）将测试仪垂直向下压皮带跨度中部的位置（图 3-3-6）。将其中一条传动带压到标准点 O 形圈的下边沿与未压弯的传动带上边沿对齐。4）读取压力的大小。当测试仪受压时，O 形圈向上滑动并保持位置可供读数，取 O 形圈下边沿对准的刻度。5）比较压力值，若传动带过紧或过松，即做相应调整。

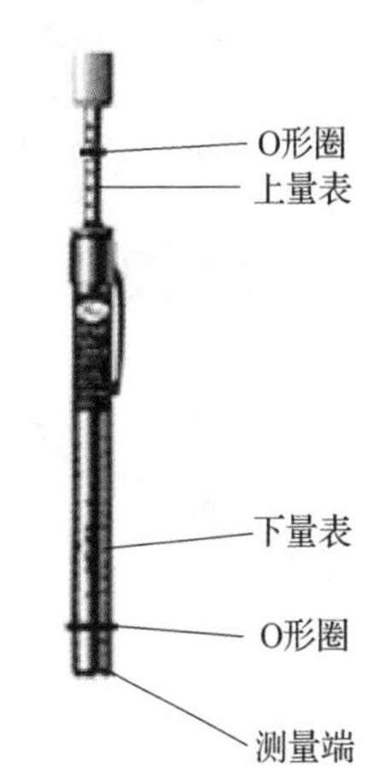

图 3-3-5　笔型传动带张力测试仪

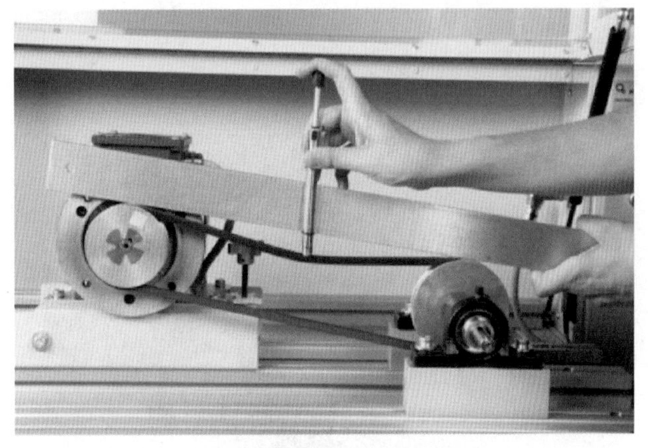

图 3-3-6　用笔型传动带张力测试仪检测张力

（2）用传动带频率计测量皮带张力

传动带频率计如图 3-3-7 所示，它由手握测量计和光学传感器组成。皮带频率计能够在不接触皮带的情况下测量张力。

传动带频率计测试张力的方法如下（见图 3-3-8）：1）输入量程长度和质量参数；2）将传感器置于传动带量程的中心，然后敲打传动带；3）在显示屏上查看已测量到的频率，可选牛顿或磅作为单位；4）根据上一步测量结果调整传动带张力，必要时再次进行测量。

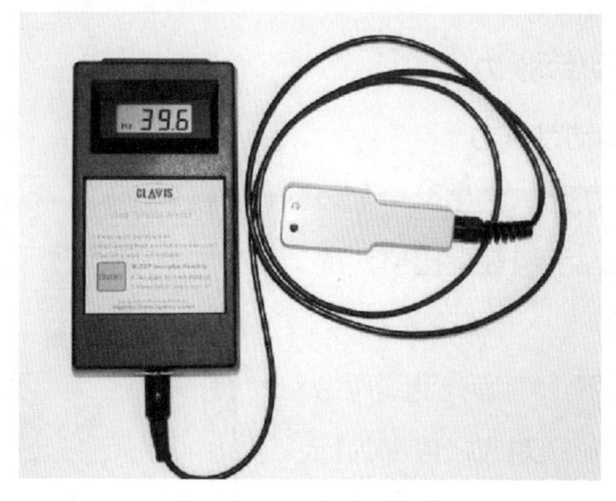

图 3-3-7　传动带频率计

图 3-3-8　传动带频率计测试张力

与笔型传动带张力测试仪相比，传动带频率计更精确，但价格也更高。

2. 使用张紧轮对带传动张力的调整

张紧轮是带传动的张紧装置，当传动带的中心距不能调节时，可以采用张紧轮将传动带张紧，如图 3-3-9 所示。它也是两轴中心距离较长的垂直传动最为需要的装置。张紧轮可以自动调节传动带的张力，另外有了张紧轮传动带运行更加平稳，噪声小了，而且可以防止打滑。

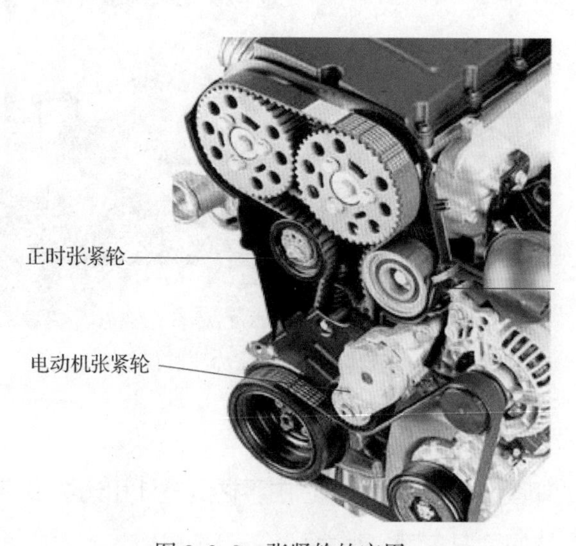

图 3-3-9　张紧轮的应用

（1）张紧轮安装位置的确定

张紧轮安装时，通常置于带的松边，因置于紧边需要的张紧力大，且张紧轮也容易跳动。张紧轮可装在松边内侧也可装在松边外侧。

张紧轮压装在松边内侧，如图 3-3-10 所示，有利于张紧力的调整。张紧轮应尽量靠近大带轮，以免小带轮上包角减小过多，降低传动带传动力。

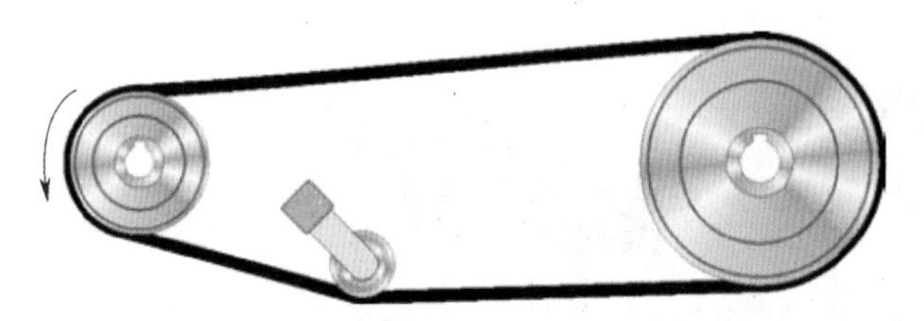

图 3-3-10　张紧轮压装在松边内侧

张紧轮压装在松边外侧，如图 3-3-11 所示，能增加接触弧度，减低中心距较长带来的振动。对于外侧张紧，如果靠近小带轮，则传动带曲率变化太大（因为小带轮半径小），会大大降低传动带寿命。这种装置形式常用于需要增大包角或空间受到限制的传动中。

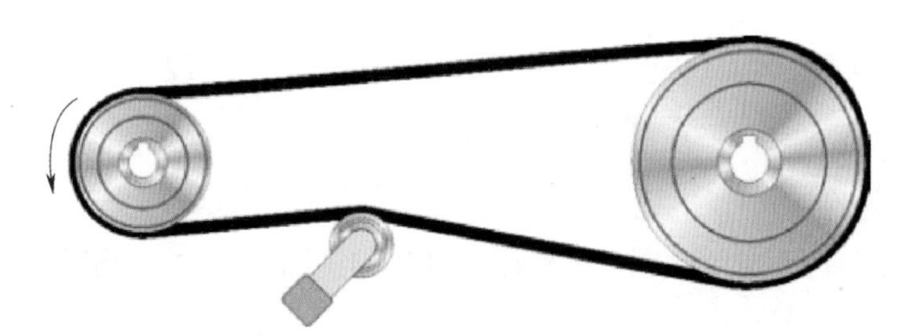

图 3-3-11　张紧轮压装在松边外侧

（2）张紧轮安装时应注意的事项

1）张紧轮张紧力不能过小，过小会让传动带与工作轮间摩擦力变小，最终导致传动带打滑。同样张紧轮张紧力不能过大，过大的张紧力会让皮带负荷加大，导致皮带损坏，同时导致工作轮的轴承损坏。

2）张紧轮一般应放在松边内侧，使带只受单向弯曲，同时还应尽量靠近大轮，以免过分影响小带轮的包角。若张紧轮置于松边外侧，则应尽量靠近小带轮。张紧轮的轮槽尺寸与带轮的相同，且直径小于小带轮的直径。

3）外侧张紧轮的定位方式应可适当增加在两带轮上的接触弧度。

4）当使用内侧张紧轮时，接触弧度可能减少。因此，张紧轮的位置应能使两带轮的接触弧度相等。

3. 带轮速度测量及计算

（1）带轮速度的测量

如图 3-3-12 所示，采用光反射转速计测量带轮速度。光反射转速计是通过被测量转轴上事先设定的反射记号，而后获得光线反射信号来完成物体转速测量的。

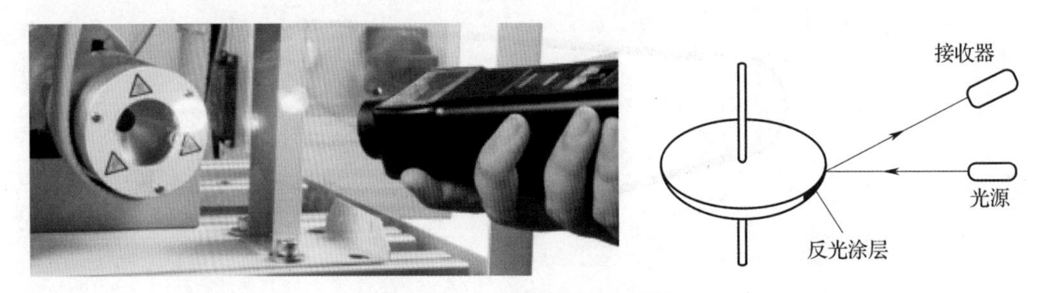

图 3-3-12　光反射转速计测量速度

（2）带轮传动相关计算

设电动机带轮（主动轮）直径、转速分别为 d_1、n_1，从动轮直径、转速分别 d_2、n_2，由机械传动原理可以得出带轮转速计算公式: $d_2/d_1=n_1/n_2=i$；即 $d_2=d_1\times(n_1/n_2)$。

假设电动机转速为 1 440 r/min，电动机带轮直径是 200 mm，从动轮要求转速为 760 r/min，那么从动轮的直径要多大呢?

把数值代入公式得出: $d_2=200\times(1\ 440/760)\approx 378.9$ mm。

因为直径与转速成反比以及带传动可能的转速滑动损失，所以从动轮直径的大小可以这样来选择: 需要从动轮转动得快一些，则从动轮直径可以比计算值小一些，可取 370 mm，反之则可以取值大一些，如取 380 mm。

思考与练习

1. 带传动对张紧力有何要求？试述检查张紧力的方法。
2. 常用 V 带传动张紧装置有哪些？
3. 试述带传动常见故障及排除方法。
4. 结合实践，简述如何做好带传动的保养。

5．常用传动带张力测试仪有哪几种？请举例说明，并说出它们的特点。

6．完成笔型传动带张力测试仪或皮带频率计测试张力的练习，并总结注意事项。

7．请简述张紧轮安放的正确位置，并说明原因。

8．完成使用张紧轮对皮带传动张力调整的练习。

课题 4
同步带传动的安装与调试

学习目标

1. 熟悉同步带的组成、工作原理及特点。
2. 了解同步带的类型及参数。
3. 能对同步带传动进行安装，掌握其装配要点。
4. 能对同步带张紧力进行调整。

一、同步带传动的组成与工作原理

1. 同步带传动的组成

同步带传动一般是由同步带轮和紧套在两轮上的同步带组成，如图 3-4-1 所示。同步带内周有等距的横向齿。

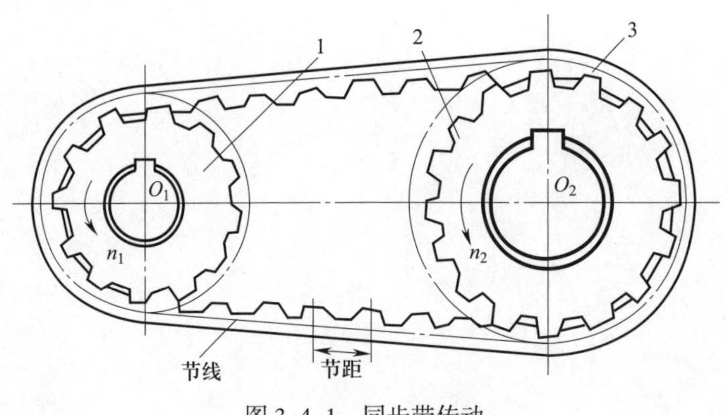

图 3-4-1　同步带传动

1、2—同步带轮　3—同步带

2. 同步带传动的工作原理

同步带传动是一种啮合传动，兼有带传动和齿轮传动的特点。由于同步带传动是依靠同步带齿与同步带轮齿之间的啮合实现传动，两者无相对滑动，从而使圆周带速度同步（故称为同步带传动）。

与摩擦型带传动相比，同步带传动的优点是传动平稳、冲击小，传动比准确，传递功率范围大（最高可达 200 kW），允许的线速度范围大（最高速度可达 80 m/s），无须润滑（省油且无污染），传动机构比较简单，维修方便，运转费用低。但缺点是制造要求高，安装时对中心距要求严格，成本较高。

二、同步带的类型

同步带有单面带（单面有齿）和双面带（双面有齿）两种类型，如图 3-4-2 所示。

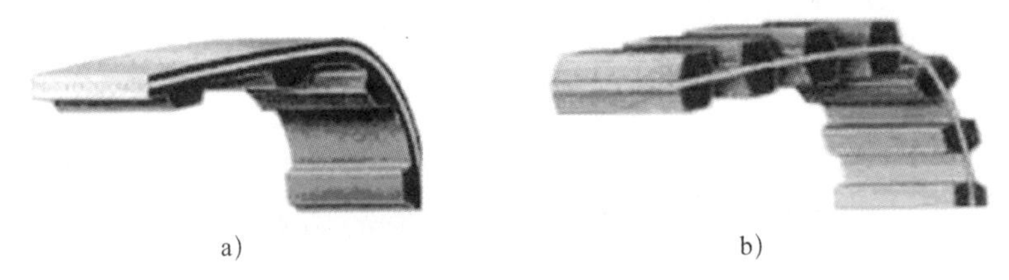

a) b)

图 3-4-2 同步带的类型

a）单面带 b）双面带

同步带带体由强力层、带齿层、包布层和胶层组成，如图 3-4-3 所示。强力层为抗拉强度很高的芯绳，通常是经表面处理的玻璃纤维、聚芳酰胺纤维或钢丝绳。该层主要承受负载的拉力。带齿层是同步带与带轮接触的部分，其齿根线大致处于节线的位置，保证弯曲时无周节变化。其齿形必须准确、不易变形，才能精确地传递运动。包布层包裹在整个带齿层上，起到保护、防开裂的作用。胶层也称带背，它的主要功能是将强力层的抗拉材料粘在带的节线位置，并保护抗拉材料。

同步带带轮（图 3-4-4）的齿形一般为渐开线齿形，为防止同步带从带轮上滑落，带轮侧边应装挡圈。

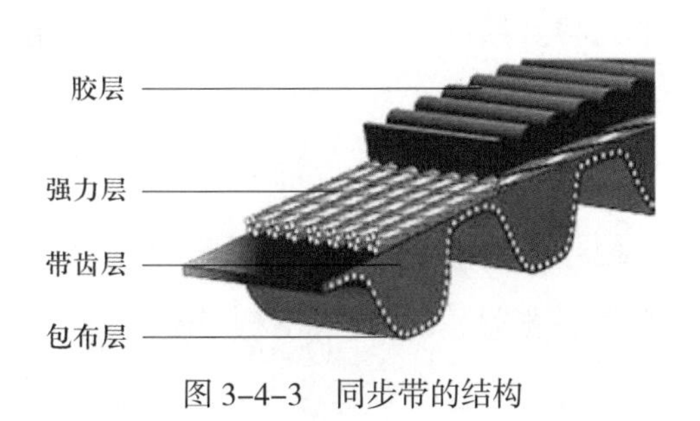

图 3-4-3 同步带的结构

图 3-4-4 同步带带轮

三、同步带及带轮的参数

如图 3-4-5 所示，在规定的张紧力下，相邻两齿中心线的直线距离称为节距，用 p 表示。节距是同步带传动最基本的参数。当同步带垂直于其底边弯曲时，在带中保持原长度不变的任意一条线称为节线，节线长用 L_p 表示。

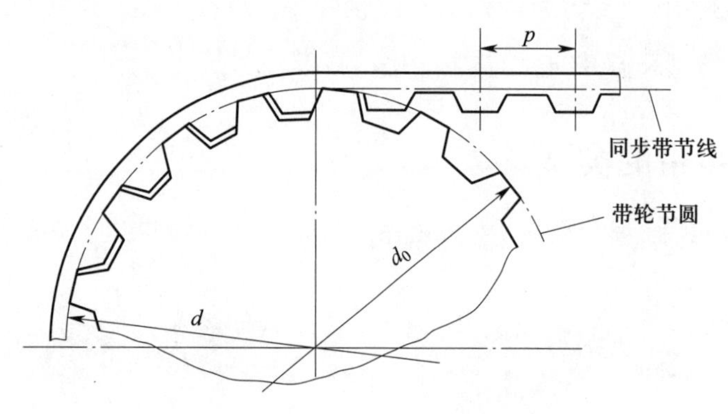

图 3-4-5　同步带及带轮的参数

d—带轮节圆直径　d_0—带轮实际外圆直径

四、同步带的应用

同步带广泛应用于仪表、仪器、机床、汽车、轻工机械、石油机械等机械传动中。

五、技能操作

1. 同步带传动的安装

同步带传动的安装与 V 带传动相一致。

（1）安装前注意事项

1）同步带必须表面整洁、传动带没有扭曲变形、带齿饱满。

2）同步带严禁曲折，以免损伤骨架材料，影响传动带强度。

3）更换同步带时，必须使传动带的张力降到最低，才能取出，严禁同步带在有高张力的情况下，利用非专业的工具强行撬下来。

（2）同步带的安装方法

1）安装同步带时，如果两带轮的中心距可以移动，必须先将带轮的中心距缩短，装好同步齿形带后，再使中心距复位。若有张紧轮时，先把张紧轮放松然后装上同步带，再装上张紧轮。

2）往带轮上装同步带时，切记不要用力过猛，或用螺钉旋具硬撬同步带，以防止同步带中的抗拉层产生外观觉察不到的折断现象。

3）控制适当的初张紧力。过高的张紧力容易缩短带的寿命；使压轴力增大，轴承容易损坏。过低的初张紧力会使带在运转中容易发生跳齿现象。在跳齿瞬间，可能因张紧力过大而使传动带断裂；系统传递精度变差；振动及噪声变大。

4）同步带传动中，两带轮轴线的平行度要求比较高，否则同步带在工作时会产生跑偏，甚至跳出带轮。两轴线不平行还会引起压力不均匀，使带齿过早磨损。同步带两带轮轴安装位置如图 3-4-6 所示。

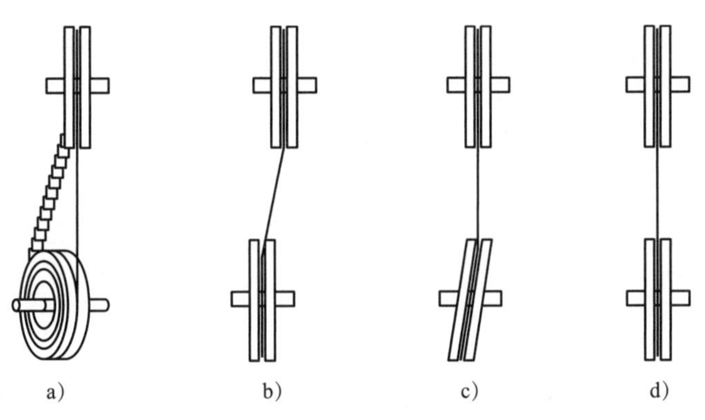

图 3-4-6　同步带两带轮轴安装位置

a）、b）、c）不正确　d）正确

5）支撑带轮的机架，必须有足够的刚度，否则带轮在运转时就会造成两轴线的不平行。

2. 同步带的张紧

在同步带传动中，张紧力是通过在带与带轮的切边长中点处加一垂直于带边的测量载荷 F，使其产生规定的挠度 D 来控制的（图 3-4-7），其正确张紧时的规定挠度 D 与距离 a 成正比，可通过下式得出：

$$D=a/64$$

根据带的宽度和类型，通过查表 3-4-1 可以确定测量同步带预紧力所需的测量力 F 的大小。

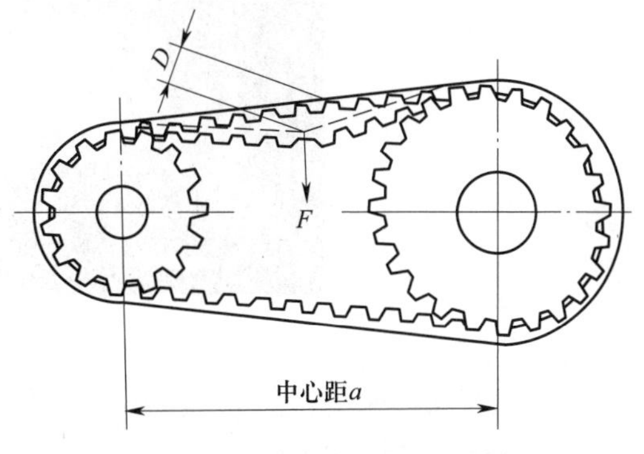

图 3-4-7　同步带张紧力的控制

表 3-4-1 测量同步带张紧力所需的测量力 F N

带宽 /in	类型			
	XL	L	H	XH
1/4	1.6	—	—	—
5/16	2.1	—	—	—
3/8	2.8	3.7	—	—
1/2	4.3	5.7	13.6	—
3/4	6.8	9.1	22.7	—
1	10.2	13.6	32	41
$1\frac{1}{2}$	15.9	20.4	50	64
2	—	29.5	68	86
3	—	45	107	136
4	—	—	145	190

注：1 in=25.4 mm。

测量时，F 可以用弹簧秤来测量。

目前，许多企业广泛使用同步带张力仪（图 3-4-8），通过测量带的振动频率来检查同步带的张紧程度。该测量方法操作方便，测量准确。基本原理是，当一个力作用在同步带上，引起同步带振动，张力仪将提取同步带的自然振动频率，并显示张紧频率数值。带的振动频率可查阅设备使用手册，根据实际测量频率调节中心距。

同步带张紧的方法与 V 型带相同。

图 3-4-8 同步带张力仪

思考与练习

1. 简述同步带传动的工作原理及优缺点。
2. 举例说明同步带常见的类型。
3. 同步带传动在安装前应注意哪些事项?
4. 完成同步带安装的练习，结合实践，说出同步带安装中的装配要点。
5. 为什么要控制同步带传动的张紧力? 如何检查与调整同步带张紧力?
6. 完成同步带张紧的练习，结合实践，谈谈在练习中出现的问题。

模块四 链传动的安装与调试

中国是自行车“王国”，自行车的动力传递就是链传动的具体运用。链传动广泛应用于轻工、石油化工、矿山、农业、运输、起重、机床等机械设备中，如图 4-1 所示。链传动用于两轴平行、中心距较远、传递功率较大且平均传动比要求准确，不宜采用带传动或齿轮传动的场合。

a)

b)

图 4-1　链传动的应用

a）自行车　b）工业机械传动装置

课题 1
链传动概述

学习目标

1. 能说出链传动的组成、工作原理、应用及特点。
2. 掌握链传动的传动比。
3. 了解常用链传动的类型。
4. 了解滚子链的主要参数和标记。
5. 正确选用链条，并掌握链轮及链条的拆卸。

一、链传动及其传动比

1. 工作原理

链传动机构由主动链轮、链条、从动链轮组成。链轮上制有特殊齿形的齿，通过链轮轮齿与链条的啮合来传递运动和动力，如图 4-1-1 所示。

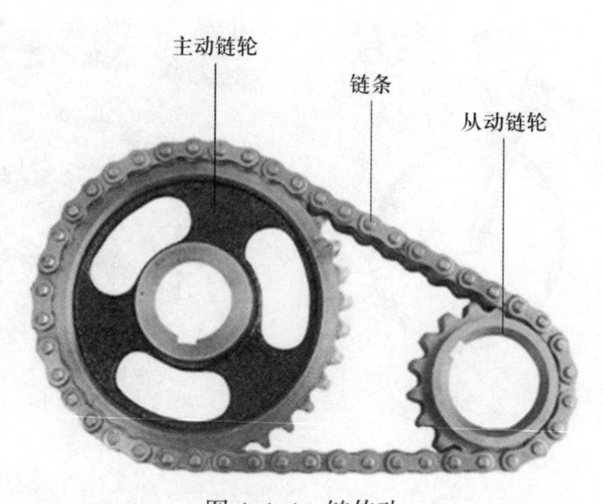

图 4-1-1 链传动

2. 传动比

设在某链传动中，主动链轮的齿数为 z_1，从动链轮的齿数为 z_2，主动链轮每转过一个齿，从动链轮也转过一个齿。当主动链轮的转速为 n_1、从动链轮的转速为 n_2 时，单位时间内主动链轮转过的齿数 n_1z_1 与从动链轮转过的齿数 n_2z_2 相等，即：

$$n_1z_1=n_2z_2 \quad 或 \quad \frac{n_1}{n_2}=\frac{z_2}{z_1}$$

主动链轮的转速 n_1 与从动链轮的转速 n_2 之比，称为链轮传动的传动比，表达式为

$$i_{12}=\frac{n_1}{n_2}=\frac{z_2}{z_1}$$

式中　n_1、n_2——主、从动齿链轮的转速，r/min；

z_1、z_2——主、从动链轮的齿数。

3. 链传动参数的选用

（1）节距

链条的相邻两销轴中心线之间的距离称为节距，以符号 p 表示（图 4-1-2）。节距是链的主要参数，链的节距越大，链传动各部分尺寸也需要相应增大，承载能力越强，传动能力越大，但传动的振动、冲击和噪声会越严重，平稳性也会越差。因此，选用链传动时，在满足传递功率的前提下，应选用较小节距的单排链。在高速、大功率时，应选用小节距的双排链或者多排链。

（2）链节

链节是组成链条的基本结构单元。每个链节在链条的纵向（链条的长度方向）含有一个节距。滚子链的长度用节数来表示，当链节数为偶数时，连接方式可采用可拆卸的外链板连接，接头处用开口销（图 4-1-3a）或弹簧夹（图 4-1-3b）固定。当链节数为奇数时，需用过渡链节（图 4-1-3c）。过渡链节制造复杂，不仅抗拉强度较低，而且链板工作时会受到附加的弯矩，故链节数应尽量取偶数，以避免使用过渡链节。

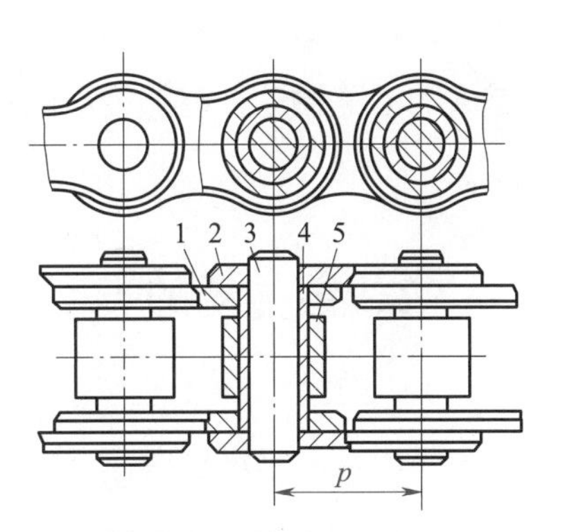

图 4-1-2　链条结构及节距

1—内链板　2—外链板　3—销轴

4—套筒　5—滚子

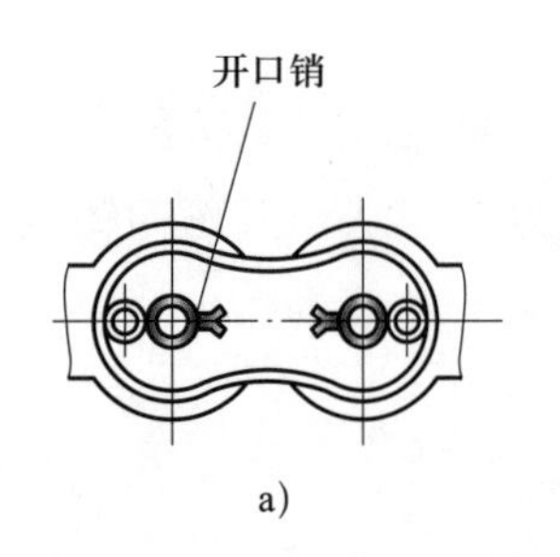

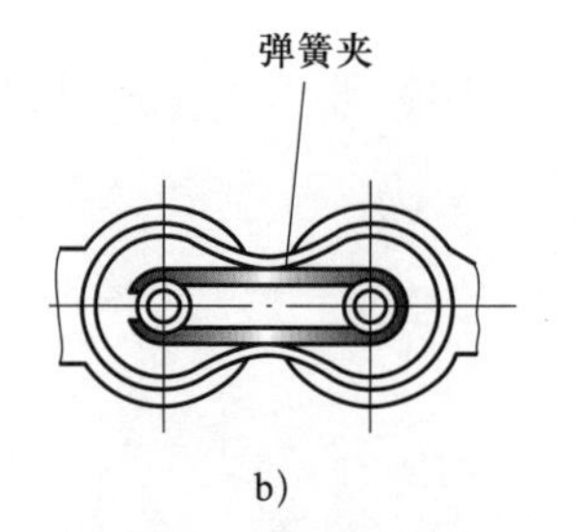

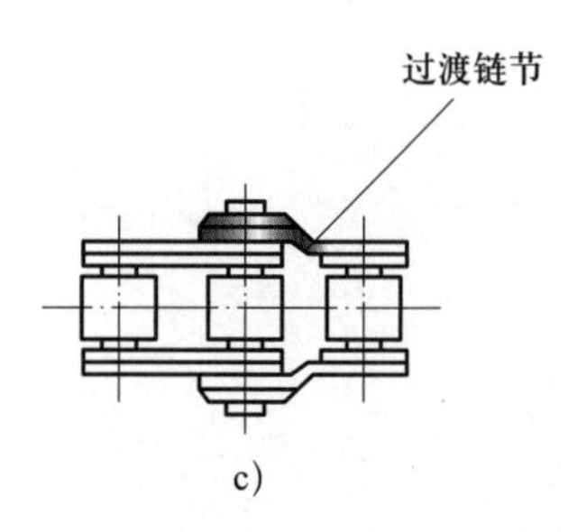

a)　　b)　　c)

图 4–1–3　链节连接方式

a）开口销　b）弹簧夹　c）过渡链节

（3）链轮齿数

链轮的齿数对传动的平稳性和使用寿命都有很大影响。齿数选得越少，传动越不平稳，冲击、振动越剧烈。链轮齿数太多除了使传动尺寸增大外，还会因链条磨损严重而导致节距变大，易引起脱链。因此，为了保证传动平稳，减少冲击和动载荷，小链轮齿数 z_1 不宜过小，一般 z_1 应大于 17，大链轮的齿数 z_2 应小于 120。

（4）链速

为了防止链传动因链速变化而产生过大的冲击、振动和噪声，必须对链速加以限制，通常滚子链的链速应小于 12 m/s。

（5）中心距

在链速不变的情况下，中心距过小会使链节在单位时间里承受载荷的次数增多，加剧疲劳和磨损，同时小轮的包角减小，受力的齿数也减少，使轮齿受力增大；反之，若中心距过大，由于链条自重而产生的下垂度增加，致使松边易发生过大的上下颤动，增加传动的不稳定性。一般取中心距 $a=(30\sim50)p$，p 为节距。

二、链传动的类型及结构

1. 类型

链传动的类型按用途分为传动链（图 4–1–4）、输送链（图 4–1–5）和起重链（图 4–1–6）。传动链的种类繁多，最常用的是滚子链和齿形链。本节重点介绍滚子链。

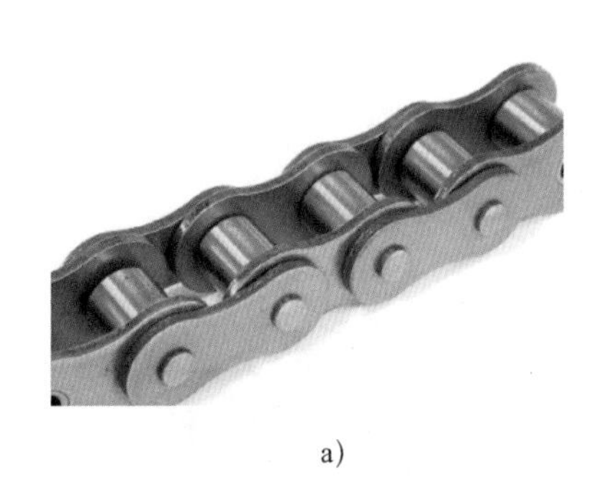

a)　　b)

图 4-1-4　传动链

a）滚子链　b）齿形链

图 4-1-5　输送链

图 4-1-6　起重链

2. 滚子链

（1）滚子链的结构

滚子链由内链板、外链板、销轴、套筒、滚子等组成，如图 4-1-7 所示。销轴与外链板、套筒与内链板均采用过盈配合固定；而销轴与套筒、滚子与套筒之间则为间隙配合，以保证链节屈伸时，内链板与外链板之间能相对转动。套筒、滚子与销轴之间也可以自由转动。滚子装在套筒上，可以自由转动。当链条与链轮啮合时，滚子与链轮轮齿相对滚动，两者之间主要是滚动摩擦，从而减小了链条和链轮轮齿的磨损。

当需要承受较大载荷、传递较大功率时，可使用多排链，如图 4-1-8 所示。多排链相当于几个普通的单排链彼此之间用长销轴连接而成，其承载能力与排数成正比，但排数越多，越难使各排受力均匀，因此排数不宜过多，常用的有双排滚子链（图 4-1-8a）和三排滚子链（图 4-1-8b）。

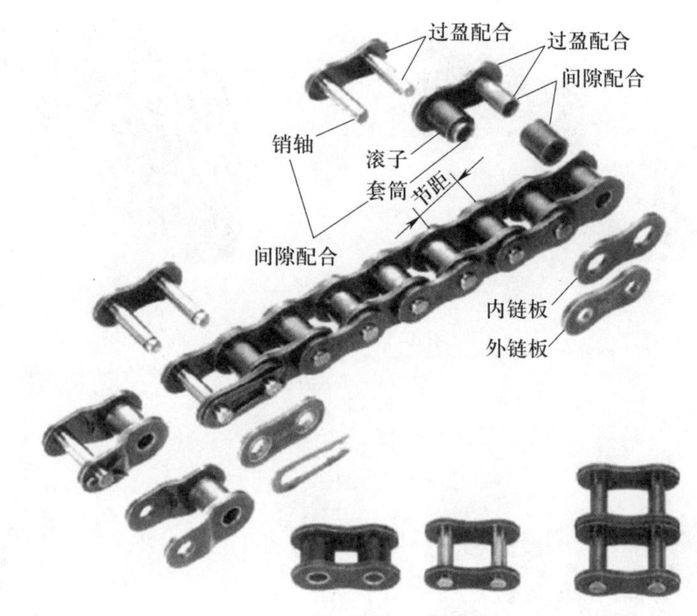

图 4-1-7　滚子链的结构与组成

a)　　b)

图 4-1-8　多排链

a）双排滚子链　b）三排滚子链

（2）滚子链的标记

GB/T 1243—2006 对传动用精密滚子链的基本参数作了具体规定，分 A、B 两个系列，A 系列有 10 个链号，B 系列有 15 个链号。表 4-1-1 为传动用精密滚子链 A 系列的链号和节距摘录。

表 4-1-1　传动用精密滚子链 A 系列的链号和节距　　mm

链号	节距 p	链号	节距 p	链号	节距 p	链号	节距 p	链号	节距 p
08A	12.70	12A	19.05	20A	31.75	28A	44.45	40A	63.50
10A	15.875	16A	25.30	24A	38.10	32A	50.80		

滚子链是标准件，其标记方式为：链号—排数—链节数 标准编号

示例1：08A—1—88 GB/T 1243—2006 表示A系列、节距为12.70 mm，单排、88节的滚子链。

示例2：24A—2—60 GB/T 1243—2006 表示A系列、节距为38.10 mm，双排、60节的滚子链。

3. 齿形链

图4-1-9所示为齿形链，由齿形链板、导板、套筒和销轴等组成，根据导向形式分为内导式（N）和外导式（W）两种。与滚子链相比较，齿形链传动平稳，传动速度高，承受冲击的性能好，噪声小（故齿形链又称无声链），但结构复杂，装拆较难，质量较大，易磨损，成本较高。

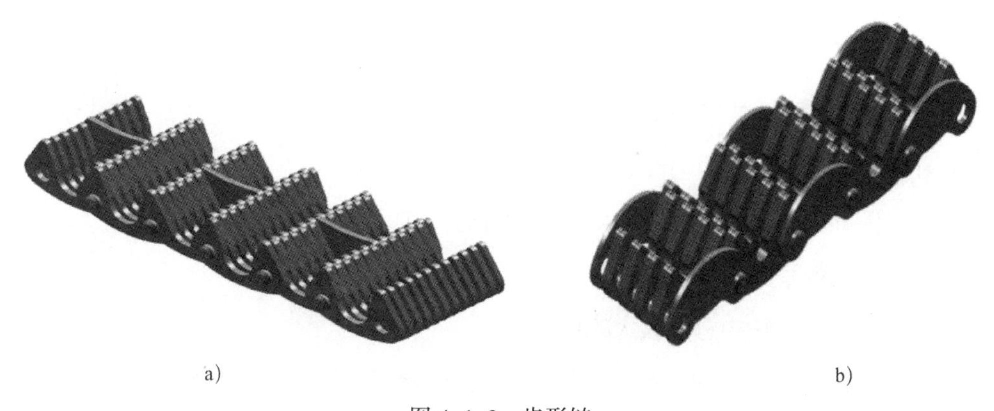

a)　　b)

图4-1-9 齿形链

a）外导式 b）内导式

GB/T 10855—2016对传动用齿形链的基本参数作了具体规定，共有7个链号、56种规格。表4-1-2为传动用齿形链的链号及其节距。

表4-1-2 传动用齿形链的链号和节距 mm

链号	节距 p	链号	节距 p	链号	节距 p	链号	节距 p
CL06	9.575	CL10	15.875	CL16	25.40	CL24	38.10
CL08	12.70	CL12	19.05	CL20	31.75		

齿形链标记为：链号—链宽 导向形式—链节数 标准编号

示例：CL08—22.5W—60 GB/T 10855—2016 表示节距 p=12.70 mm，链宽 b=22.5 mm，导向形式为外导式，60个链节的齿形链。

三、链传动的应用及特点

1. 应用

（1）传动链

传动链应用最为广泛，主要用于一般机械中传递运动和动力，也可用于输送等场合。

（2）输送链

输送链用于输送工件、物品和材料，可直接用于各种机械上，也可以组成链式输送机作为一个单元出现。为了实现特定的输送任务，在链条上需要特定的附件。

（3）起重链

起重链主要用于传递力，起牵引、悬挂物品作用，兼作缓慢运动。

2. 特点

与同属挠性类（具有中间挠性件）传动的带传动相比，链传动具有以下特点：

（1）能保证准确的平均传动比。

（2）传动功率大，且张紧力小，作用在轴和轴承上的力小。

（3）传动效率高，一般可达 0.95 ~ 0.98。

（4）可用于两轴中心距较大的情况。

（5）能在低速、重载和高温条件下，以及尘土飞扬、淋水、淋油等不良环境中工作。

（6）能用一根链条同时带动几根彼此平行的轴转动。

（7）因为瞬时传动比是变化的，瞬时链速度不是常数，传动中会产生动载荷和冲击，因此不宜用于要求精密传动的机械上。

（8）链条的链板磨损后，使链条节距变大，传动中链条容易脱落。

（9）工作时有噪声。

（10）对安装和维护要求较高。

（11）无过载保护。

四、链条的选用

选用链条时首先要考虑的是链条的类型。链条的供应商会提供相应链条类型的选用图表，可根据实际情况和图表选择合适的链条。当链条类型选定以后，就可以根据链轮轴的直径、中心距和传动比等确定链轮的直径，链条的长度、节距、宽度等。

五、技能训练

1. 链轮的拆卸

拆卸时，先利用相应拆卸工具将紧定件（紧定螺钉、圆锥销等）取下，如图 4-1-10 所示，后使用顶拔器将链轮拆下。

图 4-1-10　链轮的拆卸

2. 链条的拆卸

套筒滚子链按接头方式的不同采用不同方法拆卸。

（1）开口销连接的可先取下开口销、外链板和销轴，即可将链条拆卸。

（2）用弹簧夹连接的，应先用尖嘴钳拆弹簧夹，然后取下外链板和销轴即可，如图 4-1-11 所示。

图 4-1-11　链条的拆卸

（3）对于销轴采用铆合形式的，应用小于销轴直径的冲头冲出即可。

思考与练习

1. 简述链传动的工作原理和类型。
2. 简述链传动的主要参数。
3. 说出滚子链的结构及其特点。
4. 简述齿形链的结构及其特点。
5. 举例说出链传动各类型的应用场合。
6. 简述链传动的特点。
7. 正确完成链传动机构的拆卸。

课题 2
链传动的安装与调试

学习目标

1. 明确链传动的安装技术要求。
2. 掌握链传动安装的工艺要点。
4. 能对链条进行正确安装。
5. 根据链传动下垂度要求，能对链传动进行张紧。

一、链传动的安装技术要求

1. 链轮在轴上必须保证周向和轴向固定，最好成水平布置，并且链轮的两轴线必须平行，否则会加剧链条和链轮的磨损，降低传动平稳性并增加噪声。两轴线的平行度可用量具检查，检查方法如图 4-2-1 所示，通过测量 *A*、*B* 两尺寸来检查其误差，平行度误差为（*A*-*B*）。如需要倾斜布置，链传动应使紧边在上、松边在下，以使链节和链轮轮齿可以顺利啮合，必要时可采用张紧装置。

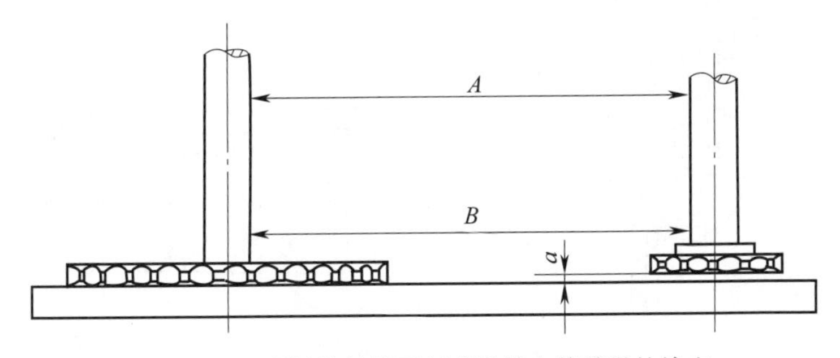

图 4-2-1　两链轮轴线平行度及轴向偏移量的检查

2. 两链轮之间轴向偏移量不能太大，一般当两轮中心距小于 500 mm 时，轴向偏移量 *a* 应在 1 mm 以下；两轮中心距大于 500 mm 时，*a* 应在 2 mm 以下。

3. 链轮的跳动量必须符合表 4-2-1 所列数值的要求。

表 4-2-1　链轮允许跳动量　　mm

链轮的直径	套筒滚子链的链轮跳动量	
	径向 δ	端面 a
<100	0.25	0.3
100 ~ 200	0.5	0.5
200 ~ 300	0.75	0.8
300 ~ 400	1.0	1.0
>400	1.2	1.5

链轮跳动量可用划线盘或百分表进行检查，如图 4-2-2 所示。

4. 链条的下垂度要适当。过紧会增加负载，加剧磨损；过松则容易产生振动或脱链现象。链条下垂度的检查方法如图 4-2-3 所示。如果链传动是水平或稍微倾斜的（在 45° 以内），下垂度 f 应不大于 20%L（L 为两链轮的中心距）；倾斜度增大时，就要减少下垂度；在链条垂直放置时，f 应小于 0.2%L。

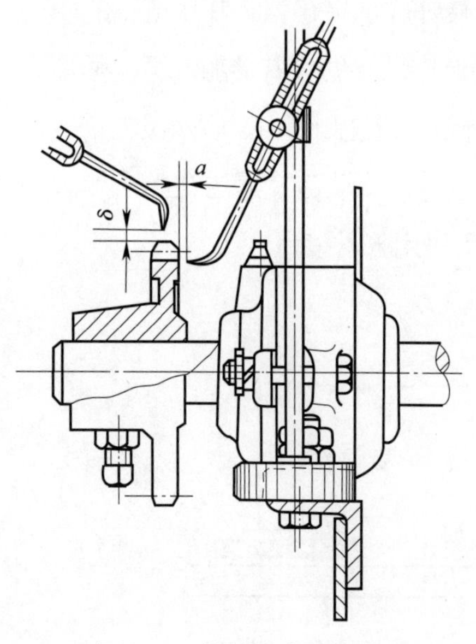

图 4-2-2　链轮跳动量的检查

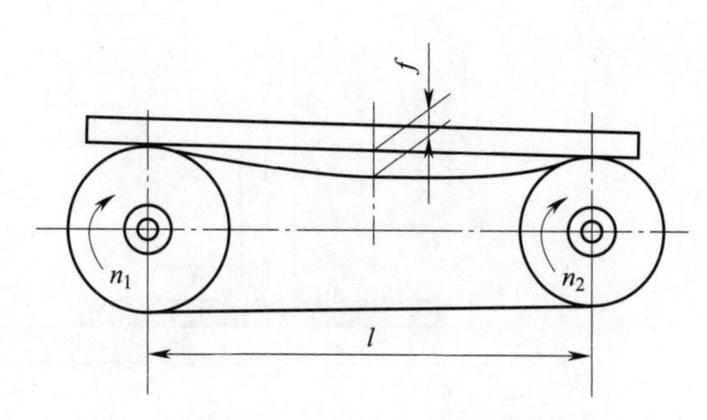

图 4-2-3　链条下垂度的检查

5. 链传动中应尽量使用偶数节，避免使用过渡链节，否则会增加装配难度，降低传动能力。

二、链传动的安装

链轮在安装之前应使用煤油对其进行清理、清洗，擦干净后使用工具将其安装在轴上。链轮在轴上的固定方法，如图 4-2-4 所示。图 4-2-4a 为用键连接并用紧定螺钉固定；图 4-2-4b 为用圆锥销固定。链轮装配方法与带轮装配方法基本相同。

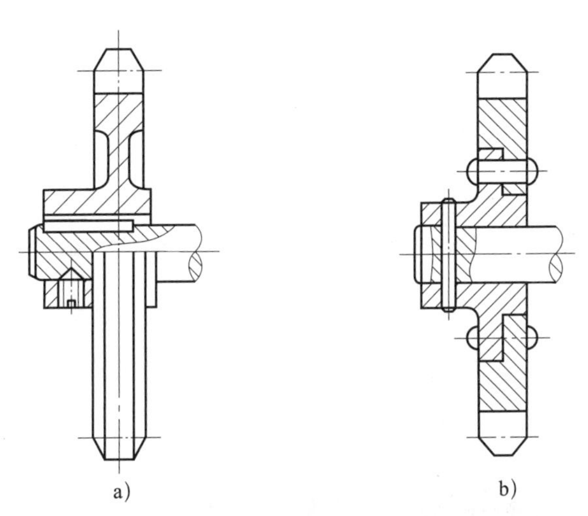

图 4-2-4　链轮的固定方法

a）用键连接并用紧定螺钉固定　b）用圆锥销固定

对于链条两端的接合，如两轴中心距可调节且链轮在轴端时，可以预先接好，再装到链轮上。如果结构不允许预先将链条接头连好时，则必须先将链条套在链轮上再进行连接。此时须采用专用的拉紧工具，如图 4-2-5a 所示。

齿形链条必须先套在链轮上，再用拉紧工具拉紧后进行连接，如图 4-2-5b 所示。

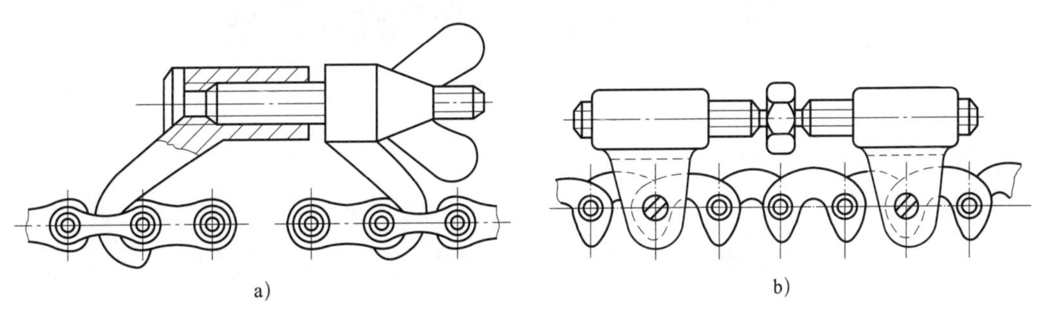

图 4-2-5　拉紧链条

a）滚子链的拉紧　b）齿形链的拉紧

三、技能训练

1. 链条的安装

（1）根据轴中心距要求计算链节数，安装连接杆时，必须先判断链条行程方向，然后找出弹簧夹的开口端，使弹簧夹闭合端朝行程方向，如图 4-2-6 所示。

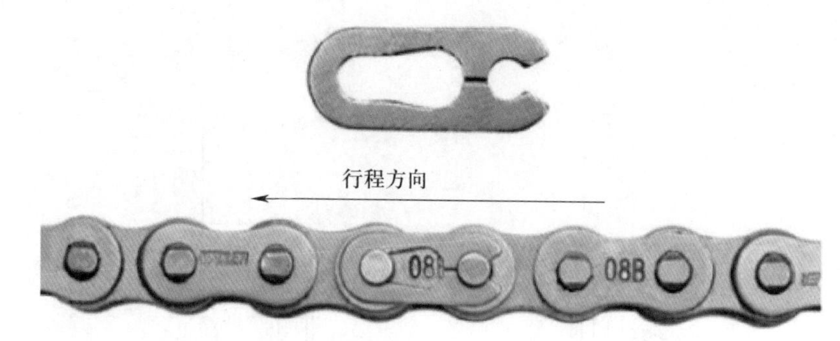

图 4-2-6　步骤一

（2）对齐链轮，确定两轴中心距，调整轴承座中心距，将滚子链安装到链轮上，确定两个自由端均在主动链轮上，如图 4-2-7 所示。

图 4-2-7　步骤二

（3）将链条自由端的正面抬起，然后将中间链板的孔对齐链条端剩下的一面孔，接着推动带销的链板，使插销的末端与中间链板的末端齐平，如图 4-2-8 所示。

（4）将链条端正面放下，然后将带销的链板其余部分推过链条端的其余部分，如图 4-2-9 所示。

（5）将外侧链板装上链条的正面，如图 4-2-10 所示。

图 4-2-8　步骤三

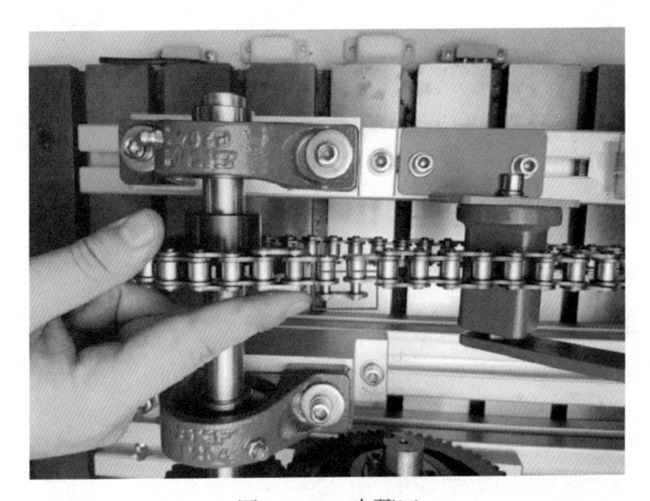

图 4-2-9　步骤四

图 4-2-10　步骤五

（6）确定链条行程的方向，并使用尖嘴钳安装弹簧夹，如图 4-2-11 所示，确定弹簧夹的闭口朝行程方向。

图 4-2-11　步骤六

2. 链条的张紧

链条在运行过程中，由于链条的销轴和套筒之间承受了很大的作用力，而且传动过程中，销轴与套筒存在相对转动，易导致链条的磨损，使得链条的实际节距变长，从而使链条的下垂度增加，因此必须对链条进行张紧。链条的张紧方法有以下三种：

（1）调整中心距。如果链轮的中心距可调整，则可通过移动链轮来增大两轮间的中心距，使链条张紧，如图 4-2-12 所示。

（2）缩短链条长度。如果链轮的中心距不可调整，对于因磨损而导致链条变长的情况，则可以使用截链器去掉 1 ~ 2 个链节，使链条缩短，从而使链条张紧，如图 4-2-13 所示。

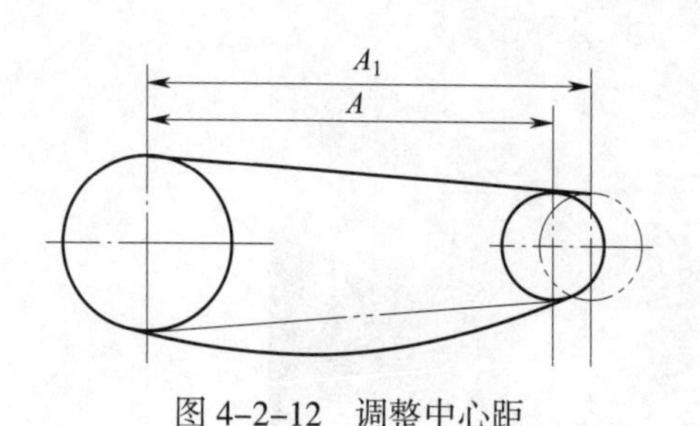

图 4-2-12　调整中心距

图 4-2-13　截链器去链节

（3）采用张紧装置。链条的张紧装置大多采用张紧轮。张紧轮一般是紧压在松边靠近小链轮处的外侧部位，如图 4-2-14 所示。

图 4–2–14　安装张紧轮

思考与练习

1. 简述链传动中链轮的安装要求。
2. 简述链轮在轴上的固定方法。
3. 简述链传动中链条下垂度的要求。
4. 说出套筒滚子链的接头形式。
5. 简述链条张紧的方法。
6. 对链条张紧进行实际操作练习。
7. 按照操作步骤进行滚子链的连接。

课题 3
链传动常见故障及维护

学习目标

1. 了解链传动机构进行维护和保养。
2. 了解链传动的常见故障。
3. 掌握链传动常见故障的修复。
4. 掌握链传动机构的修理方法。

一、链传动的维护

链传动在使用过程中会因磨损而逐渐伸长，为防止松边垂度过大而引起啮合不良、松边抖动和跳齿等现象，应使链条张紧。

在链传动的使用中，应合理地确定润滑方式和润滑剂种类。良好的润滑可减少磨损、缓和冲击、提高承载能力、延长使用寿命等。链条运行过程中，应避免发生碰撞，加润滑油进行保养时，应加在松边位置，此时，由于链条处于松弛状态，有利于润滑油渗入其他摩擦表面。

二、链传动常见故障及修复

链传动机构常见的损坏形式有以下几种：链条拉长、链或链轮磨损，链轮轮齿个别折断和链节断裂等。

1. 链条拉长

链条经长时间使用后会被拉长而下垂，产生抖动和掉链，链节拉长后使链和链轮磨损加剧。当链轮中心距可以调整时，可通过调整中心距使链条拉紧；若中心距不能调节时，可使用张紧轮收紧，也可卸掉一个或几个链节来调整。

2. 链和链轮磨损

链轮轮齿磨损后，链条的节距会增加，从而导致磨损加剧，当磨损严重时，应更换新的链轮、链条。

3. 链轮轮齿个别折断

可采用堆焊后修锉进行修复，或选择更换新的链轮。

4. 链节断裂

因受力过大所导致的链节断裂，可采用更换断裂链节的方法进行修复。

三、技能训练

根据实际情况，对链传动进行故障排除。下面进行以下几种故障的排除操作。

1. 链条的抖动

原因：链条过松、载荷过大或有一个或多个链节不灵活。

操作：调整中心距、减少链节或增加张紧轮。

2. 链条运动噪声过大

原因：链轮不共面、链条松紧程度不适当、润滑不足、链条链轮磨损、链条节距尺寸过大。

操作：检查链轮共面性并加以纠正、调整中心距与张紧装置，润滑。

3. 链板侧磨

原因：轴和链轮没有对准或者变形。

操作：检查轴和链轮的对准情况。如果安装无问题，可观察其运行过程中是否由于载荷过大、刚度不足导致变形。

4. 销轴磨损

原因：润滑不足。

操作：检查、添加润滑油。

5. 操作举例

（1）链轮个别齿折断的修理。采用堆焊对断齿进行修复，如图 4-3-1 所示。堆焊后再进行修整至符合要求。

（2）链条折断的修理。链条折断后，可将断裂的链节放置在带孔的铁砧上，用冲头将链节销轴冲出，如图 4-3-2 所示。换接新链节后，在销轴两端进行铆合或者使用弹簧夹卡住。

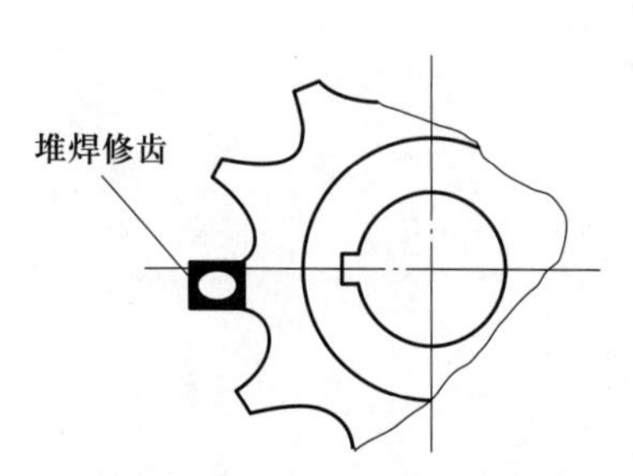

图 4-3-1　链轮齿折断的修复方法

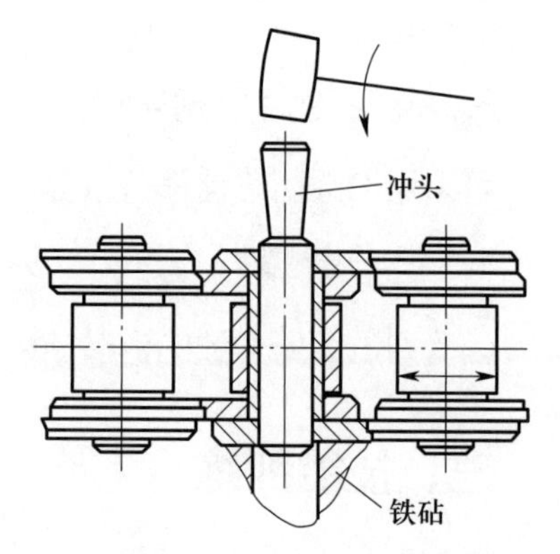

图 4-3-2　链节的拆卸方法

思考与练习

1. 简述链传动的维护要求。
2. 简述链传动的常见故障。
3. 简述链传动故障的修复方法。
4. 举例说明链传动故障的解决方法。
5. 对链轮个别齿折断后进行修复操作。
6. 对链条折断故障进行修复操作。

模块五 齿轮传动的安装与调试

齿轮传动是近代机器中传递运动和动力的最主要形式之一，在金属切削机床、工程机械、冶金机械，以及人们常见的汽车、机械式钟表中都有齿轮传动。齿轮已成为许多机械设备中不可缺少的传动部件，齿轮传动也是机器中所占比重最大的传动形式，如图 5-1 所示。

图 5-1　齿轮传动的应用

齿轮传动具有传动比恒定、变速范围大、传动效率高、传动功率大、结构紧凑、使用寿命长、噪声大、无过载保护、不宜用于远距离传动、制造装配精度要求高等特点。

课题 1 齿轮传动概述

学习目标

1. 了解齿轮传动的类型、特点及应用。
2. 掌握齿轮传动的传动比。
3. 了解渐开线的形成及性质。
4. 熟悉渐开线标准直齿圆柱齿轮各部分名称。
5. 了解渐开线标准直齿圆柱齿轮的基本参数和几何尺寸计算。
6. 了解渐开线直齿圆柱齿轮传动的正确啮合条件和连续传动条件。
7. 掌握齿轮传动的精度要求。

一、齿轮传动的特点及应用

1. 应用特点

齿轮传动是利用齿轮副来传递运动和动力的一种机械传动，与摩擦轮传动、带传动和链传动等比较，齿轮传动具有如下特点：

（1）能保证瞬时传动比的恒定，传动平稳性好，传递运动准确可靠。

（2）传递的功率和速度范围大。传递的功率小至 1 W（如仪表中的齿轮传动），大至 5×10^4 kW（如蜗轮发动机的减速器），甚至高达 1×10^5 kW；其传动时圆周速度可达到 300 m/s。

（3）传动效率高。一般传动效率 η=0.94 ~ 0.99。

（4）结构紧凑，工作可靠，使用寿命长。设计正确、制造精良、润滑维护良好的齿轮传动，可使用数年乃至数十年。

（5）制造和安装精度要求高，工作时有噪声。

（6）齿轮的齿数为整数，获得的传动比受到一定限制，不能实现无级变速。

（7）中心距过大时将导致齿轮传动机构结构庞大、笨重，因此，不适宜中心距较大的场合。

齿轮传动除传递回转运动外，也可以用来把回转运动转变为直线往复运动（如齿轮齿条传动）。

2. 传动比

设在某齿轮传动中，主动齿轮的齿数为 z_1，从动齿轮的齿数为 z_2，主动齿轮每转过一个齿，从动齿轮也转过一个齿。当主动齿轮的转速为 n_1、从动齿轮的转速为 n_2 时，单位时间内主动齿轮转过的齿数 n_1z_1 与从动齿轮转过的齿数 n_2z_2 相等，即：

$$n_1z_1=n_2z_2 \quad 或 \quad \frac{n_1}{n_2}=\frac{z_2}{z_1}$$

主动齿轮的转速 n_1 与从动齿轮的转速 n_2 之比，称为齿轮传动的传动比，表达式为：

$$i_{12}=\frac{n_1}{n_2}=\frac{z_2}{z_1}$$

式中　n_1、n_2——主、从动齿轮的转速，r/min；

　　z_1、z_2——主、从动齿轮的齿数。

齿轮副的传动比不宜过大，否则会使结构尺寸过大，不利于制造和安装。通常，圆柱齿轮副的传动比为 $i \leqslant 8$，圆锥齿轮副的传动比为 $i \leqslant 5$。

二、齿轮传动的常用类型

齿轮传动可以按不同方法进行分类，按齿轮传动中两齿轮轴的平行与否可分为两轴平行和两轴不平行齿轮传动两大类。

1. 两轴平行的齿轮传动

（1）按轮齿方向不同分

两轴平行的齿轮传动可分为直齿圆柱齿轮传动、斜齿圆柱齿轮传动、人字齿圆柱齿轮传动三种，如图 5-1-1 所示。

1）直齿圆柱齿轮传动　适用于圆周速度较低的传动，尤其适用于变速箱的换挡齿轮。

2）斜齿圆柱齿轮传动　适用于圆周速度较高、载荷较大且要求结构紧凑的场合。

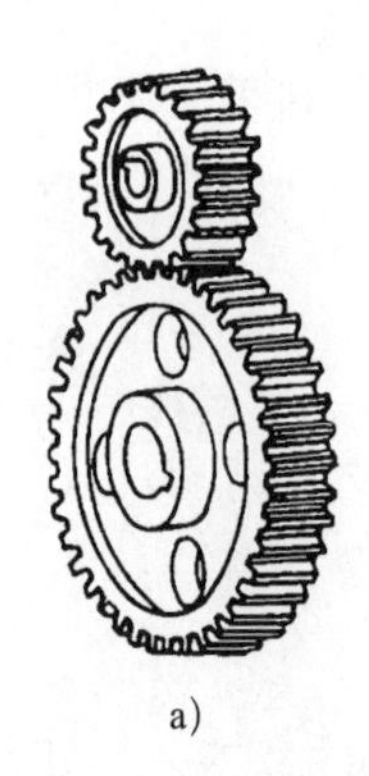
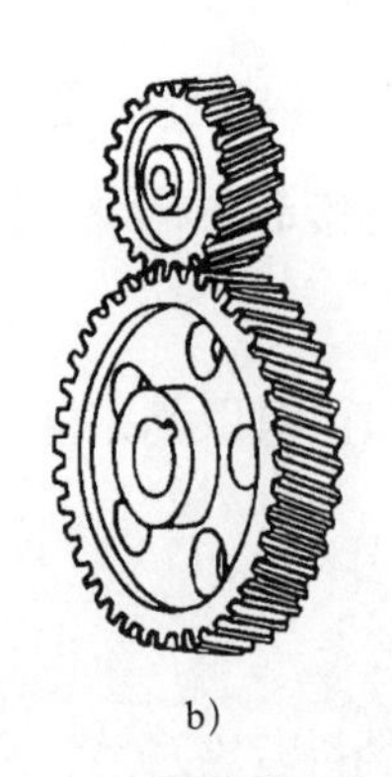
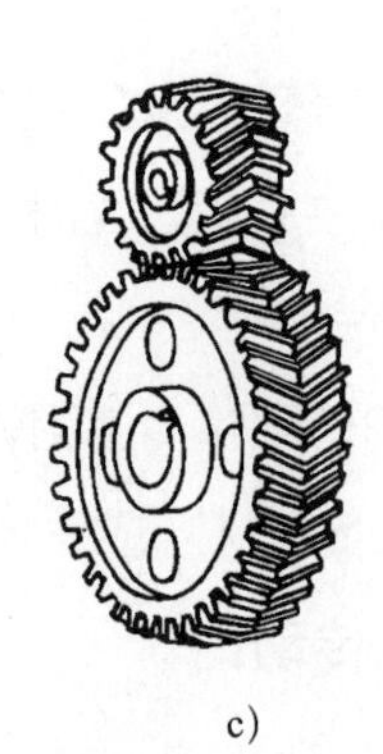

a)　　b)　　c)

图 5-1-1　按轮齿方向分类

a）直齿圆柱齿轮传动　b）斜齿圆柱齿轮传动　c）人字齿圆柱齿轮传动

3）人字齿圆柱齿轮传动　适用于载荷大且要求传动平稳的场合。

（2）按啮合情况分不同

两轴平行的齿轮传动可分为外啮合齿轮传动、内啮合齿轮传动、齿轮齿条传动三种，如图 5-1-2 所示。

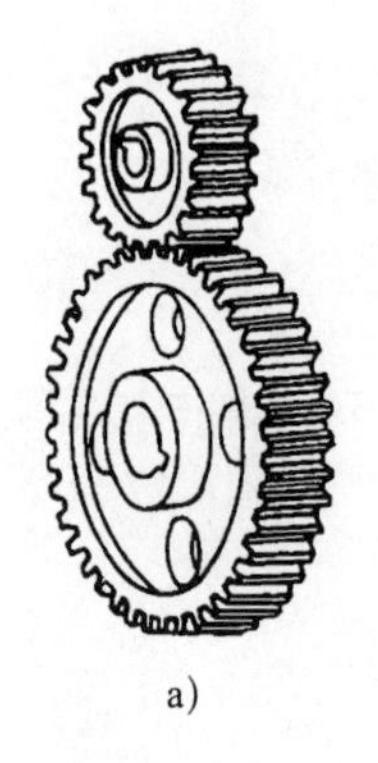
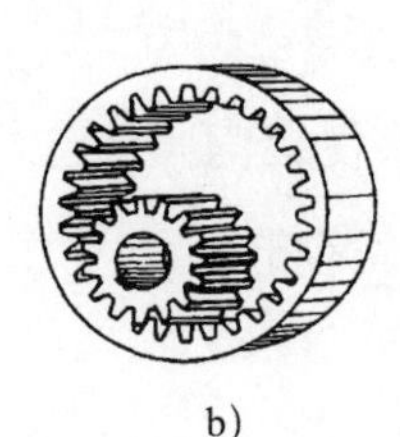
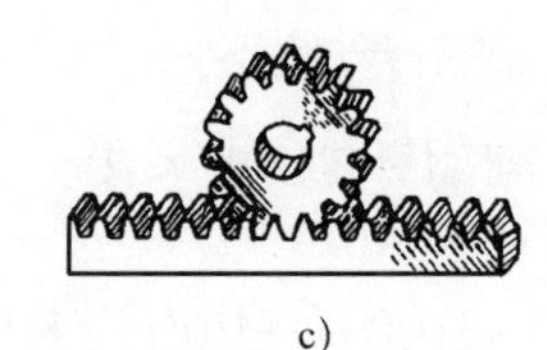

a)　　b)　　c)

图 5-1-2　按啮合情况分类

a）外啮合齿轮传动　b）内啮合齿轮传动　c）齿轮齿条传动

1）外啮合齿轮传动　适用于要求圆周速度较低的传动，尤其适用于变速箱的换挡齿轮。

2）内啮合齿轮传动　适用于结构要求紧凑且效率较高的场合。

3）齿轮齿条传动　适用于将连续转动变换为直线运动的场合。

2. 两轴不平行的齿轮传动

（1）相交轴齿轮传动

相交轴齿轮传动可分为直齿锥齿轮传动、斜齿锥齿轮传动、曲齿锥齿轮传动三种，如图 5-1-3 所示。

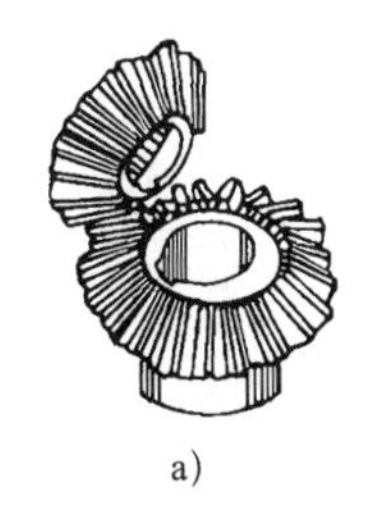

a)

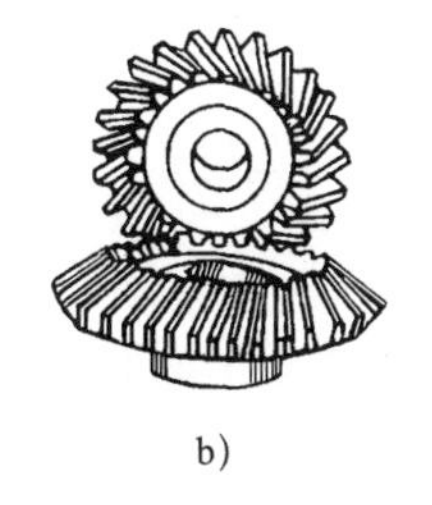

b)

c)

图 5-1-3　相交轴齿轮传动

a）直齿锥齿轮传动　b）斜齿锥齿轮传动　c）曲齿锥齿轮传动

1）直齿锥齿轮传动　适用于要求圆周速度较低、载荷小而稳定的场合。

2）斜齿锥齿轮传动　适用于要求高速、重载、传动平稳、振动和噪声小的场合。

3）曲齿锥齿轮传动　适用于要求承载能力大、传动平稳、噪声小的场合。

（2）交错轴齿轮传动

交错轴齿轮传动可分为交错轴斜齿轮传动、准双曲面齿轮传动、蜗轮蜗杆传动三种，如图 5-1-4 所示。

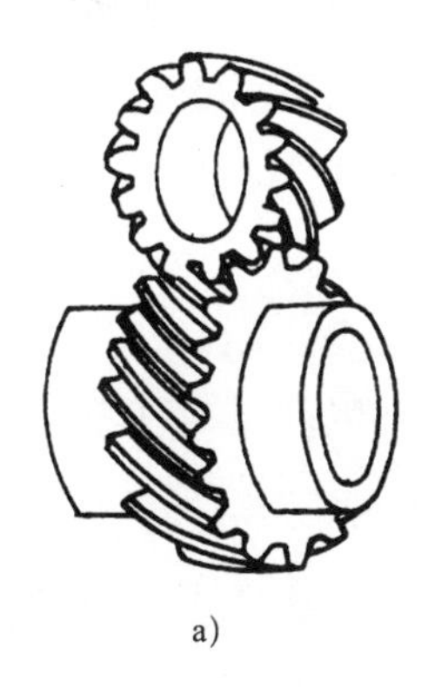

a)

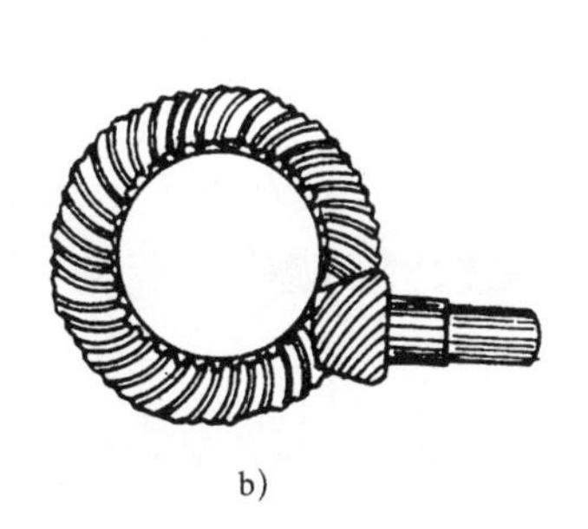

b)

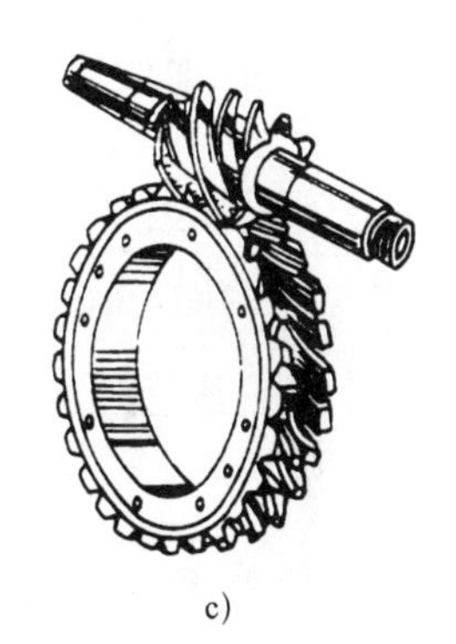

c)

图 5-1-4　交错轴齿轮传动

a）交错轴斜齿轮传动　b）准双曲面齿轮传动　c）蜗轮蜗杆传动

1）交错轴斜齿轮传动　适用于要求圆周速度较低、载荷小而稳定的场合。

2）准双曲面齿轮传动　适用于要求传动比较大、平稳性较高的场合，多用于汽车后桥的减速传动。

3）蜗轮蜗杆传动　适用于要求传动比较大、结构紧凑的场合。

三、渐开线标准直齿圆柱齿轮的基本参数和几何尺寸计算

1. 渐开线的形成及性质

齿轮传动对齿廓曲线的基本要求：一是传动要平稳，二是承载能力要强。如

图 5-1-5 所示，在某平面上，动直线 AB 沿着一固定的圆作纯滚动时，此动直线 AB 上任一点 K 的运动轨迹 CK 称为该圆的渐开线，该圆称为渐开线的基圆，其半径以 r_b 表示，直线 AB 称为渐开线的发生线。以同一个基圆上产生的两条反向渐开线为齿廓的齿轮就是渐开线齿轮，如图 5-1-6 所示。

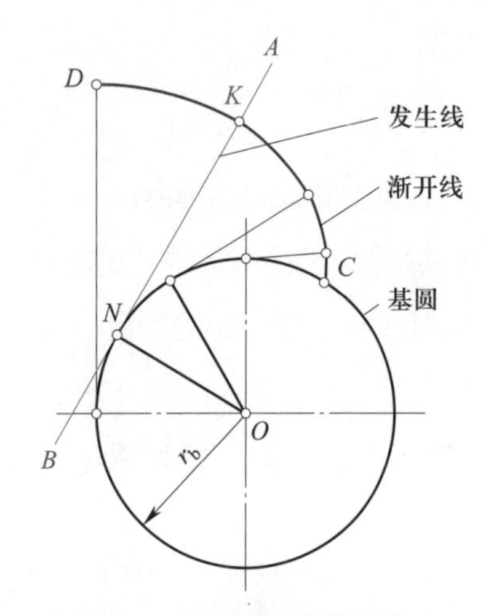

图 5-1-5　渐开线的形成

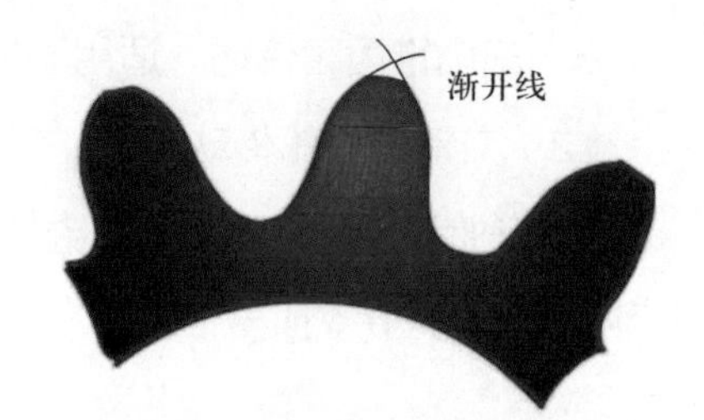

图 5-1-6　渐开线齿轮

对于渐开线齿廓来说，它具有以下性质：

（1）发生线在基圆上滚过的线段长度 NK 等于基圆上被滚过的弧长 $\overset{\frown}{NC}$。

（2）渐开线上任意一点的法线必切于基圆，例如，线段 AN 就是渐开线上 K 点的法线。

（3）渐开线的形状取决于基圆的大小。同一基圆，得到的渐开线形状完全相同。基圆越小，渐开线越弯曲；反之，基圆越大，渐开线越趋于平直。

（4）渐开线上各点的曲率半径不相等。K 点离基圆越远，其曲率半径也越大，渐开线越趋于平直；反之，曲率半径越小，渐开线越弯曲。

（5）渐开线上各点的齿形角（压力角）不相等。离基圆越远，齿形角越大，基圆上的齿形角为零。齿形角越小，齿轮传动越省力。因此，通常采用基圆附近的一段渐开线作为齿轮的轮廓曲线。

（6）渐开线的起始点在基圆上，基圆内无渐开线。

2. 渐开线标准直齿圆柱齿轮各部分名称

如图 5-1-7 所示为渐开线标准直齿圆柱齿轮的一部分，其各部分的名称、定义、代号及说明见表 5-1-1。

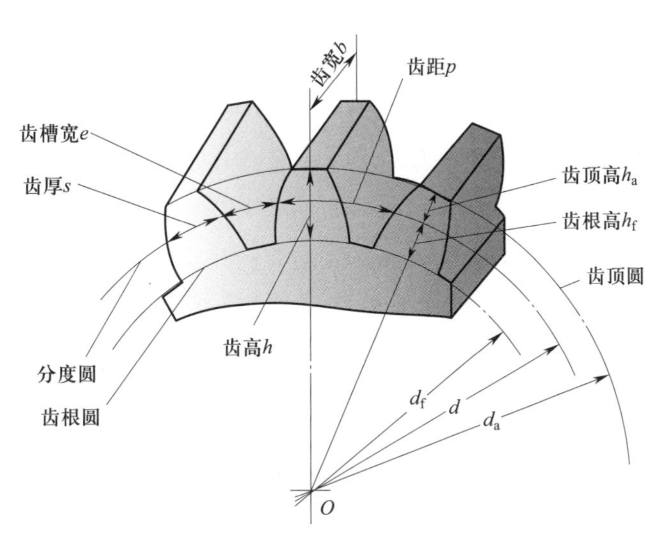

图 5-1-7　渐开线标准直齿圆柱齿轮各部分的名称

表 5-1-1　渐开线标准直齿圆柱齿轮各部分的名称、定义、代号及说明

名称	定义	代号及说明
齿顶圆	通过轮齿顶部的圆	齿顶圆直径以 d_a 表示
齿根圆	通过轮齿根部的圆	齿根圆直径以 d_f 表示
分度圆	齿轮上具有标准模数和标准压力角的圆	对于标准齿轮，分度圆上的齿厚与齿槽宽相等。分度圆直径以 d 表示
齿厚	在端平面（垂直于齿轮轴线的平面）上，一个齿的两侧齿廓之间在分度圆上的弧长	齿厚以 s 表示
齿槽宽	在端平面上，一个齿槽的两侧齿廓之间在分度圆上的弧长	齿槽宽以 e 表示
齿距	两个相邻且同侧的齿廓之间在分度圆上的弧长	齿距以 p 表示
齿顶高	齿顶圆与分度圆之间的径向距离	齿顶高以 h_a 表示
齿根高	齿根圆与分度圆之间的径向距离	齿根高以 h_f 表示
齿高	齿顶圆与齿根圆之间的径向距离	齿高以 h 表示

3. 渐开线标准直齿圆柱齿轮的基本参数

（1）标准齿轮的压力角 α

就单个齿轮而言，在端平面上，过端面齿廓上任意一点的径向直线与齿廓在该点的切线所夹的锐角，称为该点的压力角。如图 5-1-8 所示，K 点的压力角为 α_k。

渐开线齿廓上各点的压力角不相等，K 点离基圆越远，压力角越大，基圆上的压力角 α=0°。一般情况下所说的齿轮的压力角是指分度圆上的压力角，用 α 表示。

国家标准规定标准渐开线圆柱齿轮分度圆上的压力角 α=20°。

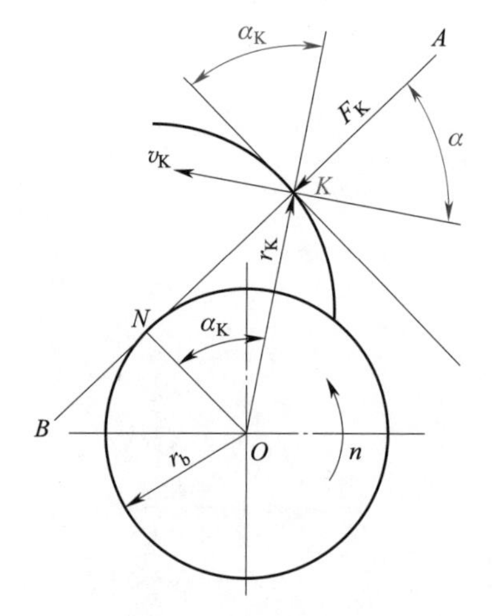

图 5-1-8　压力角

（2）齿数 z

齿数 z 为一个齿轮的轮齿总数。

（3）模数 m

齿距 p 除以圆周率 π 所得的商称为模数，即 $m=p/\pi$，单位为 mm。为了便于齿轮的设计和制造，模数已经标准化，国家标准规定的标准数值见表 5-1-2。

表 5-1-2　标准模数系列表（GB/T 1357—2008）　mm

第一系列	1	1.25	1.5	2	2.5	3	4	5	6
	8	10	12	16	20	25	32	40	50
第二系列	1.125	1.375	1.75	2.25	2.75	3.5	4.5	5.5	（6.5）
	7	9	11	14	18	22	28	36	45

注：1．标准模数对于斜齿轮是指法向模数。

2．选取模数时，优先采用第一系列。括号内的模数尽可能不用。

模数是齿轮几何尺寸计算时的一个基本参数。齿数相等的齿轮，模数越大，齿轮尺寸就越大，轮齿也就越大，承载能力也越大。

（4）齿顶高系数 h_a^*

为使齿轮的齿形匀称，齿顶高与模数成正比，对于标准齿轮，规定 $h_a=h_a^*m$，h_a^* 为齿顶高系数。国家标准规定，标准齿轮 h_a^*=1。

（5）顶隙系数 c^*

当一对齿轮啮合时，为使一个齿轮的齿顶面不与另一个齿轮的齿槽底面相接触，轮齿的齿根高应大于齿顶高，即应留有一定的径向间隙，称为顶隙，用 c 表示，如图 5-1-9 所示。对于标准齿轮，规定 $c=c^*m$，c^* 为顶隙系数。国家标准规定，标准齿轮顶隙系数 c^*=0.25。

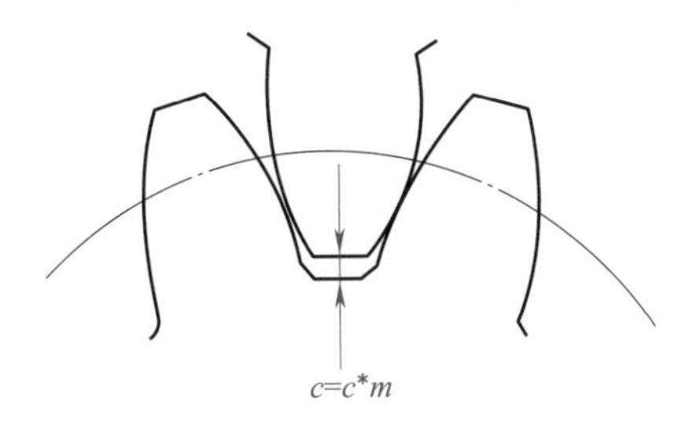

图 5-1-9　一对齿轮啮合时的顶隙

提示

具有以下特征的齿轮称为标准齿轮：

1. 具有标准模数和标准压力角。

2. 分度圆上的齿厚和齿槽宽相等，即$s=e=\dfrac{\pi m}{2}$。

3. 具有标准的齿顶高和齿根高，即 $h_a=h_a^*m$，$h_f=(h_a^*+c^*)m$。

不具备上述特征的齿轮称为非标准齿轮。

4. 标准直齿圆柱齿轮几何尺寸计算

采用标准模数m，压力角α=20°，齿顶高系数h_a^*=1，顶隙系数c^*=0.25，断面齿厚s等于端面槽宽e的渐开线直齿圆柱齿轮称为标准直齿圆柱齿轮，简称标准直齿轮。标准直齿圆柱齿轮几何要素的名称、代号、定义和计算公式见表 5-1-3。

表 5-1-3　标准直齿圆柱齿轮几何要素的名称、代号、定义和计算公式

名称	定义	代号	计算公式
模数	齿距p除以圆周率π所得的商	m	$m=\frac{p}{\pi}=\frac{d}{z}$，取标准值
压力角	基本齿条的法向压力角	α	$\alpha=20°$
齿数	齿轮的轮齿总数	z	由传动比计算确定
分度圆直径	分度圆柱面和分度圆的直径	d	$d=mz$
齿顶圆直径	齿顶圆柱面和齿顶圆的直径	d_a	$d_a=d+2h_a=m(z+2)$
齿根圆直径	齿根圆柱面和齿根圆的直径	d_f	$d_f=d-2h_f=m(z-2.5)$
基圆直径	基圆柱面和基圆的直径	d_b	$d_b=d\cos\alpha=mz\cos\alpha$
齿距	两个相邻且同侧的齿廓之间在分度圆上的弧长	p	$p=\pi m$

续表

名称	定义	代号	计算公式
齿厚	一个齿的两侧端面齿廓之间在分度圆上的弧长	s	$s=\frac{p}{2}=\frac{\pi m}{2}$
槽宽	一个齿槽的两侧端面齿廓之间在分度圆上的弧长	e	$e=\frac{p}{2}=\frac{\pi m}{2}=s$
齿顶高	齿顶圆与分度圆之间的径向距离	h_a	$h_a=h_a^*m=m$
齿根高	齿根圆与分度圆之间的径向距离	h_f	$h_f=(h_a^*+c^*)m=1.25m$
齿高	齿顶圆与齿根圆之间的径向距离	h	$h=h_a+h_f=2.25m$
齿宽	齿轮有齿部位沿分度圆柱面直母线方向的宽度	b	$b=(6\sim10)m$
中心距	两齿轮副的两轴线之间的最短距离	a	$a=\frac{d_1}{2}+\frac{d_2}{2}=\frac{m(z_1+z_2)}{2}$

示例：已知一标准直齿圆柱齿轮的齿数 $z=36$，齿顶圆直径 $d_a=304$ mm。试计算其分度圆直径 d，齿根圆直径 d_f，齿距 p 以及齿高 h。

解：由公式 $d_a=d+2h_a=m(z+2)$ 得

$$m=\frac{d_a}{z+2}=\frac{304}{36+2}=8\text{ mm}$$

将 m 代入有关公式可得

$$d=mz=8\times36=288\text{ mm}$$

$$d_f=m(z-2.5)=8\times(36-2.5)=268\text{ mm}$$

$$p=\pi m=3.14\times8=25.12\text{ mm}$$

$$h=h_a+h_f=2.25m=2.25\times8=18\text{ mm}$$

由两个外齿轮（齿顶曲面位于齿根曲面之外的齿轮）组成的齿轮副称为外齿轮副。当要求齿轮传动两轴平行，回转方向相同，且结构紧凑时，可采用内齿轮副传动。齿顶曲面位于齿根曲面之内的齿轮称为内齿轮，有一个齿轮是内齿轮的齿轮副称为内齿轮副。如图 5-1-10 所示为一直齿圆柱内啮合齿轮传动的一部分。

它与外齿轮相比有以下不同点：

（1）内齿轮的齿顶圆小于分度圆，齿根圆大于分度圆。

（2）内齿轮的齿廓是内凹的，其齿厚和齿槽宽分别对应于外齿轮的齿槽宽和齿厚。

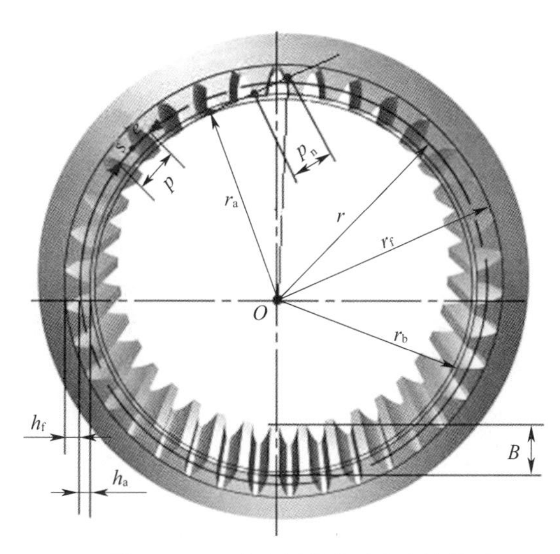

图 5-1-10　直齿圆柱内啮合齿轮传动

（3）为使内齿轮齿顶的齿廓全部为渐开线，其齿顶圆必须大于基圆。

5. 渐开线标准直齿圆柱齿轮传动的正确啮合条件和连续传动条件

（1）正确啮合条件

为了保证渐开线齿轮传动中各对轮齿能依次正确啮合，避免因齿廓局部重叠或侧隙过大而引起的卡死或冲击现象，必须使两齿轮的基圆齿距相等，如图 5-1-11 所示。

即 $p_{b1}=p_{b2}$，因此

$$p_{b1}=\pi m_1\cos\alpha_1,\quad p_{b2}=\pi m_2\cos\alpha_2$$

$$\pi m_1\cos\alpha_1=\pi m_2\cos\alpha_2$$

由于两齿轮的模数和齿形角都已经标准化，要满足上式，则

1）两齿轮的模数必须相等，即 $m_1=m_2=m$。

2）两齿轮分度圆上的压力角相等，即 $\alpha_1=\alpha_2=\alpha$。

（2）连续传动条件

为了保证齿轮传动的连续性，必须在前一对轮齿尚未结束啮合时，后继的一对轮齿已进入啮合状态，如图 5-1-12 所示，主动齿轮推动从动齿轮回转时，每一对轮齿从 B_1 点开始啮合，传动过程中啮合点沿着啮合线 N_1N_2 移动，到啮合 B_2 点终止。当前一对轮齿转到啮合点 K 时，后继一对轮齿已在 B_1 点开始啮合，因此在 KB_2 段啮合线处两对轮齿同时处于啮合状态，从而保证了传动的连续性。

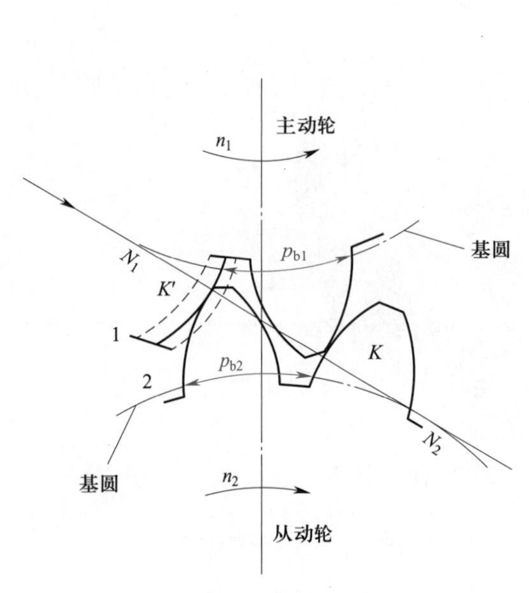

图 5-1-11　渐开线齿轮的正确啮合条件

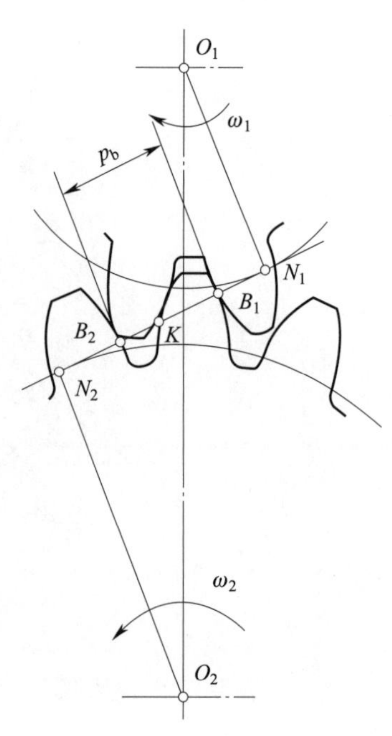

图 5-1-12　连续传动条件

四、齿轮传动的精度要求

1. 齿轮的加工精度

齿轮加工时，由于种种原因，使加工出来的齿轮总是存在不同程度的误差。制造误差大了，精度就低，它将直接影响齿轮的运转质量和承载能力；而精度要求过高，将给加工带来困难。根据齿轮使用的要求，对齿轮制造精度提出下面四个方面的要求。

（1）运动精度

运动精度取决于齿轮在转动一周内转角的全部误差数值，要求齿轮在一转范围内，最大转角误差限制在一定的范围内。规定齿轮的运动精度是为了保证齿轮传动时有正确的传动比。

（2）工作平稳性

工作平稳性取决于齿轮在转动一周内转角误差值中多次重复的数值。齿轮在转过一个很小的角度时（例如一个齿），它的转速也是忽快忽慢的，即也存在着理论转角和实际转角之差。这种转角差，在齿轮旋转一周中，变化的次数非常频繁，多次周期性地出现，因而引起冲击、振动和噪声，使齿轮转动不平稳。简言之，运动精度是指齿轮在转动一周中的最大转角误差，而工作平稳性则是指瞬时的传动比变化，两者是有区别的。

（3）接触精度

接触精度是指齿轮在传动中，工作齿面承受载荷的分布均匀性。其取决于齿轮传动中啮合齿面接触斑点的比例大小。齿面接触是否良好直接影响齿轮的承载能力和齿轮的使用寿命。

（4）齿侧间隙

在齿轮传动中，相互啮合的一对轮齿在非工作齿面所留出的一定间隙称为齿侧间隙。齿侧间隙不是一项精度指标，而是需要按齿轮工作条件的不同，确定不同的齿侧间隙。齿侧间隙的作用是使润滑油流通、补偿齿轮制造和装配误差、防止因受热膨胀或受力变形而使齿轮运转时咬住。对齿侧间隙的要求依使用场合不同而不同：

1）经常正反转以及转速不高的齿侧间隙可小些。

2）一般传动齿轮采用标准侧隙。

3）高速高温环境下的齿轮传动齿侧间隙可大些。

2. 齿轮的精度等级

根据 GB/T 10095.1—2008 和 GB/T 10095.2—2008 国家标准，对齿轮及齿轮副规定有 13 个精度等级，其中 0 级精度最高，其余各级精度依次降低，12 级精度最低。齿轮副中两个齿轮的精度一般相同。若齿轮副中两个齿轮的精度等级不同，则按其精度较低者确定齿轮副的精度等级。3 ~ 5 级属于精密级；6 ~ 8 级属于中等精度等级，常用于机床中；9 ~ 12 级为低精度等级。

齿轮的传动精度按照要限制的各项公差和极限偏差，可分为三个公差组：

（1）第Ⅰ组为运动精度，影响传递运动的准确性，用限制齿圈径向圆跳动公差、公法线长度变动公差等来保证。

（2）第Ⅱ组为工作平稳性精度，影响传递运动的平稳性、噪声和振动，一般用限制齿距和基节极限偏差以及切向和径向综合偏差来保证。

（3）第Ⅲ组为接触精度，影响齿轮限制齿面载荷分布的均匀性，一般用限制齿向公差、接触线公差等来保证。

这三个组的精度标准指标，按使用要求的不同，允许采用相同的精度等级，也允许采用不同的精度等级。

3. 齿轮副的接触精度

它是用齿轮副的接触斑点和接触位置来评定的，见表 5-1-4。所谓接触斑点就是装配好的齿轮副，在轻微的制动下运转后齿面上分布的接触擦亮痕迹。接触斑点的大小是在齿面展开图上用百分比来计算的，见表 5-1-5。接触斑点的分布位置应趋近齿面中部，齿顶和两端部棱边处不允许接触。

表 5-1-4　齿轮副的接触斑点

接触斑点	精度等级											
	1	2	3	4	5	6	7	8	9	10	11	12
接触高度不少于（%）	65	65	65	60	55（45）	50（40）	45（35）	40（30）	30	25	20	15
接触长度不少于（%）	95	95	95	90	80	70	60	50	40	30	30	30

注：括号内数值，用于轴向重合度 >0.8 的斜齿轮。

表 5-1-5　接触斑点百分比计算

图例	接触痕迹方向	定义	计算公示
	沿齿长方向	接触痕迹的长度 b''（扣除断开部分 c）与工作长度 b' 之比的百分数	$\frac{b''-c}{b'}\times 100\%$
	沿齿高方向	接触痕迹的平均高度 h'' 与工作高度 h' 之比的百分数	$\frac{h''}{h'}\times 100\%$

4. 齿轮副的圆周侧隙

装配好的齿轮副，若固定其中一个齿轮，另一个齿轮能转过的节圆弧长的最大值，称为圆周侧隙。齿轮副的侧隙要求应根据工作条件，用最大极限侧隙与最小极限侧隙来规定。侧隙要求是通过选择适当的中心距偏差、齿厚极限偏差（或公法线平均长度偏差）等来保证。国家标准中规定了 14 种齿厚（或公法线长度）极限偏差，代号分别为 C、D、E、F、G、H、J、K、L、M、N、P、R、S，其偏差值依次递增，如图 5-1-13 所示。

五、技能训练——齿轮轴组件的拆卸

结合实物图 5-1-14 和结构图 5-1-15 进行示例齿轮轴组件的拆卸。

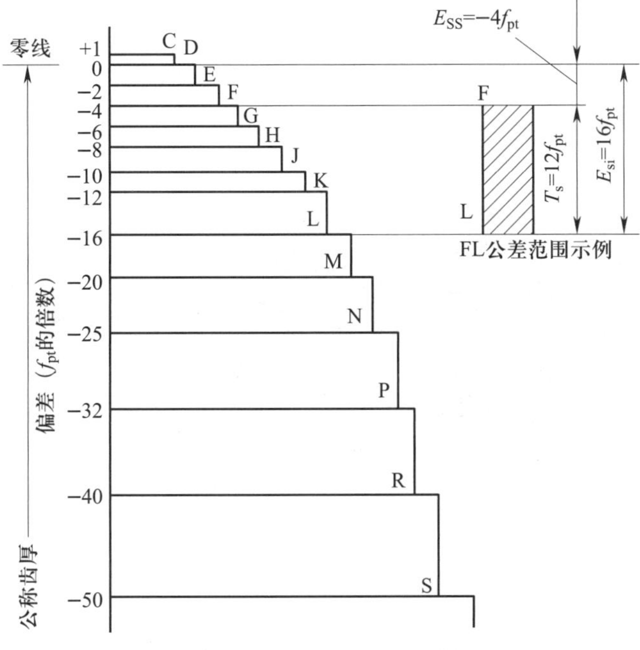

图 5-1-13　齿厚极限偏差代号

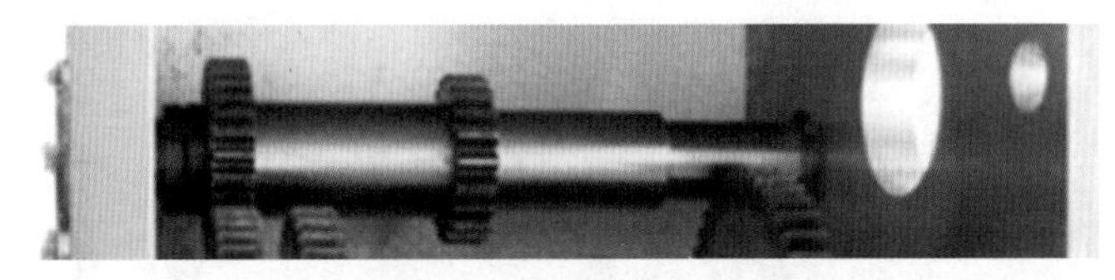

图 5-1-14　齿轮轴组件实物图

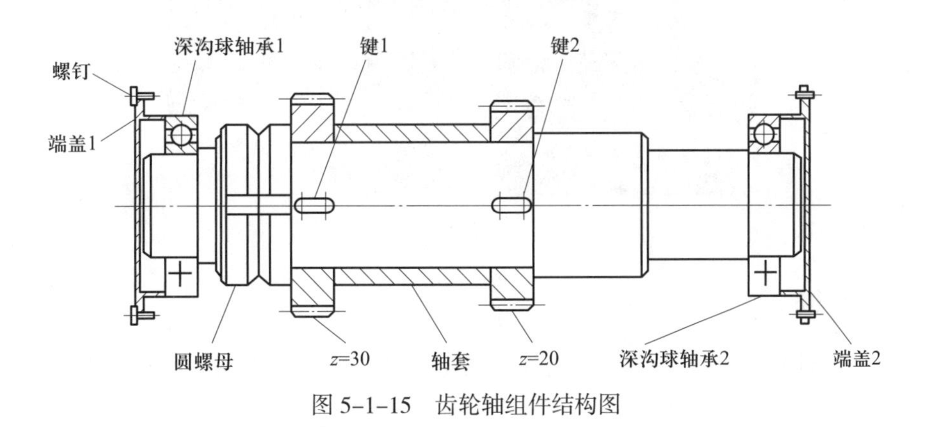

图 5-1-15　齿轮轴组件结构图

按照齿轮轴组件的结构组成，按顺序逐一拆卸并摆放好，具体拆卸过程如下：

1. 拆卸端盖 1 和端盖 2

使用内六角扳手将用于固定端盖的内六角螺钉从箱体上拆卸下来，即可取下端盖 1 和端盖 2。

2. 拆卸深沟球轴承 1 和 2

使用轴承拆装专用工具将两端的深沟球轴承从轴上拆卸下来，如图 5-1-16 所示。

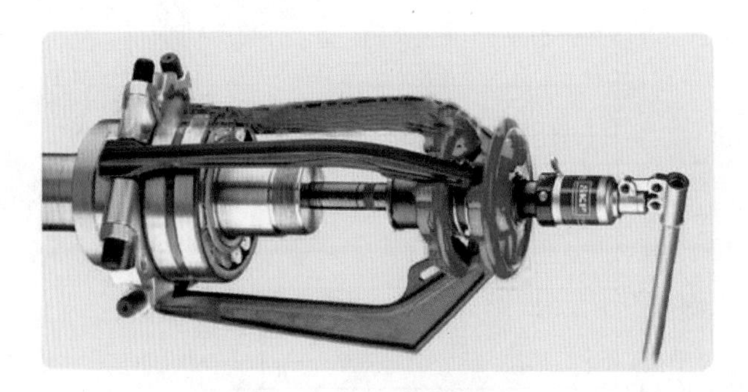

图 5-1-16　拆卸深沟球轴承

3. 拆卸圆螺母

使用钩形扳手（又称月牙扳手）拧松圆螺母后取下，如图 5-1-17 所示。

图 5-1-17　用钩形扳手拆卸圆螺母

4. 拆卸 z=30 的齿轮

将齿轮轴组件固定，使用顶拔器将齿轮从轴上拆下，或将齿轮的端面放置在台虎钳的钳口上，用榔头敲铜棒，把齿轮拆下。

5. 取下键 1

使用榔头和螺钉旋具取下键 1。

6. 取下轴套

由于轴套和轴属于间隙配合，可轻松取下。

7. 拆卸 z=20 的齿轮

方法与 z=30 齿轮的拆卸方法一致。

8. 取下键 2

方法与键 1 拆卸方法一致。

将拆卸工具摆放整齐，整个拆卸过程结束。

思考与练习

1. 简述齿轮传动的应用特点。
2. 举例说明齿轮常用的类型有哪些。
3. 简述齿轮渐开线的形成及其性质。
4. 说出渐开线标准直齿圆柱齿轮的各部分名称。
5. 简述渐开线标准直齿圆柱齿轮的基本参数有哪些。
6. 简述渐开线标准直齿圆柱齿轮传动的正确啮合条件和连续传动条件。
7. 简述齿轮的加工精度。
8. 简述齿轮副的接触精度。
9. 简述齿轮副的圆周侧隙。
10. 请按照齿轮轴组件的拆卸过程进行操作练习。

课题 2
圆柱齿轮传动的安装与调试

学习目标

1. 掌握圆柱齿轮传动的安装技术要求。
2. 掌握齿轮与轴的装配。
3. 能对高精度齿轮传动机构进行径向跳动和端面跳动检测。
4. 掌握齿轮轴组件装入箱体前的检查。
5. 熟悉齿轮装配中齿侧间隙的检测。
6. 掌握齿轮接触精度的检测。

一、齿轮传动的安装技术要求

1. 齿轮孔与轴的配合要满足使用要求。如空套齿轮在轴上不得有晃动现象；滑移齿轮不应有咬死或阻滞现象；固定齿轮不得有偏心或歪斜现象。

2. 保证齿轮有准确的安装中心距和适当的齿侧间隙。齿侧间隙过小，齿轮转动不灵活，热胀时容易卡齿，从而会加剧齿面磨损；齿侧间隙过大，换向时空行程大，易产生冲击和振动。

3. 保证齿面有正确的接触位置和足够的接触面积。

4. 进行必要的平衡试验。对转速高、直径大的齿轮，装配前应进行动平衡检查，以免工作时产生过大的振动。

5. 装配圆柱齿轮传动机构时，一般是先把齿轮装在轴上，再把齿轮轴组件装入箱体。

二、齿轮与轴的装配

齿轮是在轴上进行工作的，轴上安装齿轮（或其他零件）的部位应光洁并符合图样要求。齿轮在轴上常见的安装方法如图 5-2-1 所示。

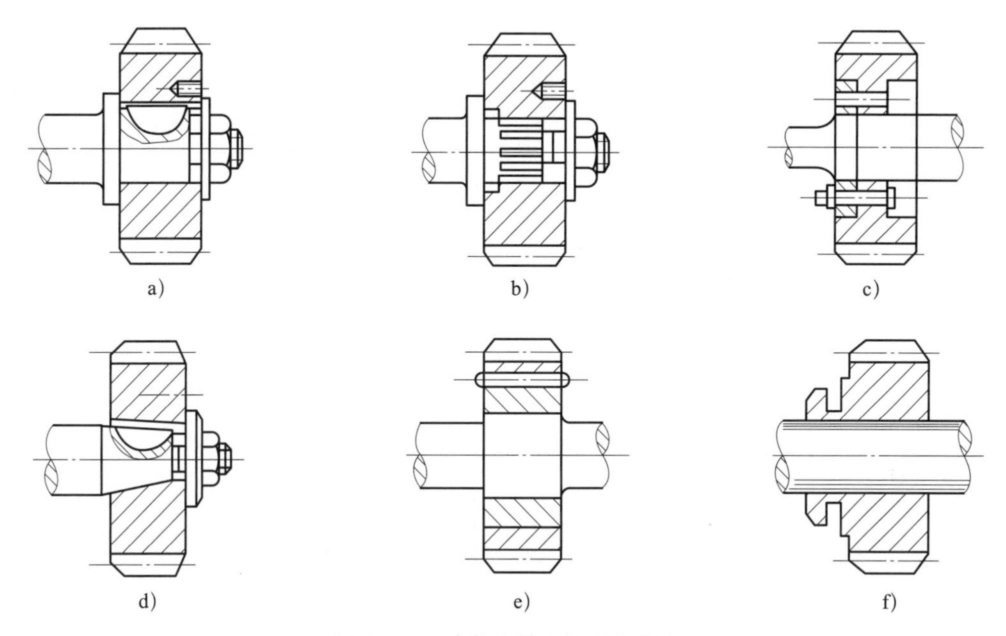

图 5-2-1　齿轮在轴上的安装方法

a）圆柱轴颈和半圆键　b）花键　c）螺栓法兰

d）圆锥轴颈和半圆键　e）带固定铆钉的压配　f）与花键滑配

1. 在轴上空转或滑移的齿轮，一般与轴为间隙配合，装配前应检查孔与轴的加工尺寸是否符合配合要求。装配后齿轮在轴上不得有晃动现象。装配精度主要取决于零件本身的加工精度，这类齿轮装配比较简单。

2. 在轴上固定的齿轮，与轴的配合多为过渡配合，有少量的过盈。装配时需要加一定的外力。如过盈量较小时，用手工工具敲击装入；过盈量较大时，可用压力机压装或者采用液压套合的装配方法。压装齿轮时要尽量避免齿轮偏心、歪斜和端面未紧贴轴肩等安装误差，如图 5-2-2 所示。

3. 对于精度要求高的齿轮传动机构，压装后应检查径向圆跳动量和轴向圆跳动量。

（1）检查径向圆跳动误差的方法如图 5-2-3 所示，用等高 V 形架支撑齿轮轴，使轴与平台平行，把圆柱规放在齿轮的齿间，在齿轮旋转一周内，百分表的最大读数与最小读数之差，就是齿轮分度圆上的径向圆跳动误差。

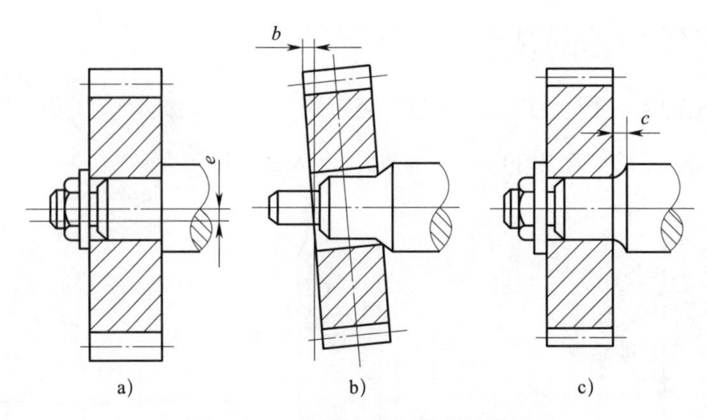

图 5-2-2　齿轮在轴上的安装误差

a）齿轮偏心　b）齿轮歪斜　c）齿轮端面未紧贴轴肩

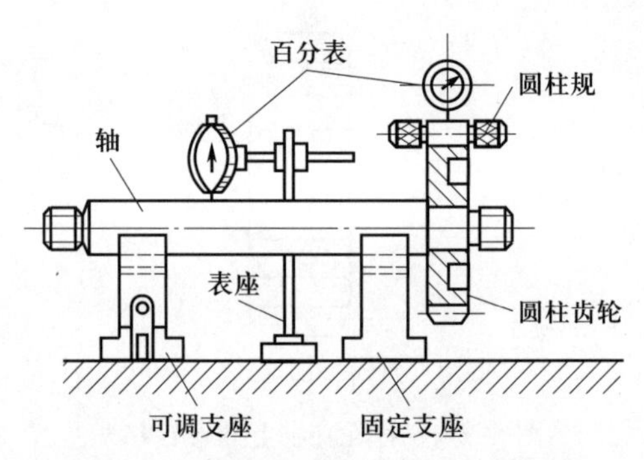

图 5-2-3　齿轮径向圆跳动误差的检查

（2）齿轮轴向圆跳动误差的检查如图 5-2-4 所示，用顶尖将齿轮轴顶在中间，使百分表测量头抵在齿轮端面上，在齿轮旋转一周范围内，百分表的最大读数与最小读数之差即为齿轮端面圆跳动误差。

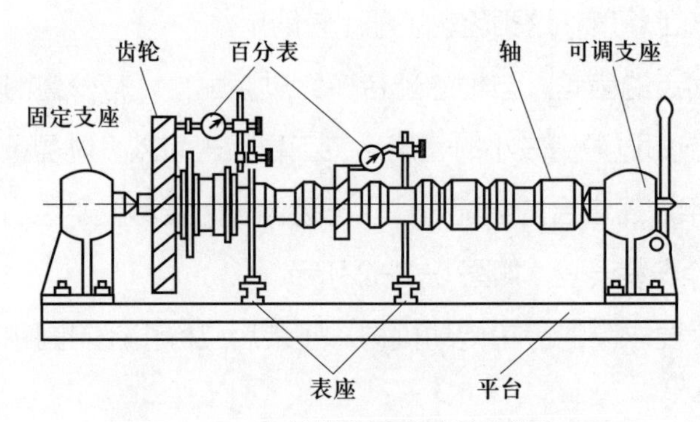

图 5-2-4　齿轮轴向圆跳动误差的检查

4. 在非剖分式箱体内安装传动齿轮时，如果先将齿轮与轴装配后，就无法装入箱体，所以必须采取齿轮与轴在装入箱体的同时进行组装。

5. 齿轮孔与轴为锥面配合，如图 5-2-5 所示，常用于定心精度较高的场合。装配前，用涂色法检查内外锥面的接触情况，贴合不良的可用三角刮刀进行修正。装配后，轴端与齿轮端面应有一定的间距 Δ。

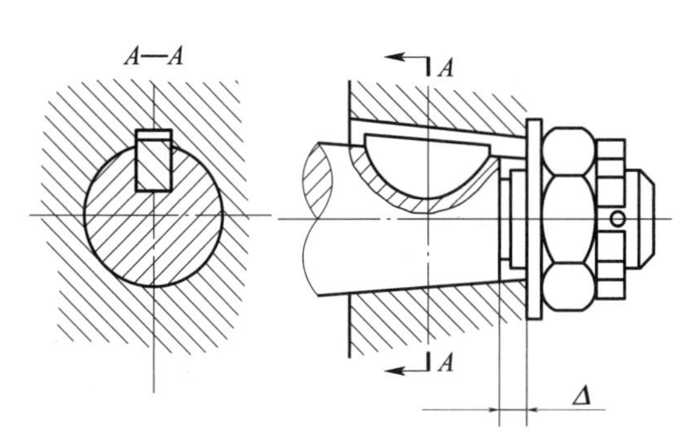

图 5-2-5 齿轮孔与轴为锥面配合的装配

三、齿轮轴组件装入箱体

将齿轮轴组件装入箱体，是一个极为重要的工序，装配的方式应根据轴在箱体中的结构特点而定。齿轮的啮合质量要求包括适当的齿侧间隙和一定的接触面积以及正确的接触位置。齿轮啮合质量的好坏，除了齿轮本身的制造精度，箱体孔的尺寸精度、形状精度及位置精度，都直接影响齿轮的啮合质量。所以，齿轮轴部件装配前应检查箱体的主要部位是否达到规定的技术要求。

1. 装配前对箱体的检查

（1）孔距的检查

相互啮合的一对齿轮的安装中心距是影响齿侧间隙的主要因素，应使孔距在规定的公差范围内。孔距的检查方法如图 5-2-6 所示。图 5-2-6a 是用游标卡尺分别测得 d_1、d_2、L_1、L_2，然后计算出中心距：

$$A=L_1+\left(\frac{d_1}{2}+\frac{d_2}{2}\right) \quad 或 \quad A=L_2-\left(\frac{d_1}{2}+\frac{d_2}{2}\right)$$

图 5-2-6b 是用游标卡尺和心棒测量孔距：

$$A=\frac{L_1+L_2}{2}-\frac{d_1+d_2}{2}$$

（2）孔系（轴系）平行度的检验

图 5-2-6b 所示也可作为齿轮安装孔中心线平行度的测量方法。分别测量出心棒两端尺寸 L_1、L_2，则 $\left|L_1-L_2\right|$ 就是两孔轴线的平行度误差值。

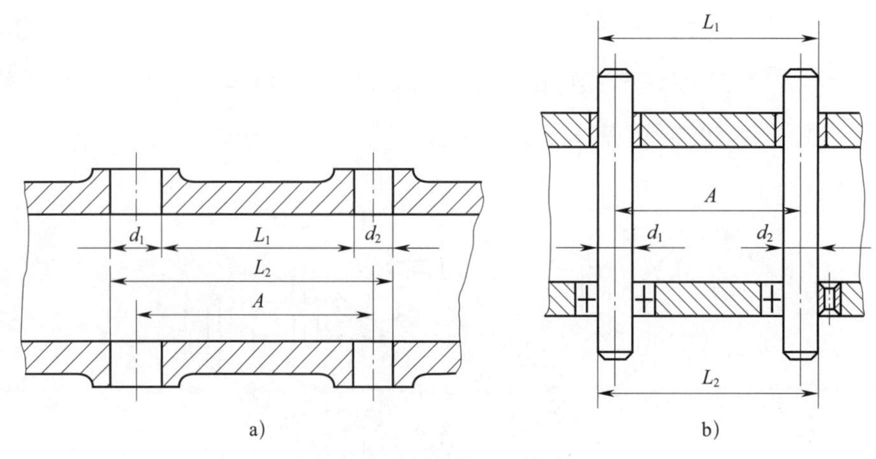

图 5-2-6　箱体孔距检查

a）用游标卡尺测量　b）用游标卡尺和心棒测量

（3）孔轴线与基面距离尺寸精度和平行度的检验

如图 5-2-7 所示，箱体基面用等高垫块支撑在平板上，心棒与孔紧密配合。用游标高度卡尺（量块或百分表）测量心棒两端尺寸 h_1、h_2，则轴线与基面的距离：

$$h=\frac{h_1+h_2}{2}-\frac{d}{2}-a$$

平行度误差 $\Delta=|h_1-h_2|$，平行度误差太大时，可用刮削基面的方法纠正。

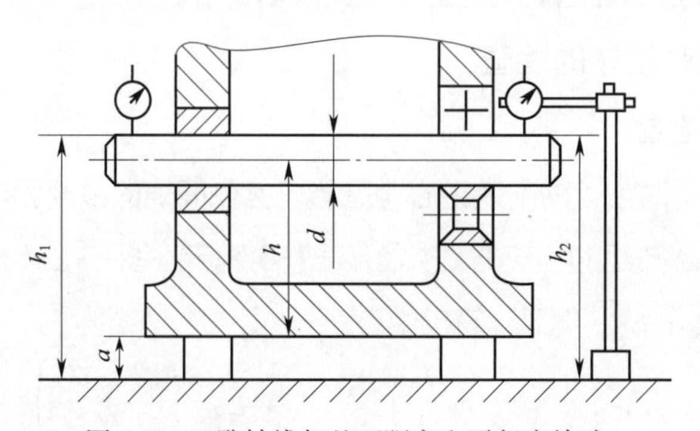

图 5-2-7　孔轴线与基面距离和平行度检验

（4）孔中心线与端面垂直度的检验

图 5-2-8 所示为常用的两种方法。图 5-2-8a 是将带圆盘的专用心棒插入孔中，用涂色法或塞尺检查孔中心线与孔端面的垂直度。图 5-2-8b 是用心棒和百分表检测，心棒转动一周，百分表的最大读数与最小读数之差，即为端面对孔中心线的垂直度误差。如发现误差超过规定值，可用刮削端面的方法纠正。

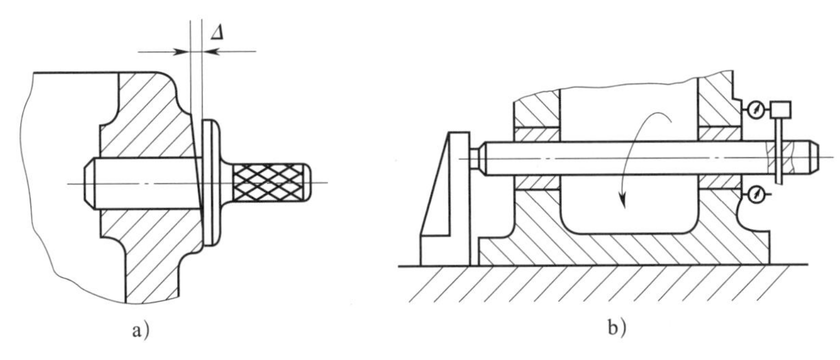

图 5-2-8　孔中心线与端面垂直度检验

a）专用心棒检验　b）心棒和百分表检验

（5）孔中心线同轴度的检验

图 5-2-9a 所示为成批生产时，用专用检验心棒进行检验，若心棒能自由地推入几个孔中，即表明孔的同轴度误差在规定的范围之内。对精度要求不是很高的多个不同直径的同轴线孔，可用不同外径的检验套配合检验，以减少检验心棒数量。若要确定同轴度误差值，可用百分表及心棒检验，如图 5-2-9b 所示。在两孔中装入专用套，将检验心棒插入套中，百分表固定在心棒上，转动心棒一周内，百分表最大读数与最小读数之差的一半即为同轴度误差值。

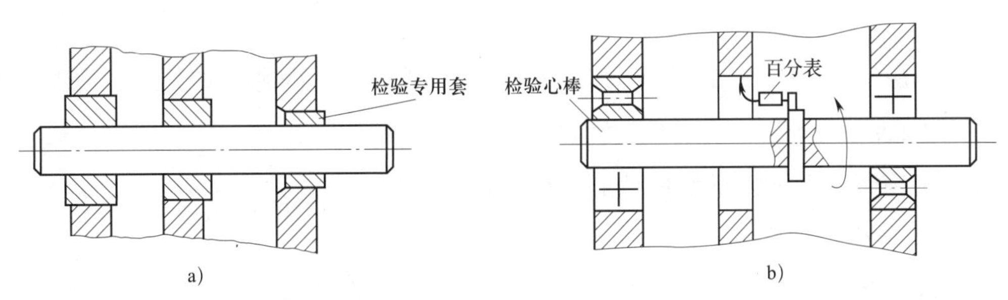

图 5-2-9　孔中心线同轴度检验

a）专用心棒检验　b）用百分表及心棒检验

（6）用定向装配法补偿零件的积累误差

找出齿轮径向跳动量的最大值及其相位，做上记号，再测出安装轴和轴承的径向跳动量及其相位，然后进行相位调整，适当抵消装配积累误差。再如，为改善传动的平稳性，将齿顶和齿的两端进行去毛刺、倒角也常常很有效，可避免轮齿发生变形。

2. 装配质量的检验与调整

齿轮轴部件装入箱体后，必须检查其装配质量。装配质量的检验包括齿侧间隙的检验和接触精度的检验。

（1）齿侧间隙的检验

1）压铅丝检验法。齿侧间隙最直观、最简单的检验方法就是压铅丝法，如图 5-2-10a 所示，在齿面沿齿宽两端平行放置两条铅丝，宽齿可放 3 ~ 4 条，铅丝直径不宜超过最小侧隙的 4 倍。转动相啮合的两个齿轮挤压铅丝，铅丝被挤压后最薄处的尺寸，即为齿侧间隙。

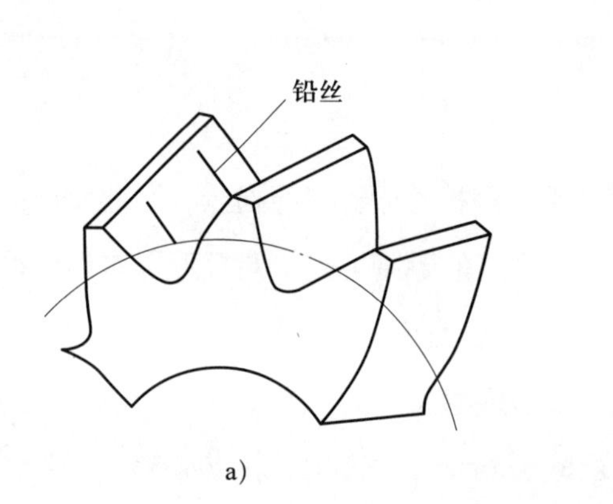

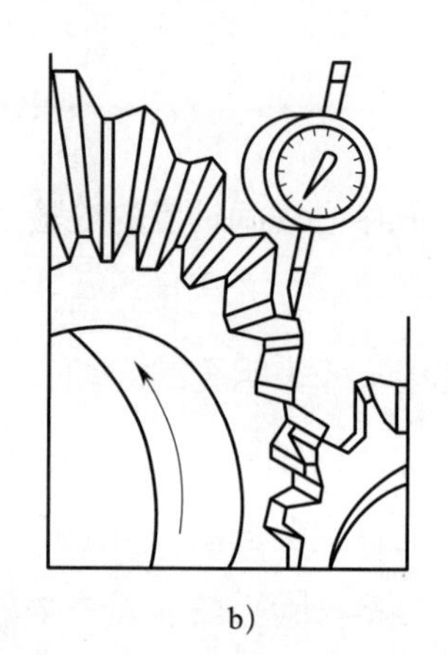

图 5-2-10 用铅丝检验侧隙

a）用铅丝检验侧隙 b）用百分表检验侧隙

2）百分表检验法。如图 5-2-10b 所示为用百分表检验侧隙的方法。检验时将百分表触头直接抵在一个齿轮的齿面上，另一齿轮固定，将接触百分表触头的齿从一侧啮合迅速转到另一侧啮合，百分表上的读数差值即为齿侧间隙。

3）精确测量方法。可采用如图 5-2-11 所示的装置。

测量时，将下面齿轮固定，在上面齿轮上装夹紧杆，使其外端与百分表测量头接触。由于齿侧间隙的存在，装有夹紧杆的齿轮便可摆动一定角度，从而推动百分表测量头，得到读数 C，则此时齿轮侧隙 j_t 值为

$$j_t=C\frac{R}{L}$$

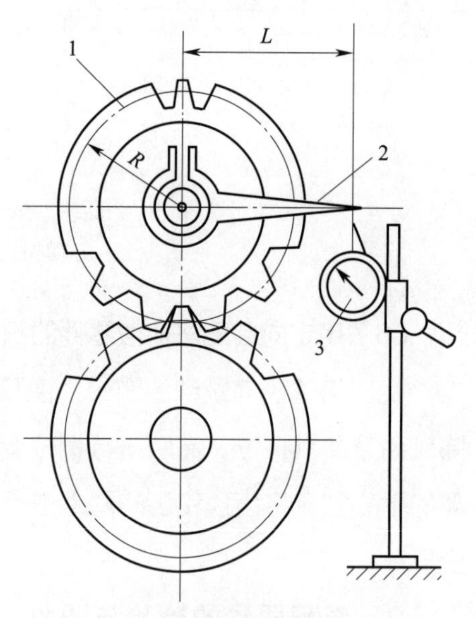

图 5-2-11 侧隙的精确测量示意图

1—齿轮 2—夹紧杆 3—百分表

式中　C——百分表读数，mm；

R——装夹紧杆齿轮的分度圆半径，mm；

L——夹紧杆长度，mm。

齿轮副齿侧间隙能否符合要求，除受齿轮加工因素的影响外，与中心距误差密切相关。齿侧间隙还会同时影响接触精度，因此，安装齿轮一般要与接触精度结合起来调整中心距，使齿侧间隙符合要求。

（2）接触精度的检验

接触精度的主要指标是接触斑点，其检验一般用涂色法。将红丹粉涂于主动齿轮齿面上，转动主动齿轮并使从动齿轮轻微制动后，即可检查其接触斑点。对双向工作的齿轮，正反两个方向都应检查。

齿轮上接触印痕的面积大小随齿轮精度而定。对于一般要求的齿轮副，接触斑点的位置应趋近于齿面节圆处上、下对称分布，齿顶和齿宽两端棱处不接触。接触面积在高度方向上不少于 30% ~ 50%；在宽度方向上不少于 40% ~ 70%，任何不正确的接触都是不允许的，应进行调整。

通过接触斑点的位置及面积的大小，可以判断装配时产生误差的原因。影响齿轮接触精度的主要因素是齿形精度及安装是否正确。当接触斑点位置正确，而面积太小时，则是由于齿形误差太大所致，应在齿面上加研磨剂并使两轮转动进行研磨，以增加接触面积。齿形正确而安装有误差造成接触不良的原因及调整方法见表 5-2-1。

表 5-2-1　渐开线圆柱齿轮接触斑点状况分析及调整方法

接触斑点	状况分析	调整方法
正常接触	节圆处上下对称分布	—
上齿面接触	中心距偏大	在中心距允差范围内，调整轴承座或者刮削轴瓦
下齿面接触	中心距偏小	

续表

接触斑点	状况分析	调整方法
同向偏接触	两齿轮轴线不平行	在中心距允差范围内，调整轴承座或者刮削轴瓦
异向偏接触	两齿轮轴线相对歪斜	
单面偏接触	两齿轮轴线不平行同时歪斜	
游离偏接触	齿轮端面与回转中心线不垂直	检查并校正齿轮端面与回转中心线的垂直度
鳞状接触	齿面有波纹或带有毛刺	修整去除毛刺

四、技能训练——齿轮与轴的装配

齿轮与轴的连接形式有固定连接、空套连接和滑动连接三种形式。固定连接主要有键连接、螺栓法兰盘连接和固定铆接等；空套连接的齿轮与轴的配合性质为间隙配合，其装配精度主要取决于零件本身的加工精度。滑动连接主要采用的是花键连接（传递转矩较小时也可采用滑键连接）。

1. 清除齿轮与轴配合面上的污物和毛刺。

2. 对于采用键连接的，应根据键槽尺寸，锉配键，使之达到键连接要求。

3. 清洗并擦净配合面，涂润滑油后将齿轮装配到轴上。

（1）对于过盈量不大或过渡配合的齿轮与轴的装配，可采用锤击法或专用工具压入法将齿轮装配到轴上，如图 5-2-12 所示。

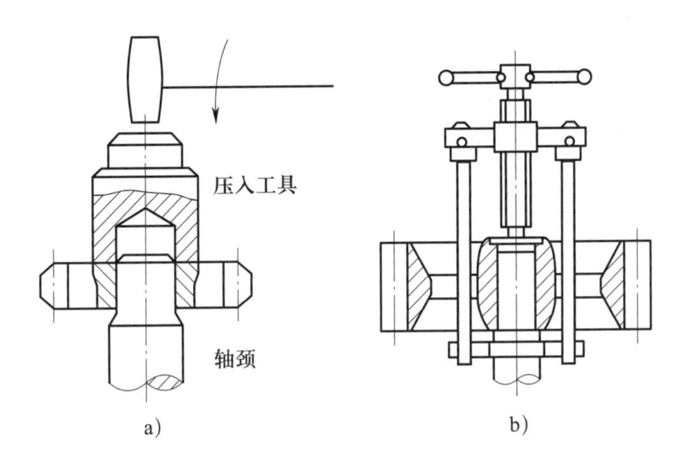

图 5-2-12 齿轮装配方法

a）锤击法装配 b）专用工具压入法装配

（2）对于过盈量较大的齿轮固定连接的装配，应采用温差法，即通过加热齿轮（或冷却轴颈）的方法，将齿轮装配到规定的位置。

（3）当齿轮用法兰盘和轴固定连接时，装配齿轮和法兰盘后，必须将螺钉紧固；采用固定铆接方法时，齿轮装配后必须用铆钉铆接牢固。

4. 对于精度要求较高的齿轮与轴的装配，齿轮装配后必须对其装配精度进行严格检查，检查方法如下。

（1）直接观察法检查。避免出现图 5-2-2 所示的安装误差。

（2）齿轮径向圆跳动检查。将装配后的齿轮轴组件按图 5-2-3 所示支撑好后进行齿轮径向圆跳动的检查，每隔 3 ~ 4 个齿检查一次，齿轮转动一周后，百分表的最大读数与最小读数之差，就是齿轮分度圆的径向跳动误差。

（3）齿轮端面圆跳动检查。将齿轮轴组件如图 5-2-4 所示支撑在检验平台上进行齿轮端面圆跳动检查，将百分表触头抵在齿轮的端面上（应尽量靠近外缘处），转动齿轮一周，百分表最大读数与最小读数之差，即为齿轮端面圆跳动误差。

思考与练习

1. 简述齿轮传动安装的技术要求。
2. 举例说明齿轮在轴上常用的安装方法。
3. 简述齿轮与轴的装配要求。
4. 简述齿轮轴组件装入箱体前对箱体的检查内容。
5. 简述齿侧间隙的定义及检验方法。
6. 简述齿轮传动接触精度的检验方法。
7. 完成齿轮与轴的装配，并满足装配要求。

课题 3
锥齿轮传动的安装与调试

学习目标

1. 了解锥齿轮传动的原理、特点。
2. 了解锥齿轮传动正确的啮合条件。
3. 能完成锥齿轮传动箱体的安装并进行检验。
4. 能对两锥齿轮轴向位置进行正确确定。
5. 能掌握锥齿轮装配质量的检验方法。

锥齿轮传动是用来传递两相交轴之间的运动和动力的传动。两相交轴可以相交成任意角度，一般相交成 90°，如图 5-3-1 所示。

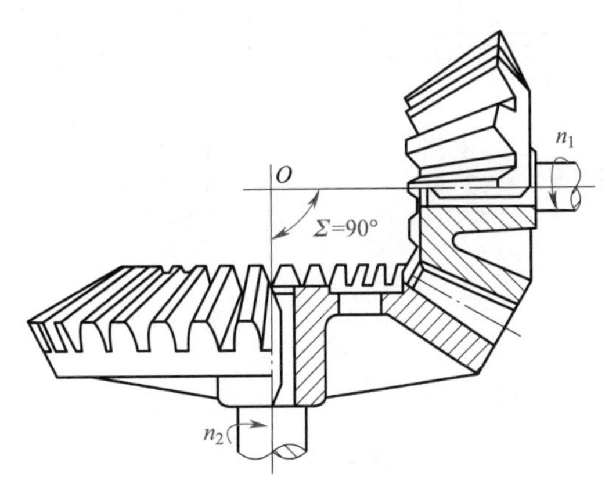

图 5-3-1　锥齿轮传动

锥齿轮传动的轮齿分布在圆锥体上，齿形从大端到小端逐渐减小。锥齿轮的大端和小端参数不同，为了计算和检测方便，取大端参数为标准值。锥齿轮传动的几何尺寸以大端为准，大端模数为标准模数。

锥齿轮传动正确的啮合条件：大端模数相等；大端压力角相等。

锥齿轮安装的顺序应根据箱体的结构而定，一般是先装主动轮，再装从动轮，把齿轮装到轴上的方法与圆柱齿轮相似。锥齿轮装配的关键是正确确定锥齿轮的轴向位置和啮合质量的检验与调整。

一、箱体检验

锥齿轮一般是传递互相垂直的两根轴之间的运动，其装配顺序和装配圆柱齿轮传动机构的顺序相似，装配之前需要检验两安装孔轴线的垂直度和相交程度。图 5-3-2 所示为在同一平面内的两孔轴线垂直度、相交程度检验方法。图 5-3-2a 所示为检验垂直度的方法。将百分表装在心棒 1 上，同时在心棒上装有定位套筒，以防止心棒 1 的轴向窜动。旋转心棒 1，在 0° 和 180° 的两个位置上用百分表检测心棒 2 的最低点的读数差，即为两孔在 L 长度内的垂直度误差。图 5-3-2b 为检验两孔轴线相交程度。心棒 1 的测量端做成叉形槽，心棒 2 的测量端按垂直度公差做成两个阶梯形，分别为过端和止端。检验时，若过端能通过叉形槽，而止端不能通过，则相交程度合格，二者缺一不可，否则即为超差。

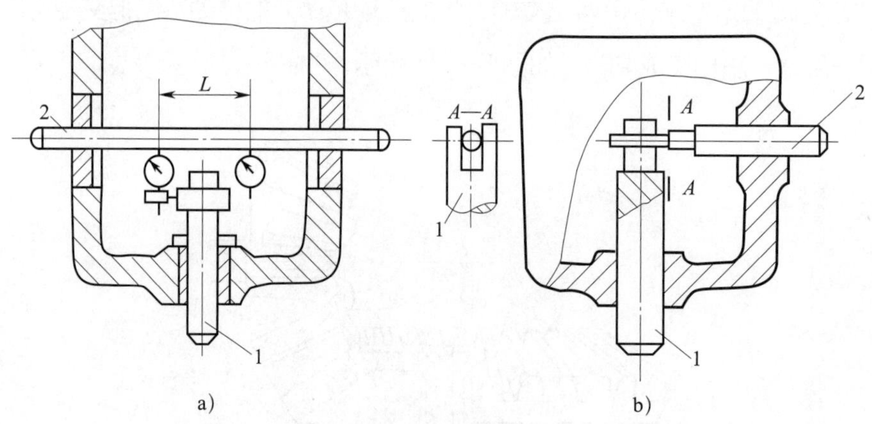

图 5-3-2　同一平面内两孔轴线的垂直度和相交程度检验

a）检验垂直度　b）检验相交程度

1、2—心棒

图 5-3-3 所示为不在同一平面内两孔轴线的垂直度检验。箱体用千斤顶支撑在平板上，用 90° 角尺将心棒 2 调成垂直位置。此时，测量心棒 1 对平板的平行度误差，即为两孔轴线的垂直度误差。

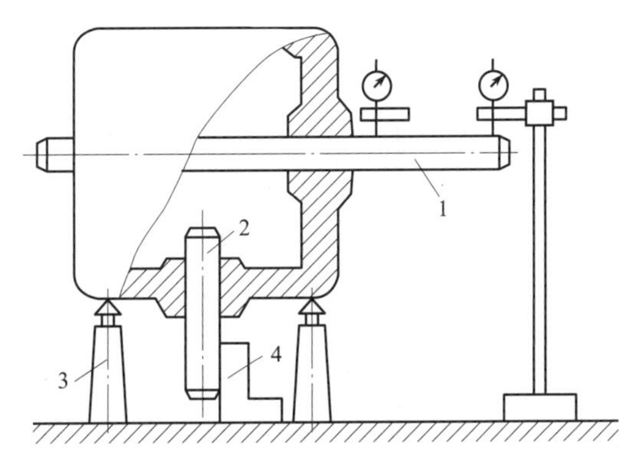

图 5-3-3　不在同一平面内两孔轴线的垂直度检验

1、2—心棒　3—千斤顶　4—90° 角尺

二、两锥齿轮轴向位置的确定

当一对标准的锥齿轮传动时，必须使两齿轮分度圆锥相切、两锥顶重合。装配时据此来确定小锥齿轮的轴向位置，即小锥齿轮轴向位置按安装距离（小锥齿轮基准面至大圆锥齿轮轴的距离，如图 5-3-4 所示）来确定。

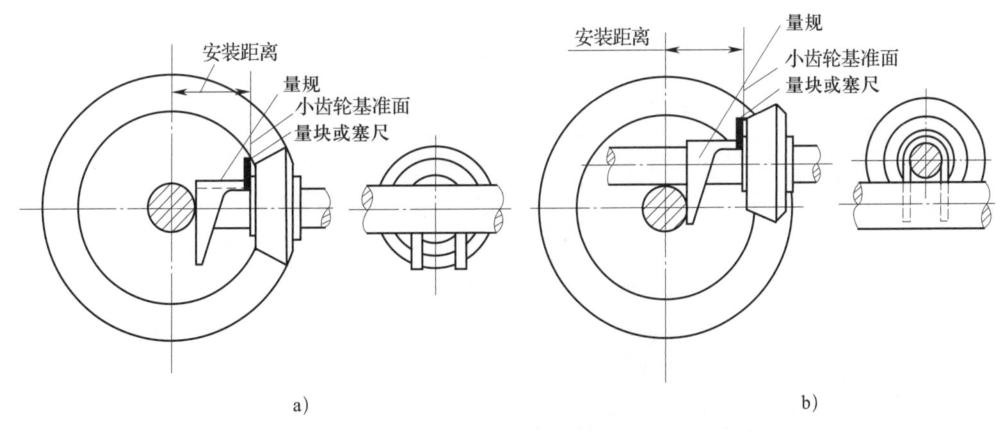

图 5-3-4　小圆锥齿轮轴向定位

a）正交小锥齿轮安装距离的确定　b）偏置小锥齿轮安装距离的确定

如果此时大锥齿轮尚未装好，可用工艺轴代替，然后按齿侧间隙要求确定大锥齿轮的轴向位置，通过调整垫圈厚度将齿轮的位置固定，如图 5-3-5 所示。

用背锥面作基准的锥齿轮的装配，应将背锥面对齐、对平。如图 5-3-6 所示，锥齿轮 5 的轴向位置可通过改变垫片 6 的厚度来调整；锥齿轮 3 的轴向位置，可通过调整固定垫圈 2 的位置确定。调整后，根据固定垫圈的位置配钻孔并用螺钉固定，即可保证两齿轮的正确装配位置。

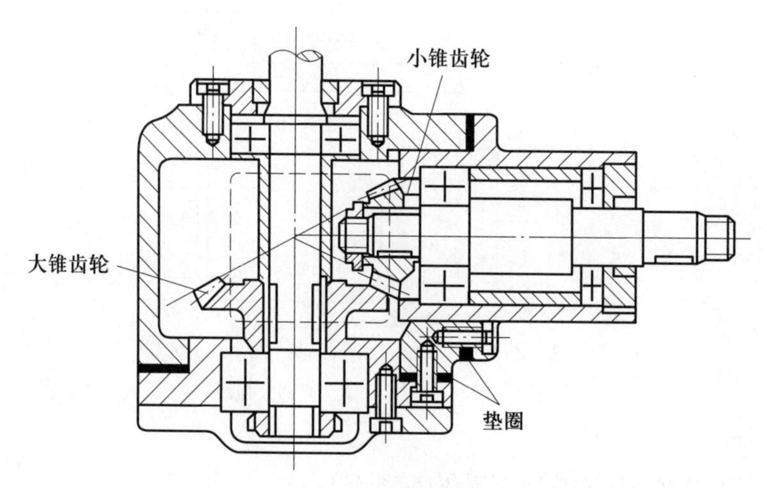

图 5-3-5　锥齿轮的轴向调整

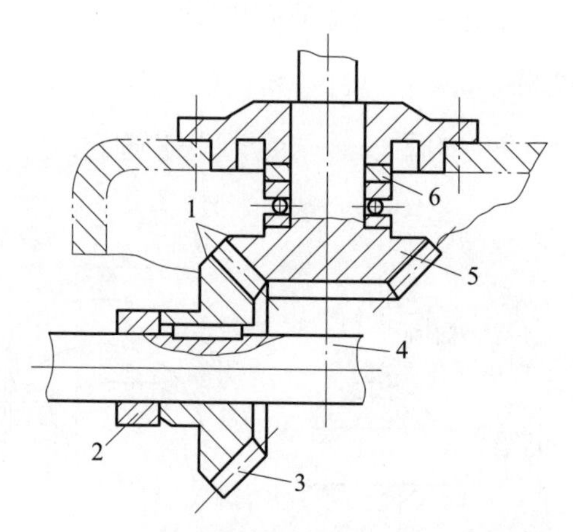

图 5-3-6　背锥面作基准的圆锥齿轮的装配调整

1—齿背　2—固定垫圈　3、5—锥齿轮　4—传动轴　6—垫片

三、锥齿轮装配质量的检验

锥齿轮装配质量的检验主要包括齿侧间隙的检验和接触斑点的检验。

1. 齿侧间隙检验

锥齿轮齿侧间隙的检验方法与圆柱齿轮相同。

2. 接触斑点检验

锥齿轮接触斑点检验一般用涂色法。在无载荷时，接触斑点应靠近轮齿小端，以保证工作时轮齿在全齿宽上能均匀地接触。满载荷时，接触斑点在齿高和齿宽方向应不少于 40% ~ 60%（根据齿轮精度而定），如图 5-3-7 所示。

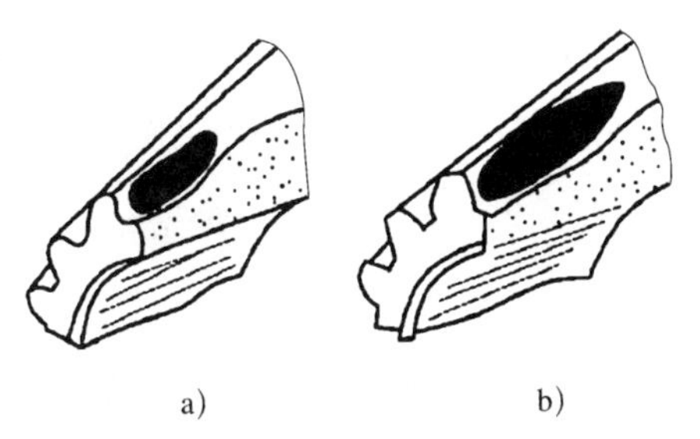

图 5-3-7　锥齿轮受载荷前后接触斑点的变化情况

a）无载荷　b）满载荷

直齿锥齿轮涂色检验时，接触斑点状况分析及调整方法见表 5-3-1。

表 5-3-1　直齿锥齿轮接触斑点状况分析及调整方法

接触斑点	状况分析	调整方法
正常接触	接触区在齿宽中部偏小端	—
下齿面接触　上齿面接触 上下齿面接触	接触区小齿轮在上（下）齿面，大齿轮在下（上）齿面，由小齿轮轴向位置误差所致	小齿轮沿轴线向大齿轮方向移出（移近），如侧隙过大（过小），则将大齿轮朝小齿轮方向移近（移出）
小端接触 同向偏接触	齿轮副同在近小端或同在大端处接触，由齿轮副轴线夹角太大或太小所致	修刮轴瓦或返修箱体
大端接触 小端接触 异向偏接触	齿轮副分别在轮齿一侧大端接触和另一侧小端接触，由齿轮副轴线偏移所致	检查零件误差，必要时修刮轴瓦

四、技能训练——锥齿轮与轴的装配

锥齿轮与轴的连接形式和圆柱齿轮与轴的连接形式基本相同，装配方法也基本相同，如图 5-3-8 所示。

1. 清除齿轮和轴上的污物及毛刺。

2. 当齿轮与轴是键连接时，应按键槽尺寸和键连接要求锉配平键（或其他键）。

3. 用煤油清洗所装配的零件，并用布擦干净后涂上润滑油。

4. 将锥齿轮装配到轴上。

（1）间隙配合的锥齿轮和轴装配后，齿轮在轴上不得有晃动现象；齿轮在轴上滑动时不得有阻滞或咬住现象；齿轮在轴上的移动位置应准确无误。

（2）过盈配合的锥齿轮与轴的装配方法和圆柱齿轮与轴的装配方法相同。

5. 精度要求较高的锥齿轮与轴装配后，还必须对锥齿轮的径向圆跳动和端面圆跳动进行检查，如图 5-3-9 所示。将锥齿轮和轴一起支顶在检验平板的两顶尖之间，把百分表的测头分别触及锥齿轮的锥面上（即齿槽内的检验棒上）和端面上，旋转齿轮一周，百分表最大读数与最小读数之差即为径向圆跳动和端面圆跳动的误差值。

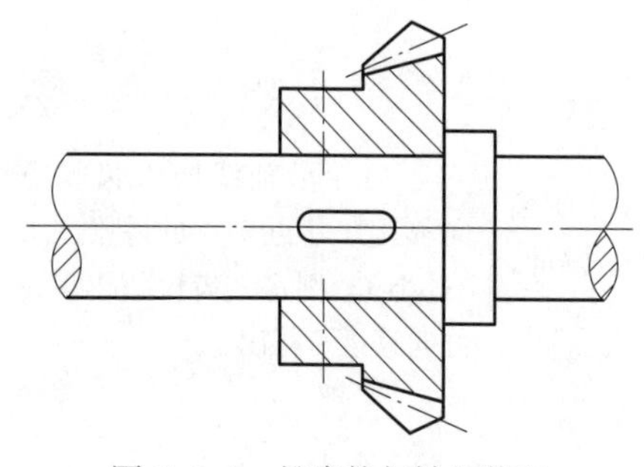

图 5-3-8　锥齿轮与轴的装配

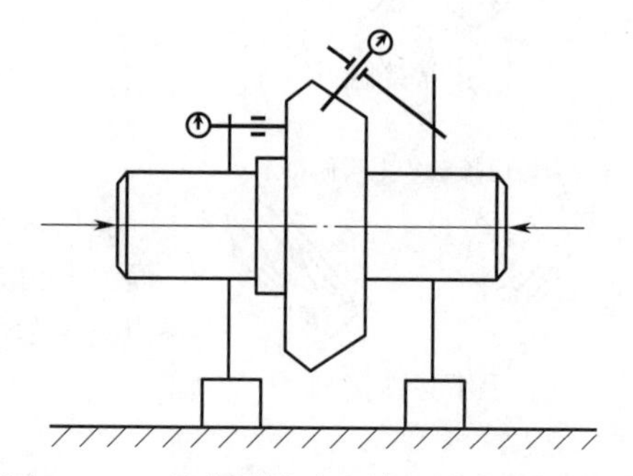

图 5-3-9　径向圆跳动和端面圆跳动的检查

思考与练习

1. 简述锥齿轮传动的原理和特点。
2. 简述锥齿轮传动正确的啮合条件。
3. 简述锥齿轮传动箱体检验的要求。
4. 简述确定两锥齿轮轴向位置的过程。
5. 简述直齿锥齿轮接触斑点检验的方法。
6. 举例对直齿锥齿轮接触斑点状况分析并结合实际简述调整方法。
7. 对锥齿轮与轴进行正确的装配。

课题 4
蜗杆传动的安装与调试

学习目标

1. 了解蜗杆传动的组成、分类及应用特点。
2. 掌握判断蜗轮回转方向的方法。
3. 了解蜗杆传动的主要参数及啮合条件。
4. 熟悉蜗杆传动的装配技术要求。
5. 了解蜗杆装配的误差。
6. 熟悉蜗杆传动啮合质量的检验方法。

一、蜗杆传动概述

蜗杆传动机构用来传递互相垂直的空间交错两轴之间的运动和动力，常用于转速急剧降低的场合，它具有降速比大、结构紧凑、有自锁性、传动平稳、噪声小等优点，缺点在于其传动效率较低、工作时发热大，需要有良好的润滑，不适用于大功率、长时间工作的场合。

1. 蜗杆传动的组成

如图 5-4-1 所示为蜗杆传动机构，从图中可以看出，蜗杆传动由蜗杆和蜗轮组成，通常由蜗杆（主动件）带动蜗轮（从动件）转动，并传递运动和动力，其两轴线在空间一般交错成 90°，蜗轮和蜗杆都是一种特殊的斜齿轮。

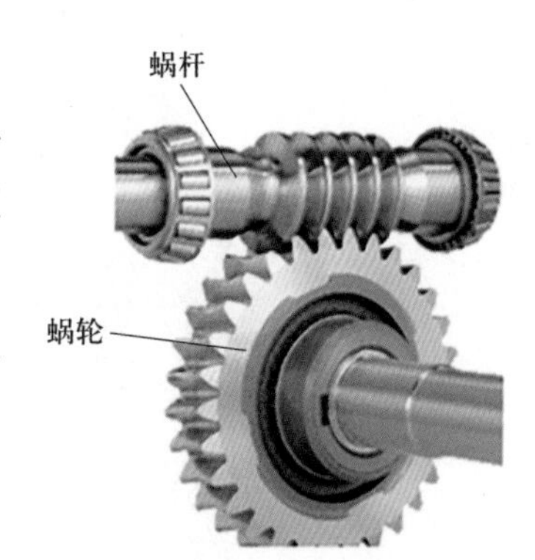

图 5-4-1　蜗杆传动

（1）蜗杆结构

蜗杆通常与轴合为一体，结构如图 5-4-2 所示。

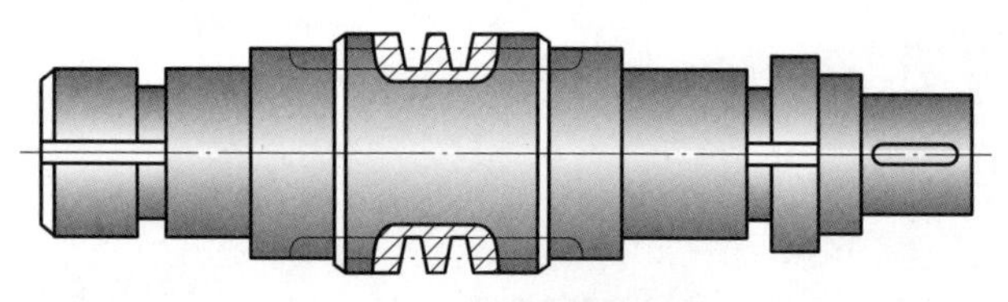

图 5-4-2　蜗杆结构

（2）蜗轮结构

蜗轮常采用组合结构，连接方式有铸造连接、过盈配合连接和螺栓连接，如图 5-4-3 所示。

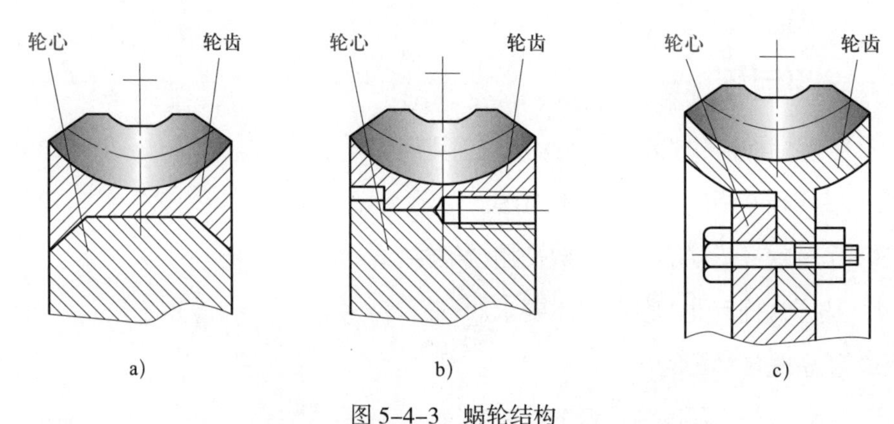

图 5-4-3　蜗轮结构

a）铸造连接　b）过盈配合连接　c）螺栓连接

2. 蜗杆的分类

（1）按蜗杆外形不同，蜗杆可分为圆柱蜗杆传动、圆环面蜗杆传动和锥面蜗杆传动，如图 5-4-4 所示。其中，圆柱蜗杆按螺旋面形状的不同可分为阿基米德蜗杆（端面齿廓为阿基米德螺旋线，轴向齿廓为直线）、渐开线蜗杆（端面齿廓为渐开线）等。

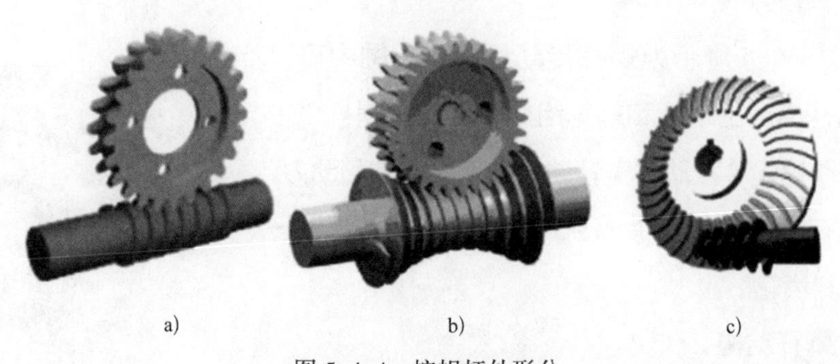

图 5-4-4　按蜗杆外形分

a）圆柱蜗杆传动　b）圆环面蜗杆传动　c）锥面蜗杆传动

（2）按蜗杆螺旋线方向不同，蜗杆可分为右旋蜗杆和左旋蜗杆两类，如图 5-4-5 所示。

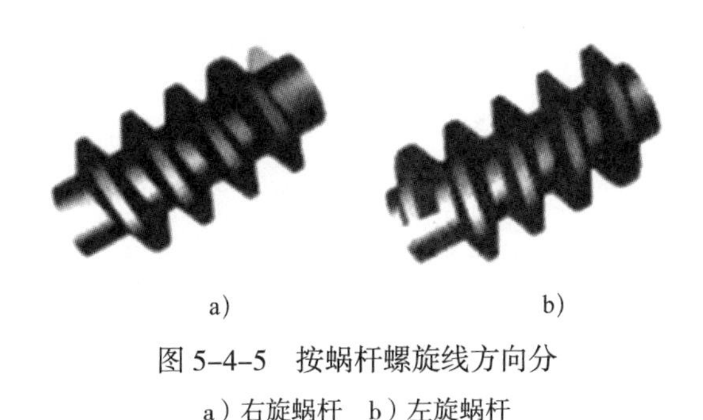

a)　　b)

图 5-4-5　按蜗杆螺旋线方向分

a）右旋蜗杆　b）左旋蜗杆

（3）按蜗杆头数不同，蜗杆可分为单头蜗杆和多头蜗杆两类，如图 5-4-6 所示。

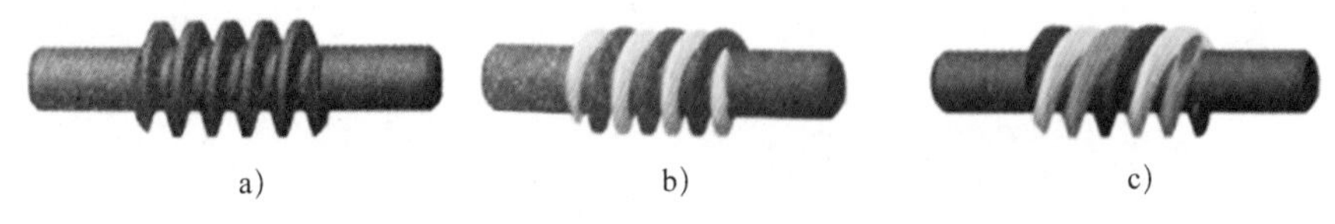

a)　　b)　　c)

图 5-4-6　按蜗杆头数分

a）单头蜗杆　b）双头蜗杆　c）三头蜗杆

3. 蜗杆传动的传动比

蜗杆传动的传动比是主动的蜗杆角速度与从动的蜗轮角速度的比值，也等于蜗杆头数与蜗轮齿数的反比。即

$$i=\frac{\omega_1}{\omega_2}=\frac{n_1}{n_2}=\frac{z_2}{z_1}$$

式中　ω_1、n_1——主动蜗杆的角速度、转速；

ω_2、n_2——从动蜗轮的角速度、转速；

z_1——主动蜗杆头数；

z_2——从动蜗轮的齿数。

在蜗轮齿数 z_2 不变的条件下，蜗杆头数 z_1 越少则传动比越大，但由于蜗杆的导程角小，所以蜗杆的传动效率较低；反之，蜗杆头数越多，传动效率越高，但加工越困难。蜗杆传动用于分度机构时，一般采用单头蜗杆（z_1=1）；用于动力传动时，常取 z_1=2 ~ 3；当传递功率较大时，为提高传动效率，可取 z_1=4。

蜗轮的齿数 z_2 由传动比 i 和蜗杆头数 z_1 决定，即 $z_2=z_1 i$。为了避免根切，蜗轮

的最小齿数 z_{2min} 应满足：z_1=1，z_{2min}=18；z_1>1 时，z_{2min}=27。用于一般动力传动的蜗杆副，其 z_1 和 z_2 可按照表 5-4-1 选用。

表 5-4-1　蜗杆头数 z_1 和蜗轮齿数 z_2 的推荐值

$i=\frac{z_2}{z_1}$	7 ~ 8	9 ~ 13	14 ~ 24	25 ~ 27	28 ~ 40	>40
z_1	4	3 ~ 4	2 ~ 3	2 ~ 3	1 ~ 2	1
z_2	28 ~ 32	27 ~ 52	28 ~ 72	50 ~ 81	28 ~ 80	>40

4. 蜗轮回转方向的判定

在蜗杆传动中，蜗轮、蜗杆齿的旋向应一致，即同为左旋或右旋。蜗轮回转方向的判定取决于蜗杆的旋向和蜗杆的回转方向，可用左（右）手定则来判定，见表 5-4-2。

表 5-4-2　蜗轮、蜗杆齿的旋向及蜗轮回转方向的判定方法

要求	图例	判定方法
判断蜗杆或蜗轮的旋向	右旋蜗杆 左旋蜗杆 右旋蜗轮　左旋蜗轮	右手定则： 手心对着自己，四指顺着蜗杆或蜗轮轴线方向摆正，若齿向与右手拇指指向一致，则该蜗杆或蜗轮为右旋，反之即为左旋
判断蜗轮的回转方向	右旋蜗杆传动 左旋蜗杆传动	左、右手定则： 左旋蜗杆用左手，右旋蜗杆用右手，用四指弯曲表示蜗杆的回转方向，拇指伸直代表蜗杆轴线，则拇指所指方向的相反方向即为蜗轮上啮合点的线速度方向

二、蜗杆传动的主要参数和啮合条件

在蜗杆传动中，其几何参数及尺寸计算均以中间平面为准。通过蜗杆轴线并与蜗轮轴线垂直的平面称为中间平面，如图 5-4-7 所示。在此平面内，阿基米德蜗杆相当于齿条，蜗轮相当于渐开线齿轮，蜗杆与蜗轮的啮合相当于渐开线齿轮与齿条的啮合。国家标准规定，蜗杆以轴向的参数为标准参数，蜗轮以端面的参数为标准参数。

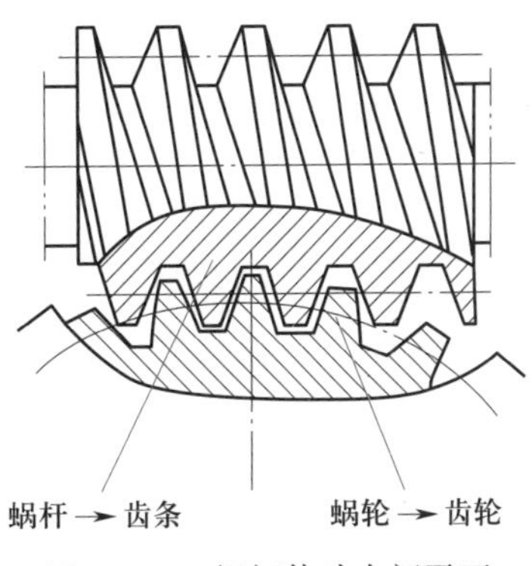

图 5-4-7　蜗杆传动中间平面

1. 蜗杆传动的主要参数

蜗杆传动的主要参数有模数 m、压力角 α、蜗杆分度圆导程角 γ、蜗杆分度圆直径 d_1、蜗杆直径系数 q、蜗杆头数 z_1、蜗轮齿数 z_2 及蜗轮螺旋角 β_2。

（1）模数 m、压力角 α

蜗杆传动与齿轮传动一样，其几何尺寸也以模数 m 为主要计算参数。蜗杆的轴向模数 m_{x1} 和蜗轮的端面模数 m_{t2} 相等，即

$$m_{x1}=m_{t2}=m$$

蜗杆模数已有标准值，其系列见表 5-4-3。

表 5-4-3　蜗杆标准模数 m 值（摘自 GB/T 10085—2018）　mm

第一系列	1、1.25、1.6、2、2.5、3.15、4、5、6.3、8、10、12.5、16、20、25、31.5、40
第二系列	1.5、3、3.5、4.5、5.5、6、7、12、14

注：优先采用第一系列。

蜗杆的轴向压力角 α_{x1} 和蜗轮的端面压力角 α_{t2} 相等，且都为标准值，即：

$$\alpha_{x1}=\alpha_{t2}=\alpha=20°$$

（2）蜗杆分度圆导程角 γ

蜗杆分度圆导程角 γ 是指蜗杆分度圆柱螺旋线的切线与端平面之间所夹的锐角。如图 5-4-8 所示为一个头数 z_1=3 的右旋蜗杆分度圆柱面及展开图。

其中，z_1p_x 为螺旋线的导程，p_x 为轴向齿距，d_1 为蜗杆分度圆直径，则蜗杆分度圆导程角 γ 为

$$\tan\gamma=\frac{z_1p_x}{\pi d_1}=\frac{z_1m}{d_1} \quad 或 \quad \gamma=\arctan\frac{z_1p_x}{\pi d_1}=\arctan\frac{z_1m}{d_1}$$

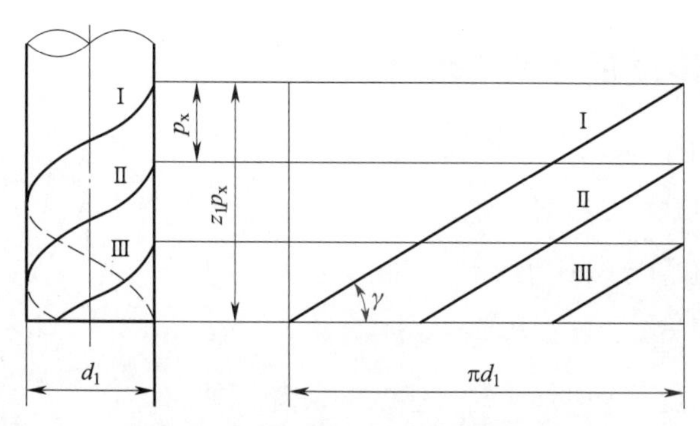

图 5-4-8　右旋蜗杆分度圆柱面及展开图

导程角的大小直接影响蜗杆的传动效率。导程角越大则传动效率越高，但自锁性差；反之，导程角越小则蜗杆传动自锁性越强，但传动效率低。

（3）蜗杆分度圆直径 d_1、蜗杆直径系数 q

为了保证蜗杆传动的准确性，切制蜗轮的滚刀，其分度圆直径、模数和其他参数必须与该蜗轮相配的蜗杆一致，压力角与相配的蜗杆相同。蜗杆分度圆直径 d_1 不仅与模数 m 有关，而且还与头数 z_1 和导程角 γ 有关。因而，即使模数 m 相同，也会有很多直径不同的蜗杆，所以对于同一尺寸的蜗杆必须有一把对应的蜗轮滚刀，即对同一模数、不同直径的蜗杆，必须配相应数量的滚刀，这就要求备有很多相应的滚刀，显然很不经济。在生产中，为了使刀具标准化，限制滚刀的数目，对一定模数 m 的蜗杆的分度圆直径 d_1 做了规定，即规定了蜗杆直径系数 q，且 $q=d_1/m$。

（4）蜗杆头数 z_1、蜗轮齿数 z_2

蜗杆头数 z_1 主要根据蜗杆传动的传动比和传动效率来选定，一般推荐选用蜗杆头数为 1、2、4 或 6。

蜗轮的齿数 z_2 可根据传动比 i 和蜗杆头数 z_1 确定，一般推荐 z_2=29 ~ 80。

2. 蜗杆传动的正确啮合条件

要组成一对正确啮合的蜗杆和蜗轮，应满足一定的条件。蜗杆传动的正确啮合条件如下。

（1）在中间平面内，蜗杆的轴向模数 m_{x1} 和蜗轮的端面模数 m_{t2} 相等，即：$m_{x1}=m_{t2}=m$。

（2）在中间平面内，蜗杆的轴向压力角 α_{x1} 和蜗轮的端面压力角 α_{t2} 相等，即：$\alpha_{x1}=\alpha_{t2}=\alpha$。

（3）蜗杆分度圆导程角 γ 和蜗轮分度圆柱面螺旋角 β_2 相等，且旋向一致。

即：$\gamma=\beta_2$。

三、蜗杆传动的装配技术要求

蜗杆传动以蜗杆为主动件，其轴线与蜗轮轴线在空间交错轴间交角为 90°。装配时应符合以下技术要求：

1. 蜗杆轴线应与蜗轮轴线垂直，蜗杆轴线应在蜗轮轮齿的中间平面内。

2. 蜗杆与蜗轮之间的中心距要准确，以保证有适当的齿侧间隙和正确的接触斑点。

3. 转动灵活。蜗轮在任意位置，旋转蜗杆手感相同，无卡滞现象。如图 5-4-9 所示为蜗杆传动装配不符合要求的几种情况。

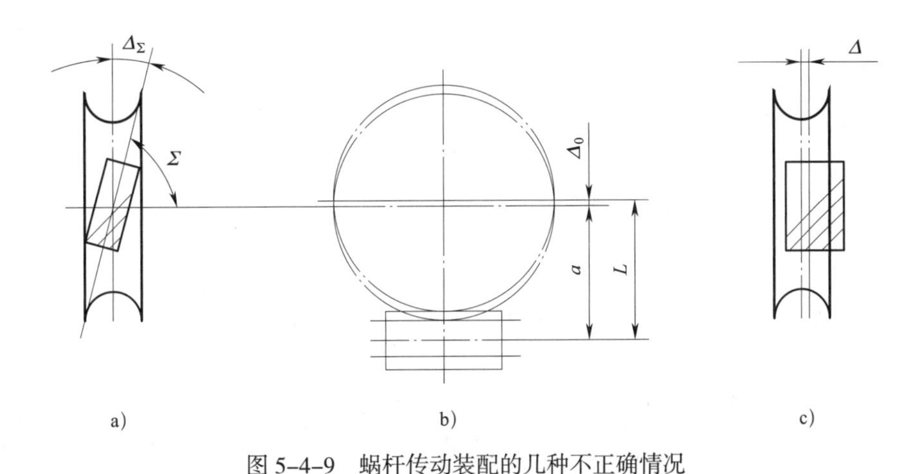

图 5-4-9　蜗杆传动装配的几种不正确情况

a）$\Sigma\neq90°$　b）$L\neq a$　c）$\Delta\neq0$

四、蜗杆传动箱体装配前的检验

为了确保蜗杆传动机构的装配要求，通常是先对蜗杆箱体上蜗杆轴孔中心线与蜗轮轴孔中心线间的中心距和垂直度进行检验，然后进行装配。

1. 箱体孔中心距的检验

检验箱体孔的中心距，可按图 5-4-10 所示的方法进行。

测量时，分别将蜗轮孔检验心棒 1 和蜗杆孔检验心棒 2 插入箱体孔中。箱体用三个千斤顶支撑在平板上，调整千斤顶，分别使两心棒与平板平行，用百分表在每根心棒两端最高点上检验，再用两组量块以相对测量法分别测量两心棒至平板的高度，即可计算出中心距 A。

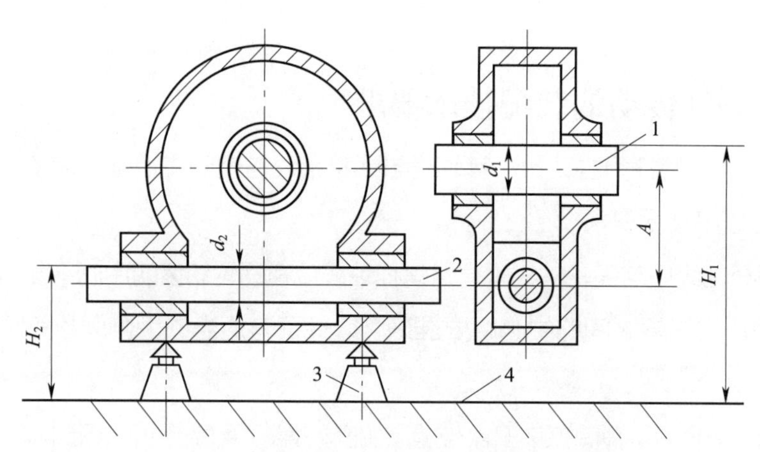

图 5-4-10　蜗杆轴孔与蜗轮轴孔中心距的检验

1—蜗轮孔检验心棒　2—蜗杆孔检验心棒　3—千斤顶　4—平板

$$A=\left(H_1-\frac{d_1}{2}\right)-\left(H_2-\frac{d_2}{2}\right)$$

式中　H_1——心棒 1 至平板的距离，mm；

H_2——心棒 2 至平板的距离，mm；

d_1、d_2——心棒 1 和心棒 2 的直径，mm。

2. 箱体孔轴线间垂直度的检验

检验箱体孔轴线间的垂直度可按图 5-4-11 所示的方法进行。检验时将蜗轮孔检验心棒 1 和蜗杆孔检验心棒 2 分别插入箱体孔中，在心棒 1 的一端套一百分表摆杆并用螺钉固定，百分表触头抵住蜗杆孔检验心棒 2，旋转蜗轮孔检验心棒 1，百分表在蜗杆孔检验心棒 2 上 L 长度范围内的读数差，即是轴线在 L 长度范围内的垂直度误差。

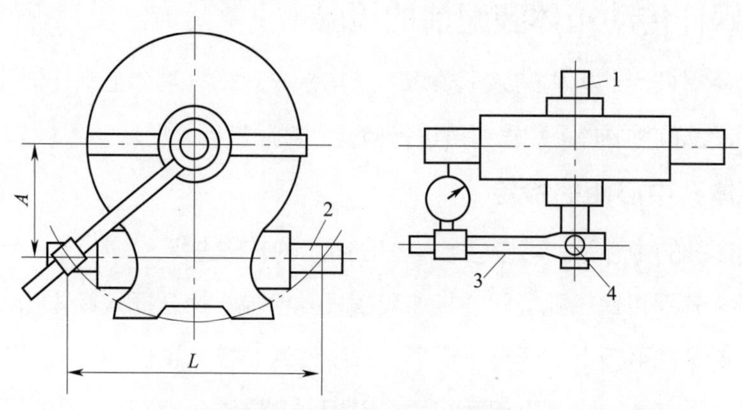

图 5-4-11　蜗杆箱体孔轴线间垂直度的检验

1—蜗轮孔检验心棒　2—蜗杆孔检验心棒　3—支架　4—螺钉

五、蜗杆传动的装配

蜗杆传动机构的装配工艺，按其结构特点的不同，有的应先装蜗轮，后装蜗杆；有的则相反。一般情况下，装配工作是从装配蜗轮开始，步骤如下：

1. 组合式蜗轮应先将齿圈压装在轮毂上，方法与过盈配合装配相同，并用螺钉加以紧固，如图 5-4-12 所示。

2. 将蜗轮装在轴上，其安装及检验方法与圆柱齿轮相同。

3. 把蜗轮轴组件装入箱体，然后再装蜗杆。一般蜗杆轴线的位置由箱体安装孔确定，要使蜗杆轴线位于蜗轮轮齿的中间平面内，可通过改变调整垫片厚度的方法来调整蜗轮的轴向位置。

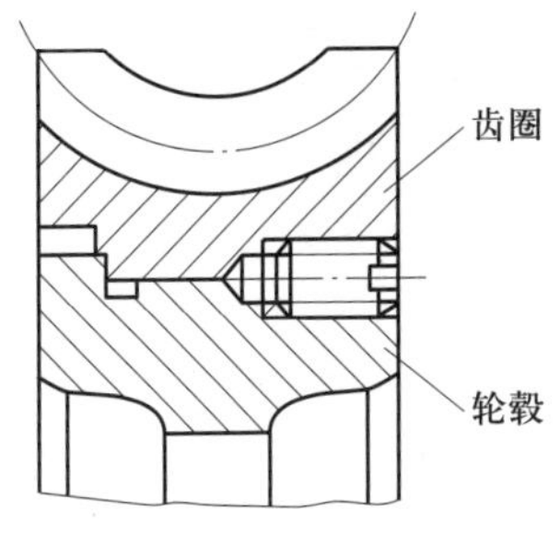

图 5-4-12　组合式蜗轮

六、蜗杆传动机构装配质量的检验

1. 蜗轮的轴向位置及接触斑点的检验

将蜗轮、蜗杆装入蜗杆箱体后，首先要用涂色法来检验蜗杆与蜗轮的相互位置以及啮合的接触斑点，确保啮合质量。先将红丹粉涂在蜗杆螺旋面上，给蜗轮以轻微阻尼再转动蜗杆，可在蜗轮轮齿上获得接触斑点，如图 5-4-13 所示。图 5-4-13a 为正确接触，其接触斑点应在蜗轮中部稍偏于蜗杆螺旋面旋出方向。图 5-4-13b、c 表示蜗轮轴向位置不对，应配磨垫片来调整蜗轮的轴向位置。接触斑点的长度，轻载时为齿宽的 25% ~ 50%，满载时为齿宽的 90% 左右。

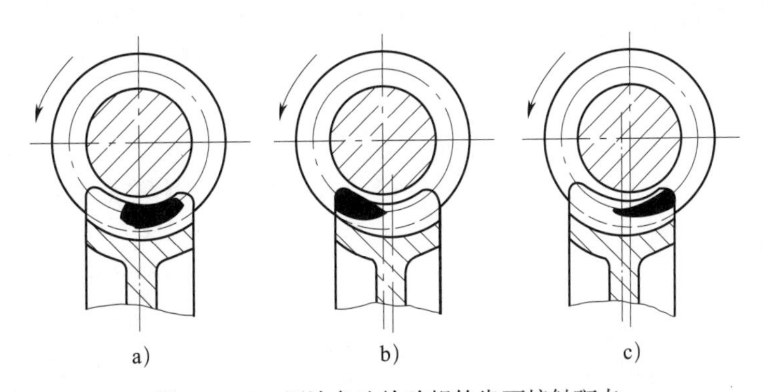

图 5-4-13　用涂色法检验蜗轮齿面接触斑点

a）正确　b）蜗轮偏右　c）蜗轮偏左

此外，通过观察蜗轮齿面上接触斑点的位置和大小来判断装配质量存在的问题，并采用正确的方法给予消除。蜗杆副在承受载荷时，如有不正确接触，可按表 5-4-4 所列方法进行调整。

表 5-4-4　蜗轮齿面接触斑点及调整方法

接触斑点	状况	原因	调整方法
	正常接触	—	—
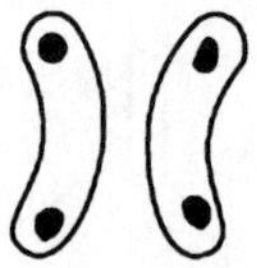	左、右齿面对角接触	中心距大或蜗杆轴线歪斜	调整蜗杆座位置（缩小中心距）或调整（或修整）蜗杆基面
	中间接触	中心距小	调整蜗杆座位置（增大中心距）
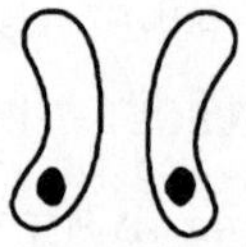	下端接触	蜗杆座位置不正	调整蜗杆座（向上）
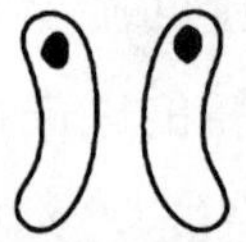	上端接触	蜗杆座位置不正	调整蜗杆座（向下）
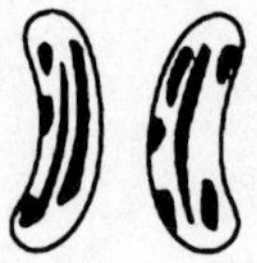	带状接触斑	蜗杆径向圆跳动误差大，加工误差大	调换蜗杆轴承（或修刮轴瓦）或调换蜗轮
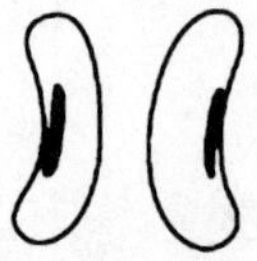	齿顶接触	蜗杆与最终加工用刀具齿形不一致	调换蜗杆或蜗轮重新加工（在中心距有余量的前提下）
	齿根接触	蜗杆与最终加工用刀具齿形不一致	调换蜗杆或蜗轮重新加工（在中心距有余量的前提下）

2. 齿侧间隙检验

由于蜗杆传动的结构特点，其侧隙j_n（如图 5-4-14 所示，其中a为蜗轮、蜗杆之间的中心距）用塞尺或压铅丝的方法测量是有困难的。

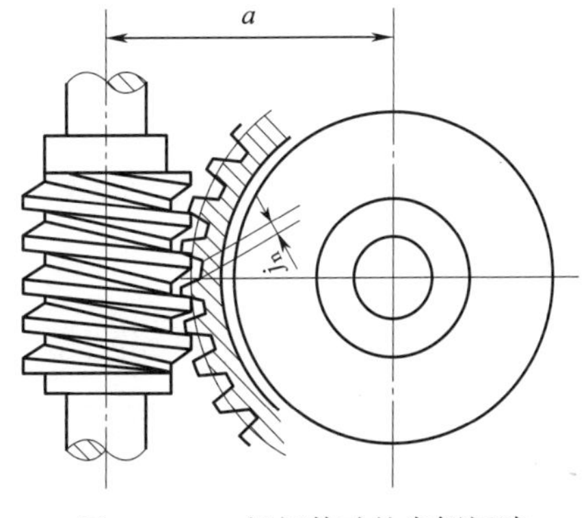

图 5-4-14　蜗杆传动的齿侧间隙

对不太重要的蜗杆传动机构，有经验的钳工是用手转动蜗杆，根据蜗杆的空程量判断齿侧间隙大小。对要求较高的传动机构，一般要用百分表进行测量。如图 5-4-15a 所示，在蜗杆轴上固定一带量角器的刻度盘，将百分表测量头顶在蜗轮齿面上，手动旋转蜗杆，在百分表指针不动的条件下，根据刻度盘相对于固定指针的最大空程角来判断齿侧间隙大小。如用百分表直接与蜗轮齿面接触有困难时，可在蜗轮轴上装一测量杆，如图 5-4-15b 所示。

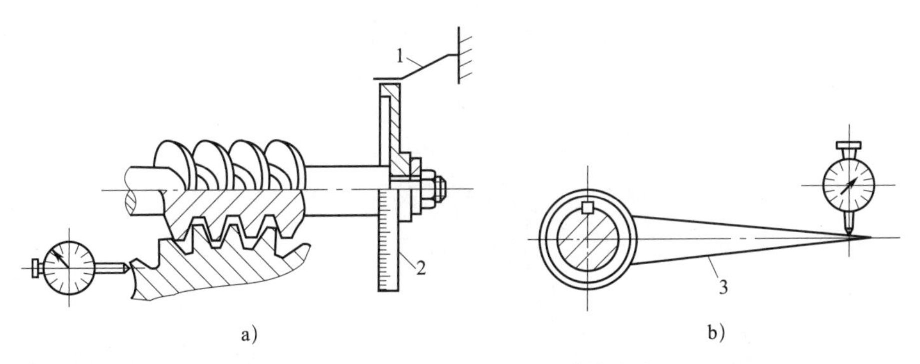

图 5-4-15　蜗杆传动齿侧间隙的检验

a）直接测量法　b）加装测量杆测量法

1—固定指针　2—刻度盘　3—测量杆

齿侧间隙与空程角有如下的近似关系（蜗杆升角影响忽略不计）：

$$C_h=z_1\pi m\frac{\alpha}{360}$$

式中　C_h——齿侧间隙，mm；

z_1——蜗杆头数；

m——模数；

α——空程转角，（°）。

装配后的蜗杆传动机构，还要检查其转动灵活性，蜗轮在任何位置上，用手旋转蜗杆所需的转矩应相同，没有咬住现象。

七、技能训练——蜗轮与蜗轮轴的装配

1. 装配工艺

（1）清除蜗轮的齿圈、轮毂、蜗轮孔、蜗轮轴、平键、键槽等的毛刺并用煤油清洗干净，再用布擦干净。

（2）测量检查各配合部位的尺寸精度。

（3）用手将蜗轮齿圈平放对准套压在轮毂上，用铜棒对称、均匀地敲击齿圈，将其压入轮毂。

（4）用铜棒将平键敲入蜗轮轴的键槽中。

（5）将蜗轮轴组件垂直夹紧在操作台上。

（6）在蜗轮孔和蜗轮轴的配合面上涂抹干净的机油。

（7）将蜗轮轻轻装入轴上，双手对称用力将蜗轮压入轴径端部或用铜棒轻敲蜗轮四周将其装入轴颈位置。

（8）用铜棒对称、均匀地轻敲蜗轮孔四周将蜗轮压入。

（9）蜗轮安装到位后，套入蝶形止动垫圈，用钩形扳手锁紧圆螺母，将止动垫圈翅片压入圆螺母缺口中，如图 5-4-16 所示。

（10）检查蜗轮轴向圆跳动量。方法和圆柱齿轮轴向圆跳动量检测方法相同，若跳动量超差应用铜棒轻敲齿圈进行调整，如图 5-4-17 所示。

图 5-4-16　蜗轮与蜗轮轴的装配

图 5-4-17　检查蜗轮轴向圆跳动量

2. 注意事项

（1）装夹蜗轮轴时要注意保护，钳口应加软垫，蜗轮轴下端应垫垫木，以免夹坏或损伤蜗轮轴。

（2）蜗轮装在轴上时应注意端面与轴垂直，避免因蜗轮的歪斜导致卡死。

（3）用手扶托蜗轮时应扶在蜗轮外缘，防止蜗轮突然下沉而使手受伤。

（4）使用铜棒进行敲击时应用力适当，并进行对称敲击，敲击位置应均匀分布在蜗轮圆周上。

（5）装配时保证蜗轮轴向圆跳动量符合要求。

思考与练习

1. 简述蜗杆传动的组成及特点。
2. 举例说明蜗杆的种类。
3. 蜗轮回转方向的判定方法有哪些？
4. 简述蜗杆传动的主要参数和啮合条件。
5. 简述蜗杆传动箱体装配前孔中心距的检验。
6. 说出蜗杆传动箱体孔轴线间垂直度的检验方法。
7. 说出蜗杆传动机构的装配工艺。
8. 简述蜗轮的轴向位置及接触斑点的检验。
9. 举例描述蜗轮齿面接触斑点及调整方法。
10. 简述蜗杆传动齿侧间隙的检验方法。
11. 简述蜗轮装入蜗轮轴的注意事项。

课题 5
齿轮传动常见故障及维护

学习目标

1. 了解渐开线齿轮的失效形式。
2. 熟悉齿轮传动的维护和保养。
3. 了解齿轮传动的常见故障及排除。
4. 了解蜗杆传动的失效形式。
5. 熟悉蜗杆传动的常见故障。
6. 熟悉蜗杆传动的维护和修复。

一、渐开线齿轮的失效形式

齿轮传动过程中，若轮齿发生折断、齿面损坏等现象，则齿轮失去了正常的工作能力，称为失效。齿轮传动的失效，主要是轮齿的失效。常见的齿轮失效形式有齿面点蚀、齿面磨损、齿面胶合、齿面塑变和轮齿折断等。

1. 齿面点蚀

齿面点蚀是齿面疲劳损伤的现象之一。齿轮传动时，两轮齿在理论上是线接触，而由于弹性变形的原因，实际上是很小的面接触，表面却产生很大的接触应力。接触应力按一定规律变化，当循环次数超过某一限度时，轮齿表面会产生细微的疲劳裂纹，裂纹逐渐扩展，使表层上的小块金属剥落，形成麻点和斑坑，这种现象称为齿面的疲劳点蚀，如图 5-5-1 所示。发生点蚀后，轮齿工作面被损坏，造成传动的不平稳和产生噪声。

齿面点蚀是在润滑良好的闭式齿轮传动中轮齿失效的主要形式之一。在开式齿轮传动中，由于齿面磨损较快，点蚀还来不及出现或扩展即被磨掉，所以一般看不到点蚀现象。

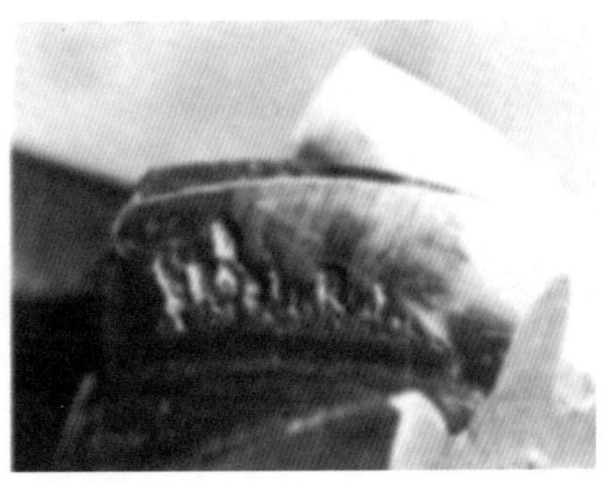

图 5-5-1　齿面点蚀

防止点蚀的主要措施有：设计时应合理选用齿轮参数，选择合适的材料及提高齿面硬度，减小表面粗糙度值，选用黏度高的润滑油并采用适当的添加剂，以提高轮齿抗点蚀的能力。

2. 齿面磨损

齿轮在传动过程中，接触的两齿面产生一定的相对滑动，也即产生滑动摩擦，使齿面发生磨损。磨损速度符合规定的设计期限，磨损量在界限内视为正常磨损。当齿面磨损严重时，轮齿就失去了准确的渐开线齿廓形状，引起传动的不平稳性和冲击。此外，轮齿磨损后，厚度变薄也可能导致轮齿折断。

对于开式齿轮传动，润滑条件不好，又有硬质颗粒等杂物落入轮齿的工作表面，会加剧齿面磨损，所以齿面磨损是开式齿轮传动的主要失效形式，如图 5-5-2 所示。

图 5-5-2　齿面磨损

减少齿面磨损的主要措施有：提高齿面硬度，减小表面粗糙度值，采用合适的材料组合，改善润滑条件和工作条件（如采用闭式传动）等措施。

3. 齿面胶合

在压力较大的情况下，齿轮轮齿齿面上的润滑油被挤走，两齿面金属直接接触，局部产生瞬时高温，致使两齿面发生粘连。随着齿面的相对滑动，较软齿面的表面金属会被熔焊在另一轮齿的齿面上形成沟痕，这种现象称为齿面胶合。发生胶合后，齿面被破坏，引起强烈的磨损和发热，使齿轮失效，如图 5-5-3 所示。

图 5-5-3　齿面胶合

对于高速和低速重载的齿轮传动，容易发生齿面胶合。

防止齿面胶合的方法有：选用特殊的高黏度润滑油或者在油中加入抗胶合的添加剂，选用不同的材料使两轮不易粘连，提高齿面硬度，降低表面粗糙度值，改进冷却条件等措施。

4. 齿面塑变

当齿轮的齿面较软时，在重载情况下，可能使表层金属沿着摩擦力方向发生局部塑性流动，出现塑性变形。发生塑性变形后，主动齿轮沿着节线形成凹沟，而从动齿轮沿着节线形成凸棱。若整个轮齿发生永久性变形，则齿轮将丧失传动能力，如图 5-5-4 所示。

图 5-5-4　齿面塑变

防止塑性变形的主要措施有：提高齿面硬度，采用黏度大的润滑油，尽量避免频繁启动和过载。

5. 轮齿折断

轮齿在传递动力时，相当于一个悬臂梁，齿轮的齿根处受力最大，在齿根部位容易发生轮齿折断，如图 5-5-5 所示。

图 5-5-5　轮齿折断

轮齿折断的原因有两种：一种是受到严重冲击，短期过载而突然折断；另一种是轮齿长期工作后，经过多次反复的弯曲，使齿根发生疲劳折断。轮齿折断常常是突然发生，不但会使齿轮传动和机器不能工作，甚至会造成重大事故，所以应特别注意。

防止轮齿折断的主要措施有：选择适当的模数和齿宽，采用合适的材料及热处理方法，减少齿根应力集中，齿根圆角不宜过小，应有一定要求的表面粗糙度，使齿根危险截面处的弯曲应力最大值不超过许用应力值。

二、齿轮传动的维护与修复

1. 齿轮传动的维护

（1）及时清除齿轮啮合工作面的污染物，保持齿轮清洁。

（2）正确选用齿轮的润滑油（脂），按规定及时检查油质，定期换油。

（3）保持齿轮工作在正常的润滑状态。

（4）经常检查齿轮传动啮合状况，保证齿轮处于正常的传动状态。

（5）禁止超速、超载运行。

2. 齿轮传动的修复

（1）齿轮磨损严重或轮齿断裂时，应更换新的齿轮。

（2）如果是小齿轮与大齿轮啮合，一般小齿轮比大齿轮磨损严重，应及时更换小齿轮，以免加速大齿轮磨损。

（3）大模数、低转速的齿轮，个别轮齿断裂时，可用镶齿法修复。

（4）大型齿轮轮齿磨损严重时，采用更换轮缘法修复，具有较好的经济性。

（5）锥齿轮因轮齿磨损或调整垫圈磨损而造成齿侧间隙增大时，应进行调整。调整时，将两个锥齿轮沿轴向移近，使齿侧间隙减小，再选配调整垫圈厚度来固定两齿轮的位置。

齿轮修复的具体情况，可参考表 5-5-1。

表 5-5-1　齿轮修复方法

内容	检修方法
轮齿损坏	1. 利用花键孔，镶新轮圈后插齿 2. 齿轮局部断裂，堆焊加工成形 3. 镀铁后重磨 4. 大齿轮加工成负修正齿轮（前提是轮齿硬度低，可加工）
齿角磨损	1. 对称形状的齿轮掉头倒角使用 2. 堆焊齿角 3. 锉磨齿角
孔径磨损	镶套、镀铬、镀镍、镀铁、堆焊后重新磨孔
键槽磨损	堆焊修理、转位后另开键槽或加宽键槽
齿轮式离合器爪磨损	堆焊后铣齿爪

三、蜗杆传动的失效形式

蜗杆传动中，由于蜗杆螺旋部分的强度总是高于蜗轮轮齿的强度，所以失效常发生在蜗轮轮齿上。蜗杆传动的主要失效形式有蜗轮齿面胶合、点蚀及磨损，具体现象可参照齿轮的相应失效形式。

提示

为了减少磨损和防止胶合破坏，通常蜗杆用钢材，蜗轮用有色金属（铜合金、铝合金）。对蜗杆而言，高速重载时常选用 15Cr、20Cr 渗碳淬火，或 45、40Cr 淬火；低速轻载时选用 45 钢调质处理。对蜗轮而言，常用铸造锡青铜、铸造铝青铜、灰铸铁、塑料等。

四、蜗杆传动的维护与修复

1. 蜗杆传动的维护

（1）润滑

由于蜗杆传动摩擦产生的热量较大，所以要求工作时有良好的润滑条件，润滑的主要目的在于减少磨损与散热，以提高蜗杆传动的效率，防止胶合及减少磨损。蜗杆传动的润滑方式主要有油池润滑和喷油润滑。

（2）散热

蜗杆传动摩擦大，传动效率较低，所以工作时发热量大。为了提高散热能力，可采用下面的措施：如在箱体外壁增加散热片；在蜗杆轴端安装风扇进行通风；在箱体油池内装蛇形水管冷却；采用压力喷油冷却等。蜗杆传动的冷却方式如图 5-5-6 所示。

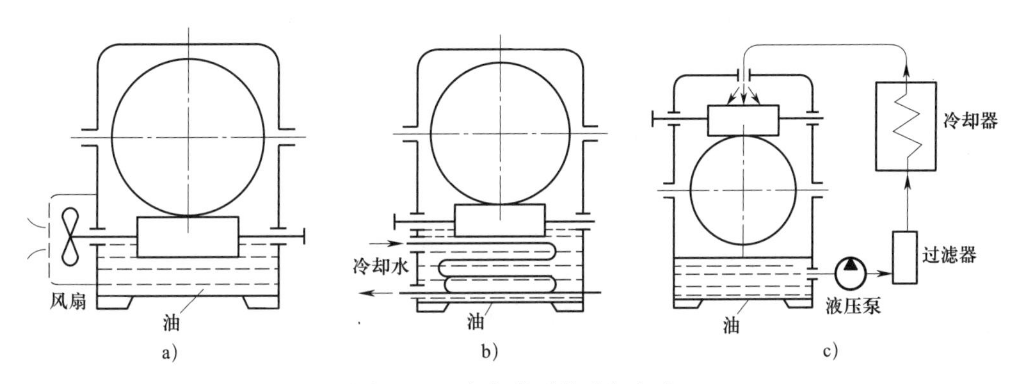

图 5-5-6　蜗杆传动的冷却方式

a）风扇冷却　b）蛇形水管冷却　c）压力喷油冷却

2. 蜗杆传动的修复

（1）一般传动的蜗杆蜗轮磨损或划伤后，要更换新的。

（2）大型蜗轮磨损或划伤后，为了节省材料，一般采用更换轮缘法修复（车去磨损轮缘，再压装一个新的轮缘）。

（3）分度用的蜗杆机构（又称分度蜗轮副）传动精度要求很高，修理工作复杂、精细，一般采用精滚齿后剃齿或珩磨法进行修复。

五、技能训练——齿轮的修理

1. 齿轮严重磨损或轮齿断裂时，一般都应更换新的齿轮。当一个大齿轮和一个小齿轮啮合时，因小齿轮磨损较快，应先更换小齿轮。更换齿轮时，新齿轮的齿数、模数、齿形角必须与原齿轮相同。

2. 对于大模数齿轮或一些传动精度要求不高的齿轮，当轮齿局部损坏时，可采用焊补法或镶齿法修复。

（1）焊补法（堆焊法）修复（以齿轮崩齿修复为例，如图 5-5-7 所示）

1）根据齿轮材料选用相应的焊条，放在 50 ~ 200 ℃的电炉中烘焙 40 ~ 60 min。

2）在零件适当位置上放置引弧和收弧的纯铜板，通过引弧堆焊于齿轮崩齿处，直到堆满齿为止，如图 5-5-8 所示。锤击焊口，清除熔渣。

3）堆焊后立刻向堆焊处浇一遍冷水，然后迅速将零件放入 50 ~ 60 ℃的电炉中，关闭电炉，让其随炉冷却或立刻进行低温回火处理。

4）待零件冷却至室温后即可进行切齿加工修复。

5）检查修复后的轮齿是否符合有关的技术要求，焊缝热影响区有无明显的退火现象。修复后的齿形如图 5-5-9 所示。

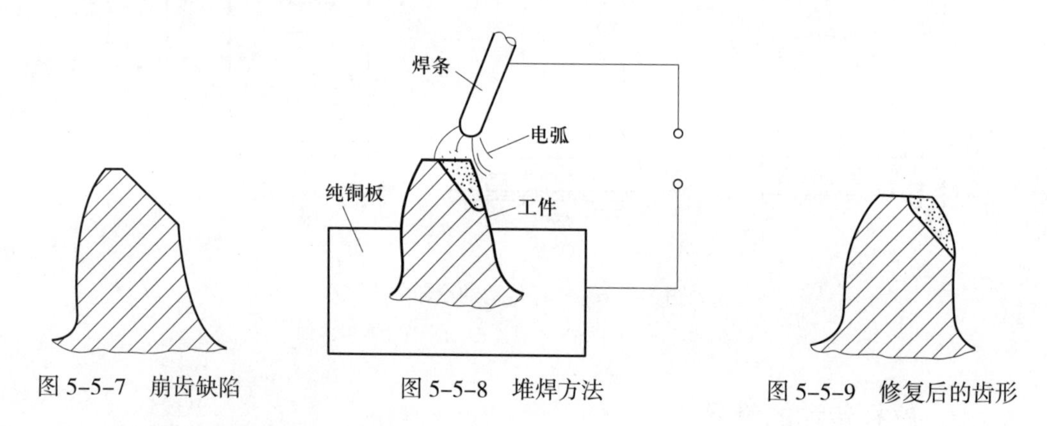

图 5-5-7　崩齿缺陷　　图 5-5-8　堆焊方法　　图 5-5-9　修复后的齿形

（2）镶齿法修复的一般步骤

1）将损坏的轮齿切掉。

2）根据修复齿的形状、尺寸镶配新的轮齿。可采用焊接固定，如图 5-5-10a 所示；或用螺钉固定，如图 5-5-10b 所示。

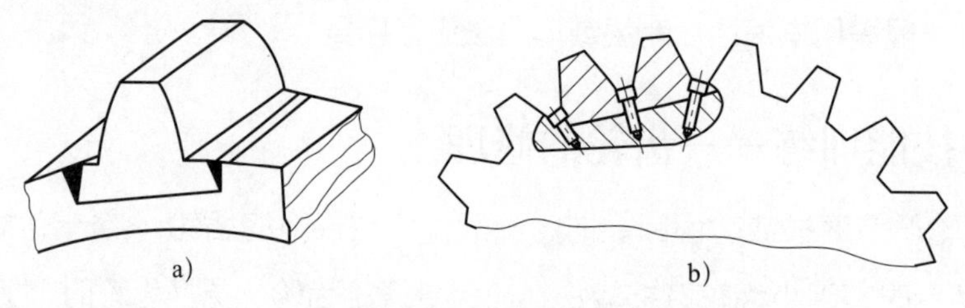

图 5-5-10　镶齿法

a）焊接固定　b）螺钉固定

3. 采用更换轮缘修复法，如图 5-5-11 所示。

（1）将损坏的齿轮轮齿车掉。

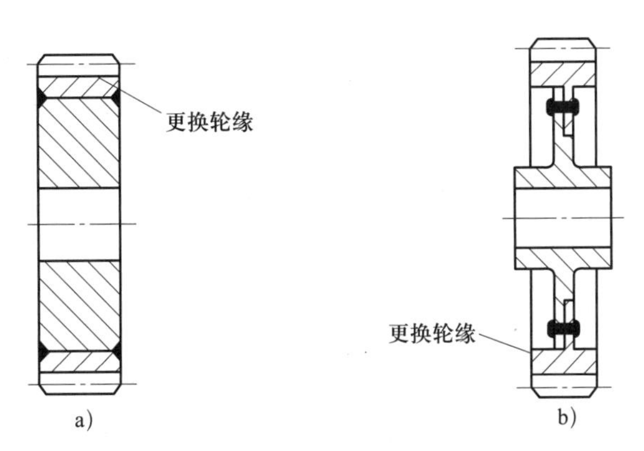

图 5-5-11 更换轮缘修复法

a）焊接固定 b）铆接固定

（2）按原齿轮外圆和车掉轮齿后的直径配制一个新的轮缘。

（3）将新制轮缘压入齿坯，用焊接、铆接或螺钉固定的方法将新的轮缘固定。

（4）在加工齿轮的机床上按技术要求加工出新的轮齿。

思考与练习

1. 渐开线齿轮的失效形式有哪些?
2. 齿轮传动需要从哪几个方面进行维护?
3. 简述齿轮传动具体情况的维修方法。
4. 简述蜗杆传动的失效形式。
5. 如何对蜗杆传动进行维护?
6. 简述蜗轮传动的冷却方式。
7. 简述蜗杆传动的具体修复。
8. 完成一个齿轮的修理操作。

模块六
丝杠螺母的安装与调试

丝杠螺母传动属于螺旋传动，它是利用内、外螺纹组成的螺旋副来传递运动和动力的一种机械传动，可以方便地把主动件（丝杠）的回转运动转变为从动件（螺母）的直线运动。常见的台虎钳、顶拔器、普通车床等应用了丝杠螺母传动，如图 6-1 所示。

丝杠螺母传动在机床的进给机构、起重设备、锻压机械、测量仪器、工具、夹具及其他工业设备中有广泛运用。

a)

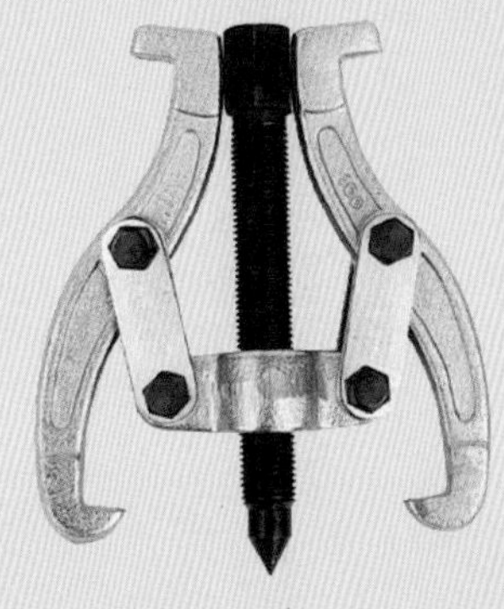

b)

c)

图 6-1　丝杠螺母传动的应用

a）台虎钳　b）顶拔器（二脚拉马）　c）普通车床

课题 1 丝杠螺母传动概述

学习目标

1. 掌握丝杠螺母传动的原理。
2. 了解螺纹的种类和应用。
3. 了解螺纹的代号及标注。
4. 了解螺旋传动的应用形式。
5. 掌握丝杠螺母传动直线移动方向的判定和距离的计算方法。
6. 了解差动螺旋传动原理、特点和应用。

一、螺纹的种类及应用

丝杠螺母传动是利用丝杠（螺杆）和螺母组成的螺旋副来实现传动的，其原理主要是利用了内、外螺纹的咬合作用。螺纹的类型有很多种，除了可以实现传动外，也能对零件进行紧固连接。

1. 按螺纹牙型分类及其应用

螺纹牙型是指通过轴线断面上的螺纹轮廓形状。根据牙型的不同，螺纹可分为三角形螺纹、矩形螺纹、梯形螺纹、锯齿形螺纹等，如图 6-1-1 所示。

（1）三角形螺纹（普通螺纹）：牙型为三角形，普通螺纹一般分为粗牙螺纹和细牙螺纹两种，广泛应用于各种紧固连接。粗牙螺纹应用最广，细牙螺纹适用于薄壁零件的连接和微调机构的调整。

（2）矩形螺纹：牙型为矩形，传动效率高，用于螺旋传动。但牙根强度低，精加工困难，矩形螺纹未标准化，已经逐渐被梯形螺纹代替。

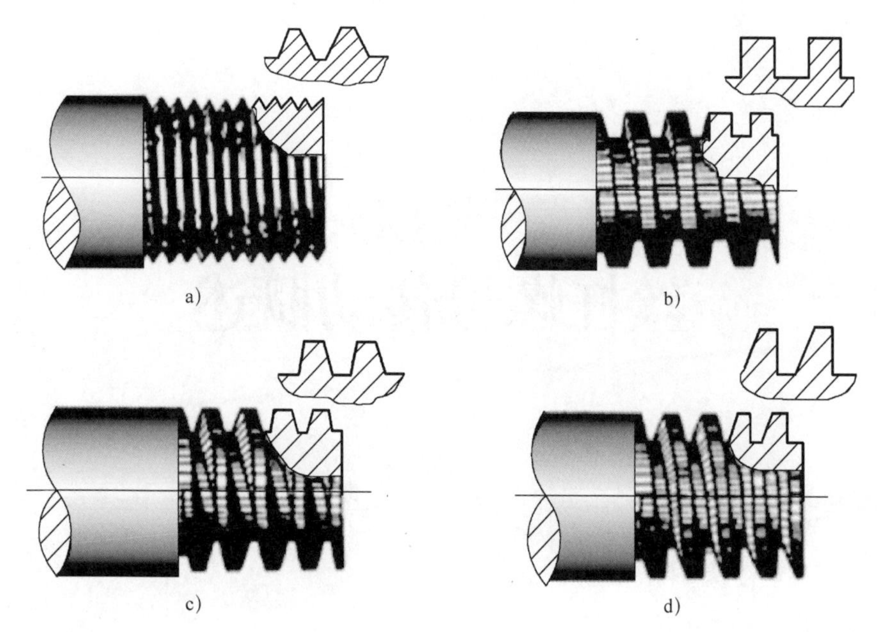

图 6-1-1　螺纹按牙型分类

a）三角形螺纹　b）矩形螺纹　c）梯形螺纹　d）锯齿形螺纹

（3）梯形螺纹：牙型为梯形，牙根强度较高，易于加工。广泛用于机床设备的螺旋传动中。

（4）锯齿形螺纹：牙型为锯齿形。牙根强度较高，用于单向螺旋传动中，多用于起重机械或压力机械。

2. 按螺旋线方向分类及其应用

根据螺旋线的方向不同，螺纹分为左旋螺纹和右旋螺纹，如图 6-1-2 所示。

（1）右旋螺纹：顺时针旋入的螺纹，应用广泛。

（2）左旋螺纹：逆时针旋入的螺纹。

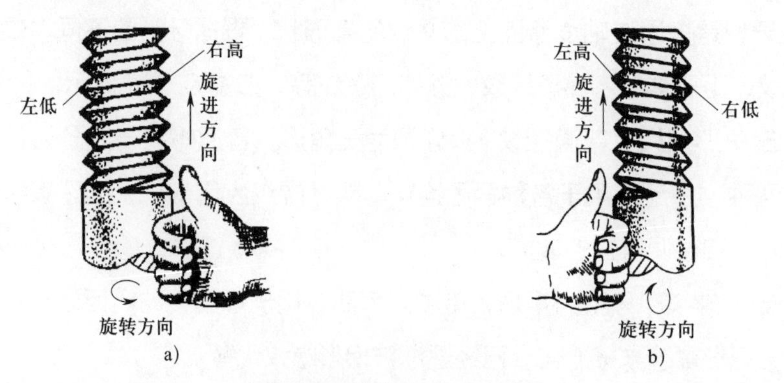

图 6-1-2　螺纹按旋向分类

a）右旋螺纹　b）左旋螺纹

3. 按螺旋线的线数分类及其应用

根据螺旋线的线数，螺纹分为单线螺纹、双线螺纹和多线螺纹，如图 6-1-3 所示。

（1）单线螺纹：沿同一条螺旋线所形成的螺纹，多用于螺纹连接。

（2）多线（双线）螺纹：沿两条或两条以上在轴向等距分布的螺旋线所形成的螺纹，多用于螺旋传动。

4. 按螺旋线形成的表面分类及其应用

根据螺旋线形成的表面，分为内螺纹和外螺纹，如图 6-1-4 所示。

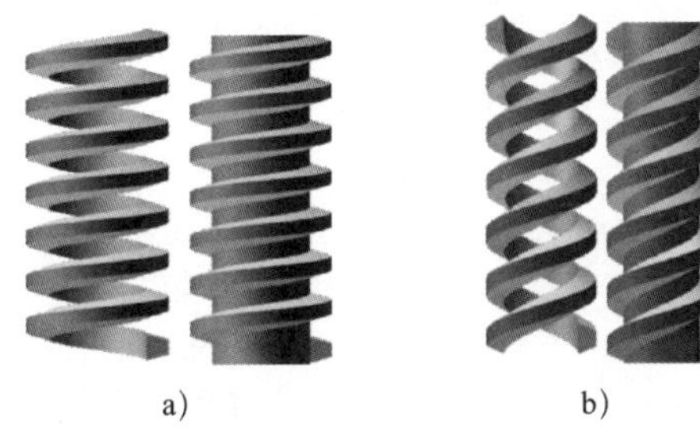

a)　　b)

图 6-1-3　螺纹按螺旋线数分类

a）单线螺纹　b）多线（双线）螺纹

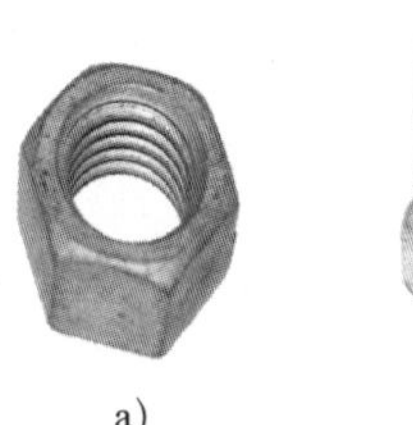

a)　　b)

图 6-1-4　螺纹按螺旋线形成的表面分类

a）内螺纹　b）外螺纹

内、外螺纹必须成对配合使用，其一般是间隙配合。

提示

管 螺 纹

管螺纹（图 6-1-5）用于管路连接，分为 55° 非密封管螺纹和 55° 密封管螺纹。其中，55° 非密封管螺纹本身不具有密封性，如要求连接后具有密封性时，可在密封面间添加密封物；55° 密封管螺纹的外螺纹分布在锥度为 1:16 的圆锥管壁上，不用填料即能保证连接的紧密性。

图 6-1-5　管螺纹

二、螺纹的代号标注

1. 普通螺纹的代号标注

普通螺纹的代号标注见表6-1-1。

表6-1-1 普通螺纹的代号标注

螺纹类别		特征代号	螺纹标注示例	内、外螺纹配合标注示例
普通螺纹	粗牙	M	M12LH-7g-L M：普通螺纹 12：螺纹大径 LH：左旋 7g：外螺纹中径和顶径公差带代号 L：长旋合长度	M12LH-6H/7g 6H：内螺纹中径和顶径公差带代号 7g：外螺纹中径和顶径公差带代号
	细牙		M12 × 1-7H8H M：细牙普通螺纹 12：螺纹大径 1：螺距 7H：内螺纹中径公差带代号 8H：内螺纹顶径公差带代号	M12 × 1LH-6H/7g8g 6H：内螺纹中径和顶径公差带代号 7g：外螺纹中径公差带代号 8g：外螺纹顶径公差带代号

说明：

1. 普通螺纹同一公称直径可以有多种螺距，其中螺距最大的为粗牙螺纹，其余的为细牙螺纹。细牙螺纹的每一个公称直径对应着数个螺距，因此必须标出螺距值，而粗牙普通螺纹不标螺距值。

2. 右旋螺纹不标注旋向代号，左旋螺纹则用LH表示。

3. 旋合长度是指两个相互旋合的螺纹，沿轴线方向相互结合的长度，所对应的具体数值可根据公称直径和螺距在有关标准中查到。旋合长度有长旋合长度L、中等旋合长度N和短旋合长度S三种，中等旋合长度N不标注。

4. 公差带代号中，前者为中径公差带代号，后者为顶径公差带代号，两者一致时，则只标注一个公差带代号。内螺纹用大写字母，外螺纹用小写字母。

5. 内、外螺纹配合的公差带代号中，前者为内螺纹公差带代号，后者为外螺纹公差带代号，中间用“/”分开。

2. 梯形螺纹的代号标注

梯形螺纹的代号标注见表6-1-2。

3. 管螺纹的代号标注

管螺纹的代号标注见表6-1-3。

表 6-1-2　梯形螺纹的代号标注

螺纹类别	特征代号	螺纹标注示例	内、外螺纹配合标注示例
梯形螺纹	Tr	Tr24×10（P5）LH-7H Tr：梯形螺纹 24：螺纹大径 10：导程 P5：螺距 LH：左旋 7H：中径公差带代号	Tr24×5LH-7H/7e 7H：内螺纹公差带代号 7e：外螺纹公差带代号

说明：

1. 单线螺纹只标注螺距，多线螺纹同时标注螺距和导程。
2. 右旋螺纹不标注旋向代号，左旋螺纹则用 LH 表示。
3. 旋合长度所对应的具体数值可根据公称直径和螺距在有关标准中查到。
4. 公差带代号中，螺纹只标注中径公差带代号。内螺纹用大写字母，外螺纹用小写字母。
5. 内、外螺纹配合的公差带代号中，前者为内螺纹公差带代号，后者为外螺纹公差带代号，中间用“/”分开。

表 6-1-3　管螺纹的代号标注

<table>
<tr><th colspan="2">螺纹类别</th><th>特征代号</th><th>螺纹标注示例</th><th>内、外螺纹配合标注示例</th></tr>
<tr><td rowspan="4">管螺纹</td><td>55° 非密封</td><td>G</td><td>G1A-LH
G：非螺纹密封管螺纹
1：尺寸代号
A：外螺纹公差等级代号
LH：左旋</td><td>G1/G1A-LH</td></tr>
<tr><td rowspan="3">55° 密封</td><td>Rc</td><td>Rc2-LH
Rc：圆锥管螺纹
2：尺寸代号
LH：左旋</td><td rowspan="3">Rp2/R2-LH
Rc2/R2</td></tr>
<tr><td>Rp</td><td>Rp2
Rp：圆柱管螺纹
2：尺寸代号</td></tr>
<tr><td>R</td><td>R2-LH
R：圆锥外螺纹
2：尺寸代号
LH：左旋</td></tr>
</table>

说明：

1. 管螺纹尺寸代号不再称作螺纹大径，也不是螺纹本身的任何直径尺寸，只是一个无单位的代号。
2. 管螺纹为英制细牙螺纹，其公称直径近似为管子的内孔直径，以英寸为单位。管螺纹的内孔直径可根据尺寸代号在有关标准中查到。
3. 右旋螺纹不标注旋向代号，左旋螺纹则用 LH 表示。
4. 非螺纹密封管螺纹的外螺纹的公差等级有 A、B 两级，A 级精度较高；内螺纹的公差等级只有一个，故无公差等级代号。
5. 内、外螺纹配合的公差带代号中，前者为内螺纹公差带代号，后者为外螺纹公差带代号，中间用“/”分开。

三、螺旋传动的应用形式

常用的螺旋传动有普通螺旋传动、差动螺旋传动和滚珠螺旋传动等形式。

1. 普通螺旋传动

由螺杆和螺母组成的简单螺旋副实现的传动称为普通螺旋传动。

(1) 普通螺旋传动的应用形式

普通螺旋传动的应用形式见表 6-1-4。

表 6-1-4　普通螺旋传动的应用形式

应用形式	应用实例	工作过程
螺母固定不动，螺杆回转并作直线运动	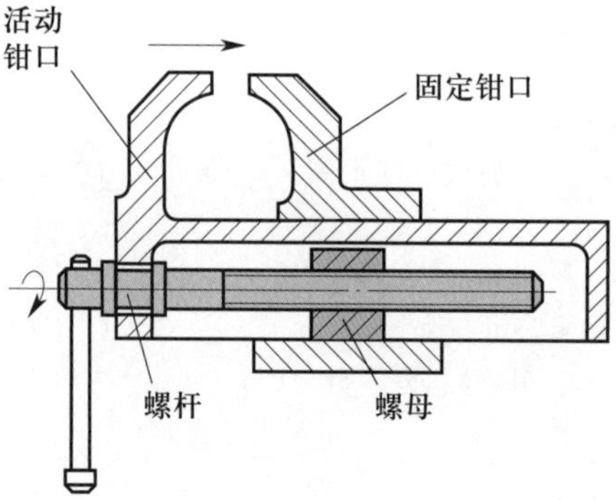 图 6-1-6　台虎钳	当螺杆按图 6-1-6 所示方向相对螺母作回转运动时，螺杆连同活动钳口向右作直线运动，与固定钳口实现对工件的夹紧；当螺杆反向回转时，活动钳口随螺杆左移，松开工件
螺杆固定不动，螺母回转并作直线运动	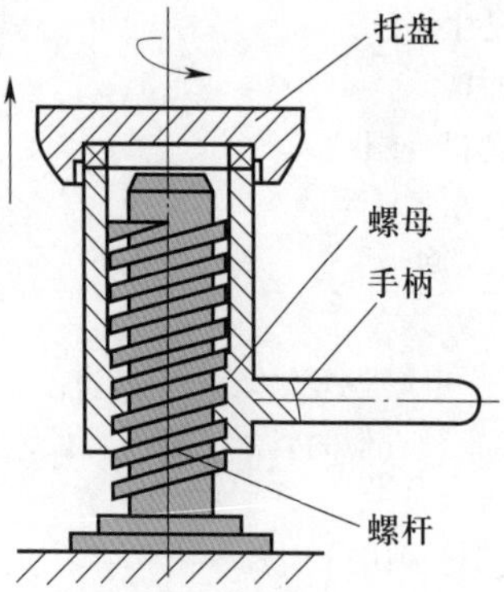 图 6-1-7　螺纹千斤顶	螺杆连接于底座上固定不动，转动手柄使螺母回转，并作上升或下降的直线移动，从而举起或放下托盘

续表

应用形式	应用实例	工作过程
螺杆回转，螺母作直线运动	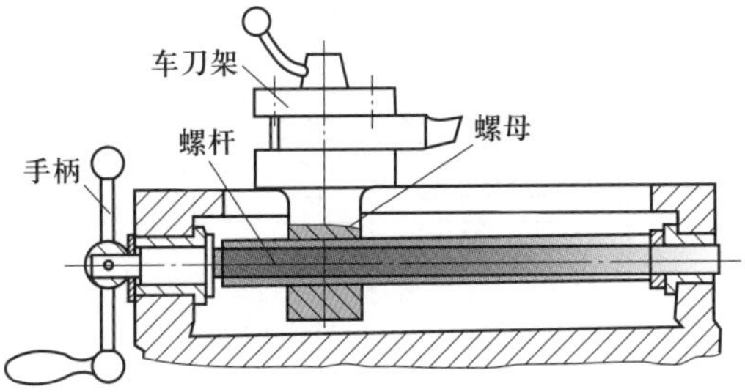 图 6-1-8　车床横刀架	转动手柄时，与手柄固接在一起的螺杆（丝杠）使螺母带动车刀架作往复运动，从而在切削工件时实现进刀和退刀
螺母回转，螺杆作直线运动	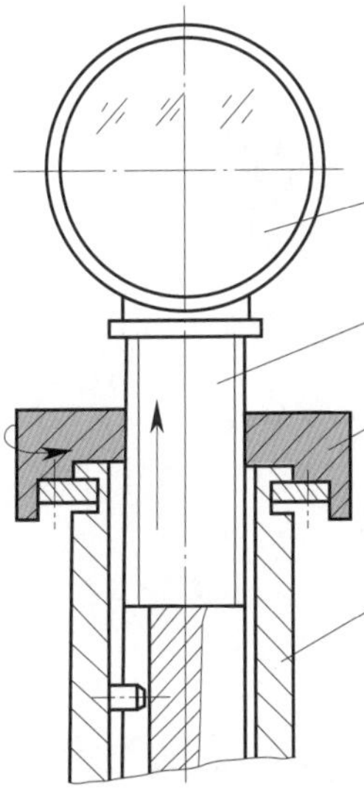 图 6-1-9　观察镜螺旋调整装置	螺杆和螺母为左旋螺纹。当螺母按图 6-1-9 所示方向回转运动时，螺杆带动观察镜向上移动；当螺母反向回转时，螺杆连同观察镜向下移动，从而实现对观察镜的上下调整

（2）普通螺旋传动直线移动方向的判定

普通螺旋传动时，从动件作直线移动的方向不仅与螺纹的回转方向有关，还与螺纹的旋向有关，判定方法见表 6-1-5。

（3）普通螺旋传动直线移动距离的计算

普通螺旋传动中，螺杆（螺母）相对于螺母（螺杆）每回转一周，螺杆（螺母）就移动一个导程的距离。因此，螺杆（螺母）移动距离 L 等于回转周数 N 与导程 P_h 的乘积，即：

表 6-1-5　普通螺旋传动螺杆（螺母）移动方向的判定

应用形式	应用实例	工作过程
螺母（螺杆）不动，螺杆（螺母）回转并移动	图 6-1-10　台虎钳	右旋螺纹用右手，左旋螺纹用左手。手握空拳，四指指向与螺杆（螺母）回转方向相同，拇指竖直，则大拇指指向即为主动件螺杆（螺母）的移动方向
螺杆（螺母）回转，螺母（螺杆）移动	图 6-1-11　车床床鞍的螺旋传动	右旋螺纹用右手，左旋螺纹用左手。手握空拳，四指指向与主动件螺杆（螺母）回转方向相同，拇指竖直，则大拇指指向的相反方向即为从动件螺母（螺杆）的移动方向

$$L=NP_h=NPZ$$

式中　L——螺杆（螺母）移动距离，mm；

N——回转周数，r；

P_h——螺纹导程，mm；

P——螺距，mm；

Z——螺纹线数。

例 1：如图 6-1-12 所示，普通螺旋传动中，已知左旋双线螺杆的螺距为 8 mm，若螺杆按图示方向回转两周，螺母移动多少距离？方向如何？

解：普通螺旋传动螺母移动距离为：

$$L=NP_h=NPZ=2\times 8\times 2=32\ \text{mm}$$

螺母移动方向按表 6-1-5 进行判定：螺杆回转，螺母移动。左旋螺纹用左手确定方向，四指指向与螺杆回转方向相同，拇指指向的相反方向即为螺母的运动方向。因此，螺母移动的方向向右。

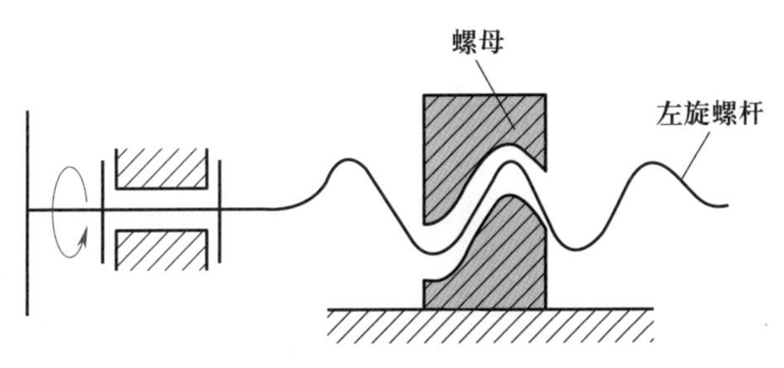

图 6-1-12　普通螺旋传动示例图

2. 差动螺旋传动（双螺旋传动）

（1）差动螺旋传动原理

由两个螺旋副组成的使活动的螺母与螺杆产生差动（即不一致）的螺旋传动称为差动螺旋传动，又称为双螺旋传动，其原理如图 6-1-13 所示。

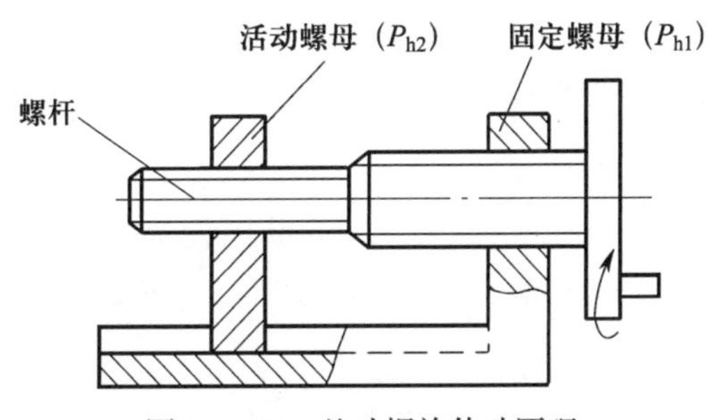

图 6-1-13　差动螺旋传动原理

设固定螺母和活动螺母的旋向同为右旋，当如图 6-1-13 所示方向回转螺杆时，螺杆相对固定螺母向左移动，而活动螺母相对螺杆向右移动，这样活动螺母相对机架（固定螺母）实现差动移动，螺杆每转一转，活动螺母实际移动距离为两段螺纹导程之差。如果固定螺母的螺纹旋向仍为右旋，活动螺母的螺纹旋向改为左旋，则如图示回转螺杆时，螺杆相对固定螺母左移，活动螺母相对螺杆亦左移，螺杆每转一周，活动螺母实际移动距离为两段螺纹的导程之和。

（2）差动螺旋传动活动螺母移动距离的计算及方向的确定

差动螺旋传动活动螺母移动距离的计算及方向的确定见表 6-1-6。

表 6-1-6　差动螺旋传动活动螺母移动距离的计算及方向的确定

差动螺旋传动的形式	活动螺母移动距离的计算	活动螺母移动方向的确定	特点及应用
差动螺旋传动： 螺杆上两螺纹（固定螺母与活动螺母）的旋向相同	$L=N(P_{h1}-P_{h2})$ 式中　L——活动螺母移动距离，mm N——回转周数，r P_{h1}——固定螺母导程，mm P_{h2}——活动螺母导程，mm	1. 当计算结果为正值时，活动螺母实际移动方向与螺杆移动方向相同 2. 当计算结果为负值时，活动螺母实际移动方向与螺杆移动方向相反 3. 螺杆移动方向按普通螺旋传动螺杆移动方向确定	差动螺旋传动中，活动螺母可以产生极小的位移，因此可以方便地实现微量调节，如微调镗刀
复式螺旋传动： 螺杆上两螺纹（固定螺母与活动螺母）的旋向相反	$L=N(P_{h1}+P_{h2})$ 式中　L——活动螺母移动距离，mm N——回转周数，r P_{h1}——固定螺母导程，mm P_{h2}——活动螺母导程，mm	1. 活动螺母实际移动方向与螺杆移动方向相同 2. 螺杆移动方向按普通螺旋传动螺杆移动方向确定	复式螺旋传动中，活动螺母可以产生很大的位移，因此可以用于需快速移动或调衡两构件相对位置的装置中。如：连接车辆用复式螺旋传动，可以使两车钩快速地靠近或分开

例 2：如图 6-1-14 所示，微调螺旋传动中，通过螺杆的转动，可使被调螺母产生左、右微量调节。设螺旋副 A 的导程 P_{hA} 为 1 mm，右旋。要求螺杆按图示方向转动一周，被调螺母向左移动 0.2 mm，求螺旋副 B 的导程 P_{hB} 并确定其旋向。

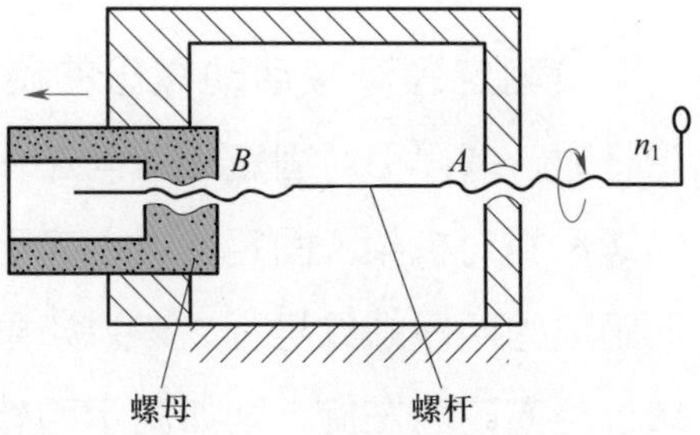

B　A　n_1
螺母　螺杆

图 6-1-14　差动螺旋传动示例

分析：该螺旋传动为差动螺旋传动，活动螺母产生极小的位移，实现微量调节。因此，螺杆上两螺纹（固定螺母与活动螺母）的旋向相同。螺旋副 B 的旋向也是右旋。

解：

$$L=N(P_{h1}-P_{h2})$$

$$0.2=1\times(1-P_{hB})$$

$$P_{hB}=0.8\ \text{mm}$$

根据表 6-1-5 中方向的判定方法，可以确定螺旋副 *B* 的旋向为右旋，被调螺母向左移动，符合题目的要求。

3. 滚珠螺旋传动

在普通螺旋传动中，由于螺杆和螺母牙侧表面之间的相对运动摩擦是滑动摩擦，因此，传动阻力大，磨损严重，传动效率低。为了改善螺旋传动的功能，经常采用滚珠螺旋传动技术，用滚动摩擦来代替滑动摩擦。

滚珠螺旋传动主要由滚珠、螺杆、螺母及滚珠循环装置组成，如图 6-1-15 所示。当螺杆或螺母传动时，滚动体在螺杆与螺母间的螺纹滚道内移动，使螺杆和螺母间为滚动摩擦，从而提高传动效率和传动精度。

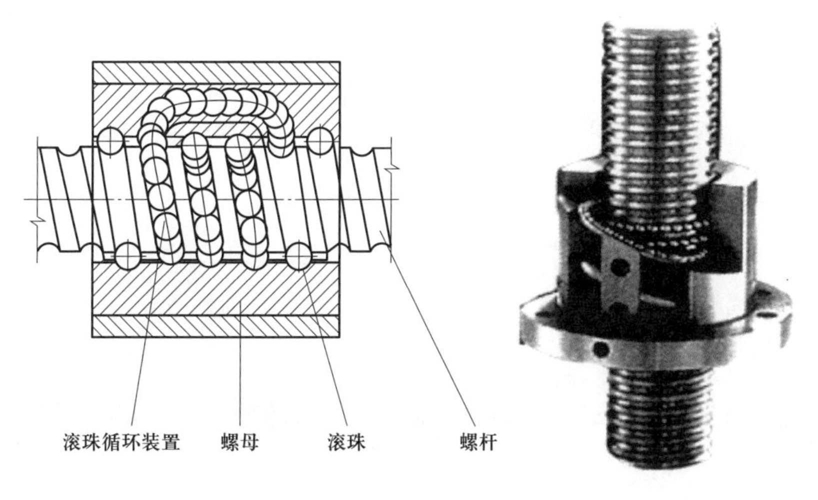

图 6-1-15　滚动螺旋传动

滚珠螺旋传动具有滚动摩擦阻力小、摩擦损失小、传动效率高、传动时运动平稳、动作灵敏等优点。但其结构复杂，外形尺寸较大，制造技术要求高，因此成本也较高。目前主要应用于精密传动的数控机床（滚珠丝杠传动），以及自动控制装置、升降机构、精密测量仪器、车辆转向机构等传动精度要求较高的场合。

四、技能训练——滚珠丝杠副的安装

滚珠丝杠副是滚珠螺旋传动，有较高的传动精度。为了保证其传动精度，提高传动效率，滚珠丝杠副在安装过程中需按如下步骤进行：

1. 首先将工作台倒置放置，丝杠安装螺母座孔中套入长 400 mm 的精密试棒，测量其轴线对工作台滑动导轨面在垂直面内的平行度，要求为 0.005 mm/1 000 mm，如图 6-1-16 所示。

2. 以同样的方法测量其轴线对工作台滑动导轨面在水平面内的平行度，要求为 0.005 mm/1 000 mm，如图 6-1-17 所示。

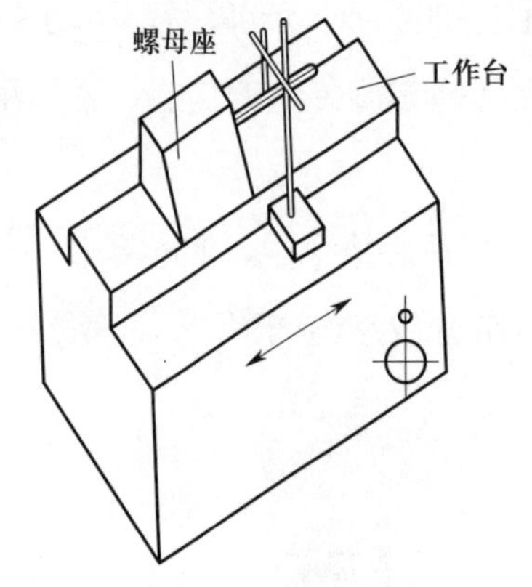

图 6-1-16　螺母座孔轴线对工作台滑动导轨面在垂直面内的平行度测量

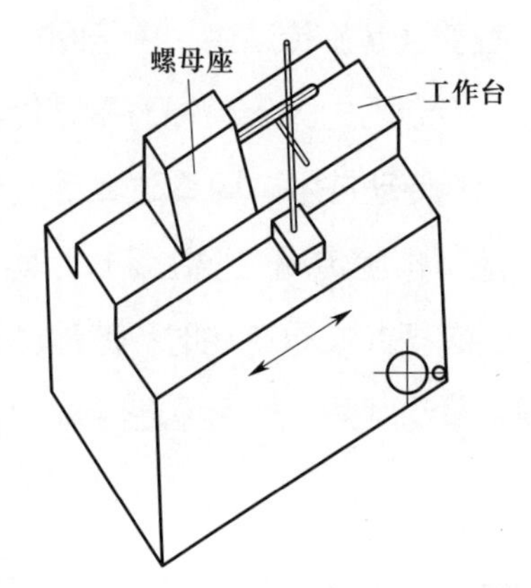

图 6-1-17　螺母座孔轴线对工作台滑动导轨面在水平面内的平行度测量

3. 测量工作台滑动面与螺母座孔中心的高度尺寸，并记录。

4. 将轴承座装于底座的两端，并各自套入精密的试棒，测量其轴线对底座导轨面在垂直面内的平行度，要求为 0.005 mm/1 000 mm，如图 6-1-18 所示。

5. 用同样方法测量轴承座轴线对底座导轨面在水平面内的平行度，要求为 0.005 mm/1 000 mm，如图 6-1-19 所示。

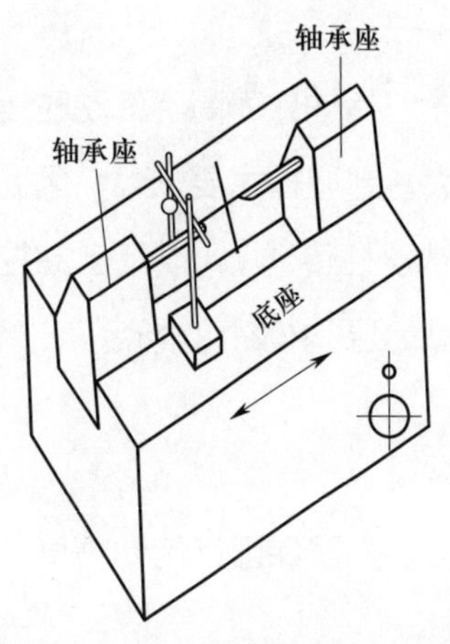

图 6-1-18　轴承座孔轴线对底座导轨面在垂直面内的平行度测量

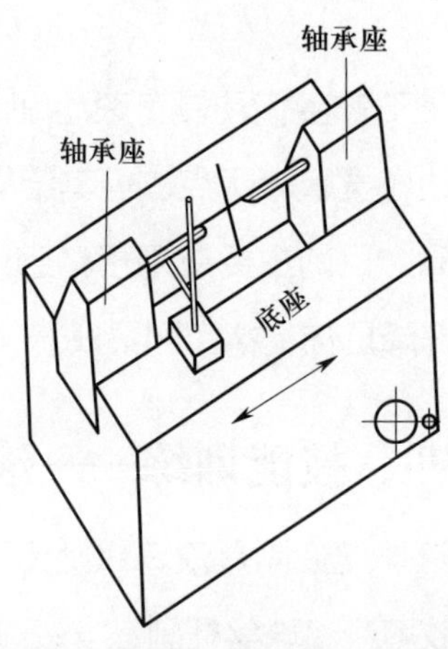

图 6-1-19　轴承座孔轴线对底座导轨面在水平面内的平行度测量

6. 测量底座导轨面与轴承座孔中心线的高度尺寸，修整配合螺母座孔的高度尺寸。

7. 完成上述工作后，将工作台与底座导轨面擦拭干净，将工作台安放在底座正确位置上，装上镶条，以试棒为基准，测量螺母座孔轴线与轴承座孔轴线的同轴度。如果达到装配要求，则可紧固螺钉并配钻、铰定位销孔；如有偏差则需修整，直到达到要求为止。

8. 以上工序完成后，将轴承座孔、螺母座孔擦拭干净，再将滚珠丝杠副仔细装入螺母座，紧固螺钉。

9. 将选定的适当配合公差的轴承安装上，轴承安装应该采用专用套管，以免损坏轴承，然后再装上锁紧螺母，装好法兰盘。

思考与练习

1. 简述螺纹的分类及应用。
2. 举例说明螺纹代号的含义。
3. 说出螺旋传动的应用形式。
4. 简述普通螺旋传动的应用形式。
5. 说出普通螺旋传动直线移动方向的判定方法和距离的计算。
6. 简述差动螺旋传动的工作原理、特点和应用。
7. 简述滚珠螺旋传动的组成、特点及应用。
8. 完成滚珠丝杠副的安装。

课题 2
丝杠螺母传动的安装与调试

学习目标

1. 了解丝杠螺母传动的安装技术要求。
2. 熟悉丝杠螺母传动配合间隙的测量和调整。
3. 掌握丝杠与螺母轴线的同轴度校正。
4. 掌握丝杠轴线与基准面的平行度的校正。
5. 了解校正丝杠螺母副同轴度的注意事项。
6. 了解丝杠回转精度的调整。

一、丝杠螺母传动的安装技术要求

螺旋传动机构可将旋转运动变换为直线运动。它具有传动精度高、工作平稳、无噪声、易于自锁、能传递较大的转矩等特点。为了保证丝杠的传动精度和定位精度，螺旋机构装配后，一般应满足以下要求：

1. 螺旋副应有较高的配合精度和准确的配合间隙。

2. 螺旋副轴线的同轴度及丝杠轴线与基准面的平行度，应符合规定要求。

3. 螺旋副相互转动应灵活，丝杠的回转精度应在规定范围内。

二、丝杠螺母传动的安装

1. 丝杠螺母传动配合间隙的测量和调整

(1) 丝杠直线度误差的检查与校直

将丝杠擦净，放在大型平板或机床工作台上（如龙门刨床工作台），把行灯放在对面并沿丝杠轴向移动，目测其底母线与工作台面的缝隙是否均匀，然后将丝杠转过一个角度，继续重复上述检查。若丝杠存在弯曲（如由于热处理或保存不当造成内应力而使其变形等），则校直其弯曲部分，但不能损伤其精度。为此，在做上述检查过程中，应用粉笔或者记号笔记下弯曲点及弯曲方向。

一般来说，需要校直的丝杠，其弯曲度都不是很大，甚至用肉眼几乎看不出来。校直时将丝杠的弯曲点置于两 V 形架的中间，然后在螺旋压力机上，沿弯曲点和弯曲方向的反向施加外力 F，就可使弯曲部分产生塑性变形而达到校直的目的，如图 6-2-1 所示。两支撑用的 V 形架间的距离只与丝杠的直径 d 有关，可参考下式确定：

$$a=(7\sim10)d$$

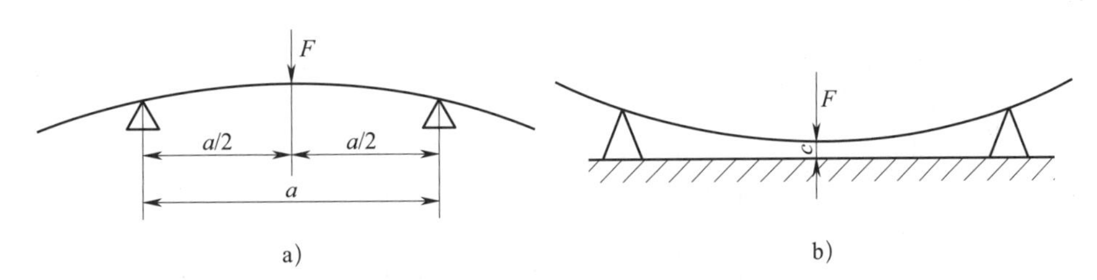

图 6-2-1　丝杠的校直

a）支撑点和施力点位置　b）校直时的测量

在校直丝杠时，丝杠被反向压弯，如图 6-2-1b 所示，把最低点与底面的距离 c 测量出来，并记录。然后，去掉外力 F，用百分表（最好用圆片式测头）测量其弯曲度，如图 6-2-2 所示。如果丝杠还未被校直，可加大外力，并参考上次的 c 值决定本次 c 值的大小。

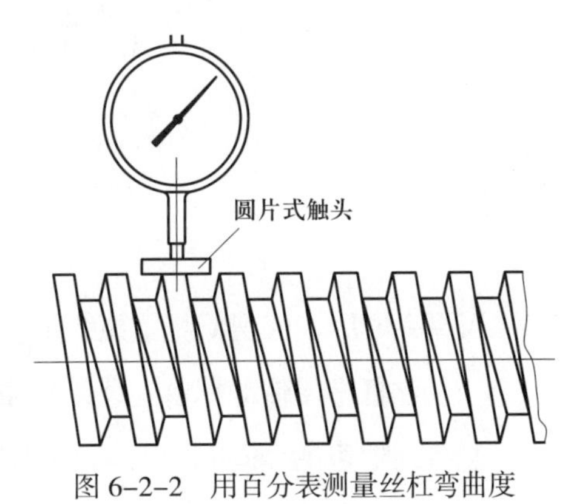

图 6-2-2　用百分表测量丝杠弯曲度

由于用 V 形架支撑时，其端边会擦伤丝杠，建议改用自调整式活动托架作为支撑。这种托架（图 6-2-3）会自行跟随丝杠受压后所形成的曲率半径调整，因而不会损伤丝杠。

已校直的丝杠，其内部会形成新的内应力，若不及时消除，会再次引起丝杠的弯曲变形。这种情况可采用如图 6-2-4 所示的方法，沿施力点向左和向右各找若干点敲击丝杠，距离施力点越近，用力要越大。

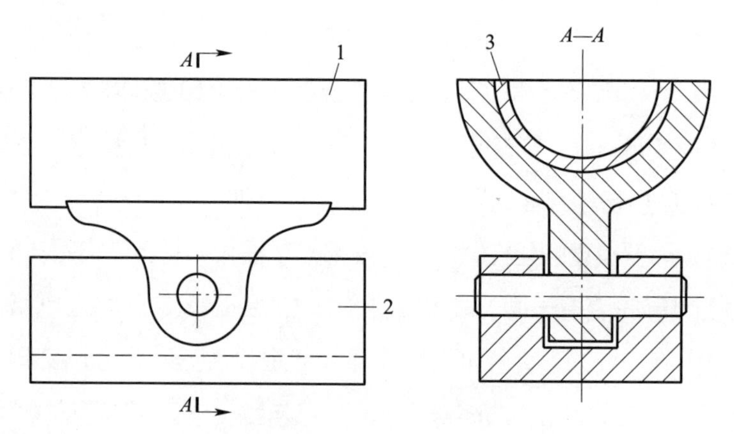

图 6-2-3　自调整式活动支架

1—托架　2—底座　3—铜垫

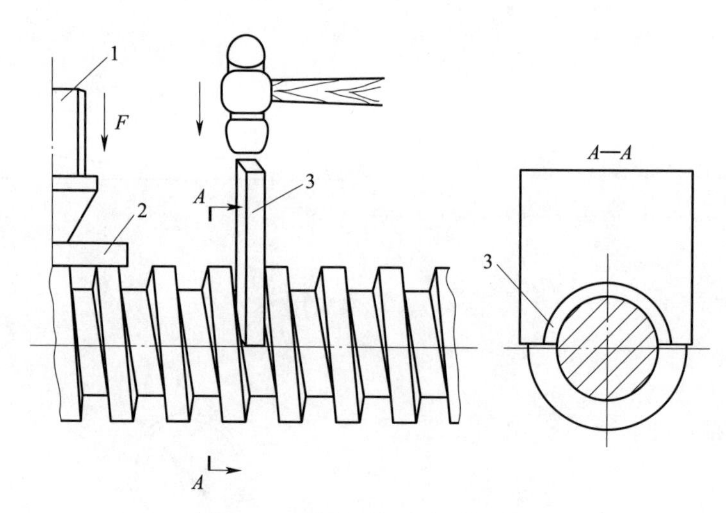

图 6-2-4　消除丝杠内应力的方法

1—螺旋压力机压头　2—铜垫　3—振动板

校直完毕后，应重新测量直线度误差，符合技术要求后，将其悬挂起来备用。

（2）丝杠螺母传动配合间隙的测量及调整

配合间隙包括径向间隙和轴向间隙两种。轴向间隙直接影响丝杠螺母副的传动精度，因此需采用消隙机构予以调整。但测量时径向间隙比轴向间隙更易准确反映丝杠螺母副的配合精度，所以配合间隙常用径向间隙表示。

1）径向间隙的测量。如图 6-2-5 所示，将螺母旋在丝杠上的适当位置，为避免丝杠产生弹性变形，螺母离丝杠一端（3 ~ 5）P，把百分表测量头触及螺母上部，然后用稍大于螺母重力的力分别提起和压下螺母，百分表读数的代数差即为径向间隙。

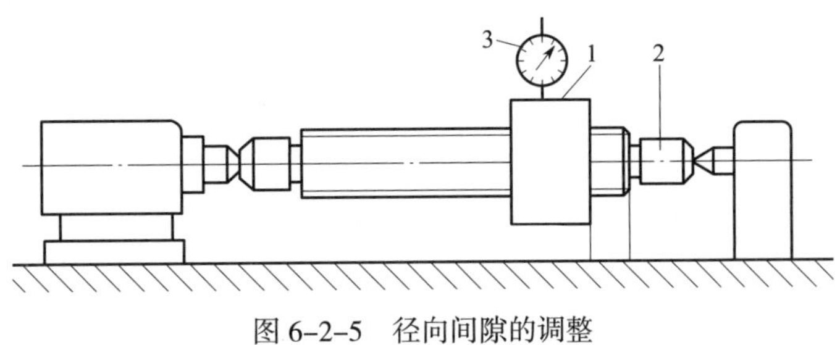

图 6-2-5 径向间隙的调整

1—螺母 2—丝杠 3—百分表

2）轴向间隙的调整。无消隙机构的丝杠螺母副，用单配或选配的方法来决定合适的配合间隙；有消隙机构的丝杠螺母副根据单螺母或双螺母消隙机构采用不同的方法调整。

①单螺母消隙机构。磨刀机上常采用如图 6-2-6 所示的机构消除间隙，使螺母与丝杠始终保持单向接触。图 6-2-6a 所示的消隙机构是利用弹簧拉力消除间隙，图 6-2-6b 所示的消隙机构是利用液压缸压力消除间隙，图 6-2-6c 所示的消隙机构是利用重锤重力消除间隙。装配时可调整或选择适当的弹簧拉力、液压缸压力、重锤质量，以消除轴向间隙。

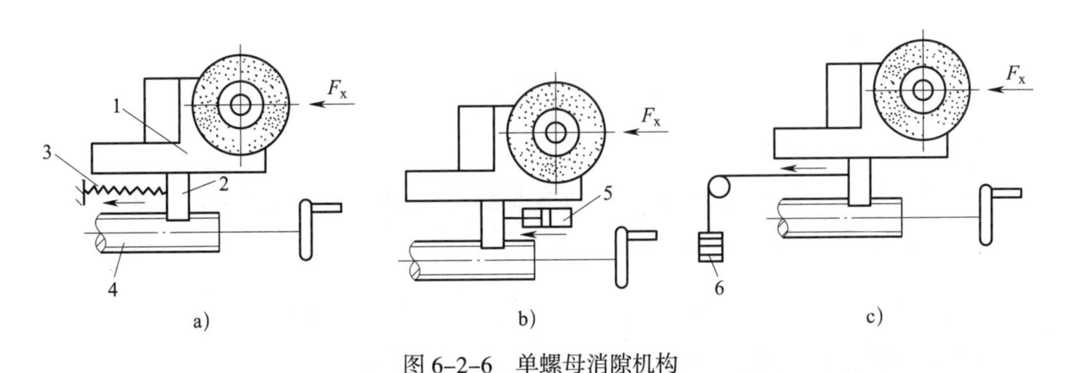

图 6-2-6 单螺母消隙机构

a）利用弹簧拉力消除间隙 b）利用液压缸压力消除间隙 c）利用重锤消除间隙

1—砂轮架 2—螺母 3—弹簧 4—丝杠 5—液压缸 6—重锤

单螺母消隙机构的消隙力方向与切削分力 F_x 方向必须一致，以防进给时产生爬行而影响进给精度。

②双螺母消隙机构。如图 6-2-7a 所示为利用楔块消除间隙，调整时，松开螺钉 3，再拧动螺钉 1，使楔块 2 向上移动，以推动带斜面的螺母右移，从而消除右侧轴向间隙，调好后用螺钉 3 锁紧；消除左侧轴向间隙时，则松开左侧螺钉，并通过楔块使螺母左移。图 6-2-7b 是利用弹簧消除间隙，调整时，转动调节螺母 7，

通过垫圈 6 及压缩弹簧 5，使螺母 8 轴向移动，以消除轴向间隙。图 6-2-7c 是利用垫片厚度来消除轴向间隙，丝杠螺母磨损后，通过修磨垫片 10 来消除轴向间隙。

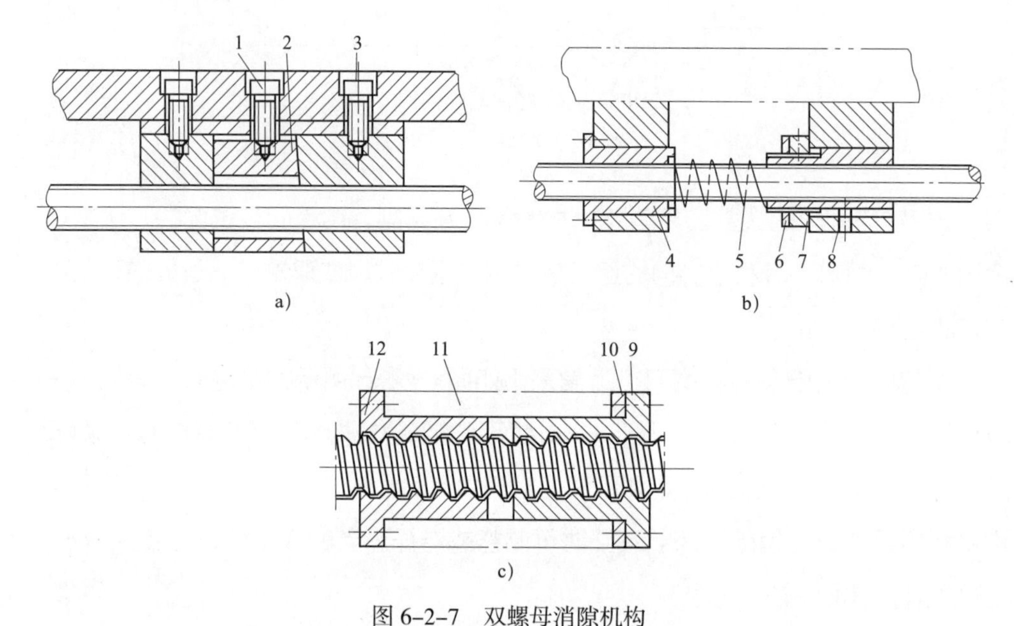

图 6-2-7　双螺母消隙机构

a）利用楔块消除间隙　b）利用弹簧消除间隙　c）利用垫片消除间隙

1、3—螺钉　2—楔块　4、8、9、12—螺母　5—压缩弹簧

6—垫圈　7—调节螺母　10—垫片　11—工作台

2. 校正丝杠与螺母轴线的同轴度及丝杠轴线对基准面的平行度

为了能准确而顺利地将旋转运动转化为直线运动，丝杠螺母副必须同轴，丝杠轴线必须和基面平行，为此可用以下方法实施。

（1）用专用量具校正

1）先正确安装丝杠的轴承座，用专用检验心棒和百分表校正，使两轴承座孔轴线在同一直线上，且与螺母移动时的基准导轨平行，如图 6-2-8 所示。校正时根据实测数值修刮轴承座结合面，并调整前、后轴承孔的水平位置，以达到规定要求。心棒上母线 a 校正垂直平面，侧母线 b 校正水平平面。

2）再以平行于基准导轨面的丝杠轴承孔的中心连线为基准，校正螺母与丝杠轴承孔的同轴度，如图 6-2-9 所示。校正的方法：将检验心棒 4 装在螺母座 6 的孔中，移动工作台 2，如检验心棒 4 能顺利插入前、后轴承座孔中，即符合要求，否则应根据尺寸 h 修刮螺母座 6 的底面或修磨垫片 3。

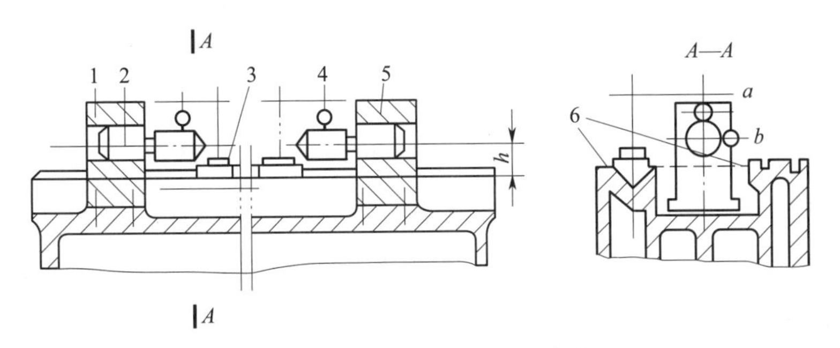

图 6-2-8　安装丝杠两轴承支座

1、5—前后轴承座　2—心轴　3—磁力表座滑板　4—百分表　6—螺母移动基准导轨

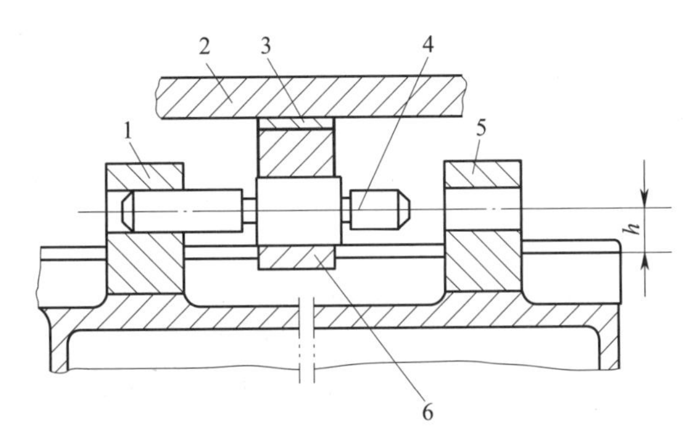

图 6-2-9　校正螺母与丝杠轴承孔的同轴度

1、5—前后轴承座　2—工作台　3—垫片　4—检验心棒　6—螺母座

(2) 丝杠直接校正

如图 6-2-10 所示，用丝杠直接校正两轴承座孔与螺母孔的同轴度。

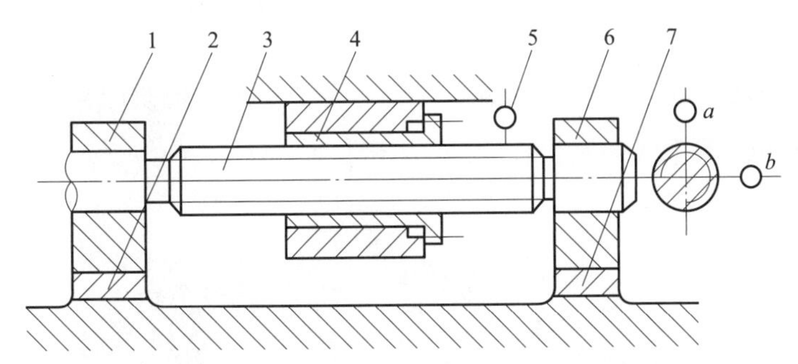

图 6-2-10　用丝杠直接校正两轴承孔与螺母孔同轴度

1、6—前后轴承座　2、7—垫片　3—丝杠　4—螺母座　5—百分表

校正方法是：修刮螺母座 4 的底面，或修磨螺母座 4 底面的垫片来调整其水平位置，使丝杠上母线 a 和侧母线 b 均与导轨面平行。修磨垫片 2、7，并在水平方向调整前、后轴承座 1、6，使丝杠 3 两端轴颈能顺利插入轴承座孔内，且能灵活

转动。

（3）校正丝杠螺母副同轴度的注意事项

1）在校正丝杠轴线与导轨面的平行度时，各支撑孔中检验心棒的“抬头”或“低头”方向应一致（都应在丝杠上母线 *a* 和侧母线 *b* 两个方位上检测）。

2）为消除检验心棒在各支撑孔中的安装误差，可将心棒转过 180° 后再测量一次，取其平均值。

3）具有中间支撑的丝杠螺母副，考虑丝杠有自重挠度，中间支撑孔位置校正时应略低于两端。

4）检验心棒应满足如下要求：测量部分与安装部分的同轴度公差为丝杠螺母副同轴度公差的 1/2 ~ 2/3。测量部分直径公差小于 0.005 mm，圆度、圆柱度公差为 0.002 ~ 0.005 mm，表面粗糙度小于 *Ra*0.4 μm，安装部分直径与各支撑孔配合间隙为 0.005 ~ 0.010 mm。

3. 调整丝杠的回转精度

丝杠的回转精度是指丝杠的径向圆跳动和轴向窜动量，主要通过正确安装丝杠两端的轴承座、消除轴承座孔间隙，或采用定向装配法减少积累误差来保证。

三、技能训练——滚珠丝杠传动的装配与调整

技能操作以某竞赛项目装调平台为载体，对滚珠丝杠传动进行装配与调整。具体步骤如下：

1. 将滚珠丝杠副组件装好以后，同时将装调用工量具摆放整齐，做好滚珠丝杠传动装调前的准备工作，如图 6-2-11 所示。

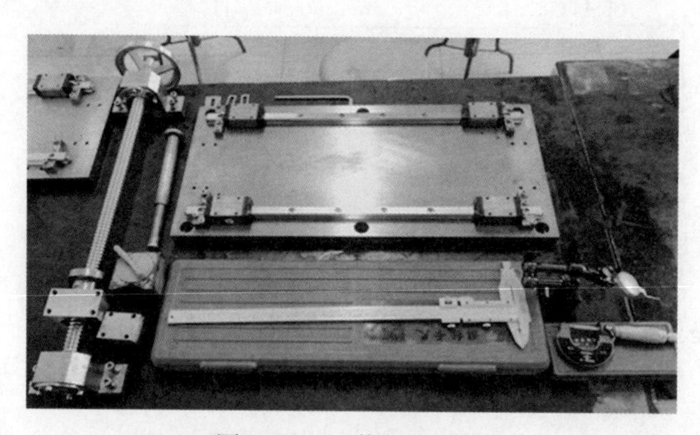

图 6-2-11　装调前准备

2. 将滚珠丝杠副组件放置在已擦拭干净的平台上，使用内六角扳手预紧两轴承座上的对角螺钉，保证两轴承座相对固定在平台上，如图 6-2-12 所示。

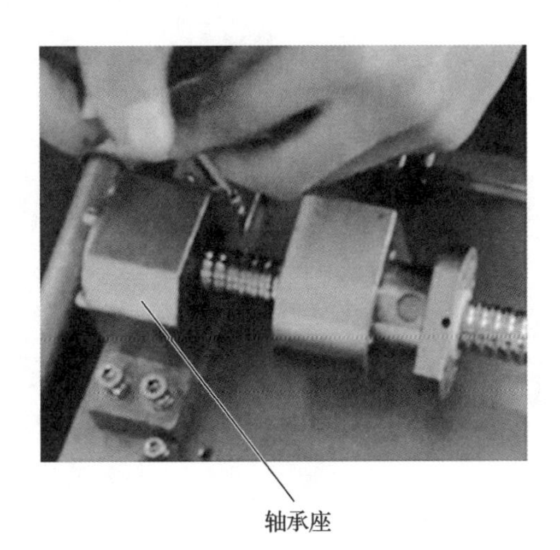

图 6-2-12　两轴承座预紧

3. 使用磁性表座将螺母套吸在轴承座上，防止其影响丝杠的转动，如图 6-2-13 所示。

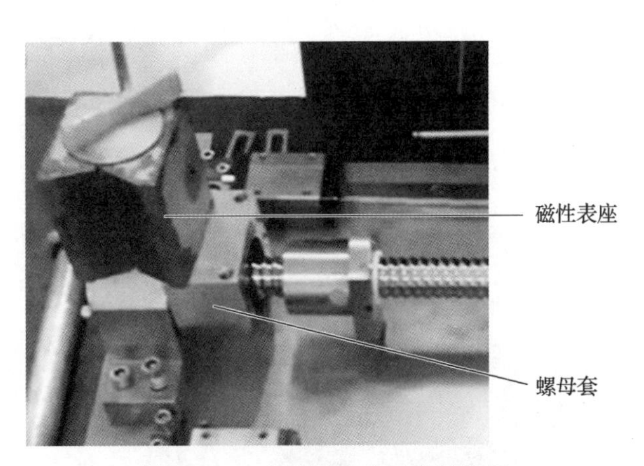

图 6-2-13　用磁性表座吸住螺母套

4. 保证丝杠上母线与导轨平行度误差≤ 0.02 mm。将杠杆百分表放置在滑块上，将活铃移至左端，用百分表的触头部分检测活铃的上母线，读取百分表上的最大值；随后，保持活铃测量部位不变，将活铃移至右端，同时将滑块上的百分表移至右端，同样检测活铃的上母线，读取百分表上的最大值。将两个数值相减即可得出平行度的误差值，此时只要用千分尺量取相应数值厚度的 U 形垫片，如图 6-2-14 所示，垫在低的一端，然后重复上述操作，直至达到装调要求为止，如图 6-2-15 所示。

图 6-2-14　U 形垫片

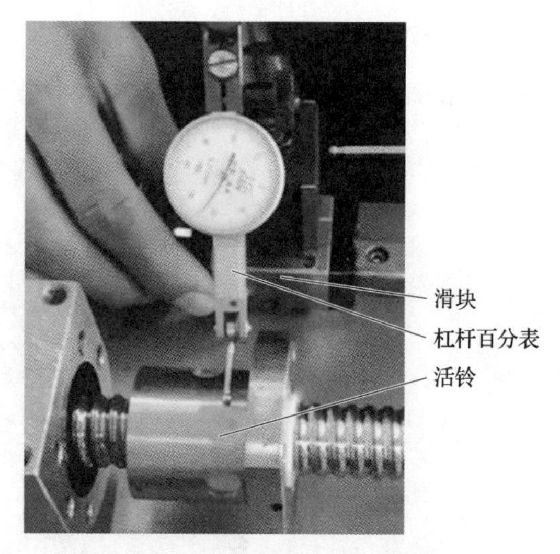

图 6-2-15　用杠杆百分表测量

5. 保证丝杠侧母线与导轨平行度误差≤ 0.02 mm。将杠杆百分表放置在滑块上，将活铃移至左端，用百分表的触头部分检测活铃的侧母线，读取百分表上的数值，然后将杠杆百分表吸在滑块上，保持百分表位置不变；随后，保持活铃测量部位不变，将活铃移至右端，同时将吸在滑块上的百分表移至右端，同样检测活铃的侧母线，读取百分表上的数值。将两个数值相减即可得出丝杠侧母线与导轨平行度的误差值，此时只要用铜棒轻轻敲击轴承座，使得轴承座位置发生移动，然后重复上述操作，直至达到装调要求为止，如图 6-2-16 所示。

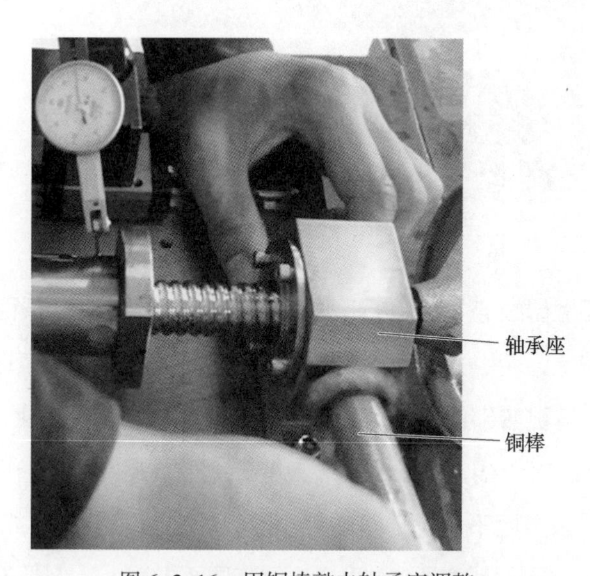

图 6-2-16　用铜棒敲击轴承座调整

6．对丝杠的上母线与导轨的平行度、侧母线与导轨的平行度进行复测，达到装调要求后，即可将轴承座上的螺钉拧紧，直至扭矩要求。

7．完成滚珠丝杠副的装调后，将工量具整理好，同时保证周边环境整洁。

思考与练习

1．简述螺旋机构安装的技术要求。

2．如何对丝杠直线度误差进行检查与校直?

3．如何对丝杠螺母副配合间隙进行测量与调整?

4．简述校正丝杠螺母副同轴度的注意事项。

5．如何校正丝杠与螺母轴线的同轴度?

6．如何校正丝杠轴线对基准面的平行度?

7．简述丝杠回转精度的概念及调整方法。

8．完成滚珠丝杠传动的装配与调整。

课题 3
丝杠螺母传动常见故障及维护

学习目标

1. 了解丝杠螺母传动的维护。
2. 熟悉丝杠螺母传动的常见故障及修复。
3. 了解滚珠丝杠副的维护。
4. 了解滚珠丝杠副的常见故障。
5. 了解滚珠丝杠副的故障诊断。
6. 掌握滚珠丝杠副的修复方法。
7. 掌握台虎钳丝杠弯曲的矫正。

一、丝杠螺母传动的维护

丝杠螺母传动存在摩擦阻力较大、传动效率低、磨损快、使用寿命短等问题。因此，在丝杠螺母传动中，首先，应对丝杠螺母进行定期检查；其次，应合理确定润滑方式和润滑剂，良好的润滑可减少磨损、缓和冲击、提高承载能力、延长使用寿命等；再则，为了防止灰尘进入丝杠、螺母间隙，应增加防尘装置或创造无尘环境，从而减小摩擦阻力，降低磨损。

二、丝杠螺母传动常见故障及修复

丝杠螺母传动机构经过长期使用后，丝杠和螺母都会出现磨损。常见的损坏形式有丝杠螺纹磨损、轴颈磨损、螺母磨损及丝杠弯曲等。

1. 丝杠螺纹磨损的修复

梯形螺纹丝杠的磨损不超过齿厚的 10% 时，通常用车深螺纹的方法修复，再根据修复后的丝杠配车新螺母；矩形螺纹丝杠磨损后，一般不能修复，只能更换新的；对磨损过大的精密丝杠，常采用更换的方法。

经常加工短工件的机床，由于丝杠的工作部位经常集中于某一段（如普通车床丝杠磨损靠近主轴箱部位），因此这部分丝杠磨损较大。为了修复其精度，可采用丝杠掉头使用的方法，让没有磨损或磨损不多的部分，换到经常工作的部位。但是，丝杠两端的轴颈大小不一样，因此掉头使用时还需要做一些车削、钳加工。图 6-3-1a 为修理前的丝杠，图 6-3-1b 为修理后的丝杠。

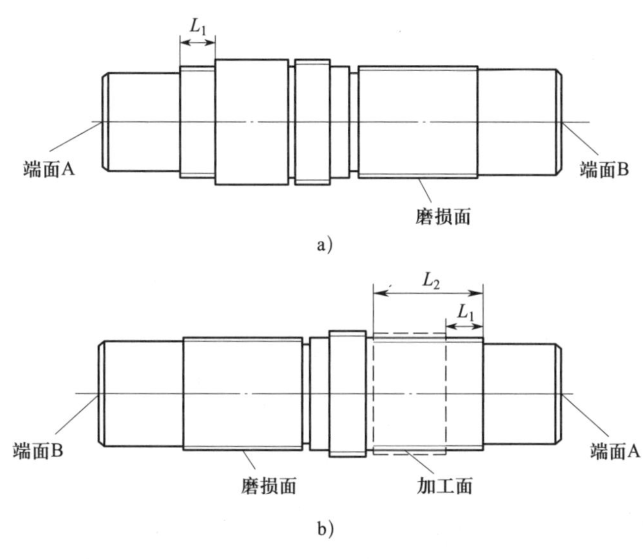

图 6-3-1　丝杠的修复

a）修理前的丝杠　b）修理后的丝杠

2. 丝杠轴颈磨损的修复

丝杠轴颈磨损后，可根据磨损情况，采用镀铬、涂镀、堆焊等方法加大轴颈，在车削轴颈时，应与车削螺纹同时进行，以便保持这两部分轴线的同轴度。磨损的衬套应更换，如果没有衬套，应该将支撑孔镗大，压装上一个衬套，这样，在下次修理时，只换衬套即可修复。

3. 螺母磨损的修复

螺母磨损通常比丝杠迅速，因此常需要更换。为了节约材料，常将壳体做成铸铁的，在壳体孔内压装上铜螺母，这样的螺母易于更换。

4. 丝杠弯曲的修复

弯曲的丝杠常用矫正法修复。

三、滚珠丝杠副的维护

滚珠丝杠副在正常运行过程中，磨损是最主要的问题。因此，为了保证滚珠丝杠副的传动精度，延长使用寿命，需要对其进行维护。

1. 润滑

滚珠丝杠副的润滑方式与滚动轴承的润滑相似，可以使用润滑油或润滑脂。

（1）使用润滑油时，要考虑润滑油的黏度。滚珠丝杠副在正常运行过程中，温度会发生变化，温度升高，润滑油的黏度就变小，这样容易导致润滑油的流失。因此，可安装加油装置进行润滑，降低磨损。

（2）使用润滑脂润滑时，由于润滑脂的黏度较大，不用经常加，一般每 500 ~ 1 000 h 添加一次。但应选用不含石墨等其他粒状物质的润滑脂，以避免擦伤或磨损。

2. 密封

污染物（灰尘、油垢等）会影响滚珠丝杠副的正常运行，当污染物进入丝杠螺母配合部位，容易造成滚珠丝杠的擦伤、磨损以致损坏。为此，必须对滚珠丝杠螺母进行密封。密封的方法包括：

（1）在螺母内安装带螺纹的密封圈。

（2）添加保护罩。

四、滚珠丝杠副常见故障及修复

1. 滚珠丝杠副的常见故障

滚珠丝杠副在使用过程中常发生的故障是丝杠、螺母的滚道和滚珠表面磨损、腐蚀和疲劳剥落。

（1）表面磨损

在长时间使用过程中，滚珠丝杠、螺母的滚道和滚珠的表面会逐渐磨损，且磨损往往是不均匀的，初期不易被发现，到了中后期，用肉眼可以明显地看出磨损的痕迹，甚至有擦伤现象，不均匀的磨损不但会使丝杠副的精度降低，还可能产生振动。

（2）表面腐蚀

由于润滑油中有水分、润滑油的酸性较强，或外界环境的影响，可能使滚道和滚珠表面腐蚀。腐蚀会加大表面粗糙度值、加速表面的磨损、加剧振动。

（3）表面疲劳

由于装配不当、承受交变载荷、超载运行、润滑不良等原因，长期使用后，滚珠丝杠副的滚道和滚珠表面会出现接触疲劳的麻点，以致表层金属剥落，使丝杠副失效。

2. 滚珠丝杠副的故障诊断

滚珠丝杠副的转速一般在 300 r/min 以下，振动频率在 30 kHz 以内。滚珠丝杠、螺母缺陷产生的振动频率分别为转速乘以滚珠数的 40% ~ 60%。这样，滚珠丝杠副早期的故障主要是由低振平引起，但诊断中常常被较高的振平所淹没，使早期故障不易被发现。较好的解决办法是定期使用动态信号分析仪进行监测。当故障后期，滚珠表面出现擦伤时，振动较容易在靠近螺母附近的支座外壳上测出。测量的方法最好是采用加速度计或速度传感器，振动变化的特征频率将随着滚道和滚珠表面擦伤缺陷的扩展而变化，振动变成了无规则的噪声，频谱中将不出现尖峰。检测滚珠丝杠副振动特征频率时，应注意以下几个问题：

（1）因振动为低振平，易被其他较高振平淹没，所以，检测时，机床的其他运动应停止，单独开动此机构进行检测。

（2）对于初始良好的滚珠丝杠副，产生缺陷后，用初始频谱进行比较就可以判断缺陷及其发展程度。

（3）由于滚珠丝杠副在使用中不断磨损，缺陷的发展使产生的振动变成杂乱无章的噪声，记录的频谱尖峰将会降低，或不出现尖峰。由于磨损或缺乏润滑而产生的振动也会出现这种情况。

（4）在使用加速度计监测时，由于对振动信号非常敏感，特征频率范围之外大量的其他成分也由加速度计测出。如果使用动态信号分析仪来完成上述的测量和分析，其测量结果显得不易理解。因此，监测振平的变化最好选择速度传感器直接测量。

3. 滚珠丝杠副的修复方法

（1）当出现滚珠不均匀磨损或少数滚珠的表面产生接触疲劳损伤时，应更换掉全部滚珠。更换时，购入 2 ~ 3 倍数量的所需精度等级的滚珠，用测微计对全部滚珠进行测量，并按测量结果分组，然后选择尺寸和形状公差均在允许范围内的滚珠，进行装配和预紧调整。

（2）滚珠丝杠、螺母的螺旋滚道因磨损严重而丧失精度时，通常需修磨滚道才能恢复精度。修复时，丝杠和螺母应同时修磨，修磨后更换全部滚珠，装配后进行预紧调整。

（3）对滚道表面有轻微疲劳点蚀或腐蚀的丝杠，可考虑修磨滚道恢复精度，对疲劳损伤严重的丝杠副必须更换。

五、技能训练——台虎钳丝杠弯曲的校正

台虎钳的丝杠发生弯曲后，可用手动压力机对其进行校正，如图 6-3-2 所示。

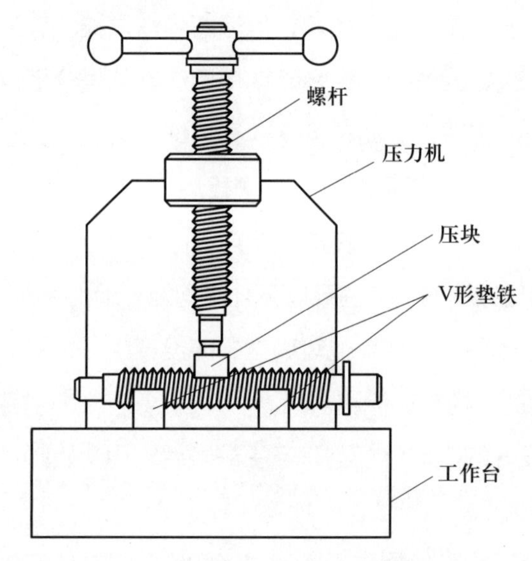

图 6-3-2　手动压力机矫正台虎钳丝杠

1. 台虎钳丝杠的矫正步骤

（1）将用于辅助测量的套环先套入弯曲的台虎钳丝杠中，然后在丝杠的两端分别放置一个等高的 V 形垫铁，随后将其放在平板上。

（2）将百分表触头接触在套环的外圆面上，通过转动丝杠和移动套环，观察百分表指针的变化，将检查出的弯曲部位做好记号。

（3）取出套环后将丝杠和 V 形铁移到手动压力机的工作台上，使丝杠的凸起部位朝上，并在凸起部位放上压块。

（4）手动旋转压力机的手柄，压下压块进行校直。

（5）松开压力机并使用百分表检查丝杠矫正情况，如果丝杠未校直可重复上述操作直至丝杠被校直为止。

（6）用锉刀修整丝杠的牙形，若牙形损坏较为严重，可考虑使用车床进行车牙修复。

（7）校直完毕后，用煤油清洗丝杠后擦干净，重新测量直线度误差，符合技术要求后，将其悬挂起来备用。

2. 注意事项

（1）使用压力机时，应将丝杠放置在压力作用点的正下方。

（2）在操作方向加挡块，起到保护作用。

（3）使用压力机时，压力应由小到大逐渐加力。

（4）要注意观察，防止丝杠受力不均匀弹出伤人。

思考与练习

1. 简述丝杠螺母传动的维护。
2. 简述丝杠螺母传动常见故障及修复。
3. 举例介绍丝杠螺母的故障及修复方法。
4. 从润滑和密封的角度叙述滚珠丝杠副的维护。
5. 简述滚珠丝杠副的常见故障。
6. 简述滚珠丝杠副的故障诊断。
7. 说出滚珠丝杠副的修复方法。

课题 4
滚珠丝杠副的应用

学习目标

1. 了解滚珠丝杠副的结构、特点及应用。
2. 了解滚珠丝杠副的分类。
3. 熟悉滚珠丝杠副的支撑方式。
4. 了解滚珠丝杠副支撑轴承的配合公差。
5. 掌握滚珠丝杠副轴向间隙的消除和预紧力的调整。
6. 了解滚珠丝杠副轴向间隙调整机构的形式。

一、滚珠丝杠副的传动特点及应用

1. 结构原理

图 6-4-1 所示为滚珠丝杠副的结构图。在丝杠 1 和螺母 4 上加工有圆弧形螺旋槽，当它们装在一起时就形成了螺旋线滚道，并在滚道内装满滚珠 3，当丝杠相对于螺母旋转时，两者发生轴向位移，而滚珠则沿着滚道运动。螺母的螺旋槽两端用回珠管 2 连接起来，使滚珠能周而复始的循环运动。管道两端还起着挡珠的作用，防止滚珠沿滚道流出，从而形成闭合回路。

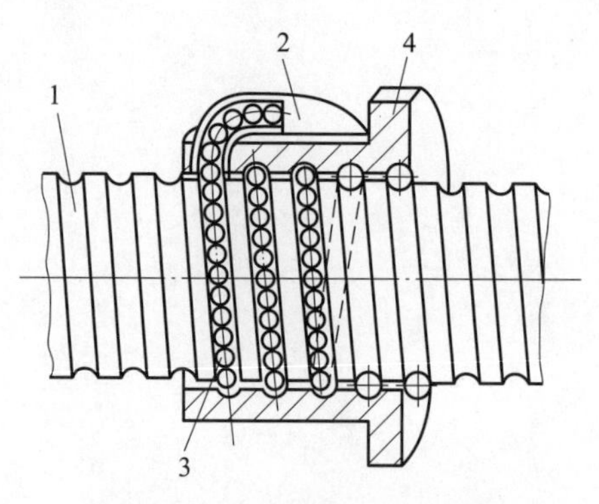

图 6-4-1　滚珠丝杠副的结构
1—丝杠　2—回珠管　3—滚珠　4—螺母

2. 传动特点及应用

（1）传动特点

1）传动效率高，摩擦损失小。滚珠丝杠副的传动效率为 0.92 ~ 0.96，比常规的丝杠螺母副提高了 3 ~ 4 倍，而消耗的功率只相当于常规丝杠螺母副的 1/4 ~ 1/3。

2）传动转矩小，传动平稳，无爬行现象，传动精度高，同步性好。

3）有可逆性，可以将旋转运动转化成直线运动，也可以将直线运动转换成旋转运动，即丝杠和螺母都可以作为主动件。

4）给予适当预紧，可消除丝杠和螺母的间隙，从而提高刚度，消除反向时的空行程死区，提高定位精度。

5）磨损小，使用寿命长，精度保持性好。

6）制造工艺复杂，滚珠丝杠和螺母等元件的加工精度高，表面粗糙度值要求小，制造成本高。

7）不能自锁，特别是用于升降的场合，由于重力的作用，下降时当传动切断后，不能停止运动，故常在传动系统中增加制动装置。当加工完成或中途需要停车时，步进电动机和电磁铁同时断电，借助弹簧的作用合上摩擦离合器，使滚珠丝杠不能转动，主轴箱便不会下降。

（2）应用

目前在各类机床，特别是各类数控机床的直线运动以及进给系统中均普遍采用滚珠丝杠副，特别适用于精密传动的数控机床以及自动控制装置、升降机构、精密测量仪器、车辆转向机构等对传动精度要求较高的场合。

二、滚珠丝杠螺母传动的结构

滚珠丝杠螺母在结构上形式很多，主要有以下两种区分方式：

1. 按螺纹滚道型面分单圆弧形和双圆弧形

（1）单圆弧形

单圆弧形滚珠丝杠副的结构如图 6-4-2 所示，其接触角多为 45°，且随初始径向间隙和轴向力而变化；r_0/R 值过高时，摩擦损失增加；r_0/R 值过低时，承载能力降低；效率、承载能力及轴向刚度不稳定；必须采用双螺母结构；易进入脏物。

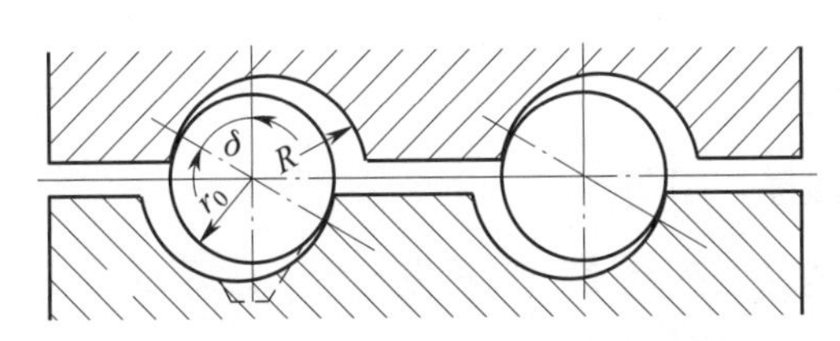

图 6-4-2　单圆弧形滚珠丝杠副

（2）双圆弧形

双圆弧形滚珠丝杠副的结构如图 6-4-3 所示，其接触角多为 45°，但工作中接触角不变化；r_0/R 比值过高时，摩擦损失增加；r_0/R 值过低时，承载能力下降；承载能力及轴向刚度比较稳定；易实现无间隙或有预紧力的传动副；磨损比较小。

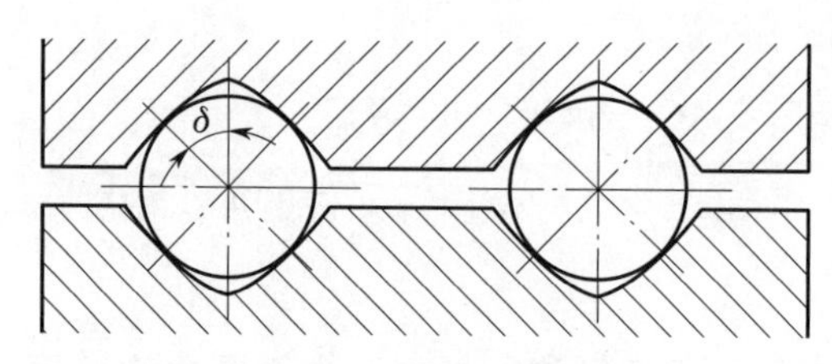

图 6-4-3　双圆弧形滚珠丝杠副

2. 按滚珠循环方式分外循环和内循环

（1）外循环

滚珠的循环在返回过程中与丝杠脱离接触的称为外循环，有以下三种：

1）插管式。它就是用弯管插入螺母的通孔代替螺旋回珠槽作为滚珠返回通道，这种方式工艺性好，但螺母径向外形尺寸较大，不易在设备上安装，如图 6-4-4 所示。

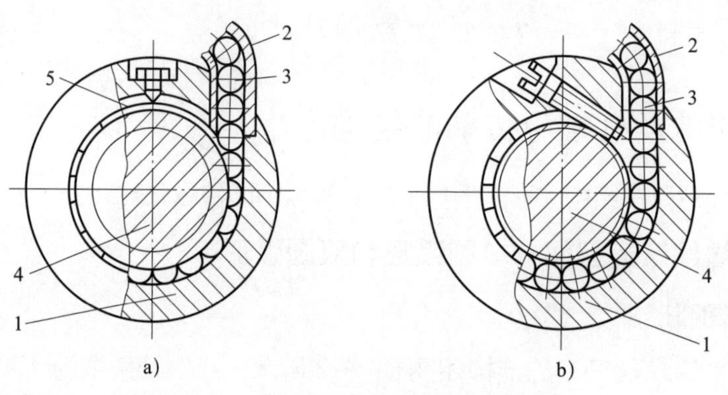

图 6-4-4　插管式滚珠丝杠副（外循环）

a）六角螺钉挡珠　b）一字槽螺钉挡珠

1—螺母　2—弯管　3—滚珠　4—丝杠　5—挡珠器

2）螺旋槽式。特点是径向尺寸较小，便于安装，加工工艺性好，但挡珠器形状复杂，易磨损，刚度差，如图 6-4-5 所示。

3）端盖式。特点是结构紧凑，工艺性较好，但滚珠经过滚道短槽时，易发生卡珠现象，如图 6-4-6 所示。

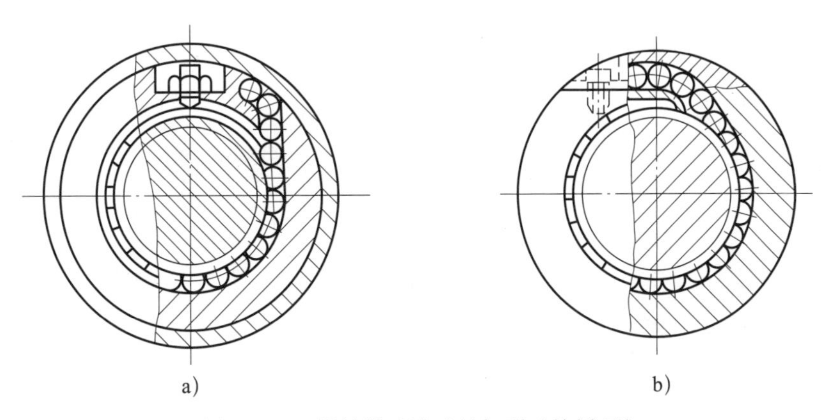

图 6-4-5　螺旋槽式滚珠丝杠副（外循环）

a）六角螺钉挡珠　b）内六角螺钉挡珠

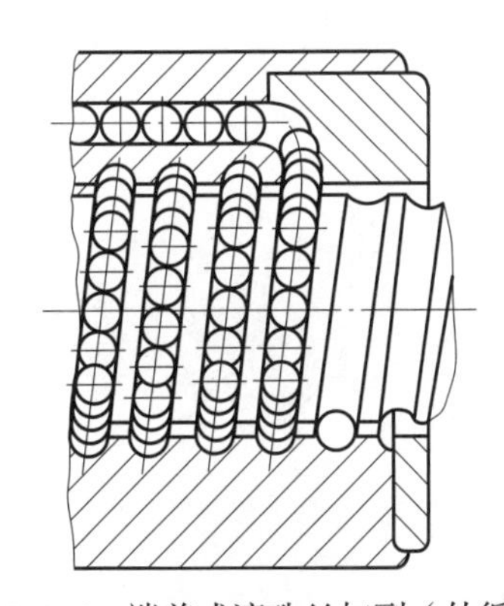

图 6-4-6　端盖式滚珠丝杠副（外循环）

（2）内循环

滚珠的循环在返回过程中与丝杠始终保持接触的称为内循环。内循环方式滚珠循环回路短，工作珠少，流畅性好，摩擦损失小，传动效率高，但反向器结构复杂，制造比较困难，如图 6-4-7 所示。

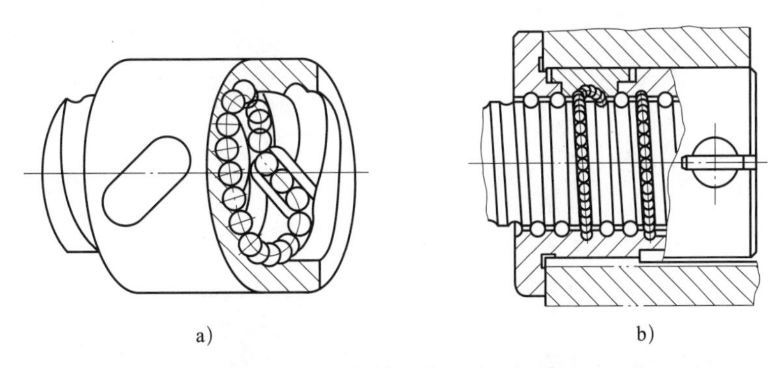

图 6-4-7　内循环式滚珠丝杠副

a）扁圆镶块反向器　b）圆柱凸件反向器

三、滚珠丝杠副的支撑和支撑轴承的配合公差

1. 支撑方式

若螺母、丝杠的轴承及其支架等刚度不够，将严重影响滚珠丝杠的传动刚度，因此螺母座应有加强肋，以减少受力后的变形。螺母与床身的接触面积应大些，其连接螺钉的刚度也应较大；定位销要紧密配合，不能松动。滚珠丝杠常用推力轴承支撑，以提高轴向刚度。如图 6-4-8 所示，滚珠丝杠在机床上的安装支撑方式有以下几种：

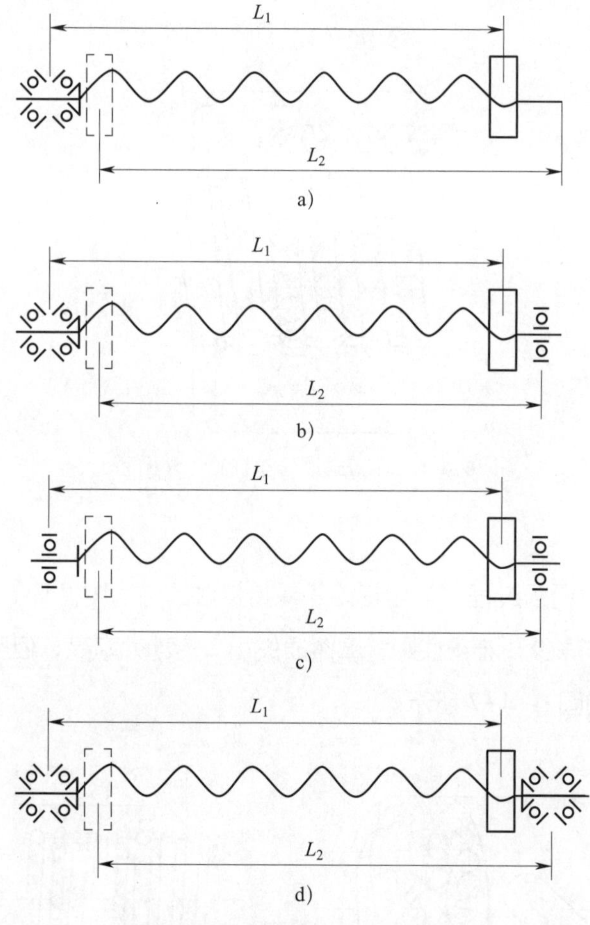

图 6-4-8　滚珠丝杠的支撑方式

a）一端装角接触球轴承　b）一端装组合式角接触球轴承，另一端装深沟球轴承

c）两端装深沟球轴承　d）两端装角接触球轴承

（1）一端装角接触球轴承

如图 6-4-8a 所示，这种安装支撑方式只适用于短丝杠，它的承载能力小，轴

向刚度低。一般用于数控机床的调整环节或小规模升降台铣床的垂直坐标中。

（2）一端装组合式角接触球轴承，另一端装深沟球轴承

如图 6-4-8b 所示，当丝杠较长时，一端固定，另一自由端装深沟球轴承。一般用于要求中等速度的回转坐标轴中。

（3）两端装深沟球轴承

如图 6-4-8c 所示，此种方式承受刚度小。一般用于中等速度回转坐标轴及轴向载荷较小的坐标轴中。

（4）两端装角接触球轴承

如图 6-4-8d 所示，这种支撑方式可承受较高的轴向载荷，适用于高速度、高精度回转坐标轴中，这种支撑方式最大的特点是滚珠丝杠被施加预拉伸，由此来补偿因滚珠丝杠在高速回转时摩擦升温而引起的热变形。

2. 支撑轴承的配合公差

在现代高速度、高精度数控机床中，合理选择滚珠丝杠两端支撑轴承的配合公差，不仅可以保证支撑轴承孔与螺母孔彼此间的同轴度要求，更为重要的是能提高滚珠丝杠支撑部分的接触刚度和使用寿命。固定轴承及支撑轴承配合公差见表 6-4-1。

表 6-4-1　固定轴承及支撑轴承配合公差

配合孔径	固定部		支撑部	
	配合理想间隙	推荐公差	配合理想间隙	推荐公差
丝杠轴支撑部外径与轴承内径	零间隙	h5、h6	零间隙	h5
轴承外径与轴承座孔内径	零间隙	JS5、JS6	零间隙	H6

四、滚珠丝杠和螺母轴向间隙的调整和预紧

通过预紧轴向力来消除滚珠丝杠副的轴向间隙并施加预紧力，形成无间隙传动并提高丝杠的轴向刚度，这是滚珠丝杠副的主要特点之一。对于新制的滚珠丝杠，专业制造厂在装配时已按用户要求进行了预紧，因此在安装时无须再进行预紧。但滚珠丝杠经较长时间的使用后，滚珠及滚道不可避免地要产生磨损，其结果是预紧力减小，甚至出现轴向间隙。在这种情况下，必须适时地进行预紧调整，这是滚珠丝杠副的主要维修工作之一。

1. 调整机构的形式

（1）垫片式调整机构

这种结构形式如图 6-4-9 所示，它是通过改变垫片的厚度，使螺母产生轴向位移来实现消除间隙和预紧。这种调整机构的特点是结构简单、预紧可靠、拆装方便，但精度的调整比较困难，且在使用的过程中不便调整。

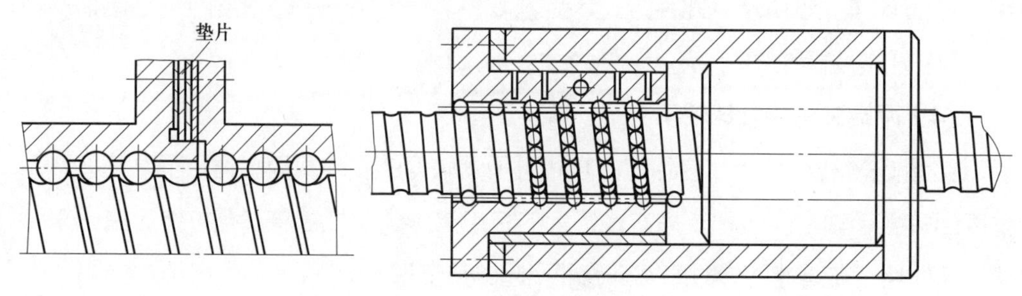

图 6-4-9　垫片式调整机构

（2）螺纹式调整机构

其形式如图 6-4-10 所示，调整时，带调整螺纹的螺母 1 伸出螺母座 2 的外端，用两个螺母 3、4 调整轴向间隙，长键 5 的作用是限制两个螺母的相对转动。这种形式的特点是结构紧凑，可随时调整，但很难准确地获得需要的预紧力。

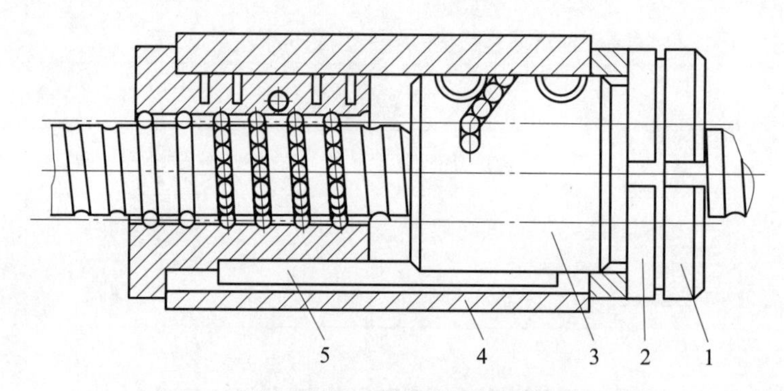

图 6-4-10　螺纹式调整机构

1、3、4—螺母　2—螺母座　5—长键

（3）弹簧式调整机构

其结构形式如图 6-4-11 和图 6-4-12 所示，图 6-4-11 中左边的螺母可以借助于弹簧在轴向上的压紧力而作轴向移动，从而达到调整的目的；图 6-4-12 所示的弹簧式机构是在固定螺母和活动螺母之间装弹簧，使螺母作相对的扭转来消除轴向间隙。弹簧式调整机构的结构复杂、刚度较低，但具有单向自锁作用。

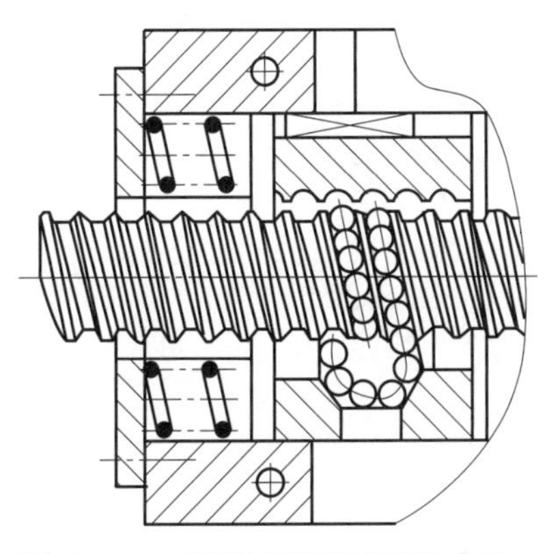

图 6-4-11　弹簧式调整机构形式之一

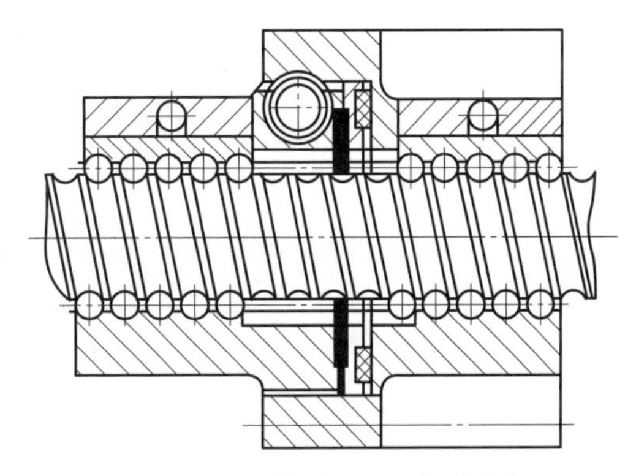

图 6-4-12　弹簧式调整机构形式之二

（4）齿差式调整机构

其结构形式如图 6-4-13 所示，它是通过改变两个螺母上齿数差来调整螺母在角度上的相对位置，实现轴向位置的间隙调整和预紧。此方法调整简单，但不是非常精确。

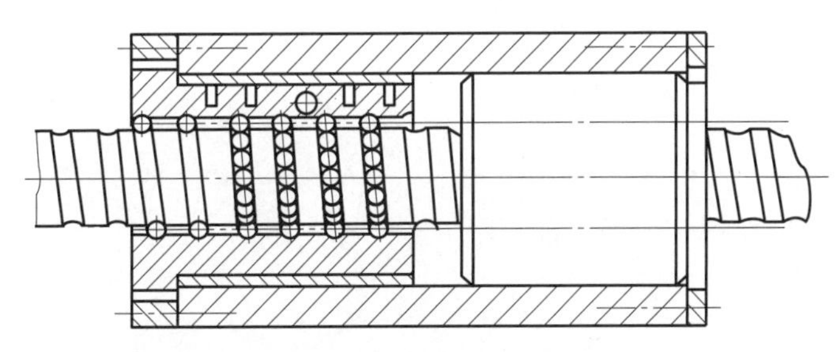

图 6-4-13　齿差式调整机构

（5）随动式调整机构

其结构形式如图 6-4-14 所示，活动螺母 1 和固定螺母 2 之间有滚针轴承 3，工作中可通过相对旋转来消除间隙。这种机构的特点是结构复杂、接触刚度低，但具有双向自锁作用。

2. 预紧力的确定

滚珠丝杠副的预紧力过小，在载荷作用下，传动精度会因此出现间隙而降低；预紧力过大，传动效率和使用寿命又会降低，一般预紧力取最大轴向载荷的 1/3。

预紧力产生的接触变形量可用下式计算：

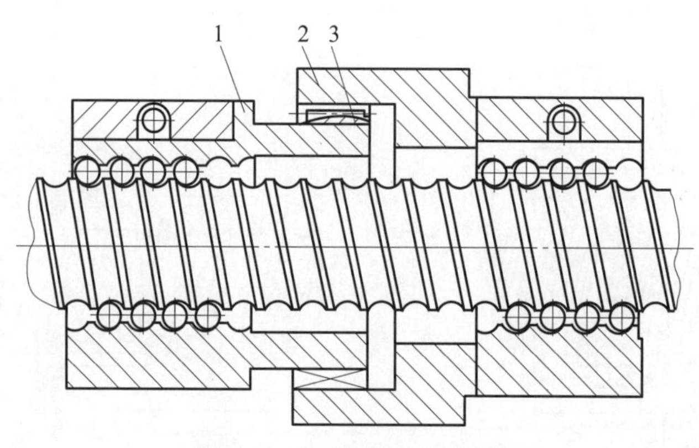

图 6-4-14　随动式调整机构

1—活动螺母　2—固定螺母　3—滚针轴承

$$\delta=0.000\,28\frac{F_a}{\sqrt[3]{d_0F_y(z_\Sigma)^2}}$$

式中　δ——预紧力产生的变形量，mm；

F_y——轴向预紧力，N；

z_Σ——滚珠数量，z_Σ= 圈数 × 列数；

z—— 一圈的滚珠数，$z=\frac{\pi D_0}{d_0}$（外循环），$z=\frac{\pi D_0}{d_0}-3$（内循环）；

F_a——轴向载荷，N；

D_0——滚珠丝杠的公称直径，mm；

d_0——滚珠直径，mm。

五、技能训练——滚珠丝杠副磨损后的预紧力调整

以垫片式调整机构为例，当滚珠丝杠副经较长时间使用后，滚道及滚珠磨损，部分预紧力释放，会影响加工精度，因此需要进行调整，可增加垫片的厚度来恢复预紧力。垫片厚度的增加量为 δ，新垫片厚度及装配可以用如下方法确定及操作：

（1）制造厂在装配滚珠丝杠副预紧时，垫片的厚度按游隙和预紧变形量确定。垫片的预压变形量用下式计算：

$$\Delta L=\frac{F_{预}L}{EA}$$

式中　$F_{预}$——滚珠丝杠的预紧力（从制造厂家查询），N；

E——垫片材料的弹性模量（从制造厂家查询），N/mm^2；

L——预紧前垫片的厚度（从制造厂家查询），mm；

A——垫片的横截面积，mm^2；

ΔL——垫片的预压变形量，mm。

丝杠副磨损后，由于部分预紧力释放，垫片的变形量相应减小，设丝杠磨损后垫片的变形量为 $\Delta L'$，则垫片应增加的厚度为：

$$\delta=\Delta L-\Delta L'$$

（2）把滚珠丝杠副保持装配状态整体拆下来。在拆卸松开螺母前，把电阻应变片沿轴向贴在垫片上，把应变片的两极接到静态应变仪上，然后松开螺母，使垫片完全放松。这时就可以从静态应变仪上读出应变值，此值即为 $\Delta L'$，由此就可求出 δ 值。拆卸完螺母，应校核垫片的实际厚度 L，必要时按校核的 L 值修正 ΔL。这样就可确定新垫片的厚度为 $L+\delta$。

（3）按确定的厚度制造新垫片，并用新垫片重新装配滚珠丝杠副，就可以正常工作了。

思考与练习

1. 简述滚珠丝杠螺母传动的结构原理、特点及其应用。
2. 简述滚珠丝杠螺母传动的结构分类。
3. 简述滚珠丝杠副的支撑方式。
4. 简述滚珠丝杠副支撑轴承的配合公差。
5. 如何进行滚珠丝杠和螺母轴向间隙的调整和预紧？
6. 简述滚珠丝杠和螺母轴向间隙的调整机构形式。
7. 简述滚珠丝杠和螺母轴向间隙的调整预紧力的确定。

模块七
轴承与密封

轴承是机械设备中一种重要零部件，其主要功能是支撑机械回转体（图 7-1），降低其运动过程中的摩擦因数，并保证其回转精度。

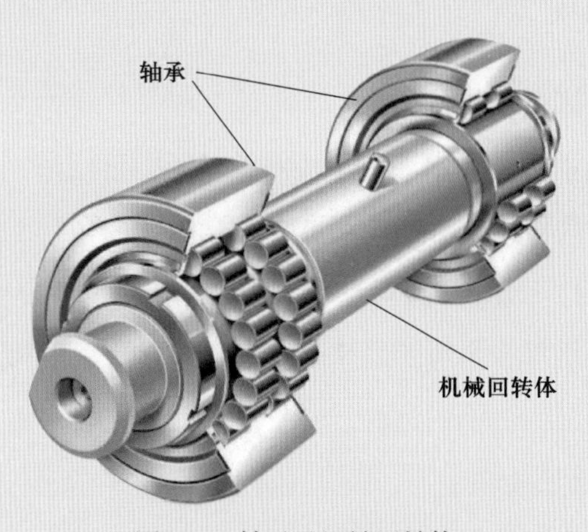

图 7-1　轴承及机械回转体

泄漏是指介质，如气体、液体、固体或它们的混合物，从一个空间进入另一个空间，是人们不希望发生的现象。泄漏是机械设备常产生的故障之一。防止工作介质从机械设备中泄漏或防止外界杂质侵入机械设备内部的一种装置或措施称为密封。

课题 1 轴承概述

学习目标

1. 能按照摩擦性质及承受载荷性质对轴承准确分类。
2. 能比较滚动轴承与滑动轴承的优缺点。
3. 能准确叙述滑动轴承的原理。
4. 能准确叙述滚动轴承的原理。

一、轴承的分类、特点及应用

1. 分类

轴承可以按照多种不同分类方式进行分类，常见的有按照轴承的摩擦性质、轴承的承受载荷性质等方式分类。

（1）按照轴承的摩擦性质分类

根据摩擦性质轴承可分为滚动轴承和滑动轴承。它们最主要的区别就是滚动轴承有滚动体，滑动轴承没有滚动体。滚动轴承和滑动轴承的区别首先体现在结构上，滚动轴承是靠滚动体的转动来支撑转动轴的，因而接触部位是一个点，滚动体越多，接触点越多；滑动轴承是靠平滑的面来支撑转动轴的，因而接触部位是一个面。其次是运动方式不同，滚动轴承的运动方式是滚动，滑动轴承的运动方式是滑动，因而摩擦形式上也就完全不相同。

（2）按照轴承的承受载荷性质分类

根据轴承的承受载荷性质轴承可分为向心轴承、推力轴承、向心推力轴承。向心轴承承受纯径向载荷，推力轴承承受纯轴向载荷，向心推力轴承同时承受径向载荷和轴向载荷。

2. 轴承的特点及应用

（1）滑动轴承的特点及应用

1）寿命长，适于高速场合。如大型汽轮机、发电机多采用液体摩擦滑动轴承；高速内圆磨头，转速高达每分钟几十万转，多采用气体滑动轴承，用滚动轴承则寿命过短。

2）能承受冲击和振动载荷。滑动轴承工作表面间的油膜有缓冲和吸振的作用，故多用于冲床、轧钢机械以及往复式机械中。

3）运转精度高，工作平稳无噪声。滑动轴承所含零件比滚动轴承少，制造、安装可达到较高的精度，运转精度、工作平稳性都优于滚动轴承。

4）结构简单，装拆方便。如曲轴上的轴承多采用剖分式滑动轴承，滚动轴承则无法应用。

5）承载能力大，可用于重载场合。若用滚动轴承，则需专门设计，造价较高。

6）可用于特殊工作条件下。如水中或腐蚀介质中，或径向空间尺寸受限制的场合。

（2）与滑动轴承相比，滚动轴承的优点

1）一般条件下，滚动轴承的效率和液体动压润滑轴承相当，但较混合润滑轴承要高一些。

2）径向游隙比较小，向心角接触轴承可用预紧力消除游隙，运转精度高。

3）对于同尺寸的轴径，滚动轴承的宽度比滑动轴承小，可使机器的轴向结构紧凑。

4）大多数滚动轴承能同时承受径向和轴向载荷，故轴承组合结构简单。

5）耗润滑剂少，便于密封，易于维护。

6）不需要用有色金属。

7）标准化程度高，成批生产，成本低。

（3）与滑动轴承相比，滚动轴承的缺点

1）承受冲击载荷能力较差。

2）高速重载载荷下轴承寿命较低。

3）振动及噪声较大。

4）径向尺寸比滑动轴承大。

二、滑动轴承的工作原理

滑动轴承是在滑动摩擦条件下工作的轴承。滑动轴承工作平稳、可靠、无噪声，在液体润滑条件下，滑动表面被润滑油分开而不发生直接接触，还可以大大减小摩擦损失和表面磨损，油膜还具有一定的吸振能力，但启动摩擦阻力较大。

滑动轴承的基本结构如图 7-1-1 所示，轴被轴承支撑的部分称为轴颈，与支撑轴颈相配的对开式零件称为轴瓦，与支撑轴颈相配的圆筒形整体零件称为轴套，装有轴瓦或轴套的壳体称为滑动轴承座。

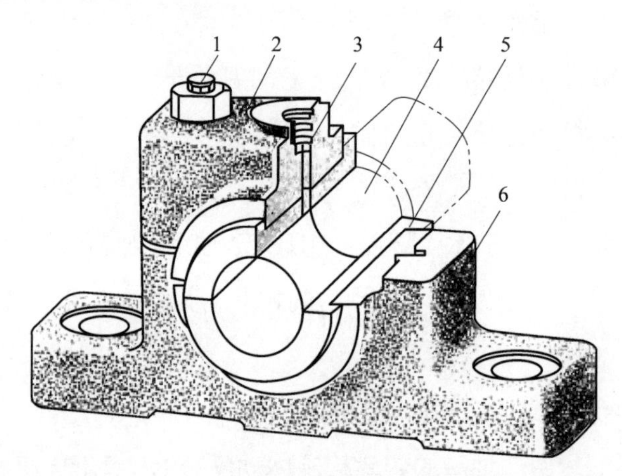

图 7-1-1 滑动轴承的基本结构

1—螺柱 2—轴承盖 3—注油孔 4—轴颈 5—轴瓦（轴套） 6—轴承座

根据轴颈和轴瓦间的摩擦状态，滑动轴承可分为液体摩擦滑动轴承和非液体摩擦滑动轴承。根据工作时相对运动表面间油膜形成原理的不同，液体摩擦滑动轴承又分为液体动压润滑轴承（简称动压轴承）和液体静压润滑轴承（简称静压轴承）。

1. 液体动压润滑轴承的工作原理

液体动压润滑轴承利用轴的高速旋转和润滑油的黏性，将油带进楔形空间建立起了压力油膜。油膜将轴颈和轴承表面分开。

（1）形成液体动压润滑的条件

1）合适的润滑油黏度。

2）多支撑的轴承，应严格控制同轴度误差。

3）轴颈、轴承应有精确的几何形状和较高的表面粗糙度。

4）轴颈应保持一定的线速度，以建立足够的油膜压力。

5）轴颈和轴承配合后应有一定的间隙，该间隙通常等于轴颈的 1/1 000 ~

3/1 000。

（2）动压润滑形成的过程

1）轴承在静止时由于自重而处于最低位置，润滑油被轴颈挤出，轴颈与轴承侧面之间形成楔形油隙（图 7-1-2a）。

2）当轴颈沿箭头方向旋转时，由于油的黏性和金属表面的附着力，油层随着轴一起旋转。油层经过楔形缝隙时，油分子受到的挤压和本身的动能，对轴产生压力，将轴向上抬起（图 7-1-2b）。

3）当轴达到一定速度时，油对轴的压力增大，轴与轴承表面完全被油膜隔开，从而形成了液体动压润滑（图 7-1-2c）。

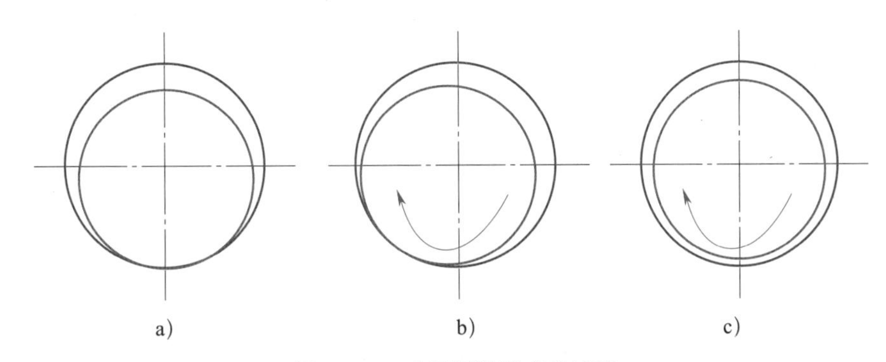

图 7-1-2　动压润滑形成的过程

a）静止状态　b）旋转开始　c）旋转平稳

2. 液体静压润滑轴承的工作原理

液体静压润滑是利用外界油压系统供给一定压力的润滑油，使轴颈与轴承处于完全液体摩擦状态。油膜的形成与轴的转速及油压大小无关，从而使轴承在不同工作状态下获得稳定的液体润滑。

这种液体静压润滑轴承承载能力大，回转精度高，工作平稳，抗振性好，大多用于高精度机械设备中。

液体静压润滑轴承是借助液压系统把具有压力的液体送到轴和轴承的配合间隙中，利用液体静压力支撑回转轴的一种滑动轴承，它由供油系统、节流器和轴承三部分组成。节流器是液体静压滑动轴承的重要元件，常用的有两种形式：固定节流器（通流面积固定不变）和可变节流器（通流面积可按工作需要进行调整）。

液体静压轴承的工作原理如图 7-1-3 所示。一定压力 p_b 的压力油，经过 4 个节流器，其阻力分别为 R_{G1}、R_{G2}、R_{G3}、R_{G4}，分别输入 4 个油腔，即油腔 1、油腔 2、油腔 3、油腔 4，油腔压力分别为 p_{r1}、p_{r2}、p_{r3}、p_{r4}。油腔中的油又经过间隙 h_0 流回油池。

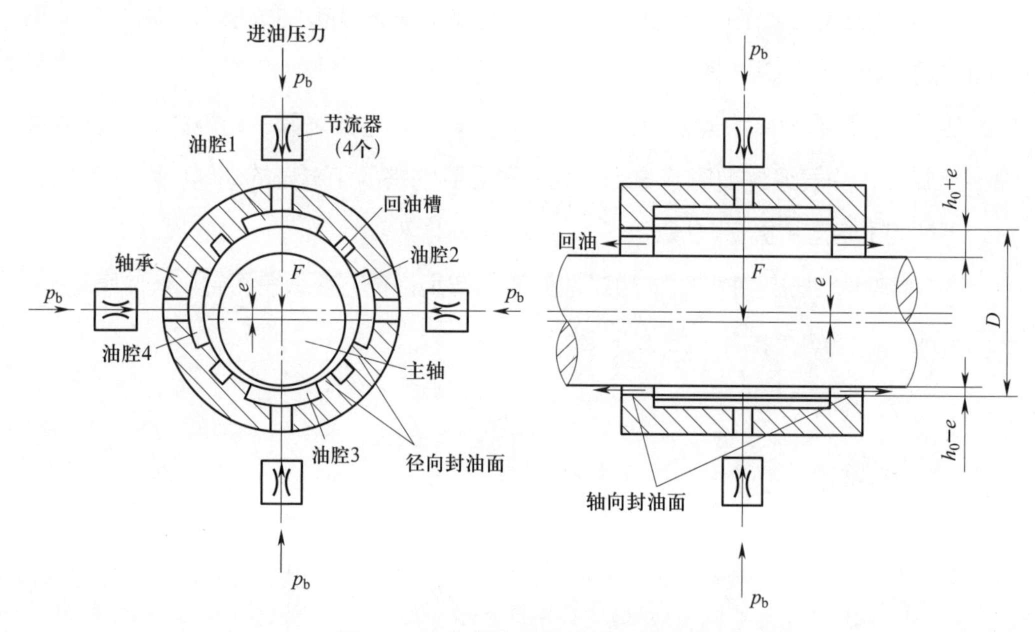

图 7–1–3　液体静压轴承的工作原理

当轴没有受到载荷时，如果 4 个节流器的阻力相同，则 4 个油腔的压力也相同，即 $p_{r1}=p_{r2}=p_{r3}=p_{r4}$，主轴被浮在轴承中心，其间被一层薄薄的油膜隔开，达到了良好的液体摩擦。

当主轴受到外载荷 F 作用时，中心向下产生一定的位移，此时上油腔 1 的回油间隙增大，变为 h_0+e，回油阻力减小，使油腔压力 p_{r1} 降低；相反，下油腔 3 的压力 p_{r3} 升高。又要使油腔 1、3 的油压变化而产生压力差为：

$$p_{r3}-p_{r1}=p_{max}-p_{min}=F/A$$

式中　F——外载荷，N；

A——每个油腔的有效截面积，mm^2。

这时，主轴便能处于新的平衡位置。由此可见，为平衡外载荷 F，主轴轴颈必须向下偏移一定的距离（经过合理设计，这个距离可以极小）。通常把外载荷变化与轴颈偏心距变化的比值，称为静压轴承的刚度。

三、滚动轴承的工作原理

滚动轴承是将运转的轴与轴座之间的滑动摩擦变为滚动摩擦，从而减少摩擦损失的一种精密的机械元件。与滑动轴承比较，滚动轴承的径向尺寸较大，减振能力较差，高速时使用寿命短，噪声较大。

滚动轴承一般由内圈、外圈、滚动体和保持架四部分组成，如图 7-1-4 所示。内圈的作用是与轴相配合并与轴一起旋转；外圈的作用是与轴承座相配合，起支撑作用；滚动体是借助于保持架均匀分布在内圈和外圈之间的物体，其形状、大小和数量直接影响着滚动轴承的使用性能和寿命；保持架的作用是把滚动体均匀地隔开，以避免相邻的两滚动体直接接触而增加磨损。

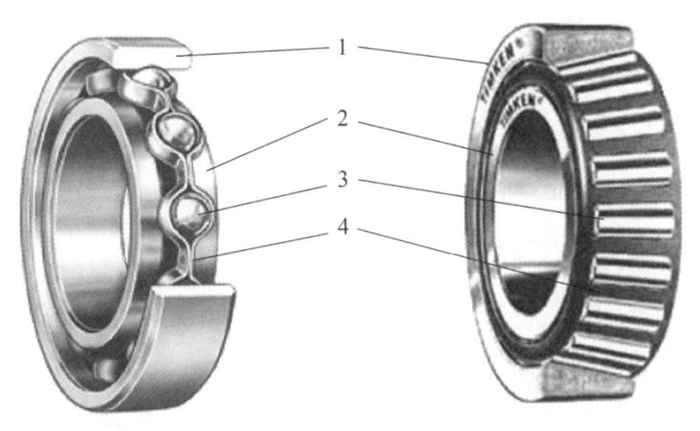

图 7-1-4　滚动轴承的基本结构

1—外圈　2—内圈　3—滚动体　4—保持架

为了适应某些特殊的使用要求，有的轴承会增加或减少一些零件。如无内圈、无外圈、既无内圈又无外圈，增加防尘盖、密封圈及安装调整用的紧定套等。如图 7-1-5 所示为含密封盖的滚动轴承结构。

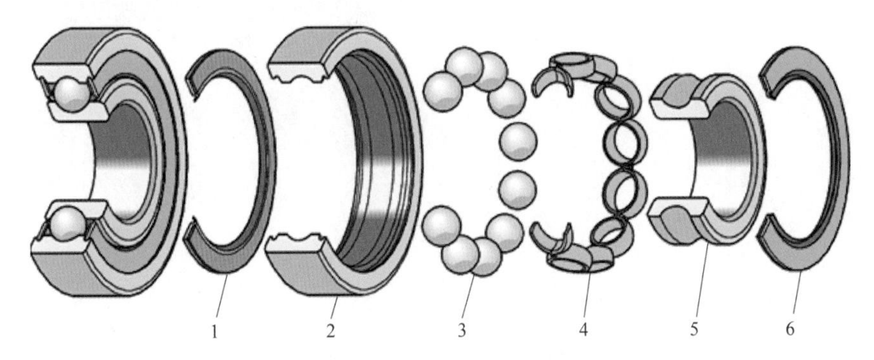

图 7-1-5　含密封盖的滚动轴承

1、6—密封盖　2—外圈　3—滚动体　4—保持架　5—内圈

滚动轴承的滚动体和内、外圈应具有较高的硬度、疲劳强度、耐磨性和冲击韧度，一般用含铬合金钢制造，常用材料有 GGr6、GCr9、GCr15、GCr15SiMn

等。经过热处理后，其工作表面硬度应达到 61 ~ 65HRC，并经磨削、抛光等精密加工。保持架一般用低碳钢板冲压成形，也有用有色金属合金或塑料制成的。

思考与练习

1. 试述轴承的基本作用。
2. 简述轴承按照摩擦性质的分类。
3. 简述轴承按照承载载荷性质的分类。
4. 简述液体静压润滑轴承的工作原理。
5. 简述液体动压润滑轴承的工作原理。
6. 简述滚动轴承的工作原理。
7. 比较分析滚动轴承与滑动轴承的优缺点。

课题 2
滑动轴承的安装与调试

学习目标

1. 能按照不同分类方式对滑动轴承进行准确分类。
2. 能分析滑动轴承的不同结构形式，绘制结构示意图。
3. 能叙述滑动轴承的润滑剂特征和润滑方式。
4. 能说出滑动轴承零件所用的材料。
5. 能明确滑动轴承的修复方法。
6. 能正确安装剖分式滑动轴承。

一、滑动轴承的类型及结构形式

1. 滑动轴承的类型

根据所承受载荷的方向，滑动轴承可分为径向轴承、推力轴承两类；根据轴系和拆装的需要，滑动轴承可分为整体式和剖分式两类；根据轴颈和轴瓦间的摩擦状态，滑动轴承可分为液体摩擦滑动轴承和非液体摩擦滑动轴承。根据工作时相对运动表面间油膜形成原理的不同，液体摩擦滑动轴承又分为液体动压润滑轴承和液体静压润滑轴承。

2. 滑动轴承的结构形式

（1）整体式径向滑动轴承

整体式径向滑动轴承结构简单，主要由轴承座 2 和轴套 1 构成，如图 7-2-1 所示。其价格低廉，但拆装不方便，磨损后

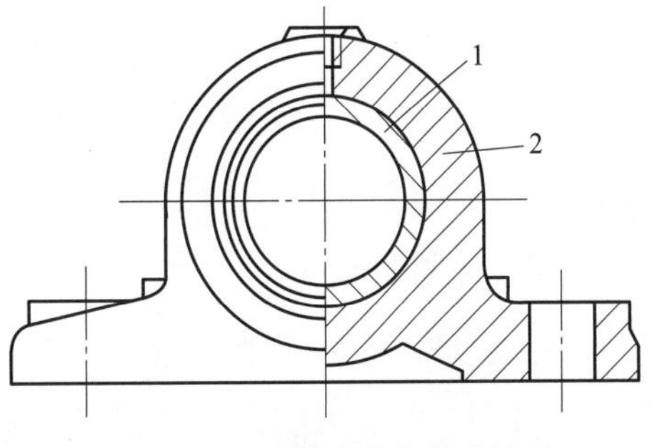

图 7-2-1　整体式径向滑动轴承
1—轴套　2—轴承座

轴承的径向间隙无法调整，适用于轻载、低速或间歇工作的场合，如绞车、手动起重机等。

（2）剖分式径向滑动轴承

剖分式径向滑动轴承如图 7-2-2 所示。轴承座是轴承的基础部分，用螺栓固定于机架上。轴承盖与轴承座的接合面呈阶台形式，以保证两者定位可靠，并防止横向错动。轴承盖与轴承座采用螺栓连接，并压紧上、下轴瓦。通过轴承盖上连接的润滑装置，可将润滑油经过油孔输送到轴颈表面。在轴承盖与轴承座之间一般留有 5 mm 左右的间隙，并在上、下轴瓦的对开面处垫入适量的调整垫片，当轴瓦磨损后，可以根据其磨损程度更换一些调整垫片，使得轴颈与轴瓦之间仍能保持要求的间隙。剖分式径向滑动轴承的间隙可调，装拆方便，克服了整体式轴承的不足，因此应用较广。

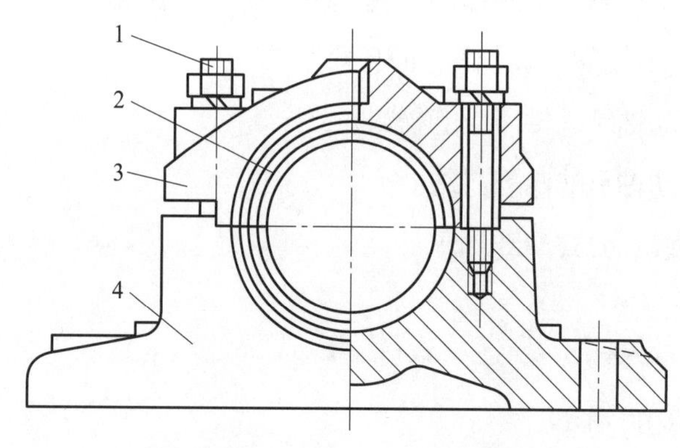

图 7-2-2　剖分式径向滑动轴承

1—螺栓　2—对开轴瓦　3—轴承盖　4—轴承座

（3）调心式径向滑动轴承

如图 7-2-3 所示调心式径向滑动轴承的轴瓦与轴承盖、轴承座之间为球面接触，轴瓦可以自动调位，以适应轴受力弯曲时轴线产生的倾斜，避免轴与轴承两端局部接触而产生的磨损。但球面不易加工，主要用于轴承宽度与直径之比为 1:（1.5 ~ 1.75）的场合。

（4）止推轴承

如图 7-2-4 所示为一种常见的止推滑动轴承，主要由轴承座 1、衬套 2、轴套 3 和止推垫圈 4 等组成。止推轴承用来承受轴向载荷的滑动轴承称为止推滑动轴承，它靠轴的端面或轴肩、轴环的端面向推力支撑面传递轴向载荷。

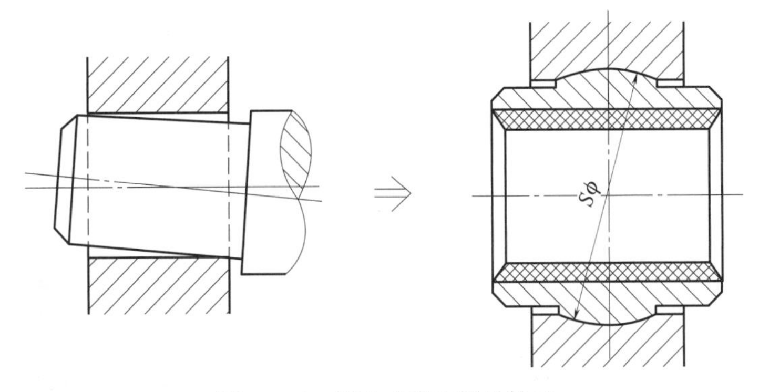

图 7-2-3　调心式径向滑动轴承

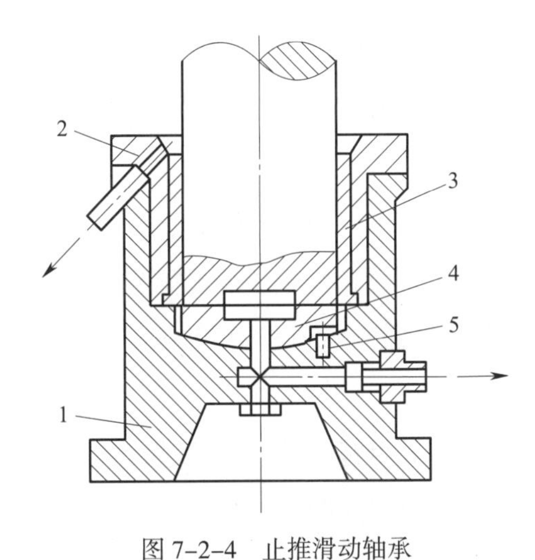

图 7-2-4　止推滑动轴承

1—轴承座　2—衬套　3—轴套　4—止推垫圈　5—销钉

二、滑动轴承的润滑

1. 润滑剂

润滑剂的作用是减小摩擦阻力、降低磨损、冷却和吸振等。润滑剂有液态的及半固态的。液态的润滑剂称为润滑油，半固态的、在常温下呈油膏状的为润滑脂。

（1）润滑油

润滑油的主要物理性能指标是黏度，黏度表征液体流动的内摩擦性能，黏度越大，其流动性越差。润滑油的另一物理性能是油性，表征润滑油在金属表面上的吸附能力。油性越大，对金属的吸附能力越强，油膜越容易形成。润滑油的选择应综合考虑轴承的承载量、轴颈转速、润滑方式、滑动轴承的表面粗糙度等指标。

（2）润滑脂

轴颈线速度 <2 m/s 的滑动轴承可以采用润滑脂。润滑脂是用矿物油、各种稠化剂（如钙、钠、锂、铝等金属皂）和水调和而成的，润滑脂的稠度大，承载能力大，但物理和化学性质不稳定，不宜在温度变化大的条件下使用，多用于低速重载或摆动的轴承中。

2. 润滑方法

滑动轴承的润滑有间歇供油与连续供油两种方式，前者主要用于重要的滑动轴承。

（1）间歇供油

如图 7-2-5 所示是一种常用针阀式油杯。润滑油经过针阀 3 流到摩擦表面上，靠手柄 5 的横置或竖立以控制针阀的启闭，从而调节供油量或停止供油，通过调节螺母 6 调整滴油量，油量的大小和输油情况可以从用玻璃制成的油窗 4 中观察，通过旋转油盖 7 添加润滑油。

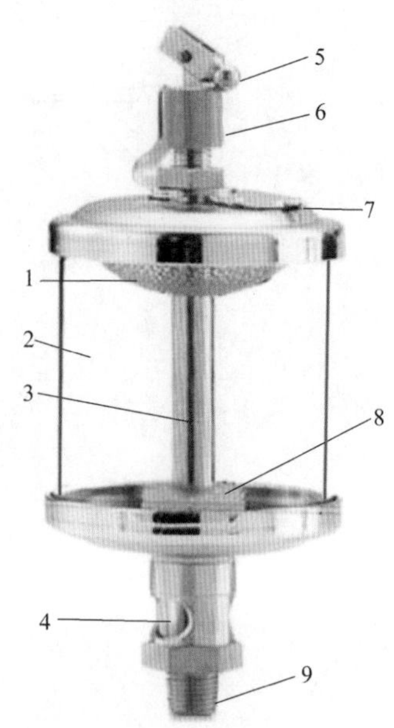

图 7-2-5　针阀式油杯
1—过滤网　2—透明杯体　3—针阀
4—油窗　5—手柄　6—调节螺母
7—旋转油盖　8—过滤泡棉
9—连接螺纹

图 7-2-6 所示为常用的润滑脂压力润滑装置。润滑脂装满在杯体 2 中，每间隔一定时间，旋紧一下旋盖 1 便可将润滑脂压送到轴承中。

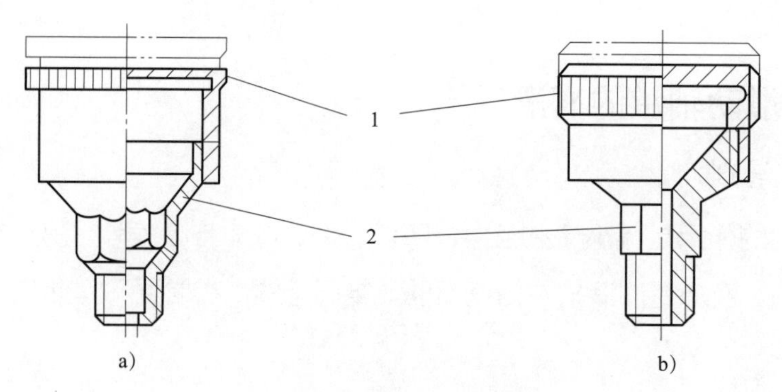

图 7-2-6　润滑脂压力润滑装置
a）A 型　b）B 型
1—旋盖　2—杯体

（2）连续供油

油环润滑装置如图 7-2-7 所示。在轴颈上套有油环 1，油环的下部浸没在油池

4 中。当轴回转时，油环被带动旋转，润滑油被带到轴颈 3 和轴承上而实现润滑。油环润滑装置结构简单、可靠，但仅仅适用于 100 ~ 300 r/min 的转速范围。转速过低，油环无力将油带起；转速过高，油环上带起的油容易被甩掉。除此之外，还可用飞溅润滑装置和油绳润滑装置实现连续供油，参见表 2-3-2。

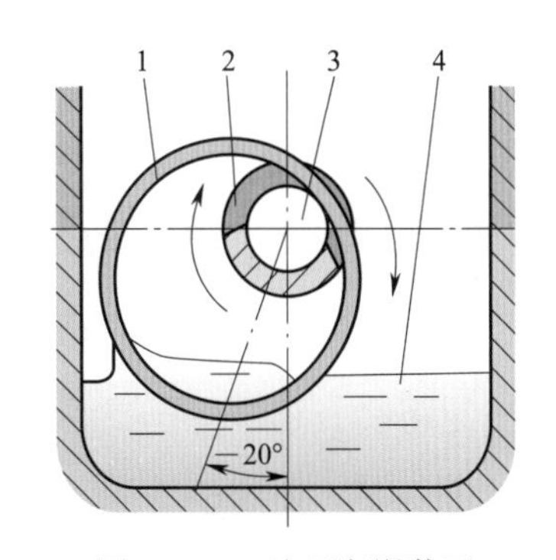

图 7-2-7　油环润滑装置

1—油环　2—轴瓦　3—轴颈　4—油池

三、滑动轴承材料

1. 轴瓦（轴套）材料

轴瓦（轴套）是滑动轴承中直接和轴颈接触并有相对滑动的零件，因此，对它的材料有以下基本要求:

（1）良好的强度和塑性

材料强度高，能保证在冲击、变载及较高压力下有足够的承载能力。材料的塑性越好，则它与轴颈间的压力分布越均匀。

（2）良好的减摩性和耐磨性

良好的减摩性是指轴瓦（轴套）材料的摩擦因数小，与钢质轴颈不易产生胶合，相对滑动时不易发热，功率损失少。耐磨性好是指材料抵抗磨损的性能好，使用寿命长。一般情况下，材料的硬度越高，越耐磨。为了不损坏机器中价值高的轴，要求轴瓦（轴套）表面比轴颈表面硬度低一些，即工作中被磨损的应该是轴瓦（轴套），而不是轴颈。

（3）良好的导热性

导热性好，则利于保持油膜，保证轴承的承载能力。

（4）吸附能力强

润滑油的吸附能力强，便于建立牢固的润滑油膜，改善工作条件。

2. 轴承衬材料

（1）铸铁

灰铸铁（如 HT150、HT200 等）和耐磨铸铁 MT 均可作为轴承衬材料。灰铸铁中的游离石墨虽能起润滑作用，但铸铁硬度高且脆，跑合性差。耐磨铸铁中石墨细小且分布均匀，耐磨性较好。这类材料应用较少，仅适用于轻载、低速和不受冲击的场合。

（2）轴承合金

轴承合金主要由锡、铅、锑、铜等元素组成，分为锡基轴承合金和铅基轴承合金两类。锡基轴承合金的摩擦因数小，抗胶合能力好，对油的吸附性强，耐腐蚀性好，易跑合，它适用于高速、重载的场合。铅基轴承合金的性能较前者脆，不宜承受冲击载荷，适用于中速、中载的场合。这两类轴承合金具有良好的减摩性和耐磨性，但强度和熔点都较低，不能单独做轴瓦，通常用它浇铸在青铜、铸铁、钢材等基体上。

（3）铜合金

铜合金主要成分是铜，常用的有铸造锡青铜（ZCuSnZn2）和铸造黄铜（ZCuZn25AlFe3Mn3）。铸造锡青铜是一种很好的减摩材料，强度也较高，适用于中速、重载、高温及在冲击条件下工作的轴承。铸造黄铜有良好的抗胶合性，但强度较铸造锡青铜低。

（4）含油轴承衬材料

采用青铜、铸铁粉末，加以适量的石墨粉压制成形后，经高温烧结形成多孔性材料，在 120 ℃时浸透润滑油，冷至常温，油就储藏在轴承孔隙中。当轴颈在轴承中旋转时，产生抽吸作用和摩擦热，油就膨胀而挤入摩擦表面进行润滑，轴停止运转后，油也就冷却而缩回轴承孔隙中去。用这种材料制作的含油轴承价廉，又能节约非铁金属，但性脆，不宜承受冲击，常用于低速或中速、轻载及不便润滑的场合。

（5）塑料轴承衬材料

除了以布为基体的塑料轴承衬材料外，我国还制成了多种尼龙轴承衬材料，如尼龙 6、尼龙 1010 等，已应用在机床、汽车等机械中。以这些材料制作的塑料轴承具有跑合性好，磨损后的屑粒较软而不伤轴颈，耐腐蚀性好，可用水或其他液体润滑等优点；但导热性差，吸水后会膨胀。

四、滑动轴承的安装要求

滑动轴承的安装要求主要是轴承座孔（轴瓦或轴套）之间获得所需要的间隙和良好的接触，使轴在轴承中运转平稳。

（1）轴瓦与轴承座孔的配合面应贴合良好，轴瓦安装在座孔中后，用 0.05 mm

塞尺检测，塞尺应插不进去。厚壁轴瓦下瓦的安装：当轴瓦与孔接触不良时，不允许修锉座孔，应采用刮削方法，并要求 25 mm × 25 mm 面积内研点不少于 3 点，小型轴瓦背与瓦座接触面积占比不小于 85%，大、中型不小于 75%；薄壁轴瓦的安装是靠轴瓦与孔的过盈来实现的。轴瓦安装在轴承孔内后，轴瓦口应比座孔平面高，无翻边轴瓦推荐高 0.3 ~ 1.0 mm，翻边轴瓦推荐高 0.1 ~ 0.4 mm。轴瓦孔尺寸越大，轴瓦壁越薄，弹性越好，扩张量应取上限。

（2）轴颈与轴承下轴瓦应在一定的角度内均匀接触。主轴颈与主轴承下轴瓦的接触角应在机体中心线两侧 40° ~ 60° 范围内均匀接触；曲柄销颈与连杆大端轴承上轴瓦的接触角应在连杆中心线两侧 60° ~ 90° 范围内均匀接触。

（3）轴承间隙应符合要求。合适的轴承间隙是形成润滑油膜以实现液体动压润滑的重要条件。

五、滑动轴承的修复

滑动轴承的损坏形式有工作表面的磨损、烧蚀、剥落及裂纹等。造成这些缺陷的主要原因是油膜因某种原因被破坏，从而导致轴颈与轴承表面直接产生摩擦。对于不同轴承形式的缺陷，采取的修复方法也不同。

1. 整体式滑动轴承的修复

一般采用更换轴套的方法。

2. 剖分式滑动轴承的修复

对于轻微磨损，可通过调整垫片、重新修刮的方法处理。

3. 内柱外锥式滑动轴承的修复

如工作表面没有严重擦伤，仅做精度修整时，可以通过螺母来调整间隙；当工作表面有严重擦伤时，应将主轴拆卸，重新刮研轴承，恢复其配合精度。当没有调整余量时，可采用喷涂法等加大轴承外锥直径，或车去轴承小端部分圆锥面，加长螺纹长度以增加调整范围等方法。当轴承变形、磨损严重时，则必须更换。

4. 多瓦式滑动轴承的修复

当工作表面出现轻微擦伤时，可通过研磨的方法对轴承的内表面进行研抛修理。当工作表面因抱轴烧伤或磨损较严重时，可采用刮研的方法对轴承的内表面进行修理。

六、技能训练——剖分式滑动轴承的安装与调试

1. 准备工作

（1）如图 7-2-8 所示，用汽油清洗滑动轴承零件，要特别注意将装配部位清洗干净。

（2）如图 7-2-9 所示，用无纺布将清洗后的零件擦拭干净。

图 7-2-8　清洗

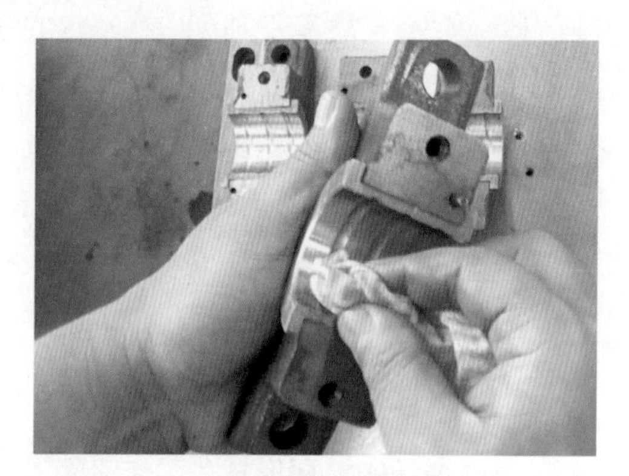

图 7-2-9　擦拭

2. 安装与调试

（1）如图 7-2-10 所示，将两个轴承座放置在安装平台上，对好轴承座与安装平台的安装孔位；将两轴瓦分别放置在轴承座上；将轴放置于两轴瓦内。

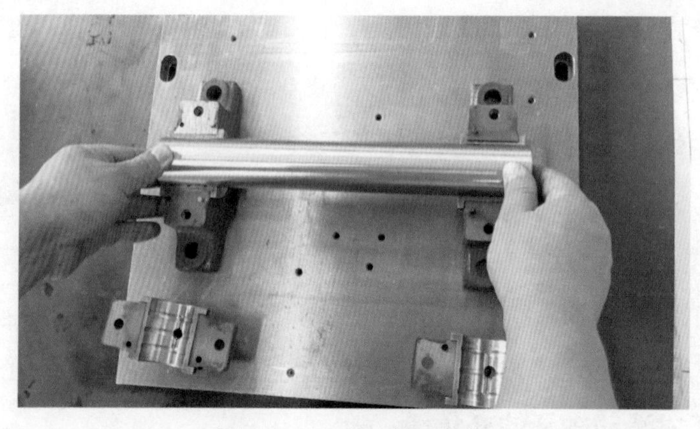

图 7-2-10　轴、轴瓦定位

（2）如图 7-2-11 所示，通过两组定位销将轴承盖与轴承座定位。

（3）如图 7-2-12 所示，将螺栓放置于轴承盖与轴承座的安装孔内，用扳手紧固。

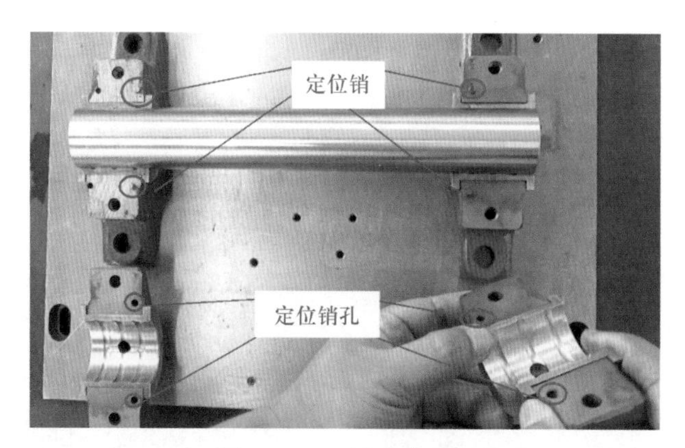

图 7-2-11　轴承盖定位

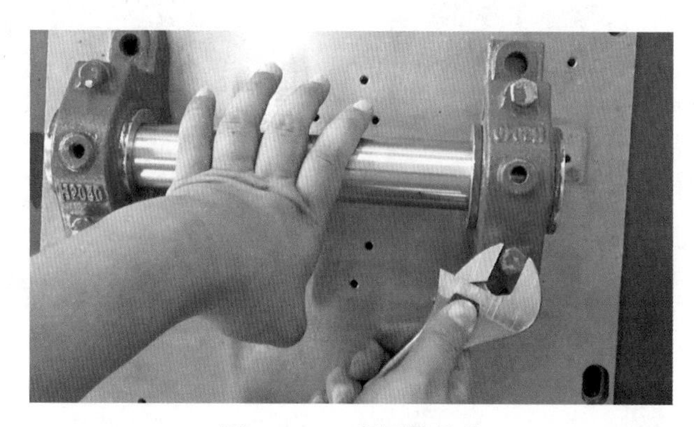

图 7-2-12　紧固轴承盖

注意事项：紧固前，可以再次检查润滑油孔与油槽是否对位，必要时可以对油孔、油槽进行修整。

（4）如图 7-2-13 所示，将百分表表座吸在安装平台底平面上，以安装平台底平面为测量基准，使得百分表测头压在上母线左端的读数为零（图 7-2-13a），观察

a）

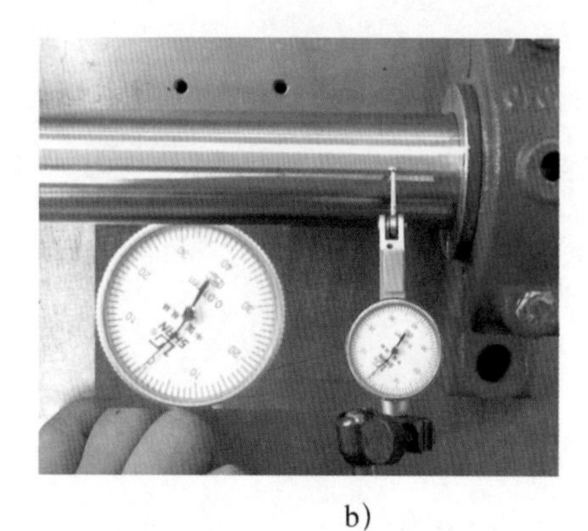

b）

图 7-2-13　检测上母线平行度误差

a）左端检测　b）右端检测

百分表测头压在上母线右端的读数（图 7-2-13b），测出上母线与安装平台底平面的平行度误差。

（5）如图 7-2-14 所示，将百分表表座吸在安装平台侧平面上，以安装平台侧平面为测量基准，使得百分表测头压在侧母线左端的读数为零（图 7-2-14a），观察百分表测头压在侧母线右端的读数（图 7-2-14b），测出侧母线与安装平台侧平面的平行度误差。

a)

b)

图 7-2-14　检测侧母线平行度误差
a）左端检测　b）右端检测

（6）如图 7-2-15 所示，用油枪对润滑油孔注润滑油；如图 7-2-16 所示，在注油孔口放置螺钉，用扳手将其拧紧，封盖润滑油口。

图 7-2-15　加润滑油

图 7-2-16　封盖润滑油口

（7）如图 7-2-17 所示，在轴承座安装孔放置螺钉，用扳手将其拧紧，将轴承座与安装平台固定好。

图 7-2-17　固定轴承底座

（8）如图 7-2-18 所示，将百分表表座吸在安装平台底平面上，以安装平台底平面为测量基准，缓慢转动轴，测出轴的径向圆跳动误差。

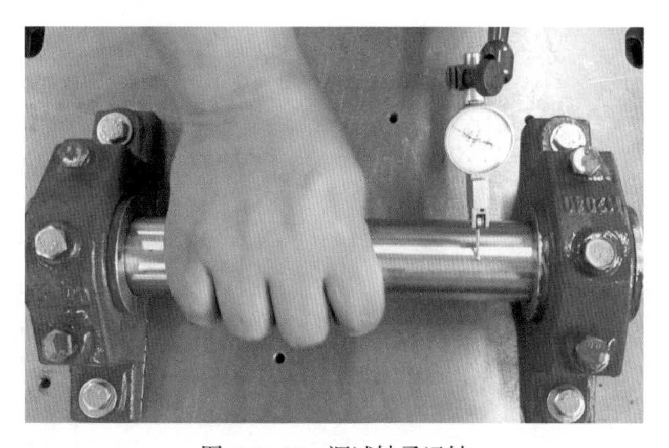

图 7-2-18　调试轴承运转

除剖分式径向滑动轴承外，整体式滑动轴承和调心式滑动轴承等径向滑动轴承的装配方式可参照本例。

思考与练习

1. 绘制剖分式滑动轴承的结构图，说明其结构特征。
2. 滑动轴承的润滑剂有哪些类型？它们有什么特性？
3. 滑动轴承的润滑方式有哪些？它们各自的特点是什么？

4．滑动轴承的材料类型有哪些？应如何选用？

5．滑动轴承的修复方法有哪些？

6．简述滑动轴承的安装要求。

7．结合实践，试述滑动轴承在安装过程中应注意的事项。

8．描述剖分式滑动轴承的安装工艺。

课题 3
滚动轴承的安装与调试

学习目标

1. 能说明不同的滚动轴承的分类情况。
2. 能叙述常见类型滚动轴承的结构特征及应用场合。
3. 能准确识读滚动轴承的代号。
4. 能对滚动轴承进行准确选型。
5. 能说出常见滚动轴承的安装工艺方法。
6. 能熟练安装深沟球轴承。
7. 能调整 CA6140 车床主轴轴承游隙与预紧。

一、滚动轴承的类型及结构形式

1. 滚动轴承的类型

（1）按滚动体种类分类

滚动轴承按滚动体种类不同分为球轴承（滚动体为球）和滚子轴承（滚动体为滚子）。滚子轴承按滚子种类又分为圆柱滚子轴承（滚动体是圆柱滚子的轴承，圆柱滚子的长度与直径之比小于或等于3）、滚针轴承（滚动体是滚针的轴承，滚针的长度与直径之比大于3，且直径小于或等于5 mm）、圆锥滚子轴承（滚动体是圆锥滚子的轴承）和调心滚子轴承（滚动体是球面滚子的轴承）。

常用滚动体的形状如图 7-3-1 所示。

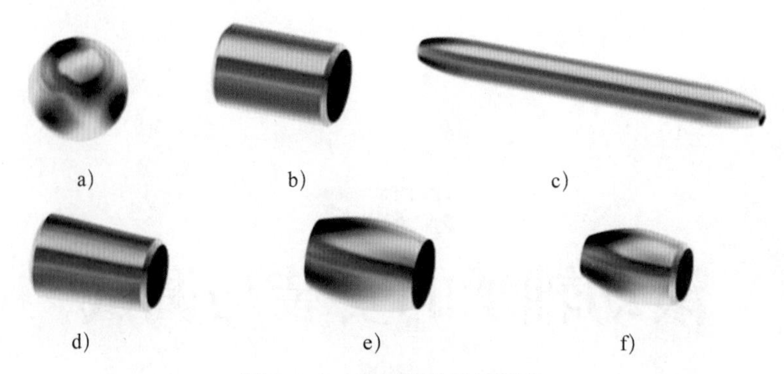

图 7-3-1　常用滚动体的形状

a）球　b）圆柱滚子　c）滚针　d）圆锥滚子　e）对称球面滚子　f）非对称球面滚子

（2）按公称接触角或承受载荷分类

公称接触角 α 是滚动体与套圈滚道接触点处的法线与轴承径向平面之间的夹角。α 越大，轴承承受轴向载荷的能力就越大。按公称接触角滚动轴承分类情况见表 7-3-1。

表 7-3-1　按公称接触角滚动轴承分类

轴承类型	向心轴承		推力轴承	
	径向接触	向心角接触	推力角接触	轴向接触
公称接触角 α	$\alpha=0^\circ$	$0^\circ<\alpha\leqslant 45^\circ$	$45^\circ<\alpha<90^\circ$	$\alpha=90^\circ$
载荷	径向	径向 + 轴向	轴向 + 径向	轴向
简图		α	α	α

（3）按其部件能否分离分类

不可分离轴承是指轴承在最终配套后，套圈均不能任意自由分离的轴承；可分离轴承具有可分离部件的轴承。

（4）按工作时能否调心分类

调心轴承的滚道是球面形的，能适应两滚道轴线间的角偏差及角运动的轴承；非调心轴承（刚性轴承）能阻抗滚道间轴线角偏移的轴承。

（5）按滚动体的列数分类

单列轴承是指具有一列滚动体的轴承；双列轴承是指具有两列滚动体的轴承；多列轴承是指具有多于两列滚动体的轴承，如三列、四列轴承。

2. 滚动轴承的结构形式

常见滚动轴承的结构、基本特性及应用见表 7-3-2。

表 7-3-2　常见滚动轴承的结构、基本特性及应用

轴承名称	结构图	简图及承载方向	类型代号	基本特性及应用
调心球轴承（GB/T 281—2013）			1	主要承受径向载荷，同时可承受少量双向轴向载荷。外圈内滚道为球面，能自动调心，允许公称接触角偏差 2° ~ 3°。适用于弯曲刚度小的轴
推力调心滚子轴承（GB/T 5859—2008）			2	可以承受很大的轴向载荷和不大的径向载荷。允许公称接触角偏差 2° ~ 3°。适用于重载和要求调心性能好的场合
圆锥滚子轴承（GB/T 297—2015）			3	能同时承受较大的径向载荷和轴向载荷。内、外圈可分离，通常成对使用，对称布置安装。可用于汽车后桥轮毂、大型机床主轴、大功率减速器等场合

续表

轴承名称	结构图	简图及承载方向	类型代号	基本特性及应用
双列深沟球轴承（GB/T 272—2017）		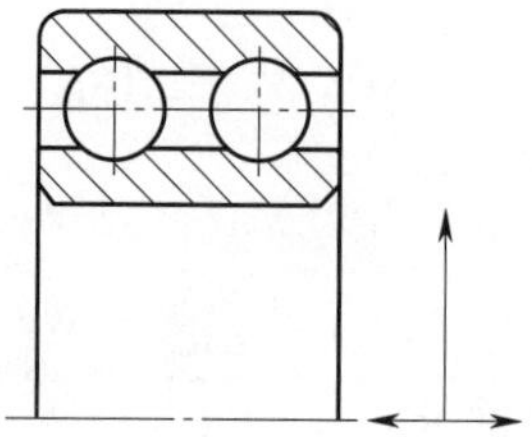	4	主要承受径向载荷，也能承受一定的双向轴向载荷。它比单列深沟球轴承的承载能力大。适用于一个单列深沟球轴承的负荷能力不足情况下的轴承配置
调心推力球轴承（GB/T 28697—2012）	 单列	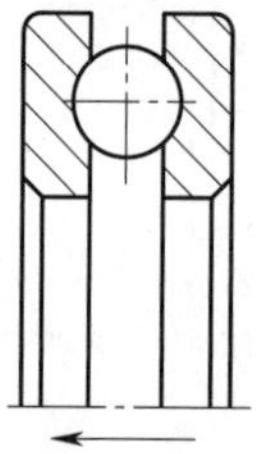	5 （5100）	只能承受单向轴向载荷，适用于轴向载荷大、转速不高的场合
	 双列	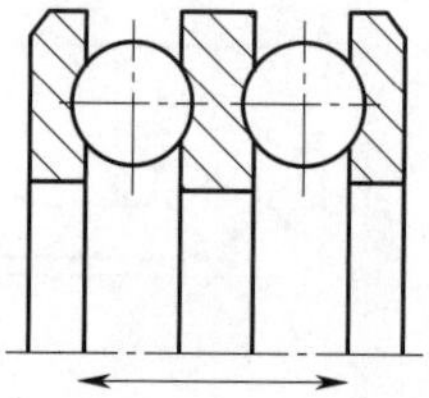	5 （5200）	可承受双向轴向载荷，适用于轴向载荷大、转速不高的场合
深沟球轴承（GB/T 276—2013）		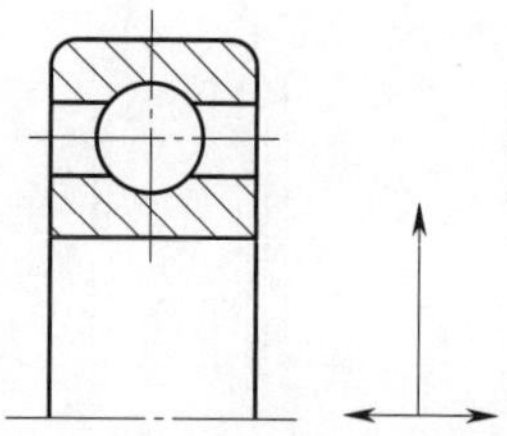	6	主要承受径向载荷，也可同时承受少量双向轴向载荷。摩擦阻力小，极限转速高，结构简单，价格便宜，应用广泛

续表

轴承名称	结构图	简图及承载方向	类型代号	基本特性及应用
角接触球轴承（GB/T 292—2007）			7	能同时承受径向载荷与轴向载荷。公称接触角 α 有 15°、25°、40° 三种，接触角越大，承受轴向载荷的能力也越大。适用于转速较高，同时承受径向载荷和轴向载荷的场合
推力圆柱滚子轴承（GB/T 4663—2017）			8	能承受很大的单向轴向载荷。承载能力比推力球轴承大得多，不允许有公称接触角偏差
圆柱滚子轴承（GB/T 283—2007）			N	外圈无挡边，只能承受纯径向载荷。与球轴承相比，承受载荷的能力较大，尤其是承受冲击载荷的能力大，但极限转速较低

二、滚动轴承代号

滚动轴承的种类很多。为了便于选用，国家标准规定用代号来表示滚动轴承。代号能表示出滚动轴承的结构、尺寸、公差等级、技术性能等特性。滚动轴承代号用字母加数字组成。完整的代号包括前置代号、基本代号和后置代号三部分。

1. 前置代号

前置代号用字母表示，用以说明成套轴承部件的特点，见表 7-3-3。

表 7-3-3　前置代号字母含义及示例

代号	含义	示例
L	轴承的内圈或外圈可分离	LNU205
R	不带可分离内圈和外圈的轴承（滚针轴承仅适用于 NA 型）	RNU205
K	滚子和保持架组件	K81105
WS	推力圆柱滚子轴承轴圈	WS81105
GS	推力圆柱滚子轴承座圈	GS81105
F	凸缘外圈的向心球轴承（仅适用于 $d \leqslant 10$ mm）	F619/5
KOW	无轴圈推力轴承	KOW-51105
KIW	无座圈推力轴承	KIW-51106
LR	带可分离的内圈或外圈与滚动体组件轴承	—

2. 基本代号

基本代号表示轴承的基本类型、结构和尺寸，是轴承代号的基础。基本代号由轴承类型代号、尺寸系列代号和内径代号三部分自左至右顺序排列组成。类型代号用阿拉伯数字（以下简称数字）或大写拉丁字母（以下简称字母）表示，尺寸系列代号和内径代号用数字表示。

（1）类型代号

滚动轴承类型代号用数字或字母表示，具体参见表 7-3-2。

（2）尺寸系列代号

尺寸系列代号由轴承的宽（高）度系列代号（一位数字）和直径系列代号（一位数字）左右排列组成。它反映了同种轴承在内圈孔径相同时内、外圈的宽度、厚度的不同及滚动体大小的不同。显然，尺寸系列代号不同的轴承其外廓尺寸不同，承载能力也不同。

尺寸系列代号有时可以省略：除圆锥滚子轴承外，其余各类轴承宽度系列代号“0”均省略；深沟球轴承和角接触球轴承的 10 尺寸系列代号中的“1”可以省略；双列深沟球轴承的宽度系列代号“2”可以省略。

向心轴承和推力轴承尺寸系列代号见表 7-3-4，代号数字及其意义见表 7-3-5 和表 7-3-6。

表 7-3-4　向心轴承和推力轴承尺寸系列代号

直径系列代号	向心轴承								推力轴承			
	宽度系列代号								高度系列代号			
	8	0	1	2	3	4	5	6	7	9	1	2
	尺寸系列代号											
7	—	—	17	—	37	—	—	—	—	—	—	—
8	—	08	18	28	38	48	58	68	—	—	—	—
9	—	09	19	29	39	49	59	69	—	—	—	—
0	—	00	10	20	30	40	50	60	70	90	10	—
1	—	01	11	21	31	41	51	61	71	91	11	—
2	82	02	12	22	32	42	52	62	72	92	12	22
3	83	03	13	23	33	—	—	—	73	93	13	23
4	—	04	—	24	—	—	—	—	74	94	14	24
5	—	—	—	—	—	—	—	—	—	95	—	—

表 7-3-5　宽（高）度系列代号的数字及其意义

代号	7	8	9	0	1	2	3	4	5	6
意义	特低	特窄	低	窄	正常	宽	特宽 3	特宽 4	特宽 5	特宽 6

表 7-3-6　直径系列代号的数字及其意义

代号	7	8	9	0	1	2	3	4	5
意义	超特轻	超轻	超轻	特轻	特轻	轻	中	重	特重

（3）内径代号

滚动轴承内径代号用两位数字表示轴承的内径，具体轴承内径表示方法见表 7-3-7。

表 7-3-7　滚动轴承内径表示方法

轴承公称内径 /mm	内径代号	示例
0.6 ~ 10（非整数）	用公称内径毫米数直接表示，在其与尺寸系列代号之间用“/”分开	深沟球轴承 618/2.5，表示 d=2.5 mm
1 ~ 9（整数）	用公称内径毫米数直接表示。对深沟及角接触球轴承 7、8、9 直径系列，内径与尺寸系列代号之间用“/”分开	深沟球轴承 625618/5，表示 d=5 mm

续表

轴承公称内径 /mm	内径代号	示例
10 12 15 17	00 01 02 03	深沟球轴承 6200，表示 d=10 mm
20 ~ 480 （22、28、32 除外）	公称内径除以 5 的商数，商数为个位数，需在商数左边加“0”，如 08	调心滚子轴承 23208，表示 d=40 mm
≥ 500 以及 22、28、32	用公称内径毫米数直接表示，但与尺寸系列之间用“/”分开	调心滚子轴承 230/500，表示 d=500 mm 深沟球轴承 62/22，表示 d=22 mm

常用的轴承类型、尺寸系列代号及由轴承类型代号、尺寸系列代号组成的组合代号可查阅 GB/T 272—2017《滚动轴承　代号方法》。

3. 后置代号

后置代号用字母（或加数字）表示，后置代号置于基本代号的右边并与基本代号空半个汉字距（代号中有符号“-”“/”除外）。

（1）内部结构

常见的轴承内部结构代号主要表述公称接触角，如：C 表示 15°；AC 表示 25°；B 表示 40°；等等。

（2）公差等级

公差代号用“/P+ 数字”表示，数字代表公差等级。0、6x、6、5、4、2 六级精度，逐渐增高。分别表示成 /P0、/P6x、/P6、/P5、/P4、/P2。0 级为普通级，通常不用标注。

后置代号表述还包含轴承材料、游隙、配置等多个项目，具体表述方法可查阅 GB/T 272—2017《滚动轴承　代号方法》。

滚动轴承代号表示方法举例：

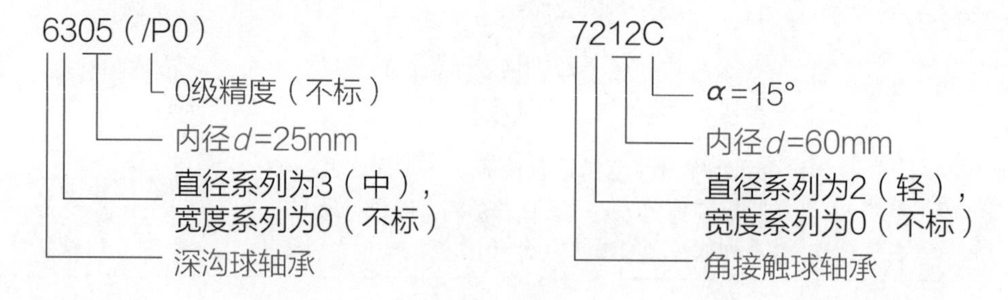

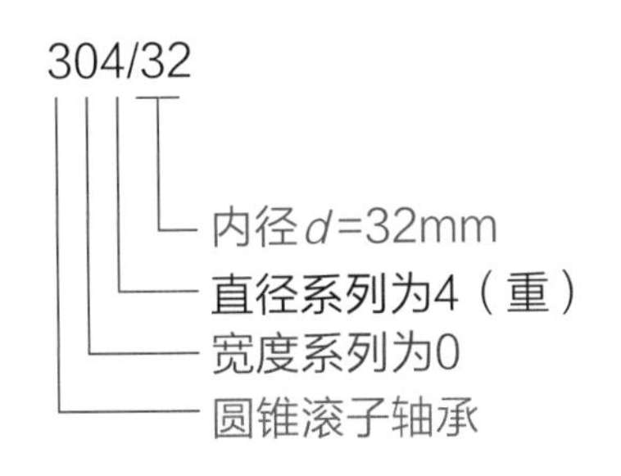

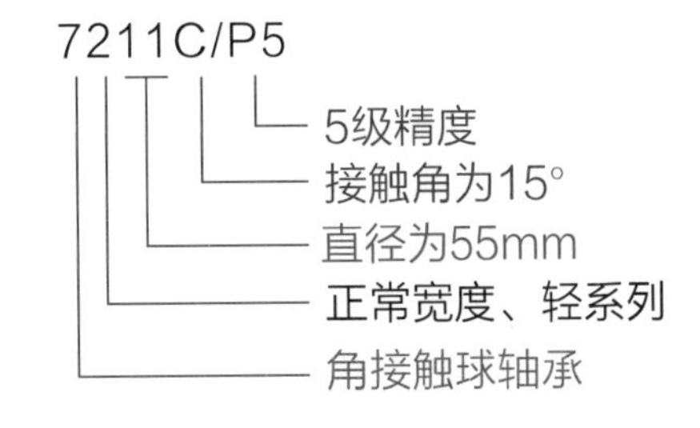

三、滚动轴承类型的选择

1. 承载能力

轴承所受载荷的大小、方向和性质是选择轴承类型的主要依据，同时也应考虑极限转速。当转速较高、载荷较小、要求旋转精度较高时，宜选用球轴承；当转速较低、载荷较大或有冲击载荷时，应选用滚子轴承。当以径向载荷为主时，首选深沟球轴承；当只承受纯径向载荷时，转速低、载荷较大或有冲击，可用圆柱滚子轴承；当只承受轴向力时可选用推力球轴承。当同时承受径向载荷与轴向载荷的作用时，可选用角接触球轴承和圆锥滚子轴承等。在内径相同条件下，轴承外径越小，极限转速越高，故轻型轴承比重型轴承转速要高。

2. 调心性

当两个轴承座孔不同轴线或轴承载后变形大，或轴承内、外圈会发生相对偏斜时，应选用调心轴承。

3. 安装与拆卸

装拆频繁的轴承选用分离型轴承为好。

4. 经济性

一般球轴承比滚子轴承价廉，一般的机械传动中可用普通精度等级的轴承。对旋转精度有严格要求的高速轴，才选用高精度。

四、滚动轴承安装的技术要求

滚动轴承具有摩擦小、轴向尺寸小、更换方便、维护简单等优点。滚动轴承的安装方法如果不得当，会大大影响滚动轴承的使用寿命。因此，在安装滚动轴承前一定要熟知滚动轴承的安装方法。滚动轴承装配的技术要求主要有：

（1）滚动轴承标有代号的端面应装在可见方向，以便更换时查对。

（2）轴颈或壳体孔台阶处的圆弧半径应小于轴承上相对应处的圆弧半径。

（3）轴承装配在轴上和壳体孔中后，应没有歪斜现象。

（4）在同轴的两个轴承中，必须有一个随轴热胀时产生轴移动。

（5）装配滚动轴承时，必须严格防止污物进入轴承内。

（6）装配后的轴承，应运转灵活、噪声小，工作温度一般不宜超过 55 ℃。

五、滚动轴承的安装方法

1. 不可分离型滚动轴承的安装方法

深沟球轴承是典型的不可分离型滚动轴承。安装深沟球轴承常用的锤击法和压入法如图 7-3-2 所示。滚动轴承是一种较为精密的元件，当采用锤击法和压力法装配轴承时，对轴承所施加的压力应垂直均匀分布在配合套圈的端面上，绝不允许通过滚动体来传递压力。当轴承外圈与轴承座孔为过盈配合，内圈与轴颈为间隙配合时，应将轴承先压入座孔中，如图 7-3-3a 所示。当轴承内圈与轴颈为过盈配合，外圈与轴承座孔为间隙配合时，可先将轴承压装在轴上（图 7-3-3b），然后把轴承与轴一起装入座孔中，调整游隙。当轴承内圈与轴颈、外圈与轴承座孔都是过盈配合时，应将轴承同时压入轴上和轴承座孔中，再调整游隙，如图 7-3-3c 所示。

图 7-3-2　深沟球轴承常用安装方法

a）锤击法　b）压入法

2. 圆锥滚子轴承的安装方法

对于圆锥滚子轴承，因其内、外圈可分离，故可以分别把内圈装在轴上，外圈装入轴承座孔中，然后再调整游隙。如图 7-3-4a 所示为用垫圈调整游隙；如图 7-3-4b

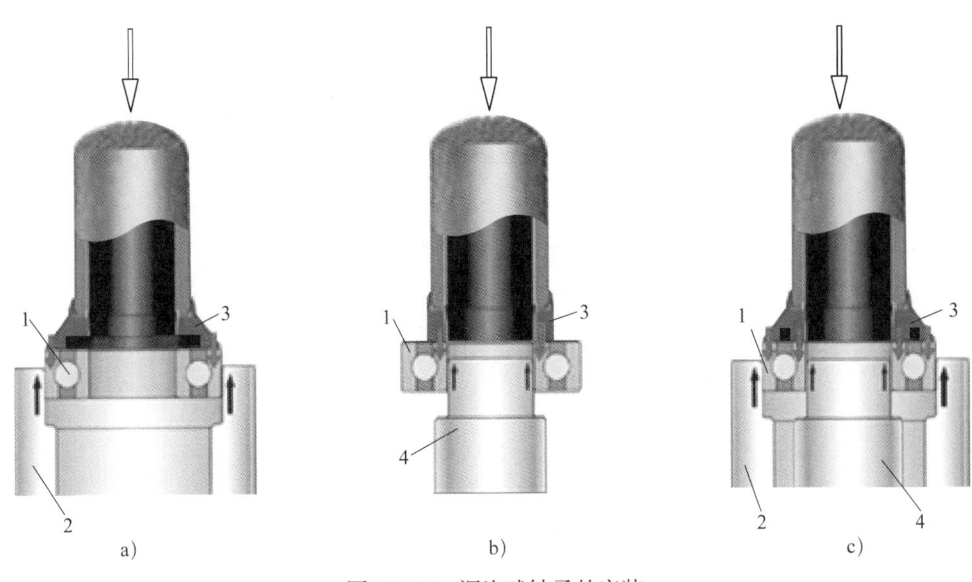

图 7-3-3　深沟球轴承的安装

a）座套与轴承的安装　b）轴与轴承的安装　c）轴和座套与轴承同时安装

1—轴承　2—轴承座套　3—压套　4—轴

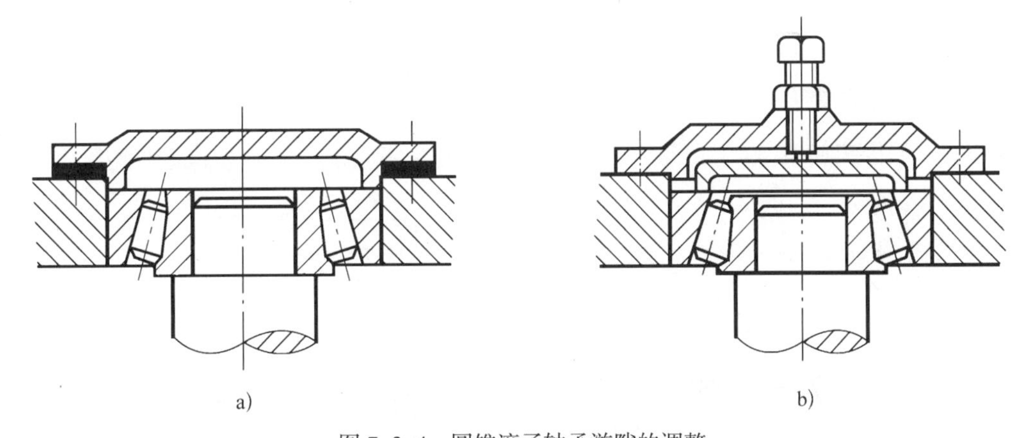

图 7-3-4　圆锥滚子轴承游隙的调整

a）用垫圈调整　b）用螺钉和锁紧螺母调整

所示为用螺钉和锁紧螺母调整游隙，即以锁紧螺母代替垫圈，先旋紧螺钉使游隙为零，然后将螺钉扭松一定角度，再用螺母锁紧，使轴承得到规定的游隙。

3. 推力球轴承的安装

对于推力球轴承，在装配时应注意区分紧环和松环，松环的内孔比紧环的内孔大，故紧环应靠在轴肩端面上，左端的紧环靠在圆螺母的端面上。若装反了将使滚动体丧失作用，同时会加速配合零件间的磨损，如图 7-3-5 所示。

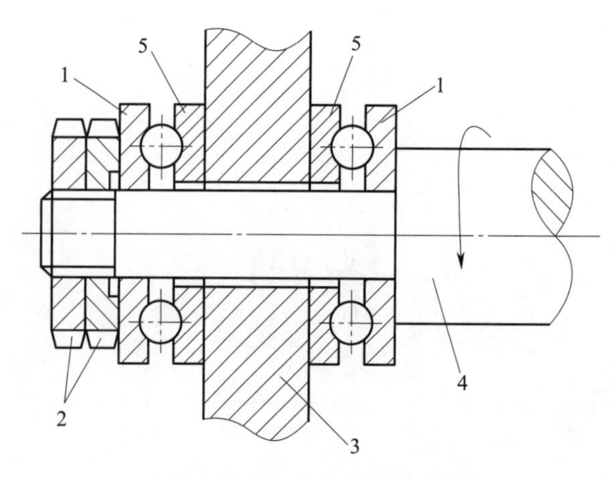

图 7-3-5　推力球轴承的安装

1—紧环　2—圆螺母　3—箱体　4—转动轴　5—松环

六、滚动轴承游隙的调整

1. 游隙调整原理

所谓游隙，是指将轴承的一个套圈（内圈或外圈）固定，另一个套圈沿径向或轴向的最大活动量，如图 7-3-6 所示。滚动轴承游隙分为径向游隙和轴向游隙两类。径向的最大活动量称径向游隙，轴向的最大活动量称轴向游隙。两类游隙之间存在正比关系：一般径向游隙越大，则轴向游隙也越大；反之径向游隙越小，轴向游隙也越小。

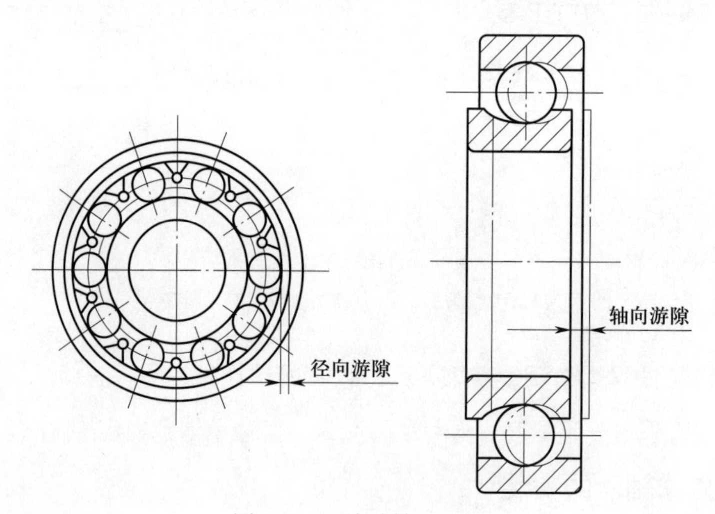

图 7-3-6　滚动轴承游隙

（1）轴承的径向游隙

轴承径向游隙的大小，通常作为轴承旋转精度高低的一项指标。根据轴承所处的状态不同，径向游隙分为原始游隙、配合游隙和工作游隙。原始游隙是轴承在未安装前自由状态下的游隙。配合游隙是轴承装配到轴上和轴承座内的游隙。配合游隙的大小由过盈量决定，配合游隙一般小于原始游隙。工作游隙是轴承在工作时，因内、外圈的温度差使配合游隙减小，又因工作负荷的作用，使滚动体与套圈产生弹性变形而使游隙增大，但工作游隙一般大于配合游隙。

（2）轴承的轴向游隙

由于有些轴承结构上的特点或为了提高轴承的旋转精度，应减小或消除其径向游隙。所以有些轴承的游隙必须在装配或使用过程中，通过调整轴承内、外圈的相对位置而确定。例如角接触球轴承和圆锥滚子轴承等，在调整游隙时，通常是将轴向游隙值作为调整和控制游隙大小的依据。

2. 滚动轴承的预紧

滚动轴承的游隙是通过轴承预紧过程来实现的。预紧的原理如图 7-3-7 所示，即在装配角接触球轴承或深沟球轴承时，如给轴承内圈或外圈以一定的轴向预负荷，这时内、外圈将发生相对位移（位移量可用百分表测出），从而消除内、外圈与滚动体之间的游隙，并产生了初始接触的弹性变形，这种方法称为预紧。预紧后的轴承便于控制正确的游隙，从而提高轴的旋转精度。滚动轴承预紧的方法有三种。

（1）用轴承内、外垫圈的厚度差实现预紧

如图 7-3-8 所示的角接触球轴承，用不同厚度的垫圈能得到不同的预紧力。

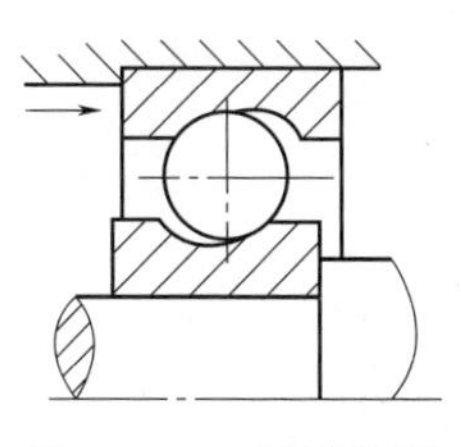

图 7-3-7　轴承预紧

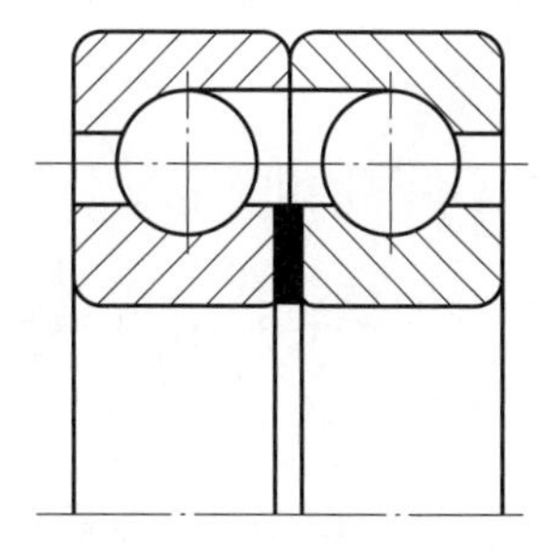

图 7-3-8　用垫圈预紧

（2）磨窄两轴承的内圈或外圈

如图 7-3-9a、b 所示为背靠背式和面对面式布置，当夹紧内圈或外圈时即可实现预紧；如图 7-3-9c 所示为串联式布置，它通过外圈宽、窄端相对安装实现预紧。

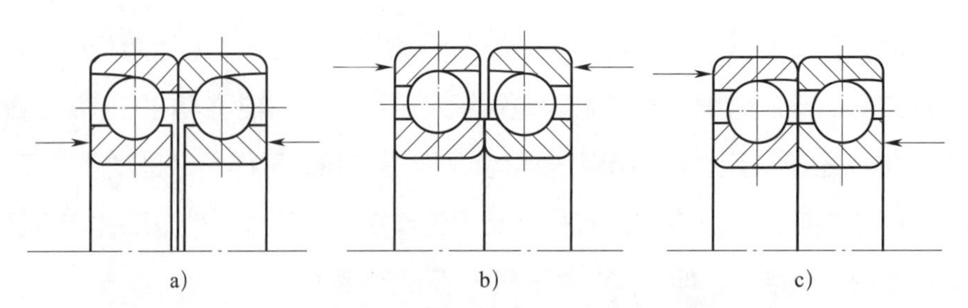

图 7-3-9 成对安装角接触轴承的预紧

a）背靠背式 b）面对面式 c）串联式

（3）调节轴承锥形孔内圈的轴向位置实现预紧

如图 7-3-10 所示，拧紧锁紧螺母可以使锥形孔内圈往轴颈大端移动，导致内圈直径增大，形成预加载荷。

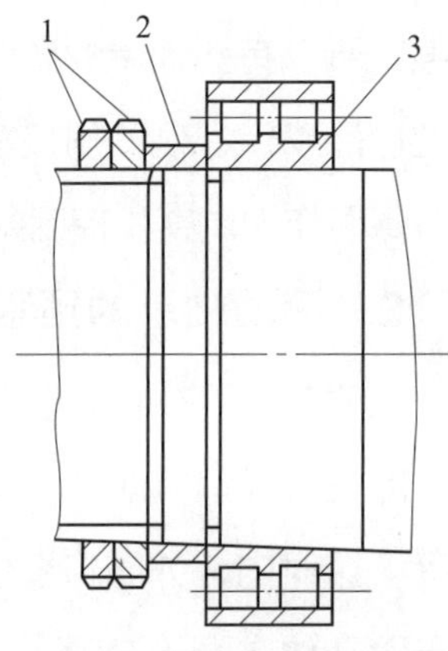

图 7-3-10 圆锥孔轴承的预紧

1—锁紧螺母 2—隔套 3—轴承内圈

3. 滚动轴承游隙的调整作用

轴承游隙过大，将使同时承受负荷的滚动体减少，从而使轴承使用寿命降低；同时，还将降低轴承的旋转精度，引起振动和噪声，负荷有冲击时，这种影响尤为显著。轴承游隙过小，则易发热和磨损，这也会降低轴承的使用寿命。因此，按工作状态选择适当的游隙，是保证轴承正常工作、延长使用寿命的重要措施之一。轴承在装配过程中，控制和调整游隙的方法，可先使轴承实现预紧，使游隙为零，然后再将轴承的内圈或外圈做适当的、相对的轴向位移，其位移量即轴向游隙值。

七、技能训练

1. 深沟球轴承的安装与调试

滚动轴承是一种精密部件，其内、外圈和滚动体都具有较高的精度和较小的表面粗糙度值，认真做好装配前的准备工作，是保证装配质量的重要环节。

（1）准备好锤子、轴承内圈套筒、轴承外圈套筒、内六角扳手、卡簧钳、油枪、无纺布等工具。

（2）按要求检查装配零件是否有凹陷、毛刺等缺陷。

（3）如图 7-3-11 所示，使用漆刷蘸上煤油或汽油清洗轴、轴承座等装配零件；再使用无纺布将清洗零件擦拭干净，如图 7-3-12 所示。

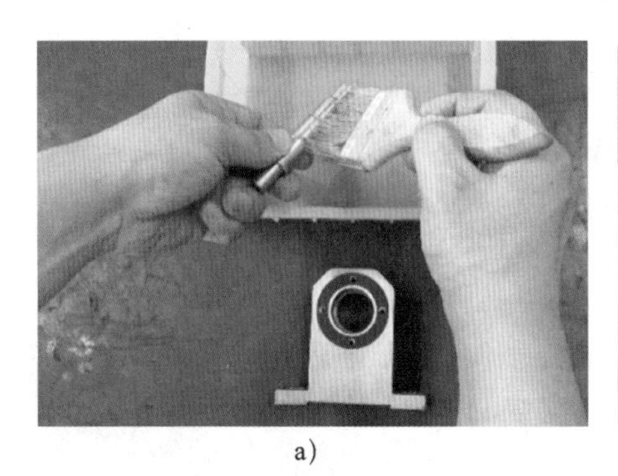
a)

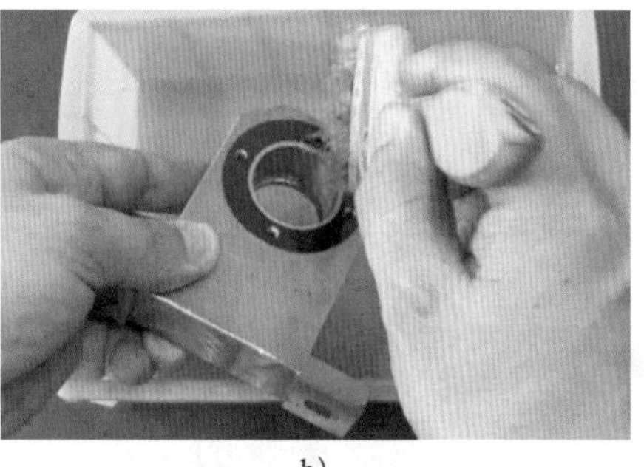
b)

图 7-3-11　清洗

a）清洗轴　b）清洗轴承座

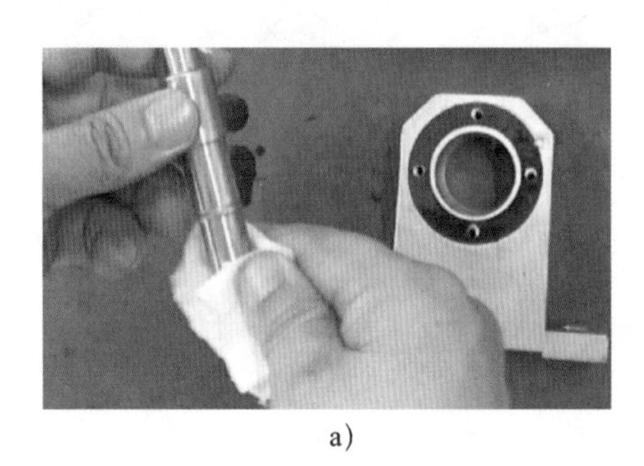
a)

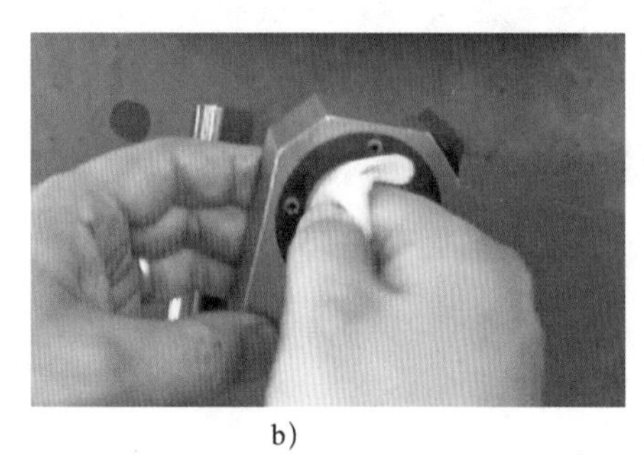
b)

图 7-3-12　擦拭

a）擦拭轴　b）擦拭轴承座

（4）如图 7-3-13 所示，利用油枪在装配轴承座内孔面、轴颈面涂一层润滑油。

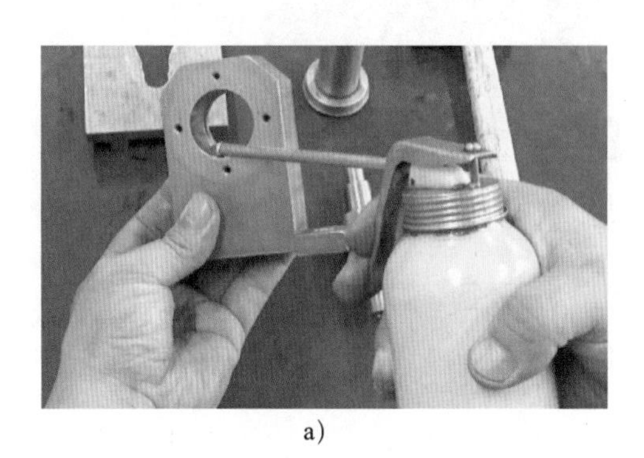
a)

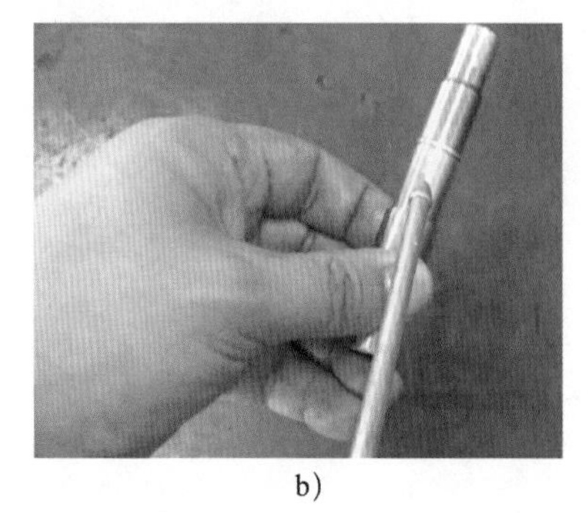
b)

图 7-3-13　涂润滑油

a）轴承座内孔涂油　b）轴颈涂油

（5）如图 7-3-14 所示，将轴承放置在轴上，轴承内圈套筒放置在轴承内圈上，用锤子锤击套筒，直至轴承移动到轴肩位置。

注意事项：操作中注意将轴承带有标记代号的端面朝向可见方向，以便查对；装配时应保持工作环境清洁，防止异物进入轴承内；选用的套筒内径应与轴承内径相匹配。

（6）如图 7-3-15 所示，装上两轴承之间的隔圈，并继续安装好第二个轴承。

图 7-3-14　轴与轴承安装

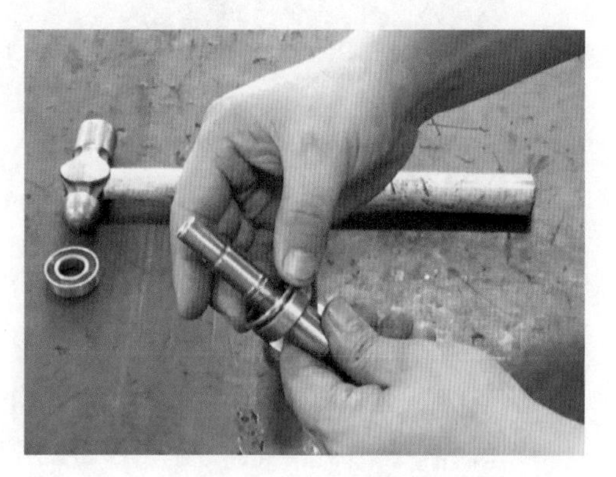

图 7-3-15　装隔圈

（7）如图 7-3-16 所示，用卡簧钳将卡簧安装在轴上沟槽内，完成对轴承的轴向固定。

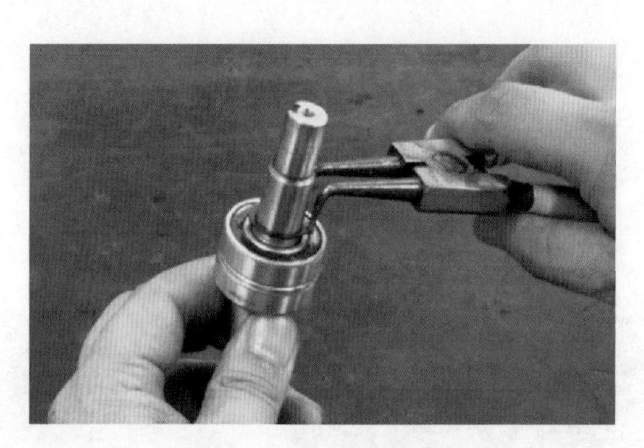

图 7-3-16　卡簧安装

（8）如图 7-3-17 所示，将轴承座放置在空心垫块上，轴与轴承一起放置在轴承座上，外圈套筒压在轴承外圈，锤子敲击套筒，完成轴承组件与轴承座的安装。

注意事项：轴承装在轴上或装入轴承座孔中，不允许其有歪斜现象；装配时应保持工作环境清洁，防止异物进入轴承内。

（9）如图 7-3-18 所示，将轴承端盖与轴承座对好安装孔，旋紧 4 个螺钉，安装好轴承盖。

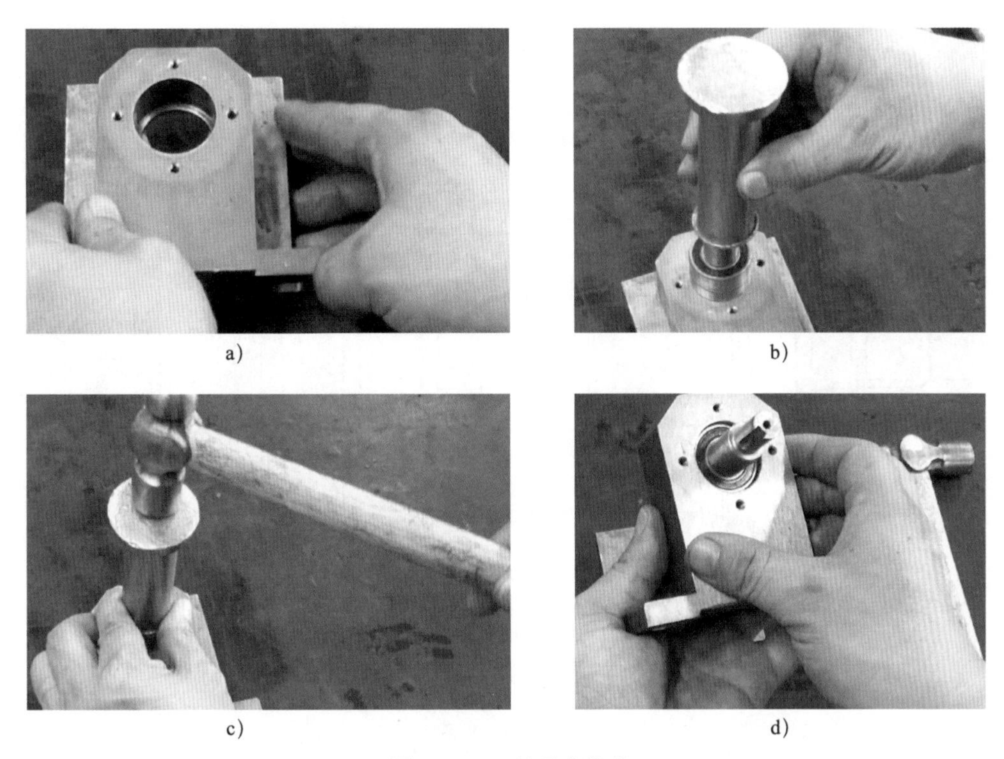

图 7-3-17　轴承座装配

a）搁置空心垫块　b）放置轴承和套筒　c）敲击套筒　d）完成安装

图 7-3-18　轴承端盖安装

装配结束后，应转动轴，检测轴承运转的灵活性。

除深沟球轴承外，调心球轴承、圆锥滚子轴承、角接触轴承等滚动轴承，均可参照本例装配。

2. CA6140 车床主轴滚动轴承的预紧与游隙调整操作

主轴部件是车床的关键部分，在工作时承受很大的切削抗力。工件的精度和表面质量在很大程度上取决于主轴部件的刚度和回转精度。如图 7-3-19 所示为 CA6140 车床主轴部件的结构，主要由主轴、轴承、螺母等零件构成。

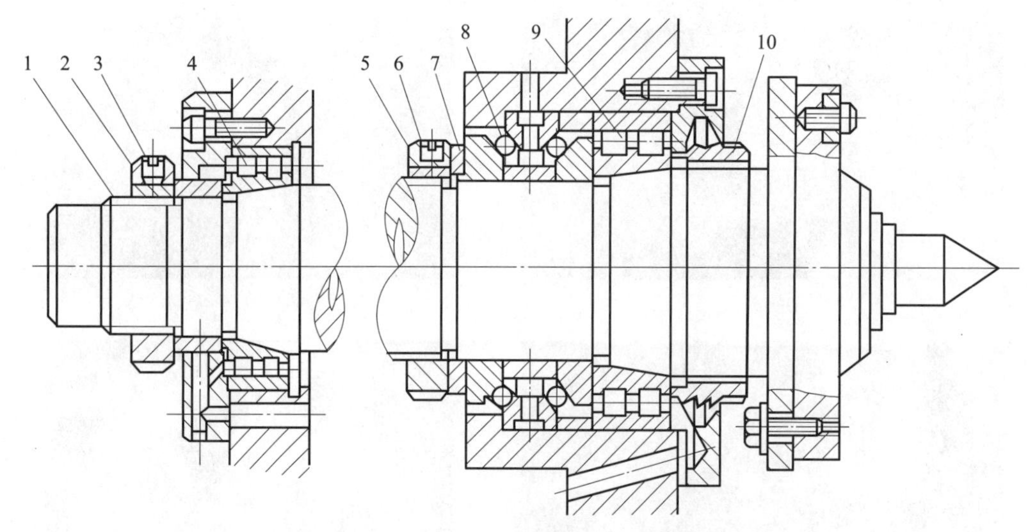

图 7-3-19 CA6140 车床主轴前端部件的结构

1—主轴 2、5、10—螺母 3、6—止动螺钉 4、9—双列短圆柱滚子轴承

7—隔圈 8—双列角接触球轴承

主轴轴承应在无间隙（或少量过盈）的条件下运转，因此，主轴轴承的间隙应定期进行调整。调整时依靠双列短圆柱滚子轴承 9 的内圈相对于主轴锥形轴颈向右移动，将滚子与内、外圈之间的间隙减小，调整合适。一般情况下，只需调整前轴承即可，只有当调整前轴承后仍不能达到要求的回转精度时，才需调整后轴承，中间轴承不调整。

CA6140 车床主轴滚动轴承的预紧与游隙调整操作如下：

（1）如图 7-3-20 所示，将销冲头部对准主轴箱前侧螺母 10 的外圆周槽，用锤子敲击销冲，松动此螺母。

图 7-3-20 松动螺母 10

（2）如图 7-3-21 所示，用内六角扳手拧松主轴箱内螺母 5 上的止动螺钉 6；如图 7-3-22 所示，将圆棒头部对准螺母 5 的外圆周槽，用锤子锤击圆棒，使得螺母 5 旋转，螺母 5 通过隔圈 7 推动双列角接触球轴承 8，使双列短圆柱滚子轴承 9 的内圈向主轴轴颈大端移动，靠双列短圆柱滚子轴承 9 薄壁内圈弹性变形直径胀大，减小滚子与内外圈的间隙，即双列短圆柱滚子轴承 9 的游隙。

图 7-3-21　拧松止动螺钉 6

图 7-3-22　旋紧螺母 5

（3）如图 7-3-23 所示，将百分表表座吸在主轴箱端面，将百分表测头压在主轴上母线，将读数调零。用撬杠拨动主轴，观察百分表读数，检测主轴径向间隙，以此判断双列短圆柱滚子轴承 9 的游隙预紧是否到位，调整轴承游隙至 CA6140 车床装配技术要求 0 ~ 0.05 mm。

图 7-3-23　检测

（4）如图 7-3-24 所示，用内六角螺钉拧紧螺母 5 上的止动螺钉 6，锁紧螺母 5。

图 7-3-24　锁紧螺母 5

（5）参照步骤（1）将销冲放置在外端螺母 10 槽内，用锤子锤击销冲，锁紧主轴前侧螺母 10，对轴上零件起到防松作用。

在轴承装配中，要控制和调整游隙可先预紧轴承，使游隙为零，再将轴承的内圈或外圈做适当的相对轴向位移，其位移量即轴向游隙值。

思考与练习

1. 简述滚动轴承按照承载载荷方向不同的分类。

2. 深沟球轴承的结构特征怎样？它可以应用在哪些场合？

3. 滚动轴承代号“6305”的含义是什么？

4. 滚动轴承安装的技术要求是什么？

5. 完成深沟球轴承的安装，并结合实践归纳安装操作步骤。

6. 完成 CA6140 车床主轴轴承游隙调整与预紧，并结合实践归纳注意事项。

课题 4
密封的应用

学习目标

1. 能叙述泄漏的原因以及解决泄漏的措施。
2. 能理解静密封的特征。
3. 能叙述动密封的类型、特征及应用场合。
4. 能正确选择密封装置。
5. 能熟练安装油封。

一、密封及特征

能起密封作用的零部件称密封件，较为复杂的密封连接称为密封系统或密封装置。如图 7-4-1 所示，为防止减速箱内部润滑油向外泄漏，外部灰尘进入减速箱内部，在箱盖与底部结合面处、传动轴与轴承端盖处、油塞与箱座等多处都需要设置密封件。

造成泄漏的原因主要有两个：一是机械加工，机械产品的表面必然存在一定的表面粗糙度或形状及尺寸偏差，因此，在机械零件连接处不可避免地会产生间隙；二是密封两侧存在压力差，工作介质就会通过间隙而泄漏。

减小或消除间隙是阻止泄漏的主要途径，具体方法有以下几种。

1. 尽量减少密封部位

在设计制造容器和设备时，应尽可能减少设置密封部位。特别是那些处理易燃、易爆、有毒、强腐蚀性介质的容器和设备，更应少采用密封连接。

2. 堵塞或隔离泄漏通道

在密封部位设置垫片、采用密封胶，可大大提高连接的密封性能。由于垫片或

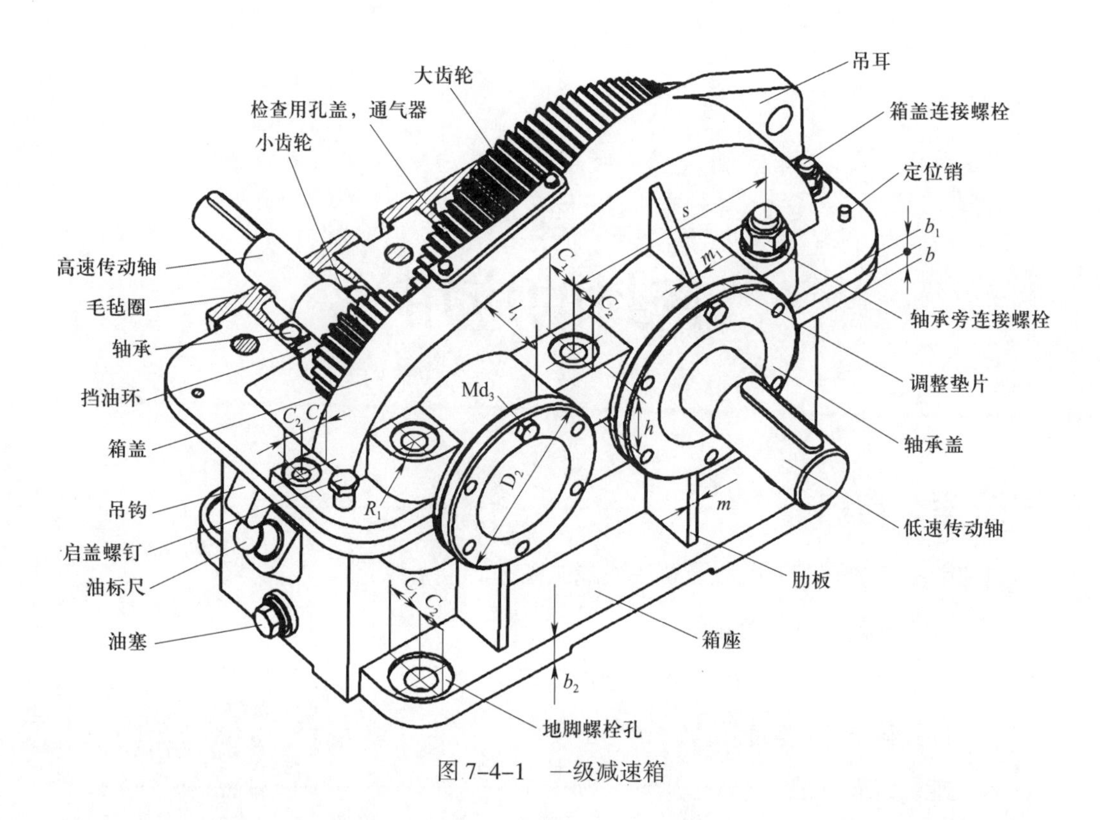

图 7-4-1　一级减速箱

密封胶均具有良好的变形特性，容易与被连接元件表面贴合，填满表面的微间隙，堵塞或减小被密封流体的泄漏通道，实现密封。

3. 增大泄漏通道中的流动阻力

介质通过泄漏通道泄漏时会遇到阻力。流动阻力与泄漏通道的长度成正比，与泄漏通道的当量半径成反比。对于垫片密封来说，适当增大垫片宽度，即增大泄漏通道长度，提高垫片的密封比压，即减小泄漏通道的当量半径可增大泄漏阻力，改善连接的密封。

4. 采用永久性或半永久性连接

采用焊接、钎焊或利用胶黏剂可形成永久性或半永久性连接。

二、静密封

密封按被密封的两接合面之间是否有相对运动可分为静密封和动密封两大类。

在如图 7-4-1 所示的一级减速箱中，传动轴与端盖之间有间隙，这种两个相对运动接合面之间的密封称为动密封，如图 7-4-2 所示。箱盖与箱座之间的接合面也易漏油，这种两个相对静止接合面之间的密封称为静密封。

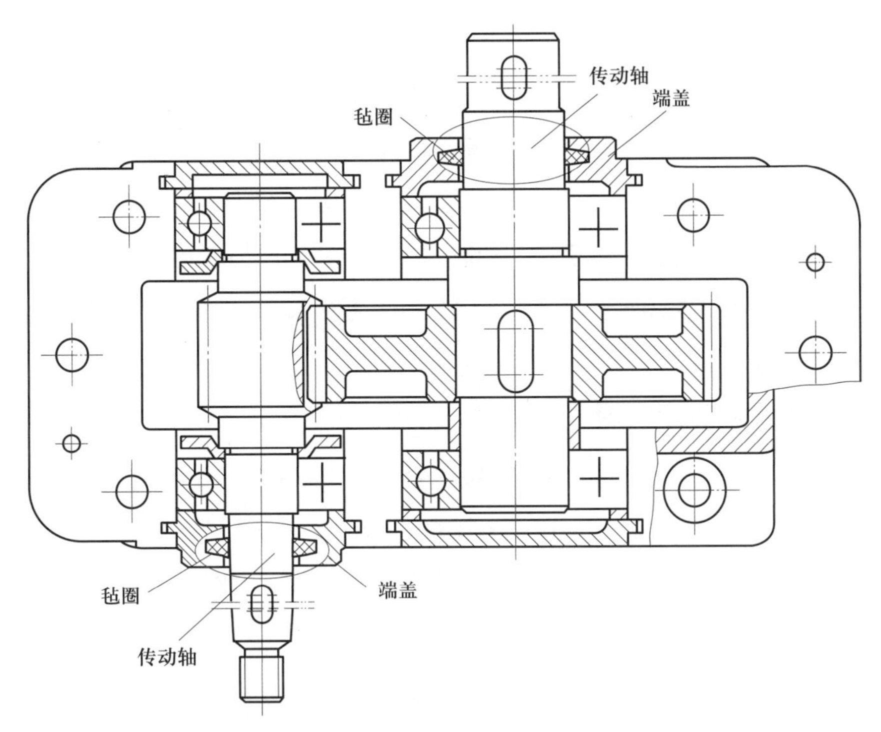

图 7-4-2　传动轴与端盖之间的动密封

静密封是指密封表面与接合零件之间没有相对运动的密封。它主要是保证两接合面间有一个连续的压力区，以防止泄漏，常用在凸缘、容器或箱盖等的接合处。

静密封主要有垫密封、胶密封和接触密封三大类。根据工作压力的不同，静密封又可分为中低压静密封和高压静密封。中低压静密封常用材质较软、垫片较宽的垫密封；高压静密封则用材料较硬、接触宽度很窄的金属垫片。

最简单的静密封方式是靠接合面加工平整，使之有较小的表面粗糙度值，在一定的压力下贴紧密封，这种方式对加工要求较高，且密封效果不太理想。为了加强密封效果，可把红丹漆、水玻璃、沥青等涂在接合面上然后连接加固。在接合面间加垫片密封是比较常用的方法，垫片可用工业纸、皮革、石棉、塑料及软金属做材料，采取螺栓紧固方式以一定压力压在接合面上，通过垫片产生塑性变形，填塞密封面上的不平，消除间隙而起密封作用。目前生产中广泛使用密封胶代替垫片。液态密封胶有一定流动性，容易充满接合面的缝隙，并黏附在金属表面上，从而能大大减少泄漏，即使在较粗糙的加工表面上密封效果也很好。

三、动密封

动密封按相对运动类型的不同可分为旋转式动密封（图 7-4-2）和移动式动密封（如气缸、液压缸往复式运动）两种基本类型，此处只讨论旋转式动密封。

旋转式动密封按被密封的两接合面间是否有间隙可分为接触式旋转动密封和非接触式旋转动密封两种。一般来说，接触式旋转动密封的密封性好，但受摩擦、磨损限制，适用于密封面线速度较低的场合；非接触式旋转动密封的密封性较差，适用于较高速度的场合。

1. 接触式旋转动密封

这种密封装置是在轴和孔的缝隙中填入弹性材料并与转动轴间形成摩擦接触，阻止油或其他物质通过而起密封作用。其密封的有效性取决于密封材料的弹性及其在摩擦表面所产生和保持的压力。常用的接触形旋转动密封如下：

（1）毛毡圈密封

将羊毛制成的矩形剖面的毛毡圈放在端盖或机座的梯形槽内（参见图 7-4-2），或用压盖轴向压紧，使毛毡圈受压缩而产生径向压力抱在轴上，达到密封的目的。也常用石棉、橡胶、塑料代替毛毡。这种密封结构简单，成本低，但密封效果差，且不能调整，一般用于低速、脂润滑处。

（2）密封圈密封

密封圈常用耐油橡胶、塑料或皮革制成。密封圈可以根据需要做成各种不同的断面形式，常用的密封圈有 L 形、O 形、V 形、Y 形等，如图 7-4-3 所示。

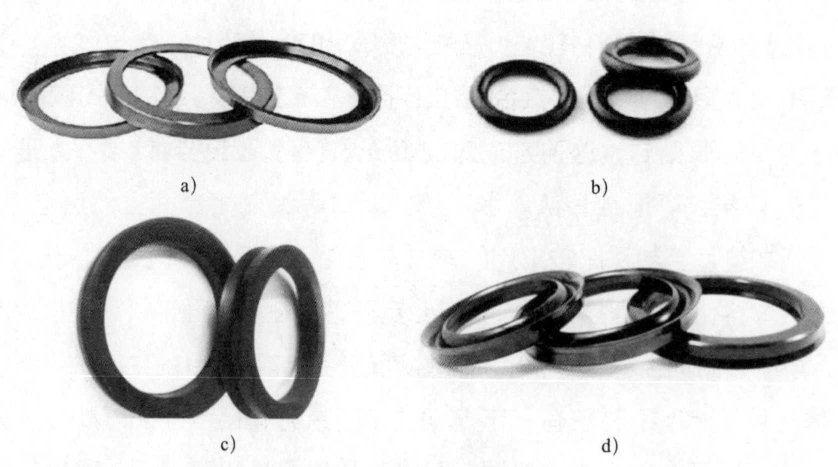

图 7-4-3　常用的密封圈

a）L 形密封圈　b）O 形密封圈　c）V 形密封圈　d）Y 形密封圈

（3）端面密封（机械密封）装置

端面密封又称为机械密封。端面密封的形式很多，最简单的端面密封如图 7-4-4 所示，它主要由动环 5 和静环 6 两个密封环及弹簧 3 等组成。动环随轴转动，静环固定于机座端盖。弹簧使动环和静环压紧，从而起到很好的密封作用。其特点是对轴无损伤，密封性能可靠，使用寿命长，但需较高的加工精度。

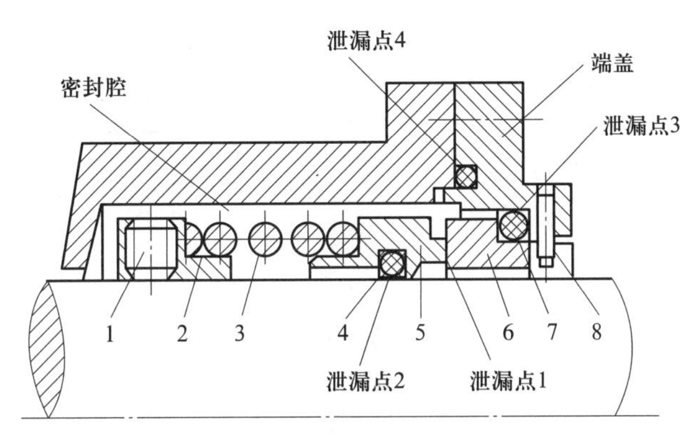

图 7-4-4　端面密封原理

1—紧定螺钉　2—弹簧座　3—弹簧　4—动环辅助密封圈
5—动环　6—静环　7—静环辅助密封圈　8—防转销

2. 非接触式旋转动密封

非接触式旋转动密封的密封元件与运动件不接触，故可用于较高转速的场合。

（1）隙缝密封

如图 7-4-5 所示为在轴和端盖孔之间留有 0.1 ~ 0.3 mm 的隙缝，或在端盖孔中车出环槽。在槽中填充润滑脂，可提高密封效果。

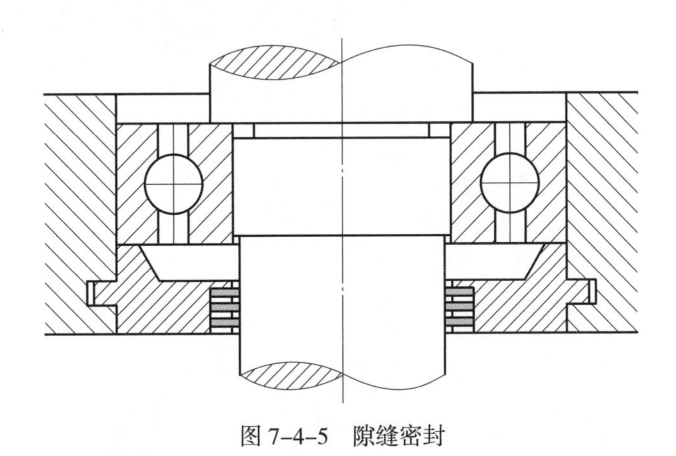

图 7-4-5　隙缝密封

（2）曲路密封（迷宫式密封）

它由旋转的和固定的密封件之间拼合成的曲折隙缝所形成，隙缝中可填入润滑脂。曲路密封可以是径向的，也可以是轴向的，如图 7-4-6 所示。这种装置密封效果好，对润滑油和润滑脂都相当可靠，但结构复杂，适用于环境差、转速高的轴。

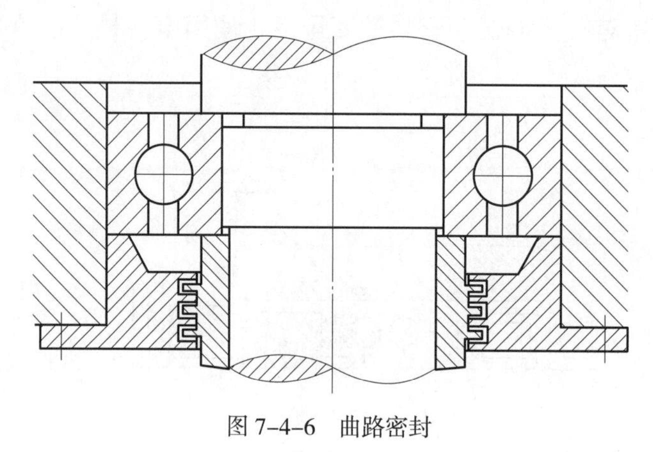

图 7-4-6　曲路密封

四、密封装置的选择与应用

1. 密封装置的选择

各种密封装置的作用和原理不完全相同，应根据具体工作条件选择较合理的密封装置。静密封比较简单，可根据工作压力、温度选择不同材料的垫片和密封胶。回转运动密封装置较多，应根据工作速度、压力和温度选择适当的密封形式和装置。一般回转轴常用密封圈、毡圈等结构简单的密封，速度高时用不接触的曲路密封，介质压力高或有特殊要求时采用端面密封。

密封装置的选择可以参考表 7-4-1。

表 7-4-1　各种密封装置的性能

密封形式		工作速度 /（m · s^{-1}）	压力 /MPa	温度 /℃
动密封（回转轴）	O 形橡胶密封圈	≤ 3	≤ 35	60 ~ 200
	L 形橡胶密封圈	≤ 15	≤ 16	-30 ~ 120
	毛毡圈	≤ 2	低压	≤ 90
	曲路密封	不限	低压	≤ 600
	端面密封	18 ~ 30	3 ~ 8	190 ~ 400

续表

密封形式		工作速度 /（m · s⁻¹）	压力 /MPa	温度 /℃
静密封	橡胶垫片	—	≤ 1.6	70 ~ 200
	塑料垫片	—	≤ 0.6	180 ~ 250
	金属垫片	—	≤ 20	≤ 600
	液态密封胶	—	1.2 ~ 1.5	100 ~ 150
	厌氧密封胶	—	5 ~ 30	60 ~ 200

2. 密封装置的应用

接触式密封工作时都有摩擦，消耗功率，引起零件磨损，摩擦热又会使密封材料老化变质，这是影响密封寿命的主要原因。因此，在使用密封时要特别注意润滑与冷却的问题。毡圈及密封圈装入前都应浸油或抹上润滑脂，以便工作时起润滑作用。机械密封的两个密封环中往往有一个环是用自润滑材料石墨制成的，而且有时采用开楔形槽或偏心装配的方法使润滑液在旋转时能进入摩擦表面形成流体动力润滑油膜。高速、高温的密封部位除润滑外还应有冷却系统，用密封介质或水冷却摩擦副。

经验证明，并不是封得越严，密封效果越好。闭式传动中有时因箱内传动件摩擦而生热，油温升高，增大箱内压力，把油气从油面以上各处缝隙挤出，遇冷凝成油珠而漏油，越堵箱内压力越高，漏油越严重。在这种情况下可开通气孔降低箱内压力，以解决漏油问题，如减速箱上部的通气塞就是起放气防漏作用的。

总之，在实践中必须具体问题具体分析，找出泄漏的原因，处理好“封”与“放”，“封”与“导”的辩证关系，根据工作条件，合理地选用密封的结构形式和材料，才能更好地解决机械的密封问题。

五、机械设备对密封的基本要求

1. 静止环和旋转环与辅助密封圈接触部位的表面粗糙度 *Ra* 值为 3.2 μm，外圆或内孔尺寸公差为 h8 或 H8。

2. 密封端面的要求

（1）平面度误差不大于 0.009 mm。

（2）硬质材料表面粗糙度 *Ra* 值为 0.2 μm，软质材料表面粗糙度 *Ra* 值为

0.4 μm。

3. 性能要求

（1）泄漏量：轴（或轴套）外径小于或等于 50 mm 时，泄漏量应小于或等于 3 mL/h；外径大于 50 mm 时，泄漏量应小于或等于 5 mL/h。

（2）磨损量：以清水介质试验，运转 100 h，任一密封环磨损量均不大于 0.02 mm。

（3）使用期：在合理选型、正确安装使用的情况下，使用期一般为一年。

（4）弹簧应符合相关规定。选用弹簧旋向时，注意轴的旋向，应使弹簧越旋越紧。

（5）安装与使用要求：安装机械密封部位的轴的轴向窜动量应不大于 0.3 mm。

六、技能训练

此处以油封为例，说明密封件的安装注意事项及操作步骤。

1. 在安装及使用油封应当注意的事项

（1）不能装错方向和破坏唇边。唇边若有 50 μm 以上的伤痕，就可能导致明显的漏油。

（2）防止强制安装。不能用锤子敲入，而要用专用工具先将密封圈压入座孔内，再用简单圆筒保护唇边通过花键部位。安装前，要在唇部涂抹些润滑油，以便于安装并防止初期运转时烧伤，要注意清洁。

（3）防止超期使用。动密封的橡胶密封件使用期一般为 3 000 ~ 5 000 h，到期后应及时更换新的密封圈。

（4）更换密封圈的尺寸要一致。要严格按照说明书要求，选用相同尺寸的密封圈，否则不能保证压紧度等要求。

（5）避免使用旧密封圈。使用新密封圈时，要仔细检查其表面质量，确定无小孔、凸起物、裂痕和凹槽等缺陷并有足够弹性后再使用。

（6）安装时，应先严格清洗打开的液压系统各部位，最好使用专用工具，以防金属锐边将手指划伤。

（7）更换密封圈时，要严格检查密封圈沟槽，清除污物，打磨沟槽底。

（8）为防止损坏导致漏油，必须按规程操作，同时，不能长时间超负荷或将机器置于比较恶劣的环境中运转。

2. 油封的安装步骤

第一步：将海绵护套套装于剖分处两端，在内圆周均匀涂抹约 0.5 mm 厚的润滑脂，如图 7-4-7 所示。

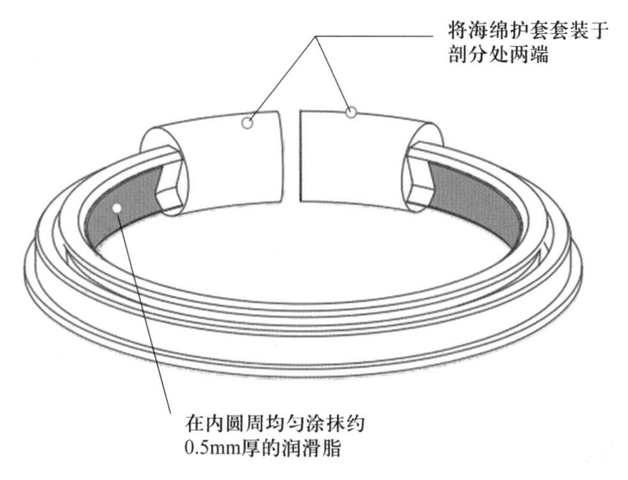

图 7-4-7　涂抹润滑脂

第二步：将开口油封从剖分处掰开套装与旋转轴，取下海绵护套，在油封的剖分处下方断面均匀涂抹 DSF 专用胶黏剂，如图 7-4-8 所示。

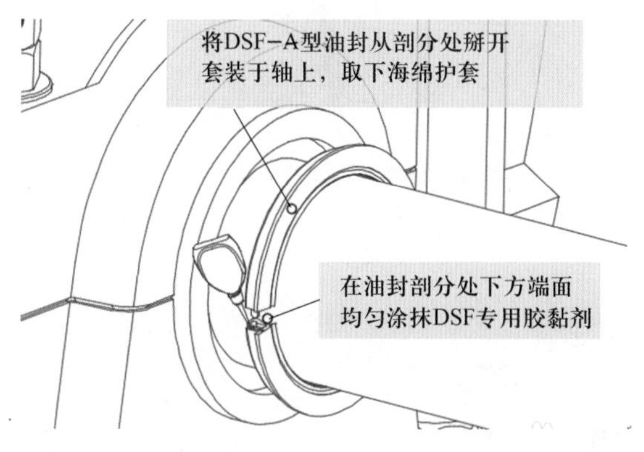

图 7-4-8　涂抹 DSF 专用胶黏剂

第三步：对接剖分面，适度压紧并保持 10 ~ 20 s 至剖分处粘接牢固。粘接要领：在相向压紧剖分面的同时适当用力向操作人员胸前拉拽，如图 7-4-9 所示。

第四步：将弹簧对接拧紧移入开口油封弹簧槽，如图 7-4-10 所示。

第五步：将剖分处旋转至轴的正上方，并将油封均匀敲入安装孔，安装完毕，如图 7-4-11 所示。注意：油封定位台阶须贴紧设备端面，以保证油封与轴的垂直度和同心度。

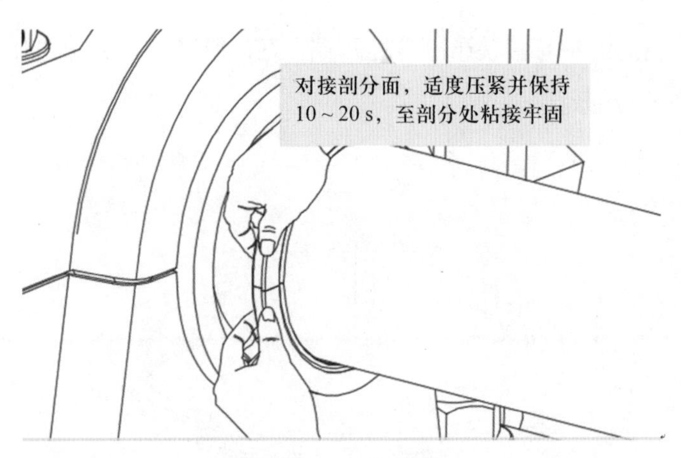
对接剖分面，适度压紧并保持
10～20 s，至剖分处粘接牢固

图 7-4-9　对接剖分面

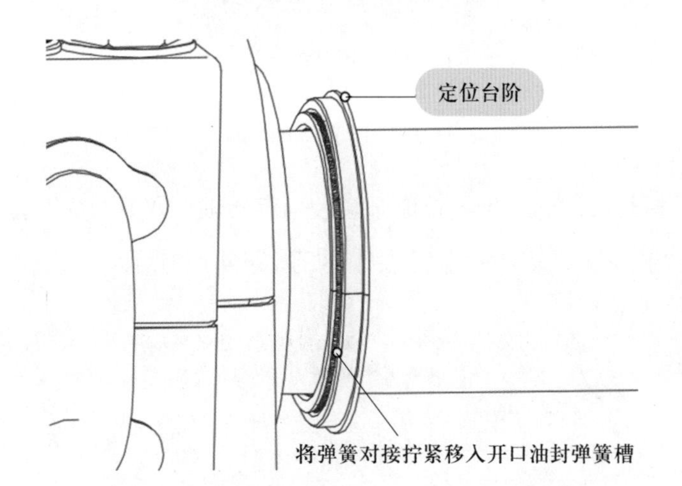
定位台阶
将弹簧对接拧紧移入开口油封弹簧槽

图 7-4-10　将弹簧对接拧紧移入开口油封弹簧槽

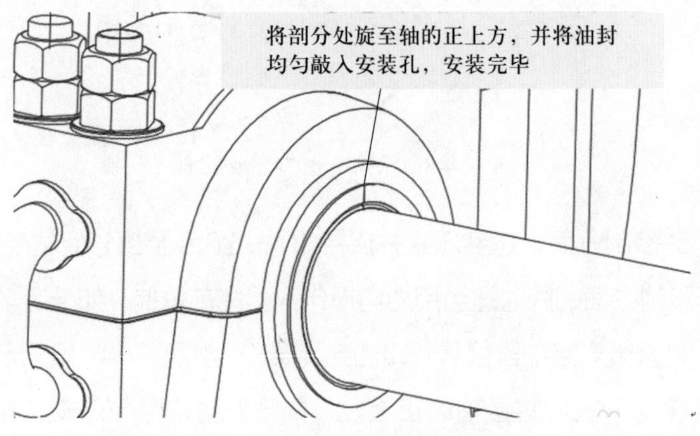
将剖分处旋至轴的正上方，并将油封
均匀敲入安装孔，安装完毕

图 7-4-11　将油封敲入安装孔

思考与练习

1. 简述泄漏的原因以及解决泄漏的措施。
2. 什么叫静密封？
3. 端面密封的特征是什么？它可以应用在哪些场合？
4. 机械设备对密封的基本要求有哪些？
5. 完成安装油封，归纳总结安装操作步骤。

模块八
轴校准与联轴器的装调

轴是机械产品中的重要零件之一，用来支撑作回转运动的传动零件（如齿轮、带轮、链轮等）、传递运动和转矩、承受载荷，以及保证装在轴上的零件具有确定的工作位置和具有一定的回转精度。

联轴器又称联轴节，用来将不同机构中的主动轴和从动轴牢固地连接起来一同旋转，并传递运动和扭矩的机械部件，有时也用以连接轴与其他回转零件（如齿轮、带轮等），如图 8-1 所示电动绞车中用联轴器 2 将电动机轴与减速器输入轴连接，用联轴器 5 将减速器输出轴与绞车主轴连接。

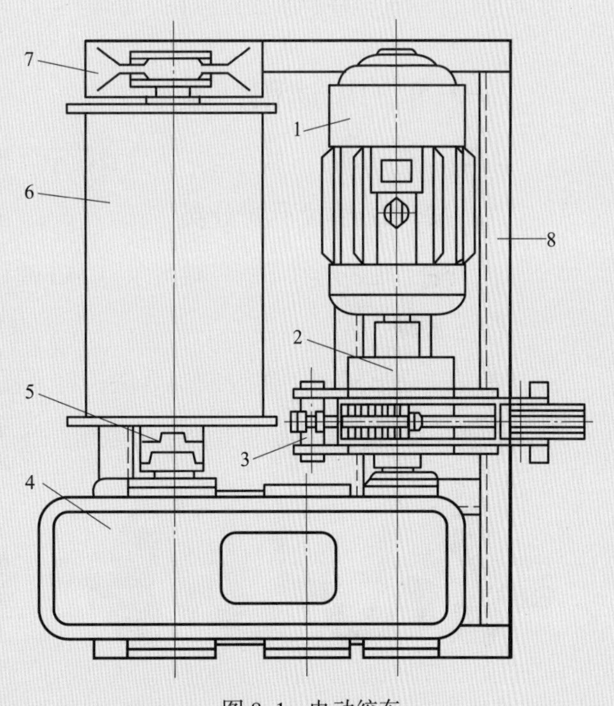

图 8-1　电动绞车

1—电动机　2、5—联轴器　3—制动器　4—减速器　6—绞车　7—轴承　8—机架

课题 1
轴类零件的安装与调试

学习目标

1. 能说出按轴线形状不同轴的分类情况。
2. 能说出根据承载载荷不同分类的三种轴的结构特征及应用。
3. 能叙述轴上零件固定方式，并能用图例示意。
4. 能叙述轴类零件的失效形式及解决措施。
5. 能熟练完成轴的校准操作。
6. 能熟练完成轴的修复操作。

一、轴的用途和分类

轴可以按照轴线形状不同、所受载荷不同等分类。

1. 按轴线形状不同分类

按照轴的轴线形状不同，轴可以分为曲轴和直轴两大类。

（1）曲轴

曲轴（图 8-1-1）通过曲柄滑块机构（图 8-1-2）将回转运动转变为直线往复运动或将直线往复运动转变为回转运动，是往复式机械中的专用零件。

图 8-1-1　多缸曲轴

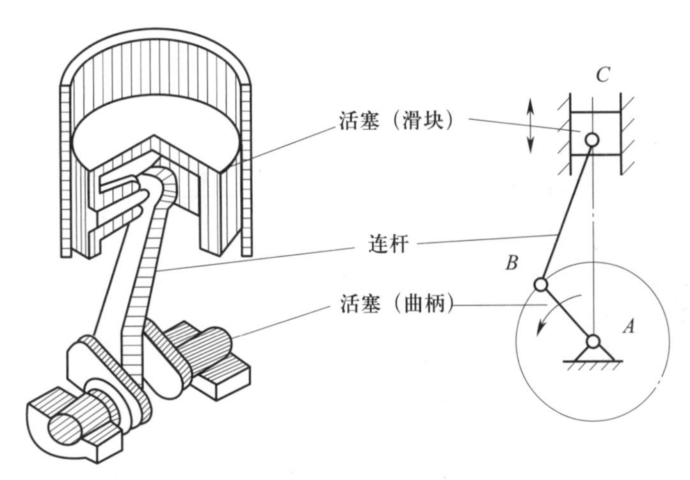

图 8-1-2　单杠曲轴的曲柄滑块机构

（2）直轴

直轴按其外形不同分为光轴和阶梯轴两种（图 8-1-3）。光轴形状简单，加工方便，但轴上零件不易定位和装配；阶梯轴各截面直径不等，便于零件的安装和固定，因此应用广泛。轴一般制成实心的，只有当机器结构要求在轴内装设其他零件或减轻轴的质量有特别重要的意义时，才将轴制成空心的，如车床的主轴等。

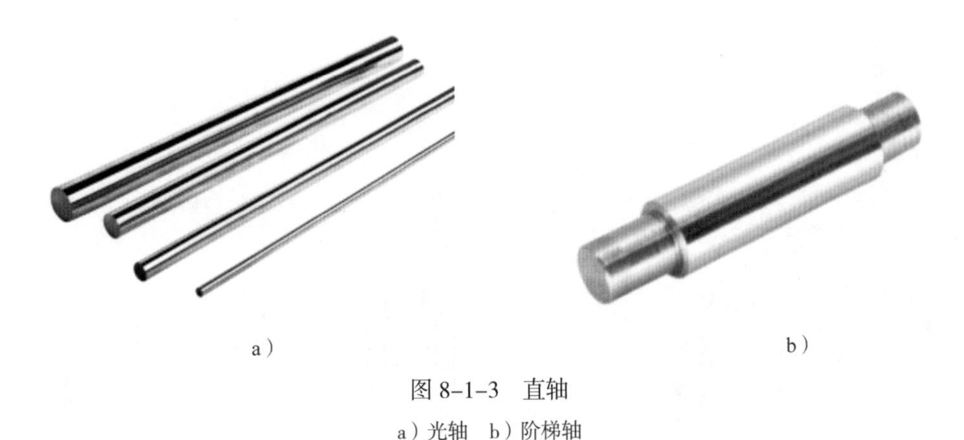

a）　　b）

图 8-1-3　直轴

a）光轴　b）阶梯轴

2. 按轴所受载荷不同分类

根据所受载荷不同，直轴分为心轴、转轴和传动轴三类。

（1）心轴

心轴用来支撑回转零件，只受弯曲作用而不传递动力的轴称为心轴。心轴可以是转动的，如图 8-1-4 所示的火车车轴；也可以是固定不动的，如图 8-1-5 所示普通自行车前轮车轴。

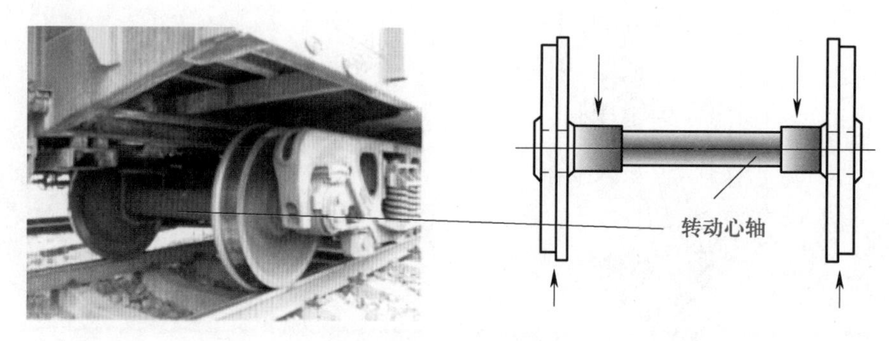

图 8-1-4　火车车轴

（2）转轴

既支撑回转零件又传递动力，同时承受弯曲和扭转两种作用的轴称为转轴。

机械中大多数的轴都属于这一类。在图 8-1-6 所示减速器简图中，联轴器所连接的轴Ⅳ，减速器内部的轴Ⅰ、轴Ⅱ、轴Ⅲ都是转轴，它们既在支撑齿轮等轴上零件时承受弯曲载荷，又在传递动力时承受扭转载荷。

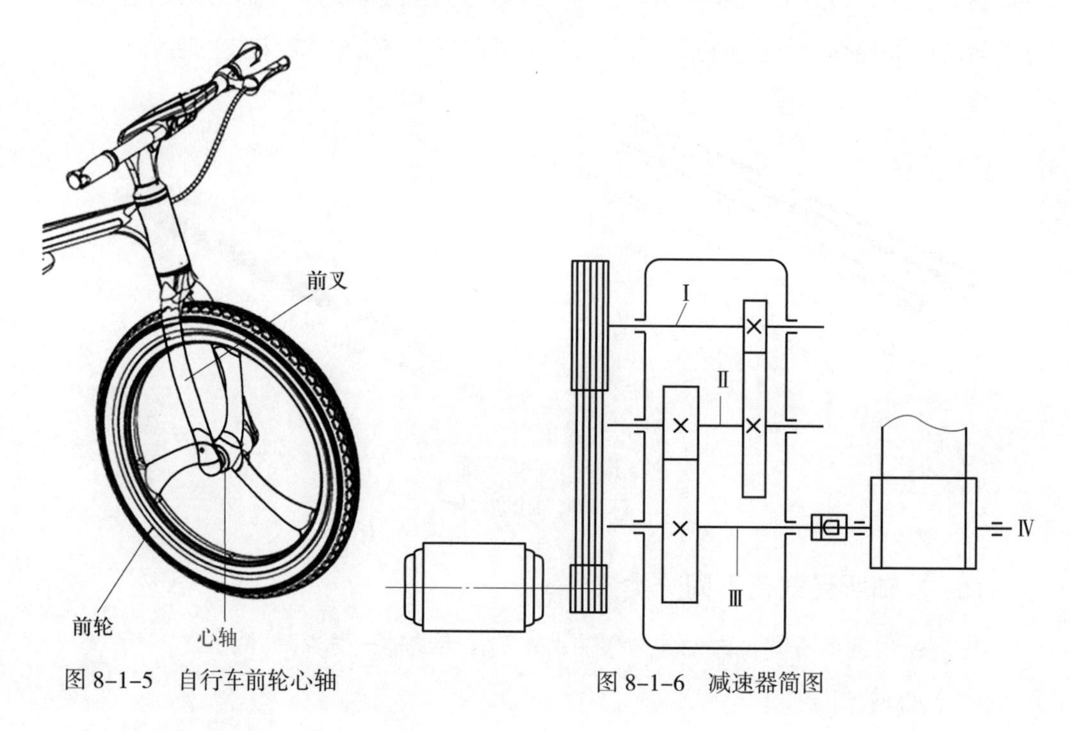

图 8-1-5　自行车前轮心轴　　图 8-1-6　减速器简图

（3）传动轴

用来传递动力，只受扭转作用而不受弯曲作用或弯曲作用很小的轴称为传动轴，如图 8-1-7 所示为汽车传动轴（轴自重所引起的弯曲作用很小，可以忽略不计）。

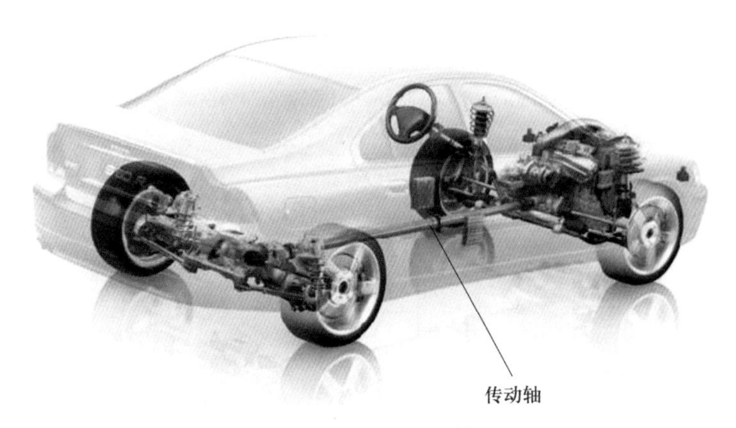

图 8-1-7　汽车传动轴

二、轴上零件的固定

1. 轴上零件的轴向固定

轴上零件轴向固定的目的是保证零件在轴上有确定的轴向位置，防止零件作轴向移动，并能承受轴向力。常用采用轴肩、轴环、圆锥面以及轴端挡圈、轴套、圆螺母、弹性挡圈等零件进行轴向固定。

（1）用轴肩或轴环固定

阶梯轴的截面变化部位叫作轴肩（图 8-1-8a）或轴环（图 8-1-8b）。用轴肩或轴环轴向固定轴上零件，具有结构简单、定位可靠和能够承受较大的轴向力等优点，常用于齿轮、带轮、轴承和联轴器等传动零件的轴向固定。为了使零件的轴向固定可靠，轴肩的尺寸应选择适当。图 8-1-8 中轴肩或轴环的高度 h=2 ~ 10 mm（轴径较小时取小值），固定滚动轴承时，应小于滚动轴承内圈厚度，以便于滚动轴承的拆卸；轴环的宽度 $b \approx 1.4\ h$。轴肩或轴环的圆角半径 r 应小于与轴配合零件的倒角尺寸 C 或圆角半径 R。

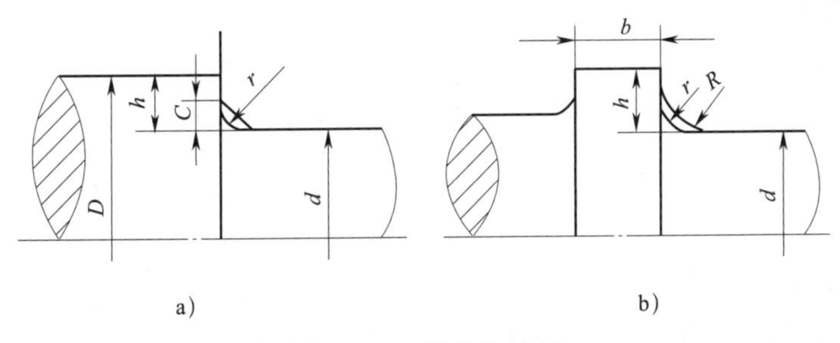

图 8-1-8　轴肩和轴环

a）轴肩　b）轴环

（2）用轴端挡圈和圆锥面固定

当零件位于轴端时，可利用轴端挡圈或圆锥面加挡圈进行轴向固定。图 8-1-9 所示为用轴端挡圈定位，轴径小时只需要一个螺钉锁紧，轴径大时则需要两个或两个以上的螺钉锁紧。为防止轴端挡圈和螺钉松动，可采用图示的锁紧装置。

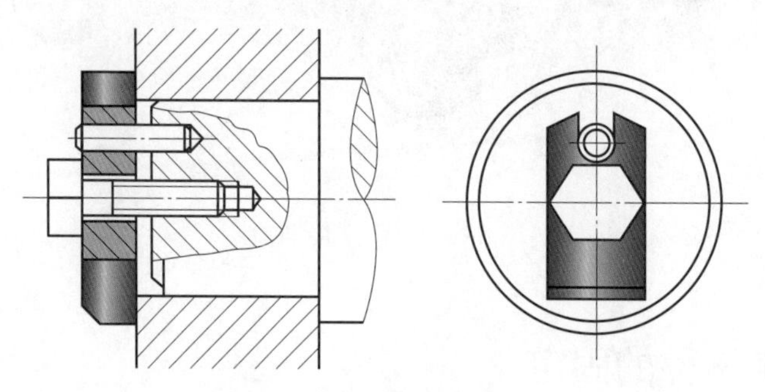

图 8-1-9　用轴端挡圈固定

无轴肩或轴环轴端，可采用图 8-1-10 所示圆锥面加挡圈进行轴向固定，这种固定有较高的定心精度，并能承受冲击载荷，但加工锥形表面不如加工圆柱面简便。

（3）用轴套固定

轴套又称套筒，用其轴向固定零件时，主要依靠已确定位置的零件来作轴向定位，适用于相邻两零件间距较小的场合（图 8-1-11）。用轴套固定，结构简单，装拆方便，可避免因在轴上开槽、切螺纹、钻孔而削弱轴的强度，但是零件间距较大时，会使轴套过长，增加材料用量和轴部件质量。

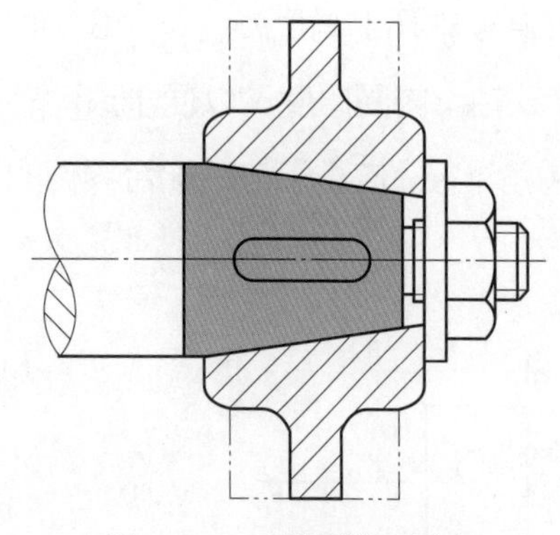

图 8-1-10　用圆锥面固定

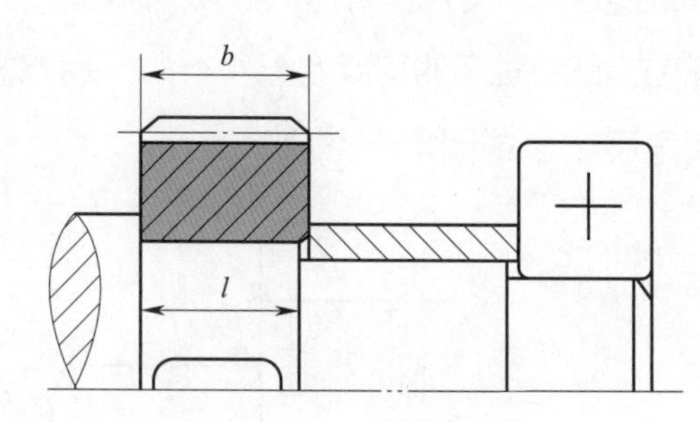

图 8-1-11　用轴套固定

（4）用圆螺母固定

当无法采用轴套固定或轴套太长时，可采用圆螺母作轴向固定（图 8-1-12）。这种方法通常用在轴的中部或端部，具有装拆方便、固定可靠、能承受较大的轴向力等优点。其缺点是需在轴上切制螺纹，且螺纹的大径要比套装零件的孔径小，一般采用细牙螺纹，以减小对轴强度的影响。为防止圆螺母的松脱，常采用双螺母或一个螺母加止推垫圈来防松。

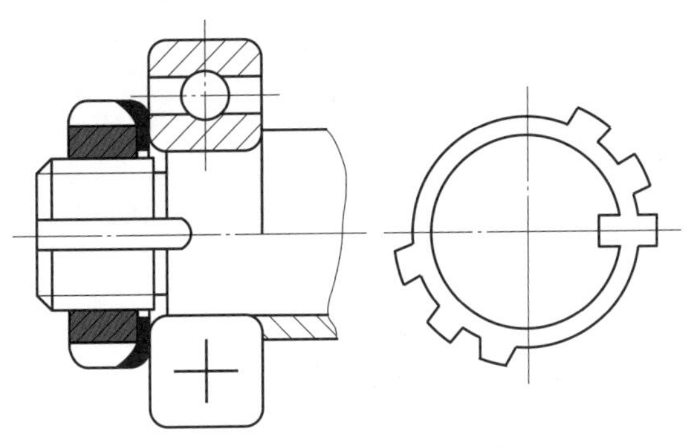

图 8-1-12　用圆螺母固定

（5）用弹性挡圈固定

图 8-1-13 所示为利用弹性挡圈作轴向固定。弹性挡圈结构简单紧凑、拆装方便，但能承受的轴向力较小，而且要求切槽尺寸保持一定的精度，以免出现弹性挡圈与被固定零件间存在间隙或弹性挡圈不能装入切槽的现象。

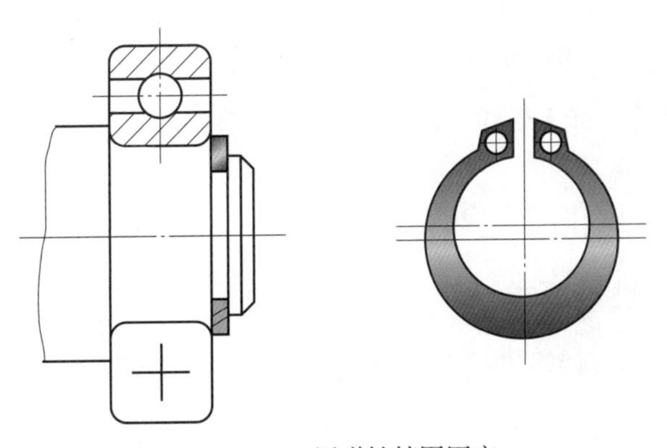

图 8-1-13　用弹性挡圈固定

2. 轴上零件的周向固定

轴上零件周向固定的目的是传递转矩及防止零件与轴产生相对转动。常采用键和过盈配合等方法。

（1）用键作周向固定

用平键连接（图 8-1-14）作周向固定，结构简单，制造容易，装拆方便，对中性好，可用于较高精度、较高转速及受冲击或变载荷作用的固定连接。应用平键连接时，对于同一轴上轴径相差不大的轴上键槽，应尽可能采用同一规格的键槽尺寸，并使键槽位于相同的周向位置，以方便加工。用花键连接（图 8-1-15）作周向固定，具有较高的承载能力，对中性与导向性均好，但成本高。

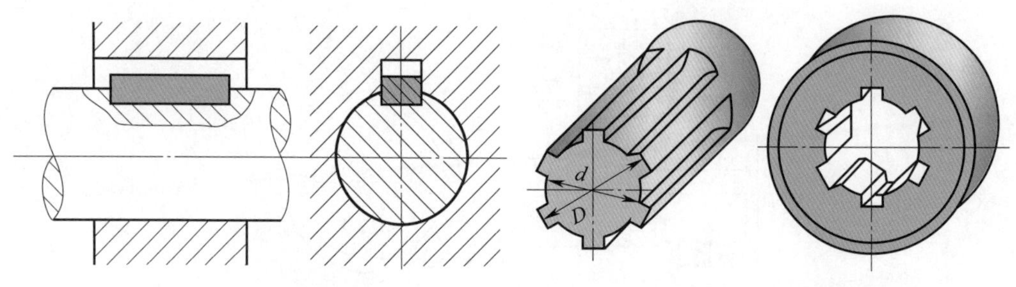

图 8-1-14　用平键连接　　图 8-1-15　用花键连接

（2）用过盈配合作周向固定

该方法主要用于不拆卸的轴与轮毂的连接。由于包容件轮毂的配合尺寸（孔径）小于被包容件轴的配合尺寸（轴颈直径），如图 8-1-16 所示 H7/r6 过盈配合，装配后在两者之间产生较大压力，通过此压力所产生的摩擦力可传递转矩。这种连接结构简单，对轴的强度削弱小，对中性好，能承受较大的载荷和有较好的抗冲击性能。

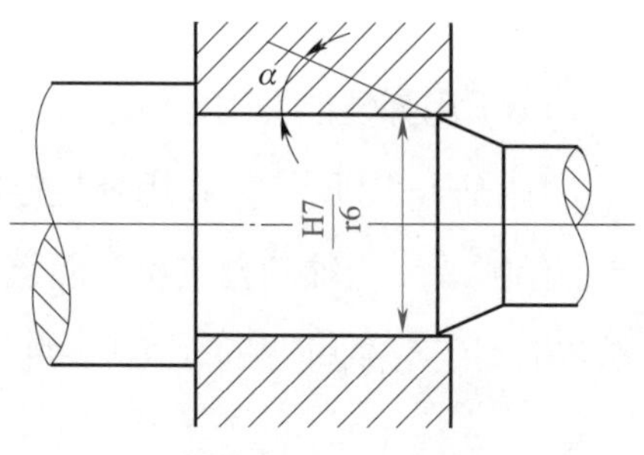

图 8-1-16　过盈配合

三、轴上常见的工艺结构

1. 轴的结构性能要求

轴主要由轴颈和连接各轴颈的轴身组成。被轴承支撑的部位称为支撑轴颈，支撑回转零件的部位称为配合轴颈（也称工作轴颈），如图 8-1-17 所示为图 8-1-6 减速器中的传动轴Ⅲ的结构图。

轴的各部位直径应符合标准尺寸系列，支撑轴颈的直径还必须符合轴承内孔的直径系列。轴的直径除根据强度计算确定外，通常可应用经验式进行估算。例如，在一般减速器中，高速输入轴的轴径，可按照与其相连接的电动机轴的直径 d_0 来估算，如用经验式 $d=(0.8\sim1.2)d_0$ 估算。各级低速轴的轴径可按同级齿轮副的中心距 a 来估算，如用经验式 $d=(0.3\sim0.4)a$ 估算。估算后的轴径，应圆整为标准尺寸值。

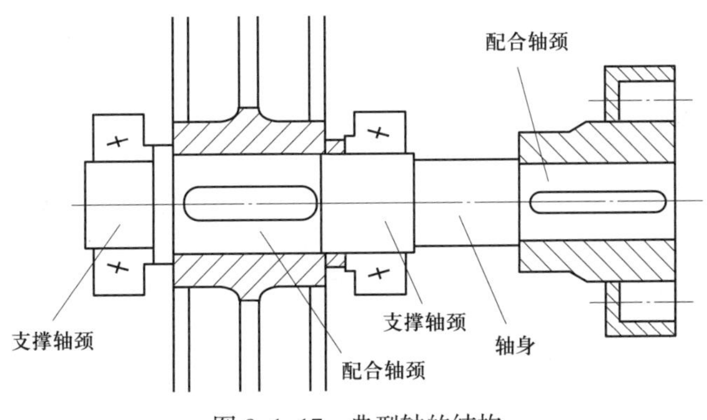

图 8-1-17　典型轴的结构

光轴的结构简单，加工方便，但轴上零件如齿轮、带轮和轴承等的固定和装拆不便。工程上一般采用阶梯轴，阶梯轴的各个台阶均有其作用，因此，轴的结构多种多样，没有标准的形式。为使轴的结构和其各个部位都具有合理的形状和尺寸，在考虑轴的结构时，应满足下述三个方面的要求：轴上的零件可靠固定；轴便于加工和尽量避免或减小应力集中；轴上零件便于安装和拆卸。

2. 轴的结构工艺性

为方便轴的制造、轴上零件的装配和使用维修，在确定轴的结构时，会从工艺角度提出一些相应要求，即轴的结构工艺性要求，主要有如下几方面：

（1）阶梯轴的直径应该是中间大，两端小，由中间向两端依次减小，以便于轴上零件的装拆。

（2）轴端、轴颈与轴肩（或轴环）的过渡部位应有倒角或过渡圆角，以便于轴上零件的装配，避免划伤配合表面，并减小应力集中。

（3）轴上有螺纹时，应有退刀槽（图 8-1-18），以便于螺纹车刀退出；需要磨削的阶梯轴，应留有越程槽（图 8-1-19），以使磨削用砂轮越过工作表面。

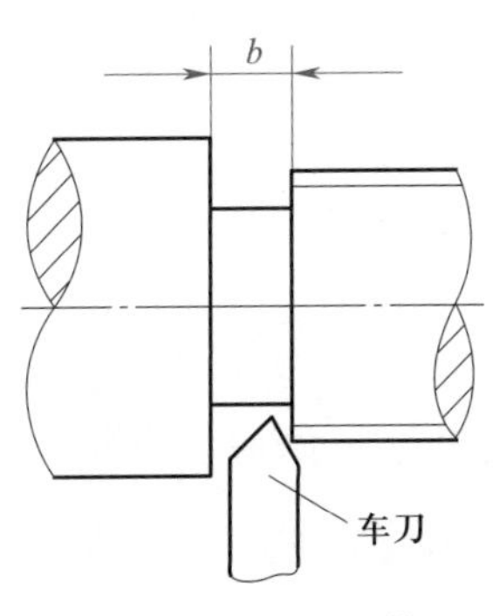

图 8-1-18　退刀槽

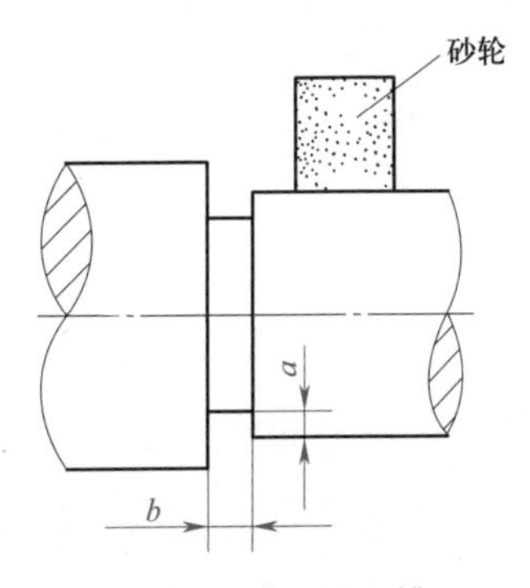

图 8-1-19　越程槽

（4）为了便于轴的加工及保证轴的精度，必要时应设置中心孔。

四、轴类零件的失效形式及解决措施

轴类零件的失效损坏形式、原因及其对应检修方法可以参照表 8-1-1。

表 8-1-1　轴类零件的失效损坏

损坏形式	原因	检修措施
轴颈磨损	使用时间较长或多次拆卸	通过镀铬、镀铁、堆焊、金属喷涂等处理后，再重新进行加工（车、磨等），恢复其几何形状精度
轴上键槽扩大	受载过大或拆卸不当	采用堆焊、喷镀修理键槽或转位铣新键槽，但新键槽不得大于原槽宽度的 1/7，并且需要重新配键
花键磨损	齿面磨损，润滑差，使用时间较长	堆焊重铣或镀铬、镀铁后重磨
轴端螺纹损坏	多次拆卸或受载过大	堆焊后重车螺纹或车成小一级螺纹
轴上销孔损坏	受载过大导致变形	将原销孔铰大或重新换位加工销孔
扁头、方头或球面磨损	拆卸不当，使用时间长	堆焊后重新加工修整几何形状
轴一端损坏	拆卸不当或受冲击	切削损坏的一段，再补焊接一段，加工至原尺寸
弯曲	受冲击或过载	校正并进行低温退火处理
机床主轴的轴颈、内锥孔磨损	使用时间长，操作不当，维护不及时	轴颈表面镀铬或喷涂金属，但厚度不宜超过 0.2 mm，渗碳层不大于 0.5 mm，并要严格检查修复后的精度；内锥孔拉毛、磨损可通过刮研或磨削修复

五、技能训练——轴的校准

1. 冷直法

（1）利用手摇螺旋压力机校直

轴径较小及弯曲较大时，可采用此法。首先将轴放在三角缺口块内架住，或放在机床上利用顶针顶住轴的两端，然后将轴弯曲的凸面顶点朝上。用螺旋压力机压住凸起顶点，向下顶压，直到轴校直为止。

（2）利用捻棒敲打校直

轴径较大及弯曲较小时，可以采用此法。这个方法是利用捻棒来冷打轴的弯曲凹面，使轴在此处表面延伸而较直。捻棒应由硬度低于轴硬度的材料制成，或在硬度高的材料上镶铜套，捻棒的边缘必须有圆角。

在校直轴时，将轴的凹面朝上，并支持住最大弯曲的凸面顶点。在两端用拉紧装置向下加压，然后利用 1 ～ 2 kg 重的锤子敲打捻棒，使轴的凹面材料受敲打而延伸。捻打时，先自最低凹面中央进行敲打，逐渐移向两侧，并沿圆周三分之一的弧面上进行，但越往四周敲打密度应当越小。

轴的校直量与敲打次数通常成正比。注意最初敲打时，轴校直较快，之后较慢。敲打时应注意掌握捻棒，勿损伤轴的表面。

（3）用螺旋千斤顶校直

当轴的弯曲量不大时（为轴长的 1% 以下），可以在冷态下用螺旋千斤顶校直。在校直时，考虑到轴的回弹，要过矫一些，才能保证矫正后的轴比较正直。这种方法的精度可达到 0.05 ～ 0.15 mm/m。

2. 局部加热法

将弯曲的凸面朝上，在周围用石棉布包扎，然后用喷灯或气焊加热。加热温度比材料临界温度低 100 ℃左右。加热后，由于金属产生塑性变形，使其表面长度缩短，在冷却后虽有所拉伸，但已不能恢复原始状态了，从而造成与原始弯曲方向相反的反弯曲，使凸面平坦而达到校直轴的目的。如在凹面加温火助其热胀伸长，则效果更好。

加热方法应匀速、等距（距轴面 20 mm 左右），从中心向外旋出，然后由外向中心旋入，以保持温度均匀。

加热面积与形状用轴向开口（轴向长而径向短）方法加热，使径向方位温度均匀，轴不易产生扭曲。用径向开口（径向长而轴向短）方法加热时，校直效果显著。

校直时，先将轴平放在两支撑上，使弯曲部分凸面向上，并在轴的最大弯曲处用湿石棉布包扎。石棉布采用轴向开口 $0.15d \times 0.2d$ 或径向开口 $0.35d \times 0.2d$（d 为轴的直径），然后在开口处用氧乙炔焰加热 3 ～ 5 min（采用强力焊炬，并且使氧气压力增至 4 ～ 5 大气压），温度达到 500 ～ 600 ℃后，用干燥的石棉布覆盖受热处，保温 10 ～ 15 min，最后用压缩空气吹，使之迅速冷却。轴的弯曲变化情况可用百分表测量。一次未能校直可以重复进行，校直后，轴应在加热处进行低温退火，即将轴转动并缓慢的加热至 300 ~ 350 ℃，在此温度下保持 1 h 以上，然后用石棉布包扎加热处，使它缓慢地冷却到 50 ~ 70 ℃，这样就可以消除内应力。

轴在校直过程中的变化量与轴本身的材料性能有关。加热时，轴端的弯曲挠度逐渐增大到最大，这是由于凸部加热后金属膨胀所致。冷却后，轴端的弯曲挠度逐渐减小到最小，这是凸部迅速冷却金属纤维缩短的结果。

3. 内应力松弛法

该法的原理是因为金属材料有松弛特性，即零件材料在高温下应力下降的同时，零件的弹性变形量减少而塑性变形量的比重增加，这时若加上一定方向的载荷，便可控制它的变形方向与大小。当解除载荷后，由于它以塑性变形为主，所以回弹很少，从而达到校直的目的。加热的工具多用感应线圈，轴校直后也应进行退火处理。此法多用于大轴。

4. 机械加热校直法

预先将轴固定，凸面朝上，然后用外加载荷将弯曲轴向下压，在凸面造成压缩应力，然后再在凹面处加热，亦可校直。此法仅适用于弯曲度较小的轴。

思考与练习

1. 简述按轴线形状不同轴的分类情况。
2. 简述按承载载荷不同分类的三种轴的结构特征及应用。
3. 绘制图例说明轴上零件轴向固定方式。
4. 绘制图例说明轴上零件周向固定方式。
5. 常见轴类零件失效的形式有哪些？它们的解决措施有哪些？

课题 2
联轴器的安装与调试

学习目标

1. 能叙述联轴器的分类情况。
2. 能描述常见联轴器的结构特征和应用情况。
3. 能说出凸缘式联轴器与滑块式联轴器的安装方法。
4. 能熟练完成梅花弹性元件联轴器的安装与调试。

一、常用联轴器的类型、结构特点及应用

常用的联轴器大多已标准化或规格化，一般情况下只需要正确选择联轴器的类型、确定联轴器的型号及尺寸。必要时可对其易损的薄弱环节进行负荷能力的校核计算；转速高时还需验算其外缘的离心力和弹性元件的变形，进行平衡校验等。

联轴器可分为刚性联轴器和挠性联轴器两大类，具体分类如下：

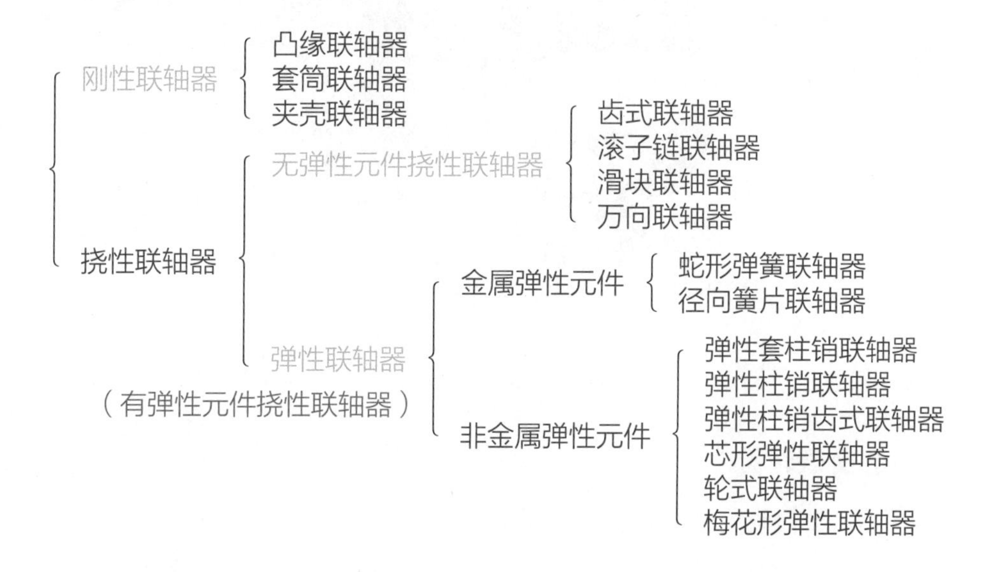

刚性联轴器不具有缓冲性和补偿两轴线相对位移的能力，要求两轴严格对中，但此类联轴器结构简单，制造成本较低，装拆、维护方便，能保证两轴有较高的对中性，传递转矩较大，应用广泛。常用的有凸缘联轴器、套筒联轴器和夹壳联轴器等。

挠性联轴器又可分为无弹性元件挠性联轴器和有弹性元件挠性联轴器，前一类只具有补偿两轴线相对位移的能力，但不能缓冲减振，常见的有滑块联轴器、齿式联轴器、万向联轴器和链条联轴器等；后一类因含有弹性元件，除具有补偿两轴线相对位移的能力外，还具有缓冲和减振作用，但传递的转矩因受到弹性元件强度的限制，一般不及无弹性元件挠性联轴器，常见的有弹性套柱销联轴器、弹性柱销联轴器、梅花形弹性联轴器、轮胎式联轴器、蛇形弹簧联轴器和径向簧片联轴器等。

下面介绍常见几种联轴器结构及特性。

1. 凸缘联轴器

凸缘联轴器（又称法兰联轴器）是利用螺栓连接两凸缘（法兰）盘式半联轴器，两个半联轴器分别用键与两轴连接，以实现两轴连接，传递转矩和运动，凸缘联轴器典型结构如图 8-2-1 所示。凸缘联轴器结构简单，制造方便，成本较低，工作可靠，装拆、维护均较简便，传递转矩较大，能保证两轴具有较高的对中精度，一般常用于载荷平稳、高速或传动精度要求较高的轴系传动。

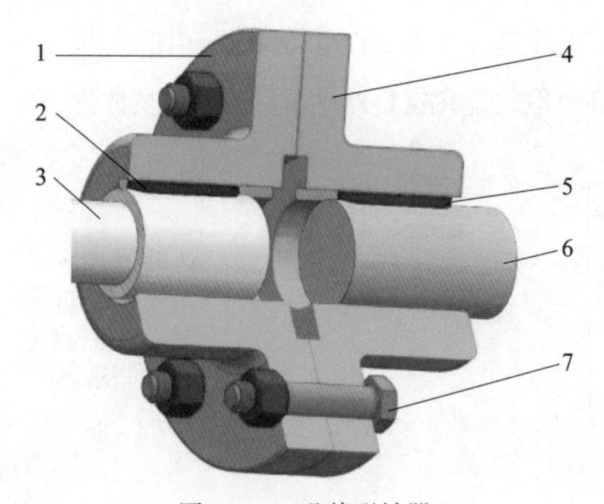

图 8-2-1　凸缘联轴器

1、4—凸缘盘式半联轴器　3、6—轴　2、5—键　7—螺栓

2. 套筒联轴器

套筒联轴器是利用公用套筒，并通过键、螺钉、销钉等刚性连接件，以实现两

轴的连接，其结构如图 8-2-2 所示。套筒联轴器的结构简单、制造方便、成本较低、径向尺寸小，但装拆不方便。

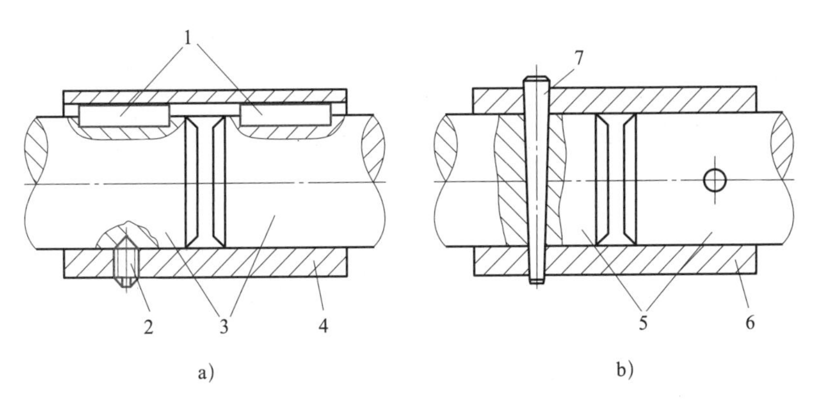

图 8-2-2　套筒联轴器

a）键连接　b）销连接

1—键　2—螺钉　3、5—轴　4、6—公用套筒　7—锥销

3. 齿式联轴器

齿式联轴器（图 8-2-3）具有良好的补偿性，允许有综合位移。可在高速、重载条件下可靠地工作，常用于正反转变化频率高、启动频繁的场合。

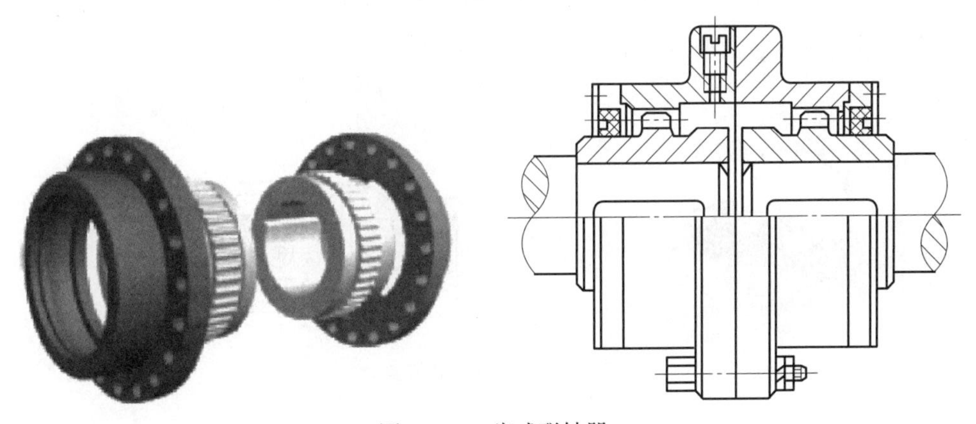

图 8-2-3　齿式联轴器

4. 滑块联轴器

滑块联轴器可适当补偿安装及运转时两轴间产生的相对位移，结构简单，尺寸小，但不耐冲击，易磨损。适用于低速、轴的刚度较高、无剧烈冲击的场合。如图 8-2-4 所示十字滑块联轴器利用中间十字滑块在两半联轴器端面的相应径向槽内滑动，以实现两半联轴器连接。

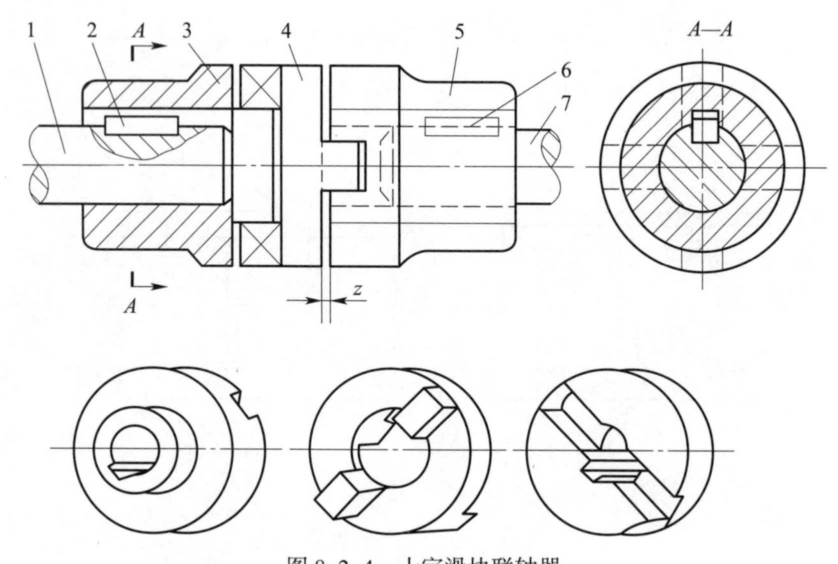

图 8-2-4　十字滑块联轴器

1、7—轴　2、6—键　3、5—联轴盘　4—十字滑块

5. 万向联轴器

万向联轴器（图 8-2-5）利用其机构的特点，能使不在同一轴线的两轴，或存在轴线夹角的情况下实现所连接的两轴连续回转，并可靠地传递转矩和运动。万向联轴器最大的特点是：其结构有较大的角向补偿能力，结构紧凑，传动效率高。不同结构的万向联轴器两轴线夹角不相同，一般为 5° ~ 45° 。

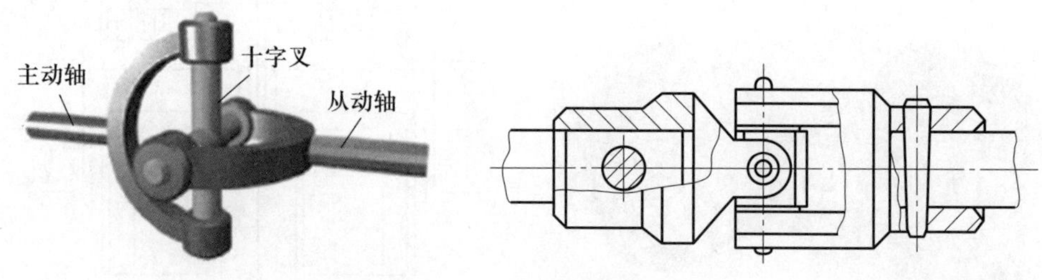

图 8-2-5　万向联轴器

6. 梅花形弹性联轴器

梅花形弹性联轴器（图 8-2-6）以聚氨酯塑料为弹性元件与两半联轴器主体紧密组合，两半联轴器主体以铝合金为主，中间聚氨酯塑料元件材料以独有配方制作，具有耐磨性高、抗温性好、韧性强等特征，与一

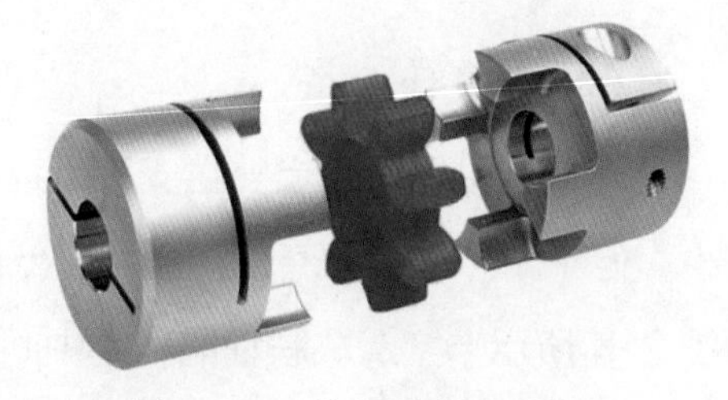

图 8-2-6　梅花形弹性联轴器

般普通塑胶件相比质量稳定耐用。梅花形体有六瓣和八瓣，与轴固定方式采用键连接。梅花形联轴器结构简单、无须润滑、方便维修、便于检查、免维护，可连续长期运行。

二、联轴器的安装与轴系对中

根据联轴器基本结构，联轴器安装主要完成两半联轴器与传动轴之间的安装。联轴器安装后需要进行轴系对中调试。

1. 联轴器的安装

常见联轴器的安装方法都是通过键、螺钉、销等刚性连接件将其两半联轴器安装于传动轴上。图 8-2-1 所示凸缘联轴器的安装方法：在轴 3 和轴 6 上分别装入平键 2、平键 5，再安装上凸缘盘 1、4。

2. 轴系对中

轴系对中是为了减少联轴器的轴线偏移，联轴器的轴线偏移包括轴向偏移、径向偏移、角偏移、综合偏移四种情况，如图 8-2-7 所示。轴系绝对准确的对中是难以达到的，联轴器初次安装后两半联轴器位置误差会引起轴线偏移，连续运转机器时各零部件的不均匀热膨胀、轴的挠曲、轴承的不均匀磨损、设备产生的位移及基础的不均匀下沉等都会造成轴线偏移。两轴中心线偏差越小，对中越精确，机器的运转情况越好，使用寿命越长。

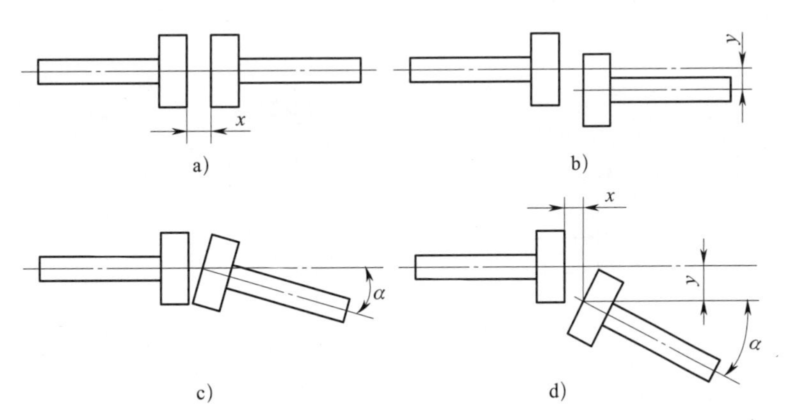

图 8-2-7　联轴器的轴线偏移

a）轴向偏移　b）径向偏移　c）角偏移　d）综合偏移

安装或维修设备时，一般是在主机（减速箱）中心位置固定并调整完水平之后，再进行联轴器的找正。通过测量与计算，分析偏差情况，调整原动机（电动机）轴中心位置以达到主动轴与从动轴既同心，又平行。轴系对中测量有以下三种方法。

（1）直角尺和塞尺测量法

用直角尺和塞尺测量联轴器外圆各方位上的径向偏差，简单的测量方法如图 8-2-8 所示。用塞尺测量两半联轴器端面间的轴向间隙偏差，通过分析和调整，达到两轴对中。这种方法操作简单，但精度不高。只适用于机器转速较低、对中要求不高的联轴器安装测量。

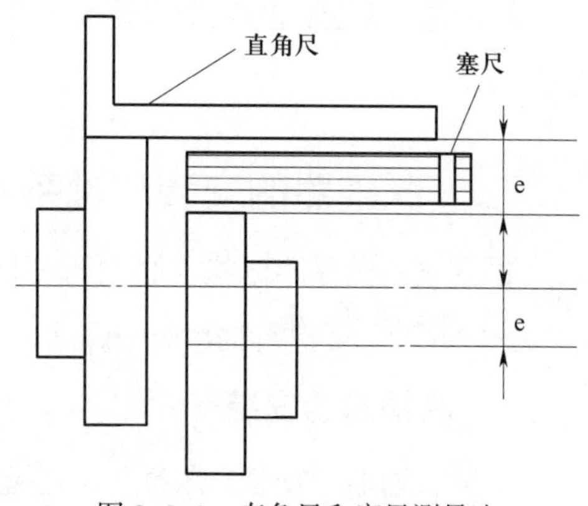

图 8-2-8　直角尺和塞尺测量法

（2）百分表法

固定其中一个半联轴器部件的位置，以该位置为基准调整另一部件的位置，以保证两轴线的对中要求。比较方便的检测方法是采用径向、轴向联合检测法，如图 8-2-9 所示。当联轴器距离较小时采用图 8-2-9a 所示的检测方法，在其外圆柱面用百分表检测，端面可使用塞尺检测其平行度误差（测量间隙 Z、Z' ）。如果两半联轴器相距较远（中间安装有连接件），端面平行度误差也可用百分表来检测，如图 8-2-9b 所示。要保证两轴的对中要求，必须具备两个条件：两联轴器端面应与各自的轴线垂直；两端面平行就会使两轴线平行，此时只要调整两轴的位置就能保证对中要求。

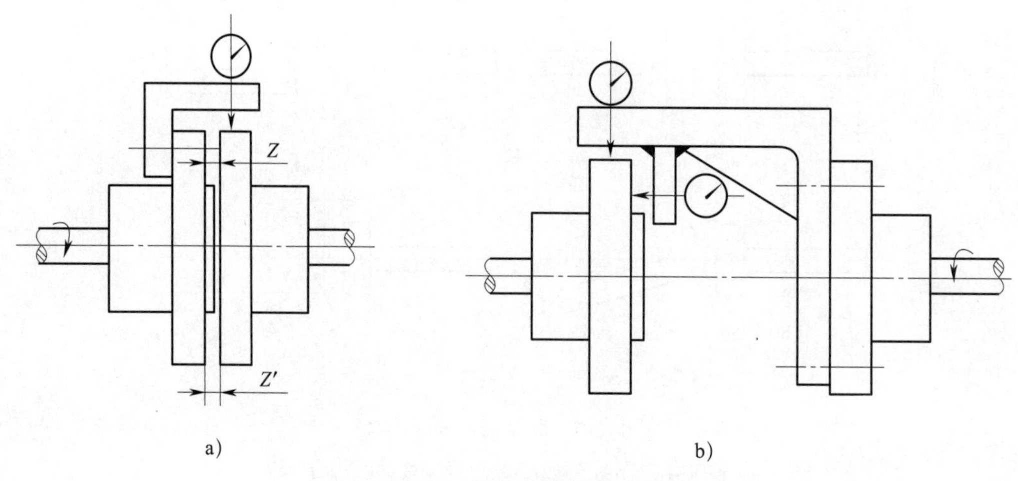

图 8-2-9　联轴器同轴度的检测

a）联轴器相距较近　b）联轴器相距较远

（3）激光对中仪法

使用激光对中仪（图 8-2-10）对中相对于其他的对中方式，具有快捷、简单、准确性高的优势。激光对中仪由激光发射器、激光接收器、控制液晶屏以及这三者之间的连接数据线、专用的链条式（或磁力表座）卡具（用来把激光发射器和接收器固定在联轴器上）组成。

图 8-2-10　激光对中仪

在使用激光对中仪对中时，把激光发射器和激光接收器固定在联轴器上之后，再将它们和控制屏进行数据连接。检测时，按提示输入相应的数据，包括激光发射器的回转直径，激光发射器和激光接收器之间的距离，调整设备各支脚到接收器的距离等。操作者需要多次转动测量轴，根据控制液晶屏显示出来的各支脚加减垫片数据和水平方向移动调整数据，完成相应的加减垫片和水平方向移动轴系对中调整操作。

不同品牌激光对中仪的详细操作步骤略有不同，操作者可以根据产品说明书完成轴系对中操作。

无论用哪种方法求调整量，复查测量时仍可能产生一定的误差。联轴器对中调整需要反复进行多次，最终将误差限制在允许的范围内。

三、技能训练——梅花形弹性联轴器装调

1. 准备工作

梅花形弹性联轴器（图 8-2-6）装配前需要完成如下准备工作。

（1）如图 8-2-11 所示，用除锈剂清洗键、轴、联轴器等零件，并使用无纺布擦拭干净。

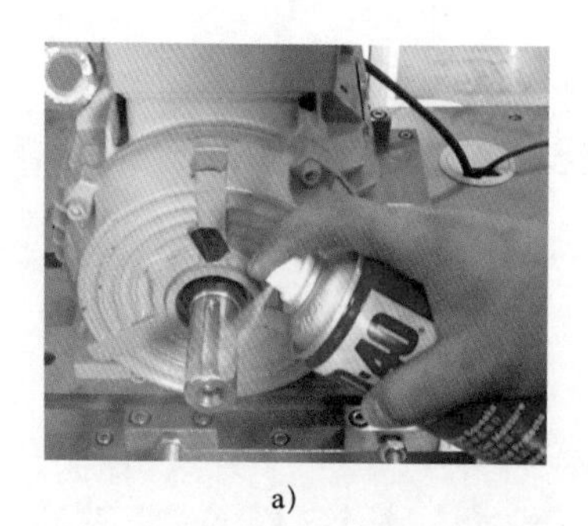

a）

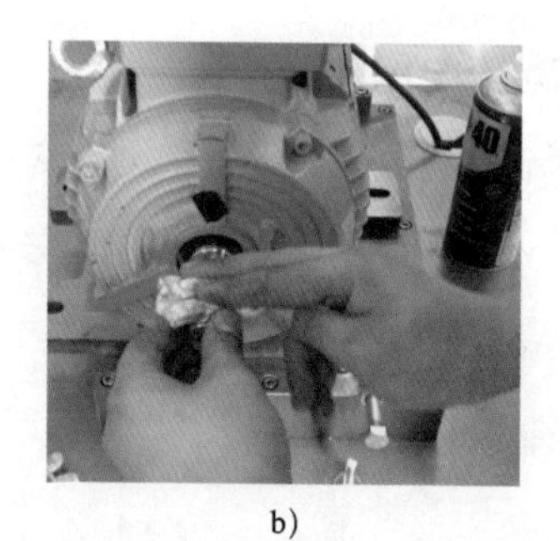

b）

图 8–2–11　清洗零件

a）清洗　b）擦拭

（2）如图 8–2–12 所示，用油枪对安装部位加注润滑油。

图 8–2–12　加注润滑油

2. 安装与对中调试

（1）如图 8–2–13 所示，将平键安装至键槽内，将联轴器套装在电动机轴上，用铜棒敲击联轴器端面；如图 8–2–14 所示，用止动螺钉锁紧联轴器，保证螺钉不能露出联轴器表面。按照同样方法安装好减速器轴上的联轴器。

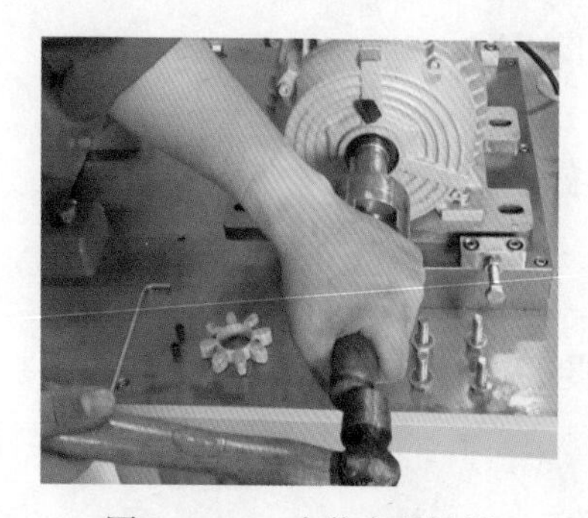

图 8–2–13　安装半联轴器

图 8–2–14　锁紧半联轴器

（2）如图 8-2-15 所示，初步对准电动机轴上联轴器与减速器轴上联轴器的轴线位置；如图 8-2-16 所示，用刀口形直尺同时接触两半联轴器上母线，结合塞尺测量铅垂面径向误差和角度误差；如图 8-2-17 所示，用一字旋具将电动机撬起，根据测量误差选择对应垫高片，进行增减，将误差调整至最低。

图 8-2-15　初步对准联轴器轴线位置

图 8-2-16　检测铅垂面误差

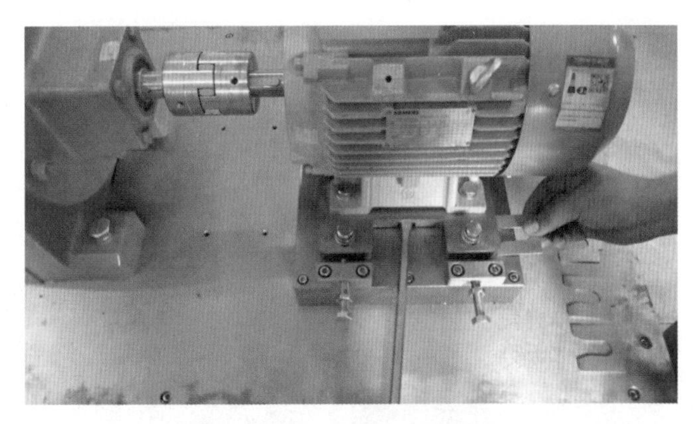

图 8-2-17　调整铅垂面误差

（3）如图 8-2-18 所示，在两联轴器牙侧间隙放置梅花形弹性元件；如图 8-2-19 所示，在电动机与其连接底座的 4 个安装孔内放置连接螺钉。需要反复测量铅垂面径向位移误差和角度误差、增减垫高片，将误差调整至符合规定工况的装配技术要求。

图 8-2-18　放置梅花弹性元件

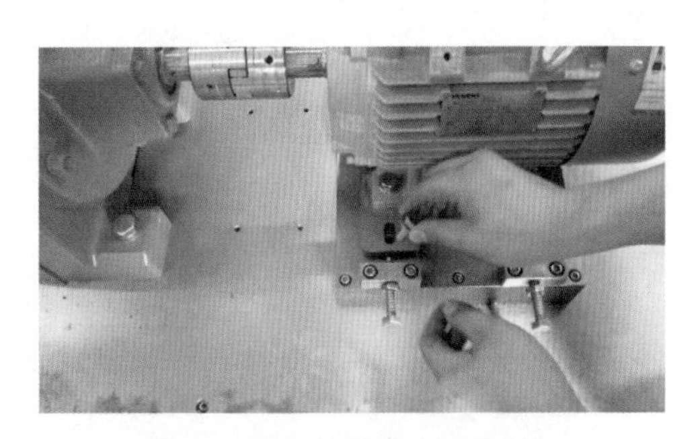

图 8-2-19　放置底座连接螺钉

（4）如图 8-2-20 所示，用刀口形直尺和塞尺测量水平面内径向位移误差和角度误差；如图 8-2-21 所示，旋转电动机安装底座侧面螺钉，调整误差。

图 8-2-20　检测水平面内误差

图 8-2-21　调整水平面内误差

（5）如图 8-2-22 所示，按对角线交叉逐步锁紧底座 4 个螺钉，紧固底座。

图 8-2-22　紧固底座

在装配联轴器时，要求严格保证两连接部件的同轴度。其他联轴器的装配方法可以参照本例。

思考与练习

1. 简述梅花形弹性联轴器的结构特点及应用。
2. 试用图表的方式描述联轴器的分类。
3. 叙述凸缘式联轴器的安装方法。
4. 熟练完成梅花形弹性联轴器的安装与调试，并归纳操作步骤及注意事项。

模块九
离合器和制动器的装调

离合器是指主、从动部分在同轴线上传递动力或运动时具有接合或分离功能的装置。与联轴器的作用一样，离合器可以用来连接两轴，但不同的是离合器可根据工作需要，在机器运转过程中随时将两轴接合或分离。如图 9-1 所示为离合器基本结构，由固定半离合器、滑动半离合器、离合操纵元件构成。

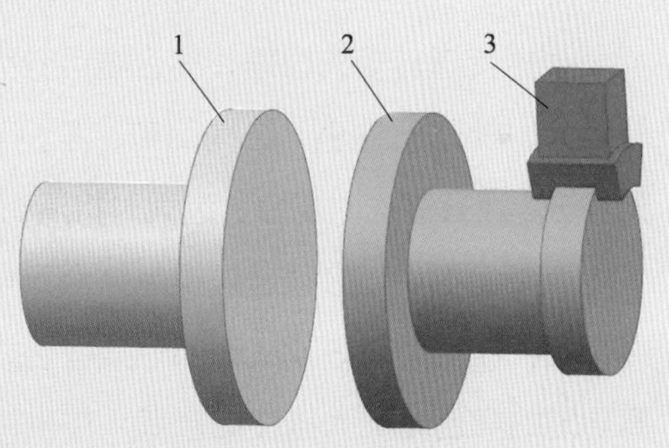

图 9-1 离合器基本结构

1—固定半离合器 2—滑动半离合器

3—离合操纵元件

制动器是具有使运动部件减速、停止或保持停止状态等功能的装置，俗称刹车、闸。制动器主要由制架、制动件和操纵装置等组成，有些制动器还装有制动件间隙的自动调整装置。为了减小制动力矩和结构尺寸，制动器通常装在设备的高速轴上，但对安全性要求较高的大型设备（如矿井提升机、电梯等）则应装在靠近设备工作部分的低速轴上。

课题 1
离合器的安装与调试

学习目标

1. 能叙述离合器分类情况。
2. 能叙述常见离合器的结构特征及应用。
3. 牙嵌离合器与圆锥离合器的安装要求与安装方法。
4. 能熟练完成 CA6140 车床离合器的安装。

一、常用离合器的类型

根据传递转矩的原理，离合器可分为牙嵌式和摩擦式两类。前者的优点是传递转矩大、外形尺寸小、结构简单、不打滑、无摩擦损耗；后者的优点是离合平稳、无冲击、可在高速时离合、过载时打滑有安全保护作用。

在离合器中，必须通过操纵结合元件才具有接合或分离功能的离合器称为操纵离合器；在主动部分或从动部分某些性能参数变化时，接合元件具有自行接合或分离功能的离合器称为自控离合器；在机构直接作用下具有离合功能的离合器称为机械离合器。离合器具体分类如下：

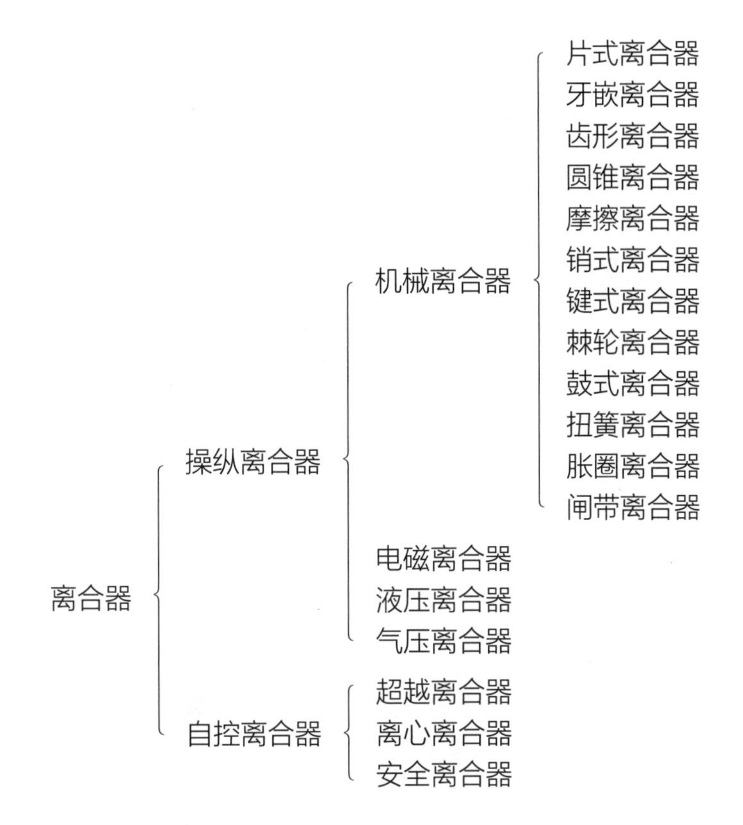

二、常用离合器的结构特点及应用

1. 牙嵌离合器

牙嵌离合器是指用爪牙状零件组成嵌合副的离合器，如图 9-1-1 所示。它由两个端面带牙的接合子组成，其中一个接合子紧配在主动轴上，而另一个接合子可以沿导向平键在从动轴上移动。利用操纵杆移动滑环可使两个接合子接合或分离，在主动轴的接合子中装有导向环，从动轴可在导向环中自由转动。

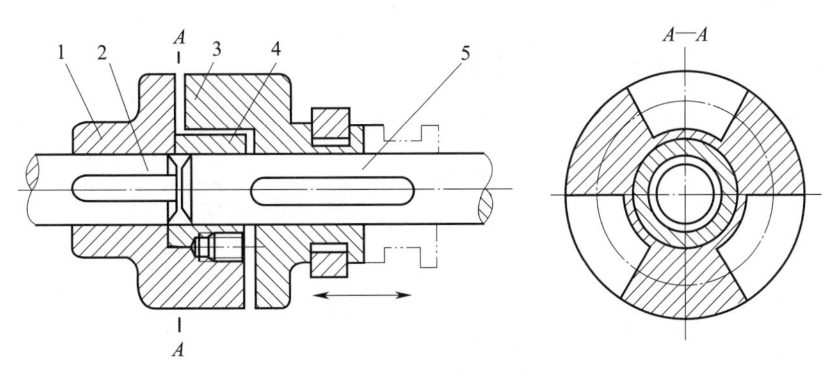

图 9-1-1　牙嵌离合器

1—固定接合子　2—主动轴　3—滑动接合子　4—导向环　5—从动轴

牙嵌离合器中牙的形状有三角形、梯形、矩形、锯齿形，如图 9–1–2 所示。三角形牙传递中、小转矩。梯形、锯齿形牙可以传递较大的转矩。梯形牙可以补偿磨损后的牙侧间隙，锯齿形牙只能单向工作，反转时由于有较大的轴向分力，会迫使离合器自行分散。矩形牙制造容易，但须在齿与槽对准时方能结合，接合困难，同时接合以后，齿与齿接触的工作面间无轴向分力作用，分离困难，故应用较少。

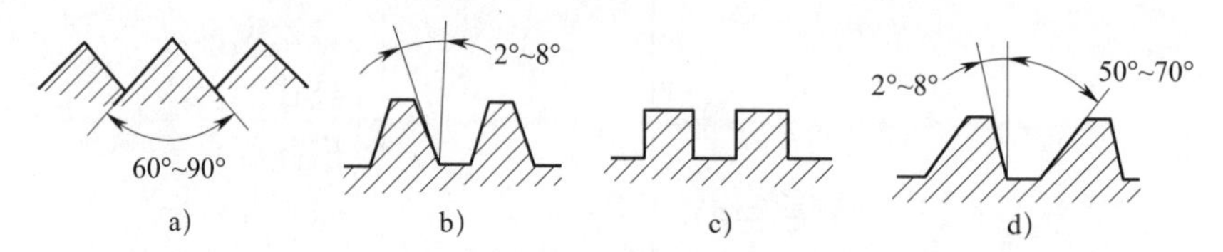

图 9–1–2　牙嵌离合器的常用牙型

a）三角形　b）梯形　c）矩形　d）锯齿形

2. 齿形离合器

齿形离合器是用内齿和外齿组成嵌合副的离合器（图 9–1–3），多用于机床变速箱内。

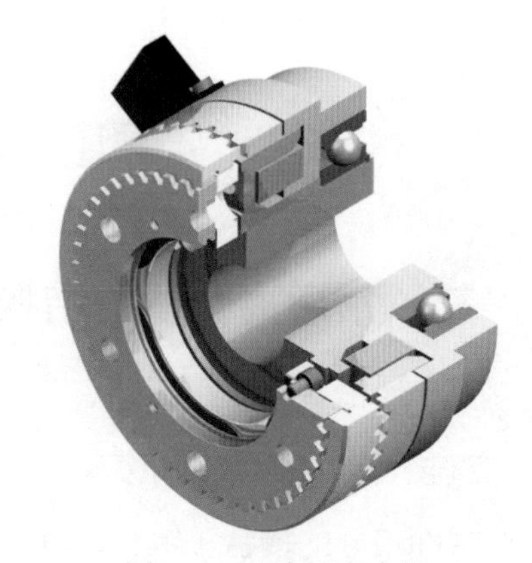

图 9–1–3　齿形离合器

3. 片式离合器

片式离合器又称为盘式离合器，是用圆环片的端平面组成摩擦副的离合器。如图 9–1–4 所示，单片式离合器主要由两个圆盘与离合操纵滑环组成。它工作时依靠两盘间的摩擦力传递转矩和运动，离合操纵滑环用来控制离合器的接合或分离。

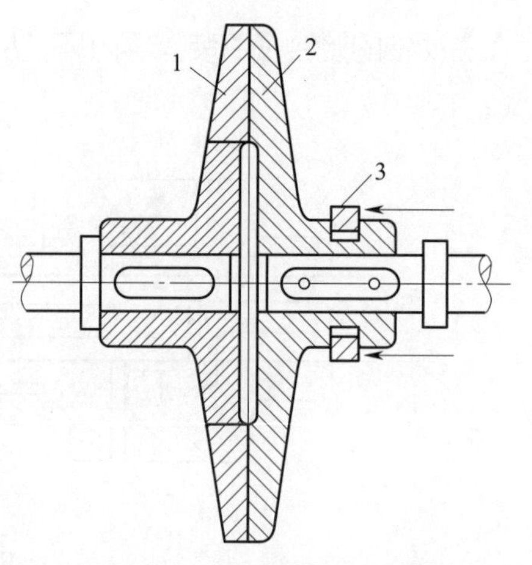

图 9–1–4　单片式离合器

1—固定圆盘　2—活动圆盘　3—离合操纵滑环

4. 超越离合器

超越离合器是通过主、从动部分的速度变化或旋转方向的变化，具有离合功能的离合器。图 9–1–5 所示为滚柱式超越离合器，由空套齿轮 1、星轮 2、滚柱 3、顶销 4 和弹簧 5 等组成。外圈外轮廓通常为齿轮，空套在星轮上。在星轮的 3 个缺口内，各装有 1 个滚柱，每个滚柱被弹簧、顶销推向由外圈与星轮的缺口所形成的楔缝中。当外圈以慢速逆时针方向回转时，滚柱在摩擦力的作用下，被楔紧在外圈与星轮之间，这时外圈通过滚柱带动星轮以慢速逆时针方向同步回转。

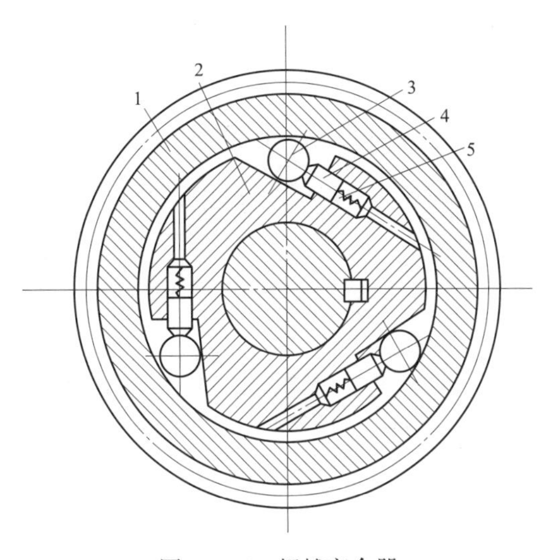

图 9-1-5 超越离合器

1—空套齿轮 2—星轮 3—滚柱 4—顶销 5—弹簧

在外圈以慢速逆时针方向回转的同时，若轴由另外一个运动源（如电动机）带动快速作同方向回转，此时由于星轮的回转速度高于外圈，滚柱从楔缝中松回，使外圈与星轮脱开，按各自的速度回转而互不干扰。当电动机不带动轴快速回转时，滚柱又被楔紧在外圈与星轮之间，使轴随外圈作慢速回转。

三、离合器的安装要求与安装方法

1. 牙嵌离合器的安装要求与安装方法

（1）装配技术要求

1）接合或分开动作要灵敏，能传递设计的转矩，工作平稳、可靠。

2）接合子齿形啮合间隙要尽量小，以防止旋转时产生冲击。

（2）安装方法

如图 9-1-1 所示牙嵌离合器的装配方法如下：

1）将接合子 1、3 分别装在轴上，接合子 3 与从动轴和键之间能轻快滑动，接合子 1 要固定在主动轴上。

2）将导向环 4 安装在结合子 1 的孔内，用螺钉紧固。

3）把从动轴装入导向环 4 的孔内，再装拨叉。

2. 圆锥摩擦离合器的安装要求与安装方法

圆锥摩擦离合器是指用圆锥面组成摩擦副的离合器，它具有结构简单、结合平稳、安全可靠等特点。其结构如图 9-1-6 所示，它利用内、外锥面的紧密结合，把主动齿轮的运动传给从动齿轮。当手柄 1 处于图示位置时，手柄 1 通过套筒将带有内锥的齿轮 3 与带有外锥的齿轮 4 压紧，接通运动；当向下扳动手柄 1 时，内、外锥面在弹簧作用下脱开，切断运动。这种离合器为常开式离合器。

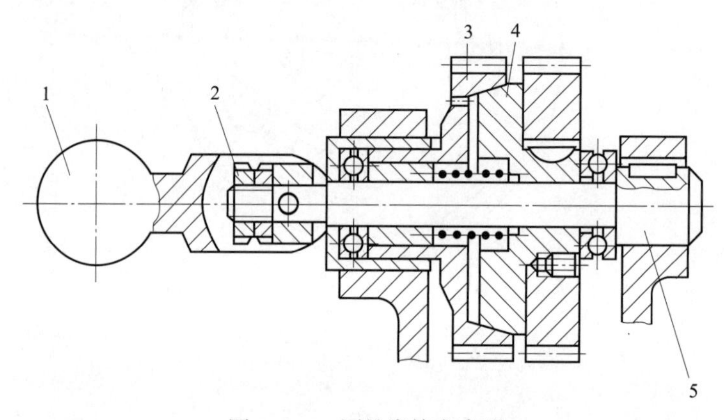

图 9-1-6 圆锥摩擦离合器

1—手柄 2—螺母 3—带内锥的齿轮 4—带外锥的齿轮 5—可调节轴

（1）圆锥摩擦离合器安装要求

1）工作可靠，使用寿命长；

2）有足够传递扭矩的能力；

3）接合平稳柔和，分离迅速彻底。

（2）圆锥摩擦离合器装配方法

1）两圆锥面接触必须符合要求，用涂色法检验时，其斑点应均匀分布在整个圆锥表面上，如图 9-1-7 所示。若接触斑点靠近锥底或靠近锥顶，都表示锥体的角度不正确，可通过刮削或磨削方法来修整。

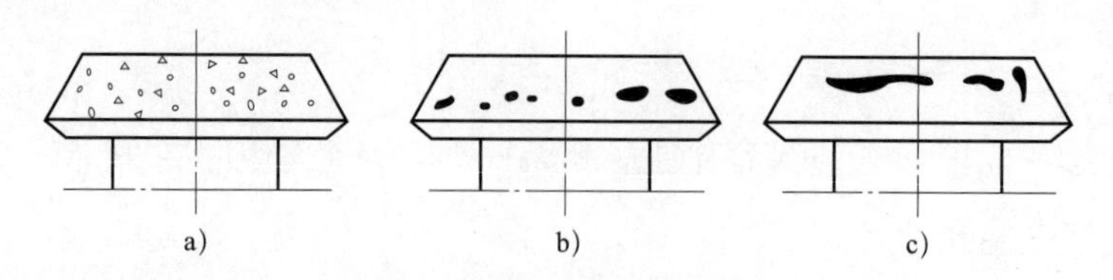

图 9-1-7 锥体涂色检查

a）均匀分布（正确） b）靠近锥底（不正确） c）靠近锥顶（不正确）

2）两圆锥面接合时要有足够的压力把两锥体压紧，断开时应完全脱开。其压紧行程可通过螺母 2 来调整。

四、技能训练——双向多片式摩擦离合器的安装与调试

现通过 CA6140 型车床主轴箱内双向多片式摩擦离合器装配来学习离合器的装配方法。

1. 双向多片式摩擦离合器的基本结构与工作原理

（1）基本结构

如图 9-1-8 所示为 CA6140 型车床主轴箱内的双向多片式摩擦离合器，它由多片内、外摩擦片间隔排叠，内摩擦片经花键孔与花键轴连接，随花键轴一起转动；外摩擦片空套在主轴上，其外圆有四个凸齿，卡在空套齿轮套筒部分的四个缺口槽中。此双向多片式摩擦离合器可以实现车床主轴的正转、反转、停止三个动作切换。

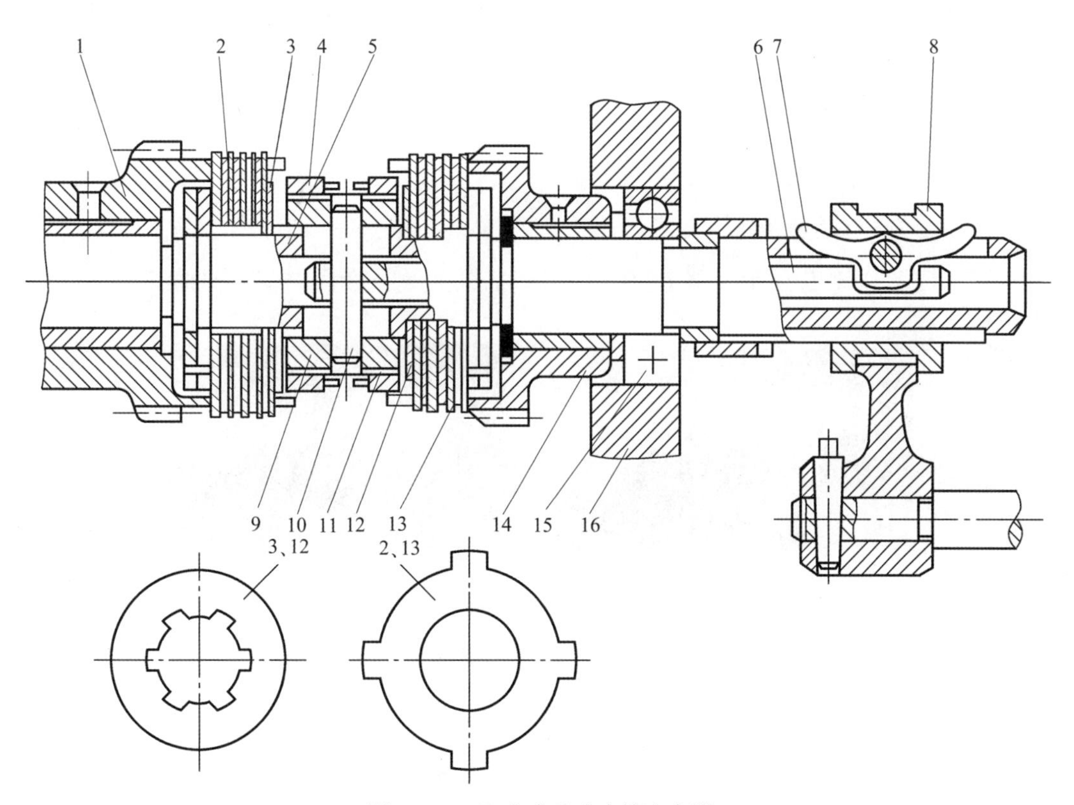

图 9-1-8　双向多片式摩擦离合器

1—正转空套齿轮　2—正转外摩擦片　3—正转内摩擦片　4—正转压套　5—花键轴　6—拉杆　7—元宝键　8—滑环　9—螺圈　10—销钉　11—反转压套　12—反转内摩擦片　13—反转外摩擦片　14—反转空套齿轮　15—轴承　16—机架

（2）工作原理

1）主轴正转。滑环 8 向右移动时，元宝键 7 绕支点向右摆动，元宝键 7 下端带动拉杆 6 向左移动，拉杆 6 左端固定销钉 10 使得螺圈 9 及正转压套 4 左移并压紧左边的一组正转内摩擦片 3、正转外摩擦片 2，通过摩擦片间摩擦力，将转矩由花键轴 5 传给正转空套齿轮 1，再由正转空套齿轮 1 将转矩传递下去，最终使得机床主轴正转。

2）主轴反转。滑环 8 向左移动时，元宝键 7 绕支点向左摆动，元宝键 7 下端带动拉杆 6 向右移动，拉杆 6 左端固定销钉 10 使得螺圈 9 及反转压套 11 右移并压紧右边的一组反转内摩擦片 12、反转外摩擦片 13，通过摩擦片间摩擦力，将转矩由花键轴 5 传给反转空套齿轮 14，再由反转空套齿轮 14 将转矩传递下去，最终使得机床主轴反转。

3）主轴停止。滑环 8 不移动，内、外摩擦片松开，套筒齿轮停止转动，机床主轴也停转。

2. 双向多片式摩擦离合器的安装

装配中以花键轴为装配基准件。

（1）拉杆与螺圈组件的安装

1）如图 9-1-9 所示，将螺圈套上花键轴，保证螺圈销孔与花键轴腰孔对齐。

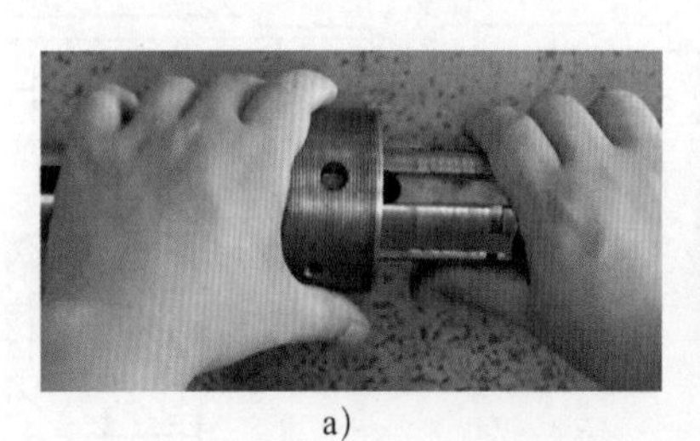

a）

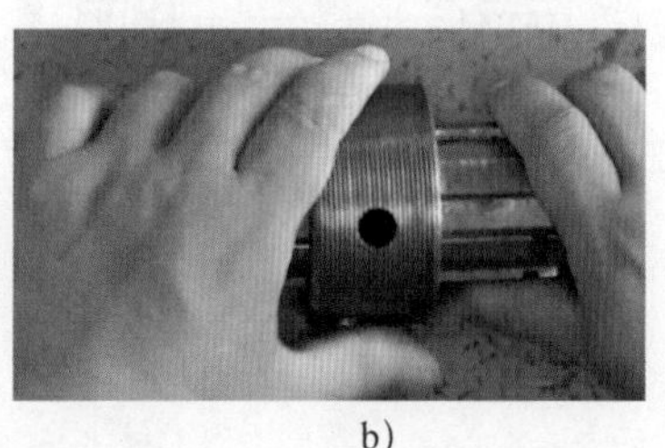

b）

图 9-1-9　螺圈安装

a）螺圈套入进行中　b）螺圈套入结束时

2）如图 9-1-10 所示，在花键轴孔内装入拉杆，保证拉杆销孔、螺圈销孔、花键轴腰孔三孔轴线共线；如图 9-1-11 所示，将圆销插入销孔，用铜棒将其敲击至合适位置，保证螺圈与拉杆固定，且只能在花键腰孔范围内活动。

（2）压套组件的安装

1）如图 9-1-12 所示，将弹簧放入弹簧销内，并一同放入螺圈的弹簧销孔内。

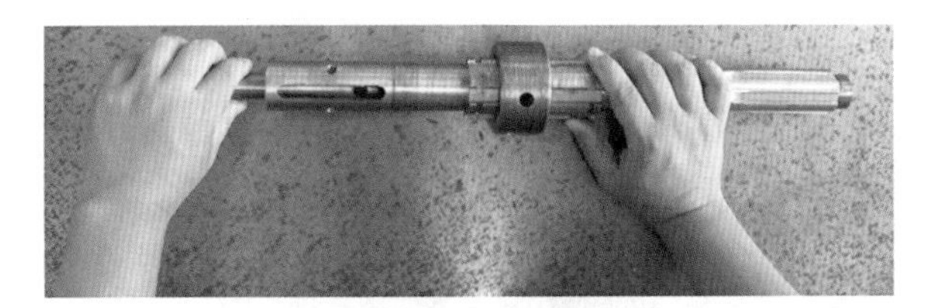

图 9–1–10　装拉杆

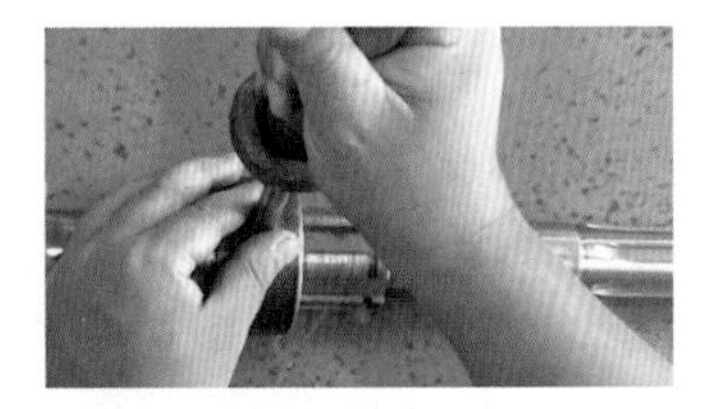

图 9–1–11　安装圆销

a）

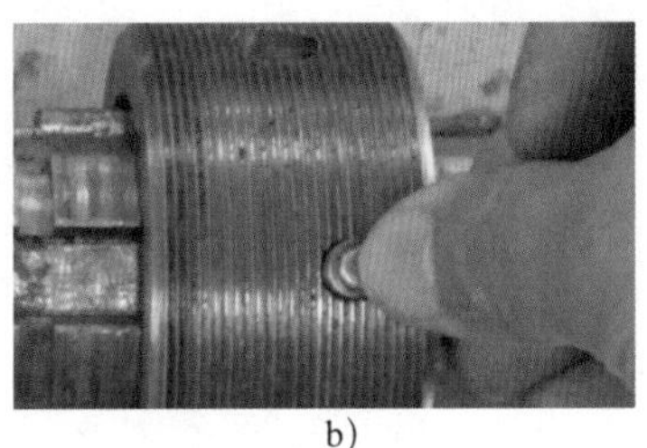

b）

图 9–1–12　弹簧销安装

a）安放弹簧　b）放入螺圈的弹簧销孔

2）如图 9–1–13 所示，一手按压弹簧销，一手旋转正转压套，将正转压套装于圆螺母上。按照正转压套安装方法安装反转螺母。注意：防松正、反转螺母开口朝向弹簧销，离合器装配结束时可以通过正、反转螺母来调整摩擦片间隙。

（3）摩擦片组件的安装

1）如图 9–1–14 所示，将第一片正转内摩擦片内凸齿对准花键凹槽，套装在花键上，使得它与正转压套贴面；如图 9–1–15 所示，将第一片正转外摩擦片空套在花键上，使得它与第一片正装内摩擦片贴面。依次相间装入剩余正转内摩擦片和正转外摩擦片。按照同样方法，再次安装完成反转摩擦片组合。

图 9–1–13　压套安装

图 9–1–14　内摩擦片安装

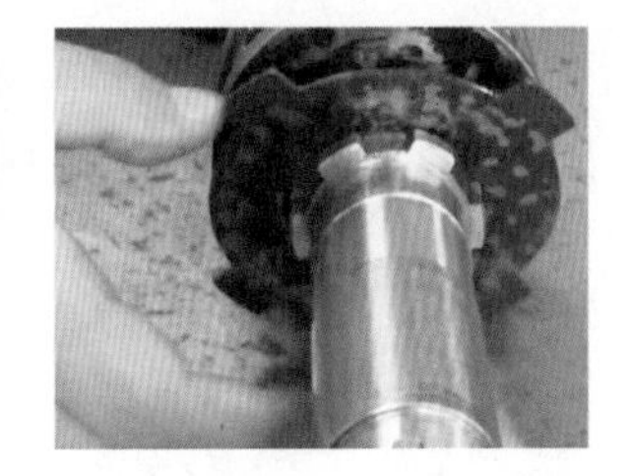

图 9–1–15　外摩擦片安装

2）如图 9–1–16 所示，将第一片正转止推片装至花键轴上相应槽中（图 9–1–16a），并将正转止推片顺时针或逆时针转过 30°，使得正转止推片凸花键与花键轴上的凸花键对齐（图 9–1–16b），起到止推作用；如图 9–1–17 所示，将第二片正转止推片装至花键轴上相应槽中。用螺钉紧固两片止推片。

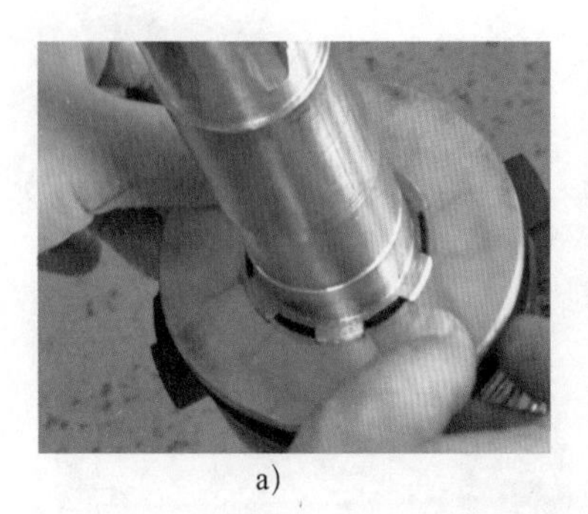
a)

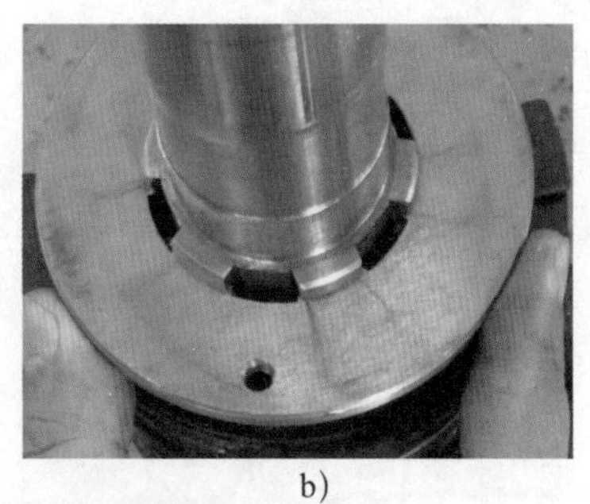
b)

图 9-1-16　止推片定位

a）套入花键轴　b）旋转 30°

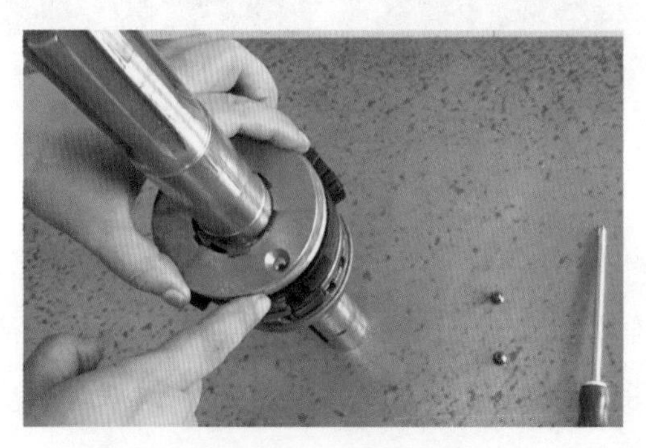

图 9-1-17　止推片固定

3）按照步骤 1）、2）方法安装反转摩擦片和止推片。

（4）空套齿轮组件安装

1）如图 9-1-18 所示，将外摩擦片外圆的四个凸齿对准空套齿轮套筒部分的四个缺口槽中，用压入机安装两个空套齿轮组件。

2）如图 9-1-19 所示，在轴承安装轴颈处涂润滑油，用压力机装配正转空套齿轮外的轴承；如图 9-1-20 所示，用卡簧钳将轴承挡圈装入槽内，固定轴承。

图 9-1-18　安装空套齿轮组件

图 9-1-19　安装轴承

图 9-1-20　安装轴承挡圈

（5）元宝键安装

如图 9-1-21 所示，用铜棒敲击销钉，将销钉穿进花键轴、元宝键、拉杆的销孔，以完成元宝键安装。

图 9-1-21　元宝键安装

3. 双向多片式摩擦离合器调试

在安装完成后，按照 CA6140 型车床主轴箱内双向多片式摩擦离合器工作原理对其三个动作进行调试。

（1）反转

如图 9-1-22 所示，用手指拨动元宝键，使其绕支点向左摆动，固定左侧正转空套齿轮，旋转花键轴，调试反转空套齿轮转动。

（2）正转

如图 9-1-23 所示，用手指拨动元宝键，使其绕支点向右摆动，固定右侧反转空套齿轮，旋转花键轴，调试正转齿轮转动。

图 9-1-22　反转调试

图 9-1-23　正转调试

（3）主轴停止

元宝键不动，旋转花键，正、反套筒齿轮停止转动。

摩擦离合器种类多样，但装配方法类似。装配时注意摩擦片间隙要适当，如果间隙过大，不能传递足够动力，内、外摩擦片会打滑，摩擦片容易发热、磨损；如果间隙太小，摩擦片不易脱开，甚至可能被烧坏。

思考与练习

1．尝试采用图表的方式归类离合器的分类。

2．简述 CA6140 型车床主轴箱内的双向摩擦离合器的工作原理。

3．完成 CA6140 型车床主轴箱内的双向摩擦离合器的安装操作，并归纳安装操作步骤及操作注意事项。

课题 2 制动器的安装与调试

学习目标

1. 能简述几种常用制动器的结构特点及应用。
2. 能叙述安装调试制动器的要求。
3. 能熟练完成制动器的安装与调试。

一、常用制动器的类型、结构特点及应用

1. 块式制动器

如图 9-2-1 所示，块式制动器主要由刹车块 1、刹车鼓轮 2、杠杆 3 组成。它利用一个或多个刹车块，依靠杠杆作用，加压于刹车鼓轮上，由两者间的摩擦力产生制动作用。

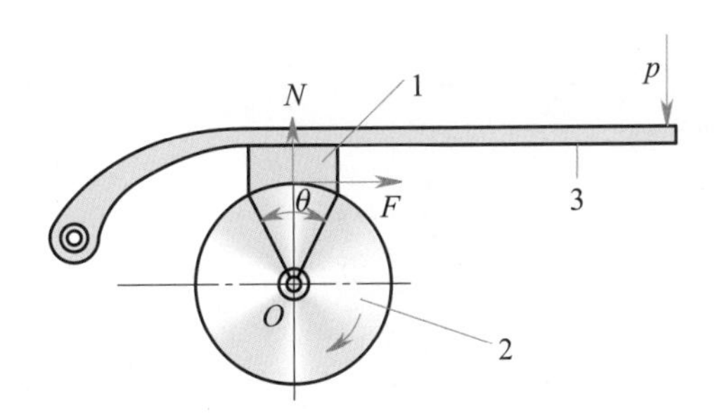

图 9-2-1 块式制动器

1—刹车块 2—刹车鼓轮 3—杠杆

2. 带状制动器

图 9-2-2 所示为带状制动器，主要由制动轮 1、制动带 2 和杠杆 3 组成。制动轮用平键与轴连接，在其外缘圆周上包一条内衬橡胶（或石棉、皮革、帆布等）

材料的制动钢带。当杠杆 3 受外力 P 作用时，收紧制动带，通过制动带与制动轮之间的摩擦力实现对轴的制动。

带状制动器结构简单，制动效果好，容易调节，但磨损不均匀，散热不良。

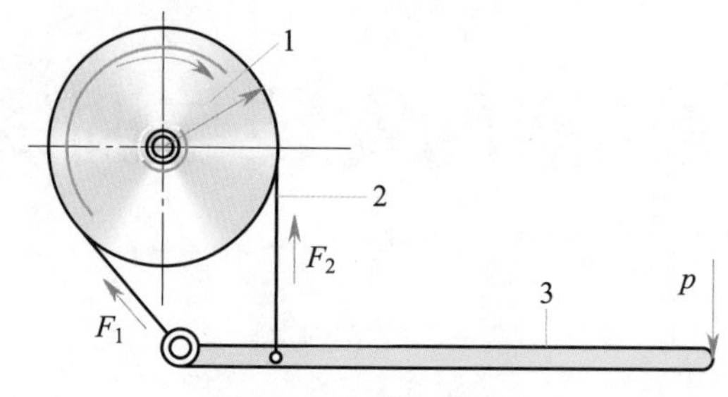

图 9-2-2　带状制动器

1—制动轮　2—制动带　3—杠杆

3. 鼓式制动器

主要用于汽车的刹车，因操作力产生方式的不同，可分为气压操作式、机械操作式和液压操作式三种。图 9-2-3 所示为液压鼓式制动器，主要由总油缸 6、分油缸 2、刹车块 4、制动轮 3 等零部件构成。它利用液压油缸活塞推动刹车块压紧制动轮，利用刹车块与制动轮之间的摩擦力制动。

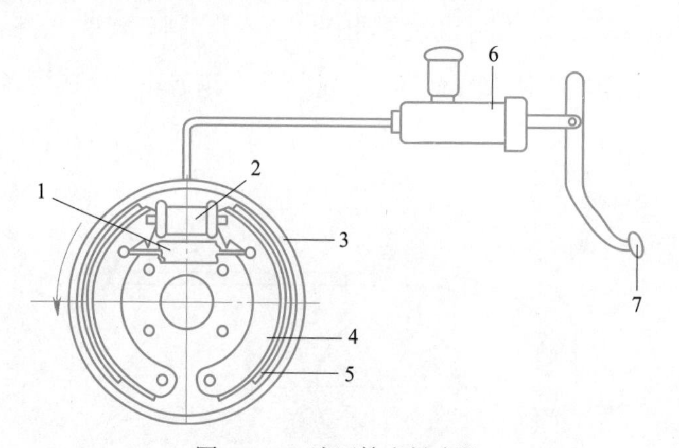

图 9-2-3　液压鼓式制动器

1—复位弹簧　2—分油缸　3—制动轮　4—刹车块　5—摩擦衬片　6—总油缸　7—制动踏板

4. 盘式制动器

盘式制动器结构如图 9-2-4 所示，盘式制动器是由盘形闸 7、支架 10、油管 3 和 4、制动器信号装置 8、螺栓 9、配油接头 11 等组成。盘形闸 7 由螺栓 9 成对地拧紧在支架 10 上，每个支架上可以同时安装多对盘形闸。

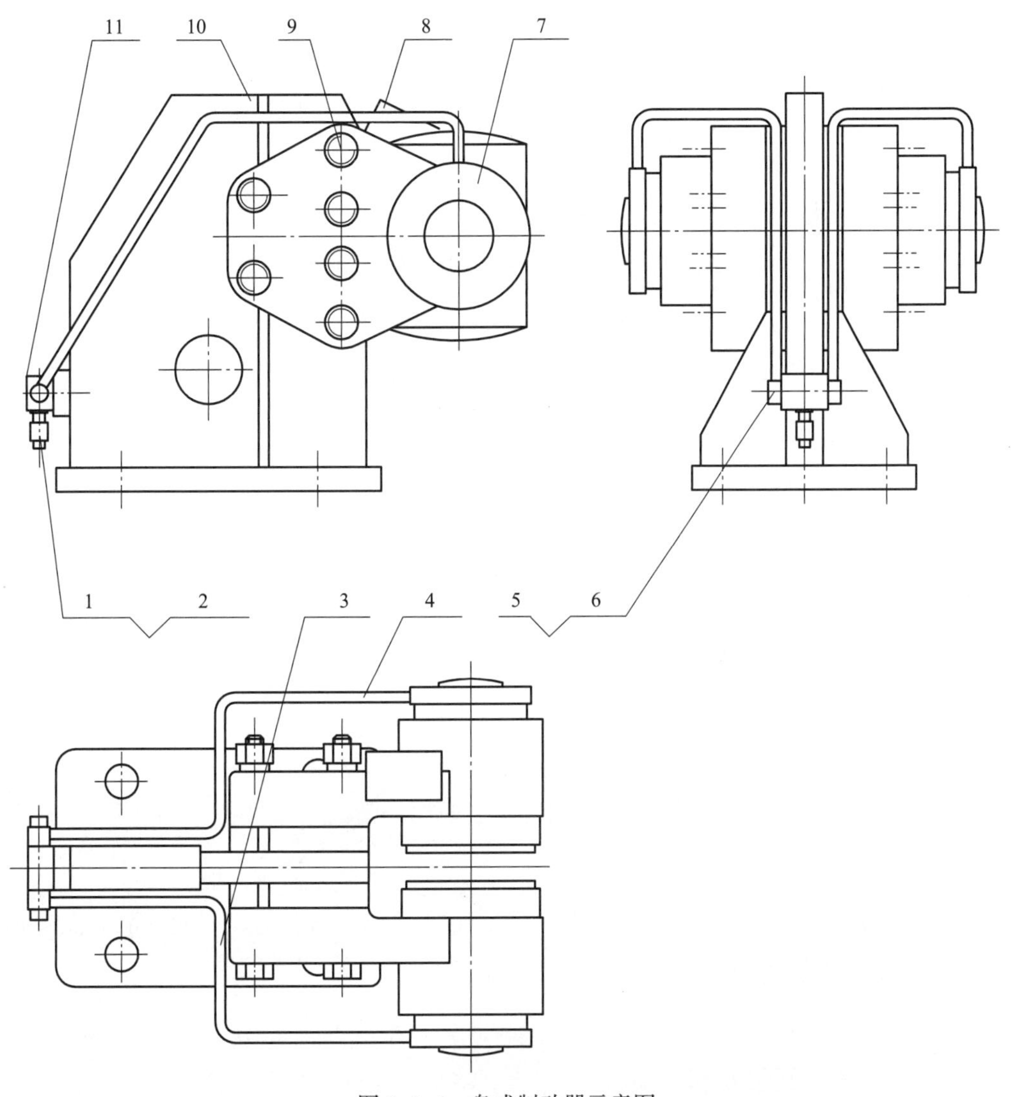

图 9-2-4　盘式制动器示意图

1、5—管接头　2、6—组合密封垫圈　3、4—油管　7—盘形闸　8—制动器信号装置

9—螺栓　10—支架　11—配油接头

二、技能训练——盘式制动器的装配

1. 盘式制动器的装配要求

（1）闸瓦的两个大平面应刮平，再进行装配，并使闸瓦与滑套贴合面完全贴合，以确保闸瓦与闸盘各处间的压力均匀。

（2）盘式制动器的油管、盘形闸油缸及油道、活塞等应洁净，表面不得存在碰伤等。

（3）检查闸盘端面偏摆量，其值不得大于设计图样要求。

（4）同一个盘式制动器的支座两侧面与制动盘的制动面距离的偏差不得大于0.5 mm，制动器支座两侧面与制动盘的制动面不平行度不得大于0.2 mm。

（5）各盘式制动器的制动油缸对称中心线水平面与主轴轴线应在同一水平面内，其偏差不得大于 ±3 mm。

（6）在闸瓦与制动盘全接触的情况下，实际的平均摩擦半径不得小于设计的平均摩擦半径。

（7）制动器支座与制动盘外缘的间隙不得小于 5 mm。

2. 盘式制动器的装配

（1）在盘式制动器装配前，必须对制动器与液压站、油路管道、制动器的油管、盘形闸的油缸及油道、活塞等进行仔细清洗，不允许油路系统中有金属粒、杂质等存在，并防止油缸各滑动表面碰伤。

（2）盘式制动器与液压站的连接油管等必须用 20% 的盐酸溶液洗涤，然后用30% 的石灰水冲洗，最后用清水洗净，干燥后涂上清洁的相应液压油后才能安装和使用。

（3）油管、管接头焊接后或更换新的油管时，应按上一条的方法处理后才能安装使用。

（4）清洗制动盘，使制动盘的制动面显出金属光泽后吹干除尽清洗剂，任何油污和防锈剂都将大大减少制动力矩。

（5）将盘形闸 7 牢固地装在支架 10 上，用力矩扳手检查盘形闸 7 与支架 10 连接螺栓，并拧紧到图纸所要求的力矩为止。将整个装置安装就位并应符合安装规范及相关要求后，拧上地脚螺栓，但不要拧死。

（6）将各盘式制动器装置接上相应油管，使盘式制动器与液压站相连。

（7）将其后部碟形弹簧预压螺栓完全拧紧，确保碟形弹簧预压力，否则制动力将大大降低，影响制动性能。

（8）调整闸间隙。

（9）降低油压到空载时的压力使制动块紧紧抱住闸盘，并反复动作三次以上检查安装位置是否正确，并做相应调整。

（10）拧紧地脚螺栓并检查安装位置是否变化，如有变化要查明原因并重新调整。

（11）安装好后将垫铁组各垫板定位焊在一起，然后二次灌浆。

（12）做负荷试验。

思考与练习

1. 简述块式制动器的结构特点及应用。
2. 叙述安装调试制动器的要求。
3. 熟练完成制动器的安装与调试，并归纳操作步骤及注意事项。

模块十
机械传动中的动态测量及控制

设备检查是对机械设备的运行情况、工作精度、零部件的磨损和腐蚀程度进行检查和检验，通过检查，及时发现和查明故障隐患，针对检查中出现的问题，提出改进和维护措施。

工作精度是指设备在工作中，即受力运行的状况下，设备综合精度的反映。它不仅反映静态几何精度，还反映了动态传动精度、设备的刚度、振动等指标。而在机械传动中，振动、噪声及温度都是在测量过程中随时间不断变化的，其变化值对传动精度影响较大，因此在机械传动中要做好动态测量及控制。

课题 1
机械传动中振动的测量及控制

学习目标

1. 熟悉机械传动设备产生振动的基本原因。
2. 了解常用的振动检测仪器，并能正确使用。
3. 掌握设备运转时振动的检测方法。
4. 掌握消除或减小振动的方法。
5. 能使用测振仪检测振动，并进行振动诊断。
6. 能对旋转体进行平衡。

振动是一种普遍存在的物理现象，人们利用它做一些有用的工作，如利用机械振动进行筛选、时效处理等。同时振动又存在不利的一面，它影响机械设备的工作精度，降低工作可靠性，加速机械失效，甚至造成事故。振动产生的噪声也危害人类的健康。因此，对工作机械的振动应控制在允许的范围内。

一、振动的基本类型及产生原因

1. 自由振动

自由振动是由外力突然变化或外界冲击等原因引起的，它是迅速衰减的，一般影响很小。

2. 强迫振动

强迫振动是一种由于外界周期性干扰力的作用而引起的不衰减振动，如图 10-1-1 所示。当安装在简支梁上的电动机以 ωt 的角速度旋转时，假如由于电动机转子不平衡而产生离心力 F，则 F 沿 Z 方向的分力 F_z（F_z=$F\sin\omega t$，其中 t 是时间），就是该梁的外界周期性干扰力。在这一干扰力的作用下，简支梁将做不衰减的稳定振动，这种振动就是强迫振动。

强迫振动的振源可来自机械的内部，称机内振源；也可来自机械的外部，称机外振源。

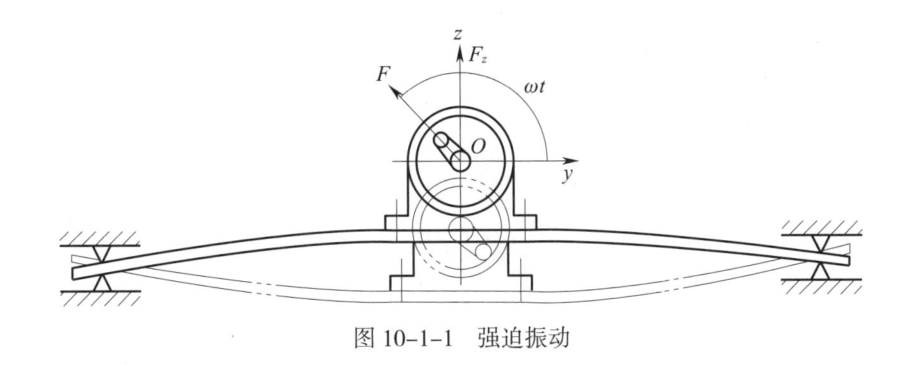

图 10–1–1　强迫振动

（1）机内振源

1）各个电动机的振动，包括电动机转子旋转不平衡引起的振动及电磁力不平衡引起的振动。

2）机械中回转零部件的不平衡，例如砂轮、带轮、旋转轴的不平衡引起的振动。

3）运动传递过程中引起的振动，如齿轮啮合时的冲击、带轮的不圆及带厚薄不均引起张紧力的变化、滚动轴承滚子尺寸形状误差，使运动在传递过程中产生了振动。

4）往复部件的冲击。

5）液压传动系统的压力脉动。

6）切削时的冲击振动，切削负荷不均所引起切削力变化而导致的振动等。

（2）强迫振动的主要特点

1）在外界干扰力的作用下产生，但振动本身并不能引起干扰力的变化。

2）不管振动系统本身的固有频率如何，强迫振动的频率总是与外界干扰力的频率相同。强迫振动的振幅大小在很大程度上取决于干扰力的频率与系统固有频率的比值。当这一比值等于或接近于 1 时，振幅将达到最大值，这种现象称为“共振”。

3）强迫振动的振幅大小还与干扰力、系统刚度系数及其阻尼系数有关。干扰力越大，刚度系数及阻尼系数越小，则振幅越大。

3. 自激振动

自激振动是按照系统的固有频率进行的不衰减的振动。自激振动之所以能维持不衰减，是由于振动过程中本身能够引起某种力的周期性变化，而这种力的变化，反过来又使振动系统周期性地获得能量补充，从而弥补了振动时由于阻尼作用所引起的能量消耗，如钟表的摆、电铃、电子电路中的振荡器以及拉胡琴时弦的振动。在机械切削加工中也会出现自激振动。自激振动的特点如下：

（1）自激振动是一种不衰减的振动，振动本身能引起某种力的周期性变化。而振动系统能通过这种外力的变化，从不具备交变特性的能源中周期性地得到能量补充，从而维持这个振动。外部的干扰有可能在最初触发振动中起作用，但它不是产生这个振动的直接原因。

（2）自激振动的频率等于或接近系统的固有频率，也就是说，由振动系统本身的参数所决定，至于振动的幅值，也和这些参数直接有关。

（3）自激振动能否产生以及振幅的大小，取决于每一振动周期内系统所获得的能量与所消耗的能量的对比情况。当振幅为某一数值时，如果所获得的能量大于所消耗的能量，则振幅将不断增大。相反，如果获得的能量小于所消耗的能量，振幅将不断地减小。振幅增加或减小一直到所获得的能量等于所消耗的能量为止。如果振幅为任意数值时，所获得的能量都小于消耗的能量，则自激振动根本就不可能产生。由此可见，减弱或消除自激振动的根本途径是尽量减少振动系统所获得的能量，以及增加它所消耗的能量。

二、常用的振动测量仪器

常用的振动测量仪器多种多样，大致可分为三大类。

1. 速度型传感振动仪

速度型传感振动仪，主要是磁电速度计。这是一种接触式传感器，它适用于测量不平衡、不对称、松动接触等引起的低频振动。用它测量振动位移可以得到稳定的数据，主要用于测量轴承壳体等的振动，由于输出信号直接与被测物的振动速度成正比，所以称之为速度型传感器振动仪，磁电速度计的核心是磁电传感器。图 10-1-2 所示为磁电传感器的结构示意图，其工作原理如下。

钢制圆柱形壳体 1 中有和壳体相连的高磁能永久磁铁 5，磁铁中间小孔内有心轴 6，心轴两端分别以圆形薄膜弹簧片 3、8 支撑在壳体中，且两端分别连有工作线圈 4 和阻尼环 7。测量时，传感器接触或固定于被测的轴承上，振动通过顶杆 9 传到外壳，由于支撑弹簧片很软，其固有频率很低，当振动频率高于支撑弹簧片的固有频率一定范围后，由线圈阻尼环和心轴组成的可动部分保持静止不动，这样线圈就与外壳产生相对运动，使线圈切割磁力线而产生感应电压。感应电压的大小与线圈切割磁力线的速度成正比。通过引出线将感应电压引出，输送到测振仪的电路中去，经过电子放大器将信号放大，通过测振仪的指针在荧光屏上显示出来，有条件的则通过记录设备把信号记录下来。

2. 涡流式位移轴振动仪

这是一种非接触式测量相对位移的振动仪，用它来测量轴振动时，传感器端部与轴之间要保持一定的间隙，所以也称为非接触式位移传感器。一般将传感器安装在轴承座上，测轴和轴承座之间的相对位移，对于高速重大设备，必须直接监测轴的振动，在大型风机、压缩机、发电机组设备上，都装有这类测头。图 10-1-3 所示为目前使用的涡流式位移传感器示意图及其工作原理图。

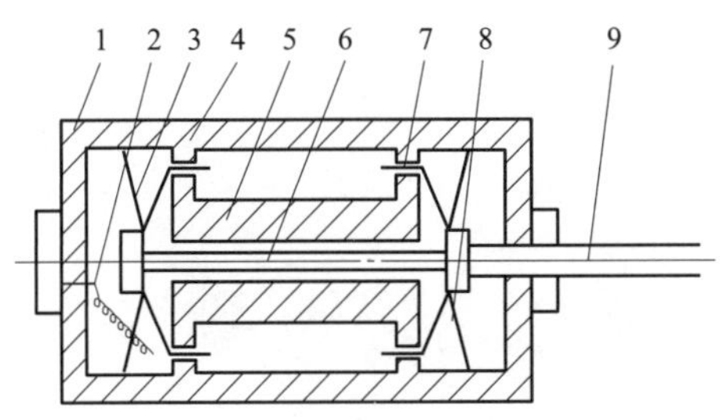

图 10-1-2　磁电传感器结构示意图

1—圆柱形壳体　2—引出线　3、8—圆形薄膜弹簧片　4—工作线圈　5—永久磁铁　6—心轴　7—阻尼环　9—顶杆

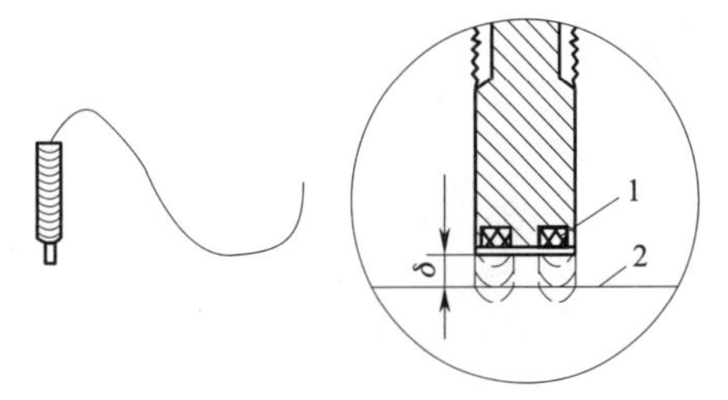

图 10-1-3　涡流式位移传感器示意图

1—电感线圈　2—轴表面

其工作原理如下：传感器端部是一个电感线圈 1，当线圈 1 通入高频电流后，线圈产生磁场，并使附近的轴表面 2 感应出涡电流。此涡电流的产生，使线圈的电感值发生变化，结果使线路的输出电压改变。当被测轴的尺寸、材料确定后，输出电压随传感器与轴之间的距离 δ 变化而变化，而轴的振动使 δ 改变，因此测得电压值就可以测得振动的位移值。

涡流式位移传感线圈的高频电流由振动仪供给，它的信号必须输入振动仪，振动仪指示出振动位移值。

3. 加速度型传感器振动仪

加速度型传感器也是接触式传感器，主要用来测量齿轮、轴承等引起的振动。传感器的输出信号直接与被测物体的振动加速度成正比。加速度型传感器不仅能测低频振动，也能测中、高频振动，通过电子回路积分还能测振动速度和振动位移，所以应用较广泛。

三、振动的测量

振动的测量首先是要测出振动的基本参数，其中最重要的是振动位移、速度和加速度中任意一种的时域波形，其他参数（频率、相位等）是在这个被测出的原始信号基础上导出的。

1. 测量轴承振动

用磁电传感器在轴承上测量振动时，测量点的位置必须正确选择。一般应选择反映振动最为直接和灵敏的位置。例如，测量轴承垂直方向的振动值时，应选择轴承宽度中央的正上方为测量点；测量轴承水平方向的振动值时，应选择轴承宽度中央的中分面处为测量点；测量轴承轴向的振动值时，应选择轴承轴线附近的端面处为测量点，如图 10-1-4 所示。

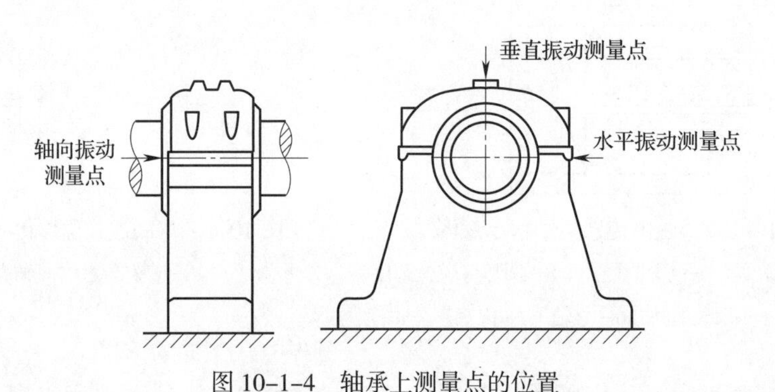

图 10-1-4　轴承上测量点的位置

在振动检测过程中，传感器必须和被测物紧密接触。如果在水平方向上产生滑动或者在垂直方向上脱离接触，都会使检测结果严重失真，记录无法使用。通常使用的固定方法有螺钉连接固定、蜂蜡固定、胶合固定、绝缘连接固定和磁铁连接固定等。

2. 测量轴振动

如图 10-1-5 所示为涡流式位移传感器测量轴振动和轴向位移。

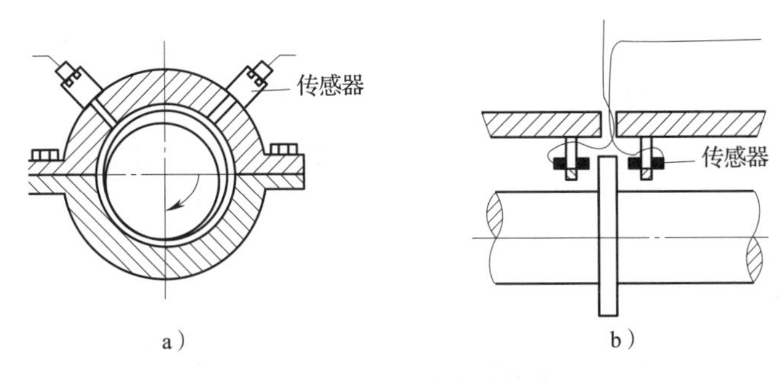

图 10-1-5　涡流式位移传感器

a）测量轴振动　b）测量轴向位移

传感器与轴表面间的距离通常为 1 ~ 1.5 mm，太大则超出了传感器的测量范围，太小则容易损坏传感器的端部。

位移传感器都是安装在轴承壳上的，由于轴承本身工作时也有振动，所以测量的轴振动是相对于轴承的振动，而不是相对于大地的振动。

应用位移传感器测量轴振动时，对轴的被测表面处的要求是：有较高的几何精度，较小的表面粗糙度值和均匀的金相组织，否则会引起测量中的机械电气误差，影响测量结果的准确性。

四、消除或减小振动的方法和途径

1. 减少或消除振源的激振力

（1）对回转零件进行仔细的平衡。

（2）减小往复运动的冲击。

（3）提高零件的加工精度，如带轮的圆度等。

2. 提高装配精度

如减小主轴与滑动轴承的间隙，提高齿轮的装配质量等。

3. 隔振

（1）将机外振源隔离起来。

（2）在机床的主要振源之一——电动机与设备的连接处用橡皮或其他柔性块来隔离振动。

（3）液压泵最好与机床分离开，并用软管连接，以防液压驱动引起的振动。

4. 提高系统的刚度及阻尼

当强迫振动处于系统某个固有频率的共振区时，最好的办法是改变强迫振动频率，使它远离系统的固有频率，例如更换不同转速的电动机，改变带轮尺寸使主轴转速改变等。如果改变强迫振动频率存在困难，那么就要在结构上采取措施，使固有频率与强迫振动频率接近的那些部件的刚度和阻尼得到提高，例如刮研接触面、调整镶条的松紧程度、加强连接刚度等。

5. 改变工艺参数

对金属切削加工时，车削和镗削容易出现自激振动，其根本原因是振动过程中引起了切削力的变化。因此，减小径向的切削分力以及阻止刀具“啃”入工件等诸多因素，如加大刀具的主偏角、减小后角或使切削刃适当钝化都可减弱或消除振动。切削中产生宽而薄的切屑时，极易产生振动，因此应改变切削深度和进给量，避免出现该种切屑。在铣削时，由于切削过程是不连续的，往往会出现强迫振动，其频率等于每秒切入工件的刀齿数。此外，在每个铣刀刀齿切削过程中，有时还伴随有自激振动。因此，可通过改变刀具转速或机床结构，避开机床共振频率及其倍数，增加刀具齿数，减小切削用量以减小冲击力，设计不等距铣刀等方法来减弱和消除振动。磨削是精密加工，防止和减小振动是个很重要的问题，但磨削过程中的振动问题比其他切削加工中的振动问题更为复杂，一般是强迫振动，但自激振动也时常出现，可试用下列方式：对特定的工件材料，选择软硬合适的砂轮；采用合理的切削参数如减小磨削宽度及减小砂轮切入速度以减小磨削力；减小工件速度和增大砂轮速度以提高砂轮与工件的速比；增大切削液流量及压力或用超声波冲洗砂轮以避免砂轮堵塞；增大工艺系统的刚度和阻尼等。

6. 使用减振器和阻尼器

对于使用中的机床，在机床上采取措施往往是有限度的。当使用上述各种方法均得不到预期效果时，便应考虑使用减振器和阻尼器。减振器的基本原理是通过附加的一个振动系统使动柔度减小且吸收一定的振动能量，使振幅减小。减振器可分为动力式减振器和冲击式减振器。阻尼器的基本原理是通过阻尼的作用把振动的能量变成热能消散掉而达到减小振动的目的。阻尼越大，减振的效果越好。阻尼器可分为固体摩擦阻尼器、液体摩擦阻尼器和电磁阻尼器。

五、技能训练

1. 使用测振仪检测振动

振动分析对机械传动来说极其重要，通过分析可以找出振动来源，判别机械传动存在的故障，以便进行抑制和消除。在机械行业中，对旋转机械状态的检测，使用最多的故障诊断仪器是测振仪，如图 10-1-6 所示。

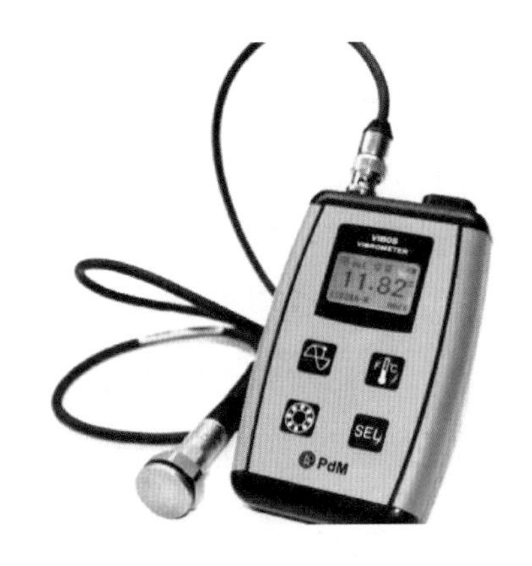

图 10-1-6　测振仪

（1）使用测振仪检测振动的步骤

1）了解测量对象，收集相关资料。在测量设备状态之前应该充分了解诊断对象的结构参数、运行参数和设备本身的状况等。

2）确定测量方案，找出系统中可能的振动来源。

①测点的选择。应满足下列要求：a. 测点要尽可能靠近振源，对振动反应敏感，减少信号在传递途中的能量损失。b. 有足够空间放置传感器。c. 符合安全操作要求，由于现场振动测量是在设备运转状态下进行，所以必须保证人身和设备的安全。

②测量单位的选择。通常按下列原则：低频振动（<10 Hz）采用位移测量；中频振动（10 ~ 1 000 Hz）采用速度测量；高频振动（>1 000 Hz）采用加速度测量。对大多数机器来说，最佳诊断参数是振动速度，因为它是反映振动强度的理想参数。在选择测量参数时必须与采用的判别标准所使用的参数相一致，否则判断状态时将无据可依。

3）测定系统的工作速度。

4）进行振动测量。如没有特殊情况，每个测点须测量水平（H）、垂直（V）和轴向（A）三个方向，测量数据最好用表格做好详细记录。

5）分析测量数据，判别振动状态，找出主要振源。

6）测量结论和处理意见。弄清设备实际运行状态，做出诊断结论，并提出处理意见：继续运行或是停机修理。

测振仪一般与速度传感器、加速度传感器、位移传感器联用，用来测量轴承和轴振动。传感器称为一次仪表，测振仪称为二次仪表。

（2）使用注意事项

1）测振仪要与速度传感器、加速度传感器、位移传感器等一次仪表联用，才能发挥其作为二次仪表的作用。

2）在与一次仪表联用时，一定要保证一次仪表的测点选择正确，否则将影响测量结果。

3）在与位移传感器联用时，轴的被测表面要有较高的几何精度、较小的表面粗糙度和较均匀的材料金相组织。否则会产生机械或电气上的障碍，从而影响测量精度，甚至无法实现测量。

2. 旋转体的平衡

机床设备中存在不少高速旋转的零部件，如带轮、飞轮、叶轮、砂轮以及主轴部件等。这些回转构件统称为转子。由于这些零件的材质密度不均匀、本身形状对旋转中心不对称、加工或装配产生误差等原因，其径向各截面上将存在不平衡质量（通常称为原始不平衡质量），从而导致转子的重心与旋转中心发生偏移。当转子转动时，它的不平衡质量会产生一个离心力。

由于转子的不平衡质量而产生的离心力，随着旋转周期性地改变着方向，因此旋转中心的位置无法固定，从而引起机械振动，导致设备的工作精度降低，轴承等有关零件的使用寿命缩短，同时噪声增大，严重时还会引发事故。

为了保证设备的运转质量，即使转速较高或直径较大的转子的几何形状完全对称，也应在装配前进行平衡试验，以避免出现不平衡的倾向，保证达到一定的平衡精度。

（1）回转构件不平衡的种类

转子不平衡可归纳为两类，即静不平衡和动不平衡。

1）静不平衡。转子在径向各截面上有不平衡质量，而这些不平衡质量所产生的离心力合力通过转子的重心，因此不会引起使旋转轴线倾斜的力矩，这种不平衡就是静不平衡（图 10-1-7a）。在静止时，在重力作用下静不平衡的转子的不平衡质量会自然地处于铅垂线下方。在旋转时，不平衡离心力只会使转子产生垂直于旋转轴线方向的振动。

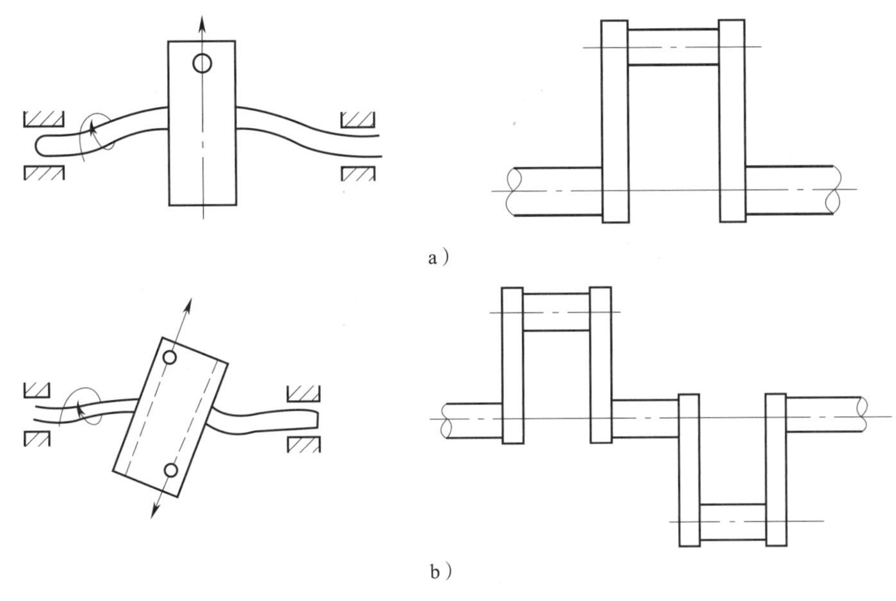

图 10–1–7 不平衡的种类
a）静不平衡 b）动不平衡

2）动不平衡。转子在径向各截面上有不平衡质量，且这些不平衡质量所产生的离心力将形成不平衡转矩。所以，转子不仅会发生垂直于轴线方向的振动，而且还会发生使旋转轴线倾斜的振动，这种不平衡就是动不平衡（图 10–1–7b）。

（2）回转构件的平衡方法

回转构件的静不平衡可用静平衡法予以解决，而动不平衡则必须用动平衡法才能消除。

1）静平衡法。静平衡法只能平衡旋转重心的不平衡，而无法消除不平衡转矩。因此，静平衡法一般只适用于长径比较小（如盘状转子）或长径比较大但转速不太高的转子。

静平衡法的实质是要确定转子上不平衡质量的大小和相位（在圆周上的方位）。

静平衡试验可在静平衡支架或静平衡机上进行。静平衡支架的导轨有圆柱形、棱形等，如图 10–1–8 所示。支撑面必须坚硬（50 ~ 60 HRC）、光滑（表面粗糙度值小于 *Ra*0.4 μm），且具有较好的直线度（公差小于等于 0.05 mm）。两个支撑面在水平面内必须相互平行（平行度误差小于 1 mm），并严格找正至水平位置（水平度误差小于 0.02 mm/1 000 mm），这样才能使转子在滚动时有较高的灵敏度，以保证静平衡能达到较高的精度。

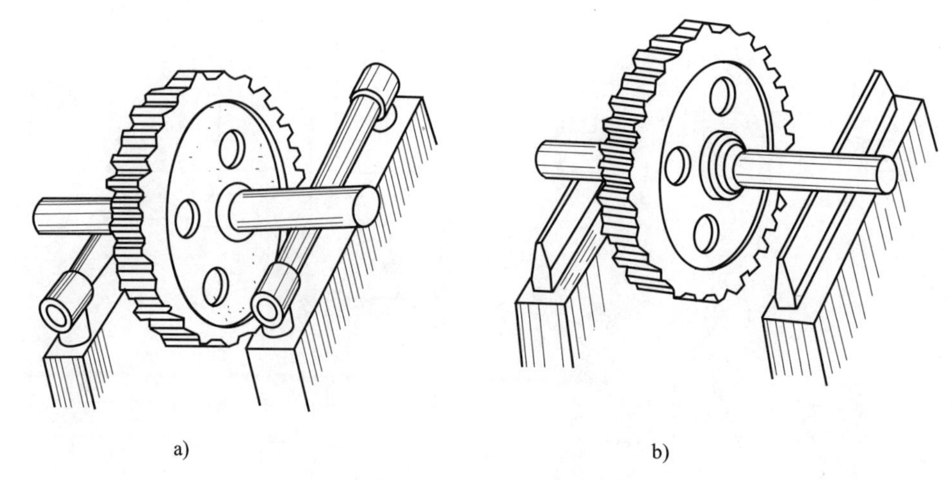

图 10-1-8 静平衡支架

a）圆柱形导轨式 b）棱形导轨式

静平衡法的具体工作步骤如下：

①将待平衡的转子装上心轴，然后放在静平衡支架上。用手轻推一下，使其自由转动。待转子自动静止后，在转子的正下方做一个记号。重复转动若干次，验证所作记号的位置。如果记号的位置不变，则此方向即为不平衡质量所在的相位，如图 10-1-9 所示。

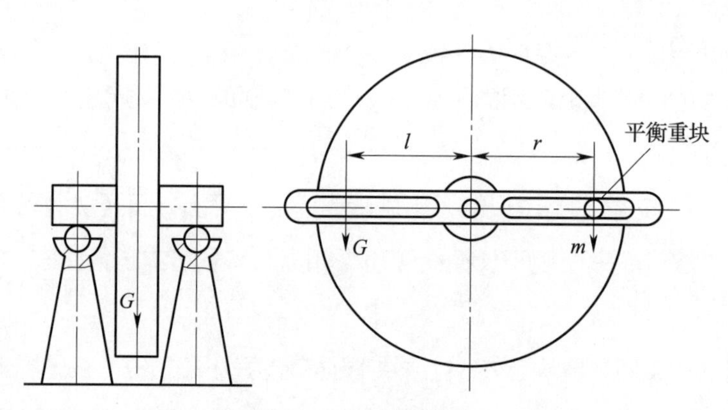

图 10-1-9 静平衡法

②在与记号相对的部位贴上一定质量的橡皮泥，使橡皮泥的质量 m 对旋转中心产生的力矩恰好等于不平衡质量 G 对旋转中心产生的力矩，即 $mr=Gl$。这样，便可使转子获得静平衡。去掉橡皮泥，在橡皮泥所在部位加上相当于不平衡质量 m 的平衡重块，或在不平衡质量所在相位去除一定质量（因不平衡质量 m 的实际径向位置不知道，需按力矩平衡原理算出）。至此，转子的静平衡工作就完成了。此时，转子

应在任意角度都能在静平衡支架上停留下来。

静平衡法主要是增、减质量法。增质量法：如铆、焊、喷镀、胶接、旋上螺钉、装上垫圈、装上铅块或铁块等；减质量法：如钻孔、铣削、刨削、偏心车削、打磨、抛光、激光熔化金属等。

2）动平衡法。长径比较大或转速较高的转子通常都要进行动平衡试验。动平衡试验在转子被驱动旋转时进行。转子应在高于它的工作转速下实现动平衡。

动平衡试验包含了静平衡试验，不仅可以平衡不平衡质量所产生的离心力，而且可以平衡离心力所产生的转矩。但是，在动平衡试验前应该先进行静平衡试验，以消除较显著的静不平衡，防止动平衡试验中因转子振动过大而损坏设备的事故。

对于任何不平衡的转子，都可将其不平衡质量的离心力分解到两个任意选定的与轴线垂直的平衡校正平面上。因此只需在两个校正平面上进行平衡校正，就能使不平衡的转子获得动平衡。

在动平衡机上，把被平衡的转子按其工作状态安装在动平衡机的轴承中。当转子旋转时，由于其原始不平衡质量而产生的离心力造成动平衡机轴承座振动，通过仪器测量轴承座的振动值（大小和相位），便可确定在校正面上需要增减的平衡质量的大小和相位。这样，经过反复几次的驱动、测量和增减平衡质量，转子可逐步实现动平衡。

3. 振动的诊断

机床设备在运转中，不管转动部分平衡有多好，都会出现振动量和振动波形的变化。当机床设备发生异常时其振动量和振动波形也会发生异常变化，用测试仪器对振动和振动源进行检测和分析，是振动法诊断的主要内容。

（1）振动的三个基本量的应用

频率、振幅和相位是振动的三个基本参数，振动的三个基本量是频率、振动值和相位差。它们的应用如下：

1）频率。它是单位时间内完成振动（或振荡）的次数或周数，用于判断某个零件引起振动的原因。

2）振动值。它是振动精度标准，用于判断设备的劣化程度。

3）相位差。它是由振动频率或振动值的变化来判定的振动基本量。

（2）振动信号的分类、特征及图形（表 10–1–1）

表 10–1–1　振动信号的分类、特征及图形

信号种类	信号特征	信号图形
周期信号	按一定的时间周期重复出现的信号	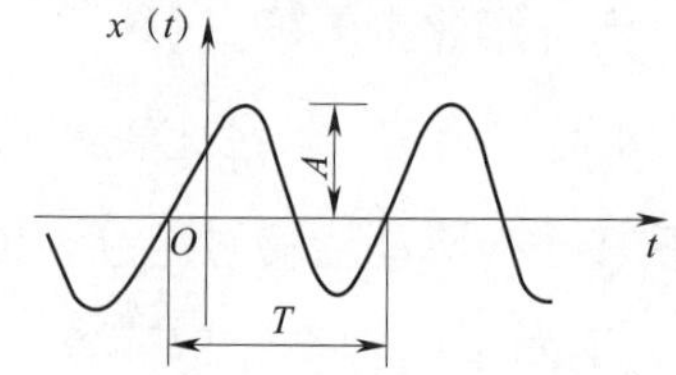 a） 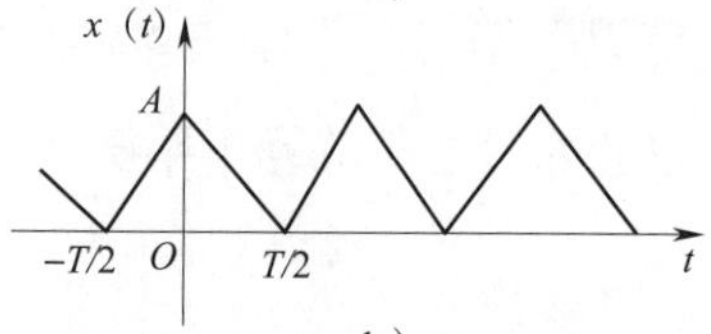 b）
瞬时信号	在突加载荷下产生的信号	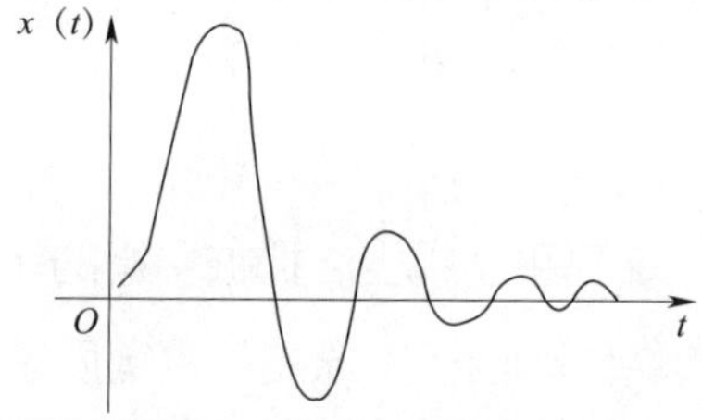
随机信号	其幅值、形状、峰值都是杂乱的	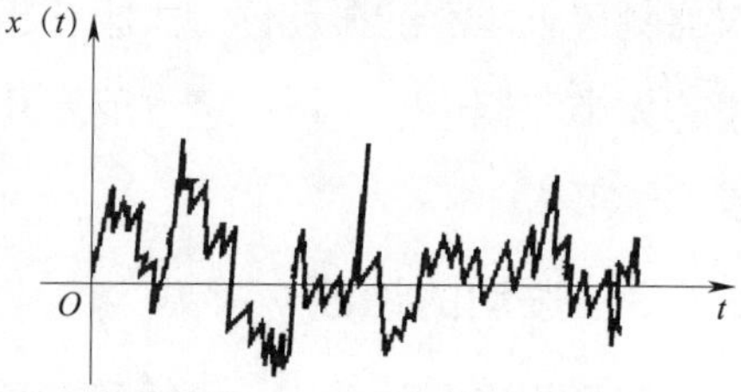

（3）振动的简易诊断与精密诊断（表 10–1–2）

表 10–1–2　振动的简易诊断与精密诊断

诊断类型	简易诊断	精密诊断
诊断目的	1. 对设备的劣化进程进行监视 2. 指出设备早期出现故障的事实	1. 了解故障产生的部位及严重程度 2. 指出故障产生的原因，预测发展 3. 作为预知维修的依据
对信号检测与处理的程度	在设备的适当部位测量总（合成）的振动参数，一般在时域中进行	将在时域中测得的总振动参数在频域中进行谱分析，求出各峰值所对应的频率
常用的测试仪器	应用便携式简易测振仪，或由传感器、放大器、测振仪（记录装置）等通用仪器组成的测振系统	传感器、放大器、记录装置、分析仪器，或在放大器后直接连接分析仪器进行在线分析

续表

诊断类型	简易诊断	精密诊断
评价与判断的方式	绝对判断、相对判断或类比判断	将谱分析后所得结果与典型故障的振动特征（首先是频率特征）进行对比、分析得出结论，或采用其他时域或频域分析方法
执行者与场地	熟练检修工人在现场进行	专门工程技术人员在现场进行，有时需在实验室中进行分析

（4）振动诊断的方法

通常先使用便携式测振仪进行简易诊断，若判断出现异常，再进行精密诊断，以找出其故障原因。诊断的过程如图 10-1-10 所示。

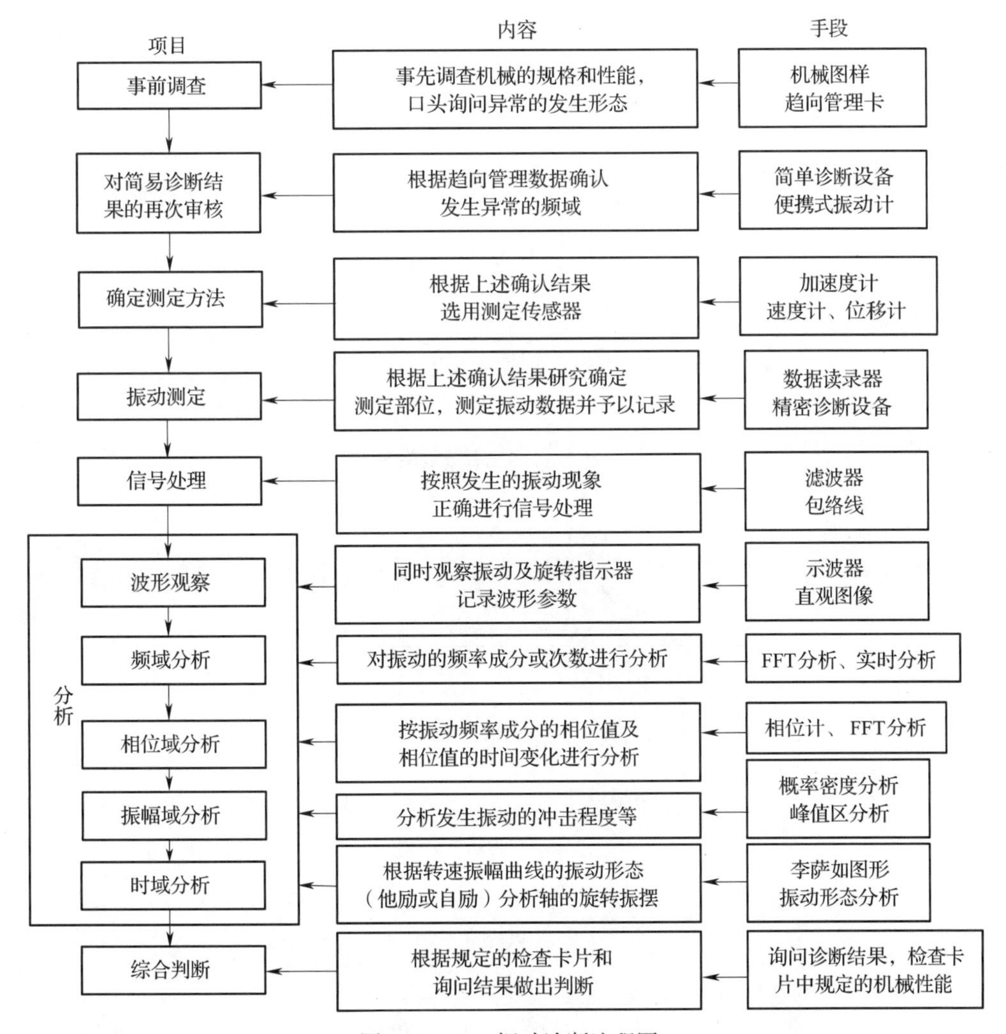

图 10-1-10　振动诊断流程图

精密诊断需要以多方面对异常情况进行分析，对收集的振动数据也需进行多项（频率、相位、振幅、时间等）分析，最大限度地测定振动的异常性质。按图实施的振动分析内容和典型实例见表 10-1-3。

表 10-1-3　振动分析

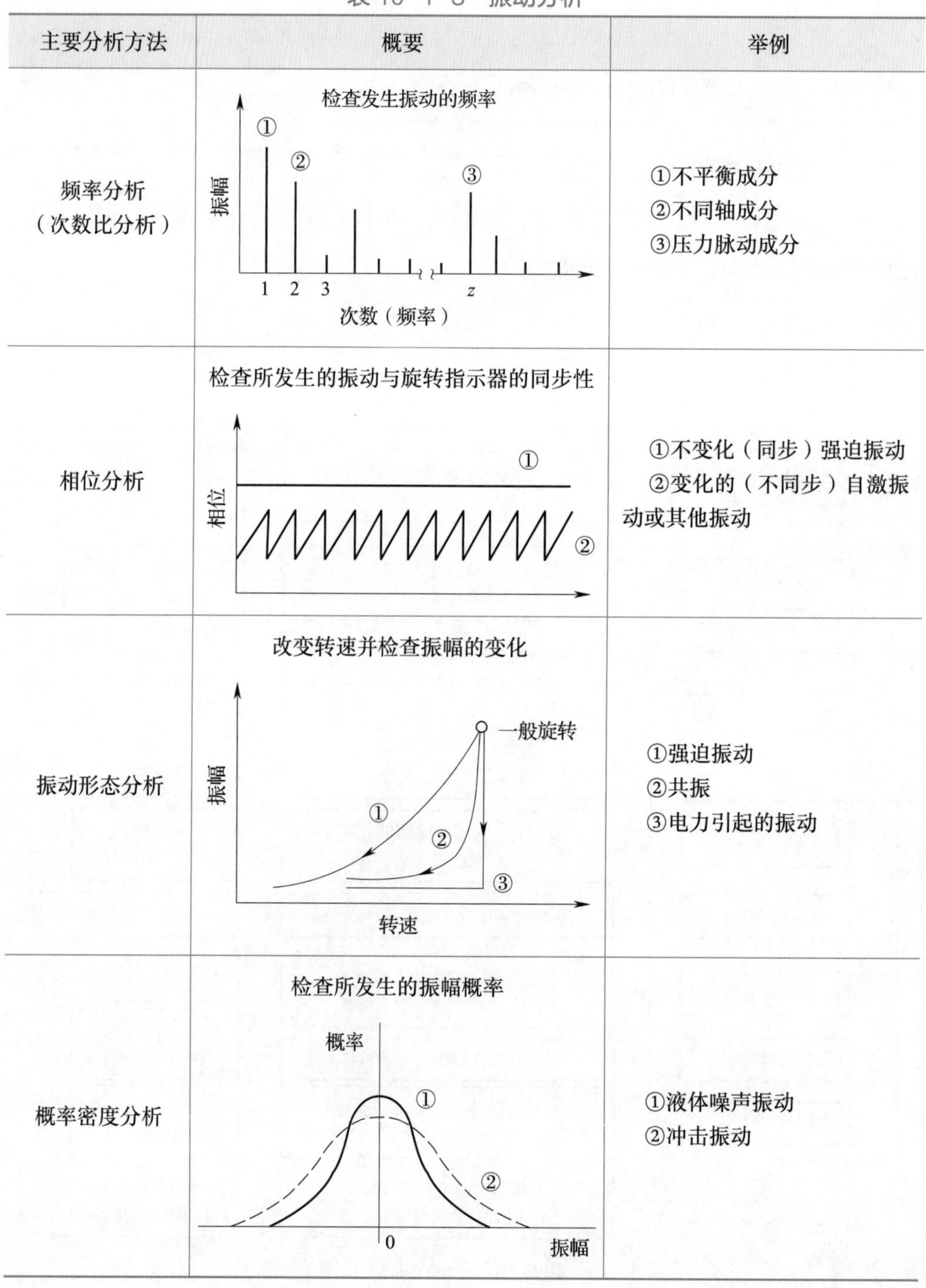

主要分析方法	概要	举例
频率分析（次数比分析）	检查发生振动的频率 振幅；①②③；1　2　3　z；次数（频率）	①不平衡成分 ②不同轴成分 ③压力脉动成分
相位分析	检查所发生的振动与旋转指示器的同步性 相位；①②	①不变化（同步）强迫振动 ②变化的（不同步）自激振动或其他振动
振动形态分析	改变转速并检查振幅的变化 振幅；一般旋转；①②③；转速	①强迫振动 ②共振 ③电力引起的振动
概率密度分析	检查所发生的振幅概率 概率；①②；0；振幅	①液体噪声振动 ②冲击振动

思考与练习

1. 振动有哪些基本类型？各自有何特点？

2. 常用的振动测量仪器有哪些？应用在何种场合？

3. 试述测量轴承振动和轴振动时需注意的事项。

4. 举例说明消除或减小振动的方法和途径有哪些。

5. 简述测振仪测量振动的步骤，并完成该测试的练习。

6. 高速旋转的零部件为什么要进行平衡？静不平衡与动不平衡有什么区别？简述静平衡的方法。

7. 为何要进行动平衡？动平衡法的工作原理是什么？

8. 完成旋转件平衡的操作练习。

9. 说出振动的简易诊断与精密诊断的区别。

10. 结合实践，简述振动诊断的过程。

课题 2
机械传动中噪声的测量及控制

学习目标

1. 了解噪声的基本概念。
2. 熟悉机械传动中噪声的主要来源。
3. 掌握噪声的测量方法，明确噪声的测量位置、测量环境和测量条件。
4. 掌握降低机械传动噪声的有效方法。
5. 能做好机械噪声的防护措施。
6. 能对噪声源与故障源进行识别。
7. 能用声级计对机械噪声进行测量。

噪声是一类引起人烦躁或音量过强而危害人体健康的声音。从环境保护的角度讲，凡是妨碍人们正常休息、学习和工作的声音，以及对人们要听的声音产生干扰的声音，都属于噪声。从物理学的角度讲，噪声是发声体做无规则振动时发出的声音。

一、噪声的基本概念

1. 声压和声压级

声音由物体的振动产生，声波作用于物体上的压力称为声压，其单位是 Pa。人耳所能听到的最弱声压为 2×10^{-5} Pa；人耳能听到没有危险的最大声压为 20 Pa。最小声压与最大声压相差 100 万倍，因此用声压值表示声音的大小很不方便，同时也与人耳的实际感觉不相符。于是声学上采用另一物理量—声压级来表示声音的大小。

用声压级来表示人耳能听到的声音范围就小得多了，只是在 0 ~ 120 dB 的范围内。其中 0 dB 表示参考声压级，120 dB 为最大声压级。

2. 响度级及计权网络

人耳对声音的感觉不仅与声音有关，而且还与声音的频率有关。根据人耳的这个特性，引出了一个与频率有关的响度级，单位为“方”。就是选取 1 000 Hz 的纯音作为基准声音，若某个噪声听起来与该纯音一样响，则该噪声的响度级（方）就等于这个纯音的声压级（dB）。例如，某个噪声听起来与声压级 85 dB、频率 1 000 Hz 的标准声音一样响，则该噪声的响度级就是 85 方。响度级是一个主观量，不能直接被仪器测出。声压和声压级则是表示声音的一个客观量，能用仪器直接测出。为了使声音的客观量和人耳听觉主观感受近似地取得一致，在测量噪声的声级计中设置了 A、B、C 三种频率计权网络，使所接受的声音按不同程度滤波，以修正仪器的频率响应，如图 10-2-1 所示。

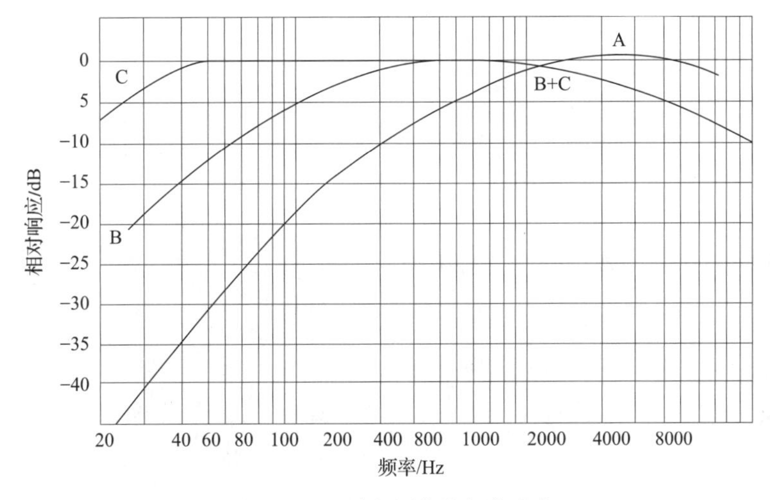

图 10-2-1 计权网络的频率响应

图中 A 网络是模拟人耳对 40 方的响应，它使接收的声音在低频段（500 Hz 以下）有较大的衰减，中频衰减次之，高频不衰减甚至稍有放大。B 网络是模拟人耳对 70 方的响应，它使接收的声音在低频段有一定的衰减。而 C 网络是模拟人耳对 100 方的响应，在整个可听频率范围内有几乎平直的响应，因此 C 网络代表总声压级。

用 A 网络测得的噪声值与人耳对声音感觉较为接近，大量的调查研究表明，评价由宽频带噪声引起的烦恼和所造成的听觉危害程度与用 A 网络测得的声级有较好的相关性。因此近年来在噪声测量和评价中，就用 A 网络测得的声压级来代表噪声的大小，称 A 声级，用 dB（A）表示。

3. 声的频谱

为了解某噪声源的噪声特性，就需要详细地分析各个频率成分和相应的强度，称为频谱特性。在频谱分析中，一般不必也不可能对每个频率成分都进行具体分析。人耳能听到的声音频率范围一般介于 20 ~ 20 000 Hz 之间，有 1 000 倍的变化范围。为测量和分析方便，把宽广的声波频率范围分成几个频段，称频带或频程。对于每一频带或频程都有上、下两个截止频率，上、下截止频率之差就是频带度，简称带宽。由上、下截止频率决定的中间区域称为通带。上、下截止频率比为 2 ：1 的频程，称倍频程，每一倍频程的通带称为倍频带。有时为了得到比倍频程更加详细的频谱，也用 1/3 倍频程，即把一个频率分成 3 份。目前常用的倍频程和 1/3 倍频程的频段见表 10-2-1。以各倍频程的中心频率为横坐标，以测得的倍频带声压级为纵坐标，就可得出倍频程声压级与中心频率的关系图——频谱图（图 10-2-2），据此对噪声进行频谱分析。

表 10-2-1　倍频程和 1/3 倍频程　Hz

频率					
倍频率			1/3 倍频率		
下限频率	中心频率	上限频率	下限频率	中心频率	上限频率
11	16	22	14.1	16	17.8
			17.8	20	22.4
			22.4	25	28.2
22	31.5	44	28.2	31.5	35.5
			35.5	40	44.7
			44.7	50	56.2
44	63	88	56.2	60	70.8
			70.8	80	89.1
			89.1	100	112
88	125	177	112	125	141
			141	160	178
			178	200	224
177	250	355	224	250	282
			282	315	355
			355	400	447

续表

频率					
倍频率			1/3 倍频率		
下限频率	中心频率	上限频率	下限频率	中心频率	上限频率
355	500	710	447	500	562
			562	630	708
			708	800	891
710	1 000	1 420	891	1 000	1 122
			1 122	1 250	1 413
			1 413	1 600	1 778
1 420	2 000	2 840	1 778	2 000	2 239
			2 239	2 500	2 818
			2 818	3 150	3 548
2 840	4 000	5 680	3 548	4 000	4 467
			4 467	5 000	5 623
			5 623	6 300	7 079
5 680	8 000	11 360	7 079	8 000	8 913
			8 913	10 000	11 220
			11 220	12 600	14 130
11 360	16 000	22 720	14 130	16 000	17 780
			17 780	20 000	22 390

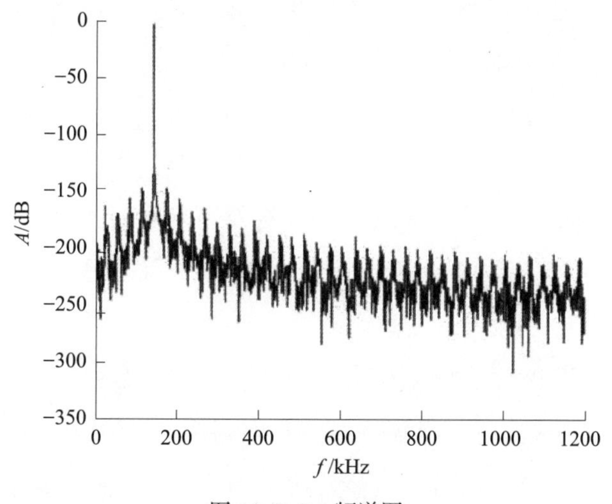

图 10–2–2　频谱图

二、机械传动中噪声的主要来源和测量

1. 机械传动中噪声的主要来源

机械传动中的噪声是伴随着机械振动而产生的，主要有以下几种：

（1）回转运动平衡失调引起振动产生的噪声，如各种螺旋桨、叶轮，以及钻孔、搅拌等工具作用时产生的噪声。

（2）往复运动惯性力冲击引起振动而产生的噪声。如气缸的活塞、曲柄轴的组合运动，刨床、磨床刀具的切削运动等。

（3）撞击引起振动而辐射的噪声。如打桩、破碎等机械撞击。

（4）接触摩擦引起振动而辐射的噪声。如齿轮在旋转时产生摩擦引起振动而产生噪声。

（5）流体引起的噪声。如油泵、液压管道由于流量和压力的波动、液压冲击和空穴现象所产生的噪声，电动机的风扇、砂轮等高速旋转体对空气的搅动而引起的噪声。

（6）振动传递引起机架、机罩、机座、管道等振动而辐射的噪声。有的振动源虽然本身并不产生噪声，但把振动传递给质量轻、辐射面积大或连接松动的部件，却可产生较强的噪声。

2. 机械传动中噪声的测量

（1）噪声测量仪器

噪声测量中最简便、最常用的是便携式声级计。它体积小、质量轻、用电池供电、便于携带，不仅可以单独测量声压级和声级，而且可以和相应的仪器或部件配套进行频谱分析。声级计的外形如图 10-2-3 所示。

声级计一般分普通声级计和精密声级计两种。普通声级计的测量误差约为 ±3 dB，精密声级计约为 ±1 dB。声级计由传声器、放大器、衰减器、频率计权网络及有效值指示表头组成，有的还带有倍频程滤波器组合成测声仪，除了可测量声压级和声级外，还可用来对声音进行频谱分析。

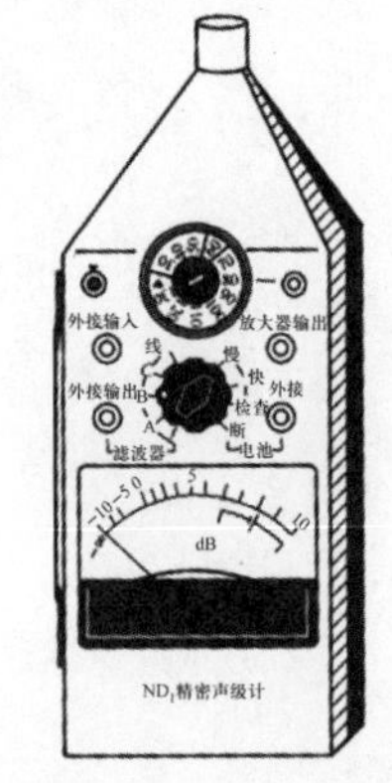

图 10-2-3　声级计外形

声压信号经传声器转换为电压信号，通过放大器放大后，经计权网的处理，表头上可显示分贝值。声级计测得的噪声是经具有三种频率的计权网络处理后得到的。在三种声级即

A 声级、B 声级、C 声级中，因为 A 声级较接近人耳对声音的感觉，所以最常用。声级计的测量范围是 40 ～ 120 dB。

利用声级计的 A、B、C 计权网络测得的声级读数，可以粗略地估计所测得噪声的频率特性：

当 $L_A=L_B=L_C$ 时，噪声在高频段占优势。

当 $L_A < L_B=L_C$ 时，噪声在中频段占优势。

当 $L_A < L_B < L_C$ 时，噪声呈低频特性。

声级计的表头读数为有效值，也叫均方根值。表头阻尼特性分快慢两挡，如果噪声不随时间起伏，则用快挡进行读数。当快挡测量的噪声起伏大于 ±3 dB 时应用慢挡，这时可读出不稳定噪声在一段时间内的平均值。

（2）机械传动噪声测试的目的和内容

测试的目的是按照有关标准检查机械传动的噪声。测量的内容包括以下两个方面。

1）机械传动噪声声压级的测量。新产品鉴定试验，必须进行噪声声压级的测量。对于机械传动，必须按照标准要求检查噪声是否合格。

2）机械传动噪声的频谱分析。通过频谱分析试验，就能得到机械传动噪声的频谱图，从而看出组成机械传动噪声的各个部分，并找出机械传动噪声的主要声源，以便采取措施来控制和降低机械传动的总噪声。

（3）测量方法

1）测量前的仪器准备。以国产 ND2 型精密声级计为例。

①电池供电电压检查。将面板上的开关置于“电池检查”位置，电表指针应指示在电表正常的刻线范围内。

②仪器使用前的示值校正。校正时需使用软件，如产生声压为（124±0.2）dB 的活塞发声器，如图 10-2-4 所示。将仪器的“计权网络”开关置于“线性”位置，将输出衰减器旋钮顺时针旋到底，使旋钮上的两条界线指示线对准面板上的固有指示线，输入衰减器旋钮上 120 dB 刻线对准固定面板指示线，并在两红线之间（图 10-2-5）。将活塞发声器紧密地套在仪器传声器的头上，推动活塞发声器开关至“通”位置，用旋具调节输入放大量“▼”电位器，使电表读数为 +4 dB。关闭并取下活塞发声器，声级计校正完毕。

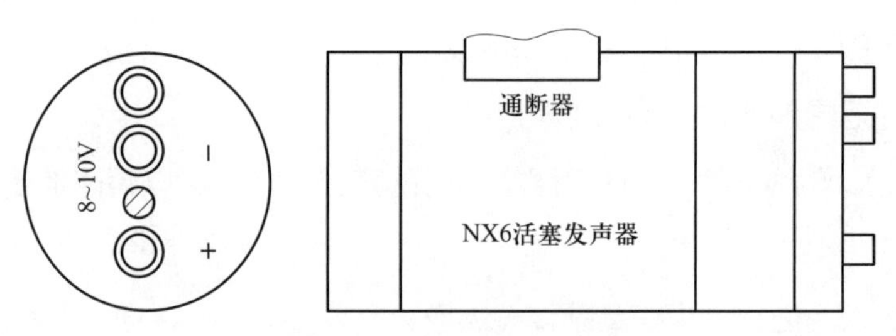

图 10-2-4　活塞发声器外形

2）测量条件规定

①测量环境。为避免反射声的影响，机床周围不应放置任何障碍物，机床应距离墙壁等反射面 3 m 以上。

②测点位置。按目前规定，声级计的传声器应处于距机床外形轮廓 1 m 处的包络线上，其高度为 1.5 m，并正对着声源方向。测点视机床大小而定，一般以每隔 1 m 处定一点进行测量。以各点测量所得的噪声最大值为机床的噪声级。

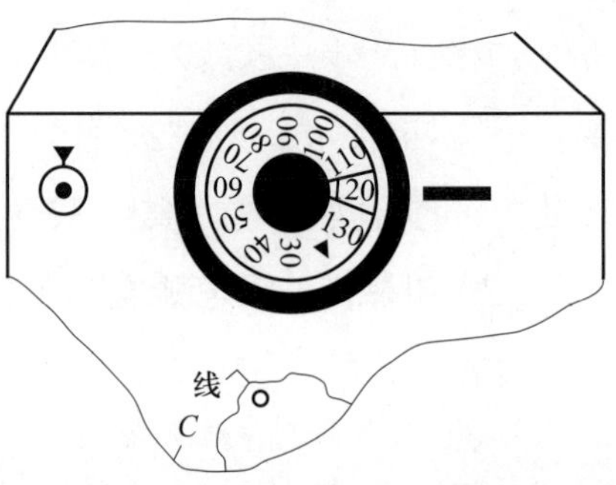

图 10-2-5　仪器示值校正时的旋钮位置

③设备状态。机床噪声的测量一般是在空运转情况下进行，但有时也在有负荷情况下测量。如机床的齿轮箱在负荷时与空运转时的噪声差异很大，为了正确分析噪声源，就必须对机床在负荷运转下测量，并做频谱分析。测量时，主轴转速从低到高逐级运转，各级转速下测得的最大读数值即为机床的噪声级。

3）声压级的测量。使仪器“计权网络”开关指示在“线性”位置，将输出衰减旋钮顺时针旋到底。在测点位置，两手平握仪器两侧，并稍远离人身体，使装于仪器前身的传声器指向被测电源，调节输入衰减器旋钮，使指针适当偏转，由透明旋钮两条界限指示线所指量程加上电表读数值，即为被测声压级。例如透明旋钮两条指示线指示在 90 dB，电表指示为 +4 dB，则声压级为 90 dB+4 dB=94 dB。

4）声级的测量。如上述声压级测量后，使“计权网络”开关放在 A、B 或 C 位置就可以进行声级测量。如此时电表指针偏转较小，则可降低“输出衰减器”的衰减量，以免输入放大器过载。例如，测量某声音的声压级为 94 dB，需测量声级 A，则开关置于 A 位置，电表偏转太小，可逆时针转动输出衰减器透明旋钮，当两条指示线指到 70 dB 时，电表指示 +6 dB，则得声级 A 为 70 dB+6 dB=76 dB。

5）声音的频谱分析。进行声音的频谱分析时，不使用计权网络，将计权网络开关置于“滤波器”位置，并将下部指示中心频率位置的开关分别转至相应位置，就能得到在此倍频程内的声音频谱成分的读数。若此时电表的偏转太小，也不要去改变“输入衰减器”的位置，而应降低“输出衰减器”的衰减量。将各中心频率倍频程内声音的频谱成分分别测出并用坐标表示出来，就成为一条可以对声源进行具体分析的频谱曲线。

三、噪声的测量位置、测量环境和测量条件

1. 测量位置

在确定测量位置时，应考虑到近场误差和反射声波的影响。声源振动能发声，但是振动的能量并没有完全变为声能以声波形式向外传播，有一部分振动能量在声源附近使空气产生扰动，引起空气压强的变化。这部分不作为声音传播的压强变化也被声级计接收，引起测量误差，称为近场误差。

此外，在靠近反射面附近的区域，其声场是直达声与反射声的叠加，形成混响场。在此区域的声压不稳定，波动较大，使声级计测量不准确。因此，在噪声测量之前，应了解在具体测试环境下声源的声场特性。

为了避免反射声波的影响，测点要尽量远离反射面，如高墙、大型装置等，一般应距主要反射面 2 ~ 3 m。

此外，使用声级计时还应注意测量者身体引起的反射，一般采用三脚架支撑声级计，若用手持声级计时，应将前臂尽量伸直或在传声器与声级计之间加用延伸杆。

2. 测量环境

在测量噪声时，会受到周围环境噪声的干扰，导致测量的准确性降低。所以，在现场测量时，应先测定本底噪声。

本底噪声是被测噪声源停止发声时的周围环境噪声。当环境噪声大于或等于被测噪声源时，就不能进行噪声测量。若被测噪声的声压级大于相应的本底噪声 10 dB 以上时，环境噪声的影响可以忽略不计，若相差不到 10 dB 时，则应按表 10-2-2 进行修正，从测得的噪声级中减去修正值，就是机器的实际噪声级。

表 10-2-2　被测噪声源的修正值　dB

被测噪声与本底噪声之差	3	4	5	6	7	8	9	10
修正值	3	2	2	1	1	1	1	0

3. 测量条件

大气压、湿度、风速等对噪声测量也有一定的影响。

（1）大气压主要影响传声器的校准，当大气压改变时，应适当修正读数。

（2）空气的相对湿度对噪声测量也有影响，当潮湿空气进入电容传声器并凝结时，会使电容传声器的极板与膜片产生放电现象，影响测量结果。

（3）当有空气流过传声器时，在传声器吸流一侧产生湍流，因而使传声器的膜片压力产生变化而出现风噪声，风噪声的大小与风速成正比。

（4）风对噪声测量能引起很大的误差，在大风（风速高于 20 km/h）时不能使用声级计，因为此时的被测噪声将被风掩盖。

四、机械传动中降低噪声的方法

1. 降低齿轮噪声

齿轮噪声是由于齿轮啮合时的冲击振动引起的，减小齿轮振动噪声的措施一般有以下几个方面:

（1）提高齿轮的制造精度，主要是提高齿轮的工作平稳性精度、接触精度，减小齿面表面粗糙度值；提高齿轮的安装精度，主要是提高安装时的同轴精度。提高齿轮的刚度，可以提高其固有频率，避免薄壁振动。当齿轮直径一定时，可以用加大齿轮轴向尺寸的方法来提高其刚度。但机床上装配齿轮的轴往往比较细长，刚度较低，如果加大齿部的宽度，轴变形后的倾斜，会产生局部点接触，从而加大噪声。因此，对大而薄的齿轮，可采用增加轮毂轴向尺寸而不增加齿部宽度的方法，如图 10-2-6a 所示。

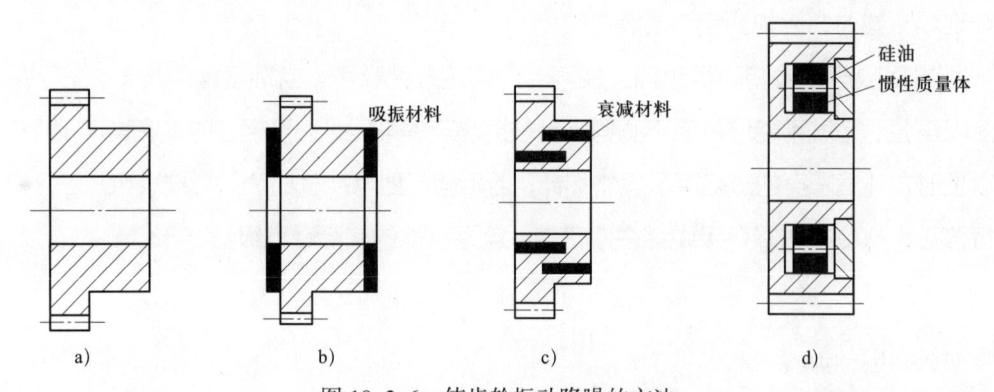

图 10-2-6　使齿轮振动降噪的方法

a）大直径齿轮加厚轮毂　b）涂吸振材料　c）充填衰减材料　d）装入惯性质量和硅油增加阻尼

（2）增加阻尼，比较简单的方法是在齿轮副等噪声辐射表面涂以阻尼材料，例如喷涂含铅量大的巴氏合金（图10-2-6b）。也可以在齿轮端面上环槽内灌注以氨氢酸乙酯橡胶为主要成分的衰减材料（图10-2-6c）。在齿轮内装入可轴向移动的惯性质量体，并将硅油注入空隙处，最后加盖封闭（图10-2-6d），其减振降噪效果较好。

（3）控制产生齿轮噪声的外部因素。保证箱体孔之间的平行度精度，保证传动轴有足够的刚度，对重要的高速齿轮减少甚至消除轴孔和键侧的配合间隙等措施，是控制齿轮噪声外部因素的主要方面。

2. 降低轴承噪声

通常，深沟球轴承的噪声低于同级精度的圆锥滚子轴承。滚动轴承存在间隙会加大噪声，装配时做好轴承的清洁工作，施加预加负荷，短期跑合后再调整，对降低轴承噪声有明显作用。

3. 降低带传动噪声

带是有弹性的，对振动能起到吸收作用。一般情况下，带传动对降低噪声是有利的。但是，如果质量不均匀则有可能成为振动源。因此，平带应尽量选无接头的，必须有接头时应采用不会使接头硬化的胶合剂。使用多根V带时，注意其长度应一致，且松紧要适当。

4. 降低联轴器因装配不良而产生的噪声

弹性联轴器虽然允许被连接的两轴有一定的同轴度误差，但不同轴则是振动产生的原因之一。因此，即使使用弹性联轴器连接的两轴，也应从工艺和安装两方面保证尽可能高的同轴度。

5. 降低箱壁和罩壳的振动噪声

箱壁和罩壳一般有较大面积的薄壁，在其他激振的影响下，往往引起薄壁振动，这是机床噪声的主要来源之一。提高箱体刚度，是降低箱壁和罩壳噪声的有效方法。封闭的齿轮对噪声可以起到屏蔽作用，对降低噪声相当有效。

五、机械噪声的防护措施

噪声是机械制造工业中的重要职业病危害因素之一，应加以有效控制和防护。一定时间、一定强度的噪声会对听力造成永久性损伤。

根据测试和研究，为保护人体健康的噪声卫生标准应是 85 ~ 90 dB（A）。国际标准组织（ISO）的标准为：为保护听力，每天工作 8 h，其允许的连续噪声为 90 dB（A），若允许值提高 5 dB（A），则其工作时间应减少一半。但在任何情况下也不允许超过 115 dB（A）。

从防护来说，一方面可通过改进结构，提高部件的加工精度和装配质量，采用合理的操作方法等来降低声源的噪声发射功率；另一方面可利用声的吸收、反射、干涉等特性，采用吸声、隔声、减振、隔振等技术，以及安装消声器等控制声源的噪声辐射。例如，短期在噪声环境下工作，超过 115 dB 时必须戴上听力保护装置（图 10-2-7）。

图 10-2-7　听力保护装置

六、技能训练

1. 噪声源与故障源识别

噪声监测的一项重要内容就是通过噪声测量来分析和确定机械设备故障的部位和程度。噪声识别的主要方法有以下几种：

（1）主观评价和估计法

经过长期实践的人，有可能主观判断噪声源的频率和位置。此外还可以借助听音器，听那些人耳难以直接听到的部位的声音。这种方法简便易行，主要靠人的实践经验作出判断。

（2）近场的测量法

用声级计在紧靠机器的表面扫描，并从声级计的指示值大小来确定噪声源的部位。由于生产现场多种声音混响，一台大机器上的被测点又是处于机器中其他噪声源的混响场内，所以这种方法只能用于主要发声部位的一般识别或用作精确测定前的粗定位。

（3）表面振速测量法

将振动表面分割成许多小块，测出表面各点的振动速度，然后画出等振速曲线，从而可形象地表达出声辐射表面各点辐射声能的情况以及最强的辐射点。这种方法精度不高，用于周围声学测量环境很差的场合。

（4）频谱分析法

通过测量得到的噪声频谱做纯音峰值的分析，可用来识别主要噪声源。由于纯音峰值频率是数个零部件所共有的，所以要配合其他方法，才能最终判定究竟哪些零部件是主要噪声源。

（5）声强法

采用双通道傅立叶变换分析仪进行测定，由于它的声强探头具有明显的指向特性，所以声强法在近年来发展很快，用声强法做现场的近场测量，既方便又迅速，受到各行业的重视和欢迎。

2. 使用声级计检测噪声

（1）准备测量仪器，ND2 型精密声级计，声级计支架（消除人对测量读数的影响）。

（2）选择计权网络级，一般采用 A 声级。

（3）确定测量仪器的安装位置及设备的测量点。

（4）对设备安装地的测量环境、测量条件进行考察，并分析它们对测量精确度的影响。

（5）本底噪声测定，计算修正值。

（6）设备噪声测定和计算：设备噪声 = 测定噪声值 - 本底噪声修正值。

（7）设备噪声源或故障源的识别。

（8）根据测量结果，制定降低噪声措施。

（9）写出噪声测量分析报告。

使用注意事项：

1）一般应在距声源 1 m、高 1.5 m 处安放仪器。若噪声大或设备危险，可取 5 ~ 10 m 或更远处为测点。若机器很小，测点可选在距声源 10 ~ 50 cm 处。

2）记录时，一定标明测点、测量仪的型号和声源的工作状态。

3）噪声的反射面在距声源 2 m 以上，为避开反射面的影响，测点应远离反射面。此外，还要注意物理环境的影响，如电磁场、振动、温度、湿度及风向等。

思考与练习

1. 试述声压、声压级及响度级的定义，并说出声压、声压级与响度级的区别。

2. A 声级表示何意义？为何常用 A 声级来代表噪声的大小？

3. 试述频谱特性、频程和倍频程的定义。

4. 简述机械传动中噪声的主要来源。

5. 说出常用机械传动噪声测量的仪器应用特点及工作原理。

6. 完成声级计使用的练习。

7. 结合实践，试述噪声测量中对测量位置、测量环境和测量条件的要求。

8. 举例说明降低机械传动中噪声的常用方法。

9. 结合实践，试述噪声源与故障源识别的方法。

10. 使用声级计完成检测噪声的练习，并试述在练习中应注意哪些事项？

课题 3
机械传动中温升的测量及控制

学习目标

1. 了解温度的基本概念。
2. 能说出机械传动中产生温升的主要原因。
3. 熟悉常用温度测量仪特点及工作原理。
4. 掌握温度测量仪的主要技术指标，并能正确合理的选用。
5. 了解红外线热成像技术特点及原理。
6. 能运用红外线热成像仪对机器运行时的温度进行测定。

机械传动过程中，系统会随着时间的推移造成表面温度的上升，而温度会影响到机械传动系统的精度和运动的平稳性，特别是高速且高精度的机械传动，所以控制温升也是调试的主要内容之一。

一、温度的基本概念

1. 温度的含义

温度是表示物体冷热程度的物理量，微观上是物体分子热运动的激烈程度。

温度只能通过物体随温度变化的某些特性来间接测量。用来量度物体温度数值的标尺叫温度标尺。

2. 温度标尺

最简单实用的温度标尺是利用物体受热时体积膨胀来建立的。以水银和酒精温度计为例。在标准大气压下将冰的融化点到水的沸点之间等间隔分为 100 等份。把冰的融化点作为 0 ℃，水的沸点作为 100 ℃，这就是摄氏温度标尺，符号用 t 表示。这种温度标尺是有局限性的，因为工作物质的性质不可能是恒定的。

完整的温度标尺是运用热力学第二定律，把 −273.16 ℃当作零度，这就叫绝对温度标尺。

用 t 表示按国际温度标尺所测出的温度，在数值后加符号 ℃，读作摄氏度，例如 950.5 ℃、60 ℃等。用 T 表示所测出的温度，是从绝对零度算起的温度，在绝对温度数值后加符号 K，读作开（尔文）。因为 ℃和 K 的温度标尺间隔单位是相同的，所以 T 与 t 之间关系为

$$T = t + 273.16\ \text{K}$$

二、机械传动中产生温升的主要原因

1. 摩擦的影响

机械传动中有些是靠机件间的摩擦力来传递动力，而机件在运转中因摩擦而消耗的功率，全部转化为热量，引起摩擦部件温度的升高。

2. 负载的影响

若机械传动承载较大，会造成电动机长期处于超负荷运行，使电动机易发高热，缩短电动机的使用寿命。

3. 润滑的影响

润滑剂的选择直接影响机械传动中的温升。润滑剂能吸热、传热和散热，特别是低黏度润滑油，更具有良好的冷却效果。油品黏度选用是依操作速度、工作温度及负荷情形来选择。选择油液的黏度应恰当，黏度大黏性阻力大，黏度太小则泄漏增大，两种情况均能造成发热温升。

4. 安装的影响

机械部件装配过紧时，会导致摩擦阻力直线上升，同时产生很高的热量。

5. 工作环境的影响

若传动系统在阳光下曝晒，环境温度超过 40 ℃，或在通风不畅的环境条件下运行，都会引起温升过高。

三、温度测量仪分类及工作原理

温度测量仪是用来监测温度的仪器，可对设备内部温度进行监测，如测循环水

温；也可对表面温度进行监测，如测轴承座外壁温度等。

温度测量仪按测量时与被测物体接触与否可分为接触式温度测量仪和非接触式温度测量仪。

1. 接触式温度测量仪

测温元件与被测物体必须接触可靠，通过传导和对流两种热传递方式实现热平衡，进而把测量信息平稳输出（既可近距离输出，又可远距离输出）。它的特点是使用较方便，但其精度受接触程度的控制，接触可靠，精度较高（表面测温时，可将感温元件嵌入或焊在被测物上）；而反应时间受传感器热容量控制，装置越大，反应越慢。常用的接触式测温仪有如下几种：

（1）液体膨胀式温度计

这种温度计通常以水银和酒精作测温介质，根据介质随温度的变化而膨胀或收缩的原理工作，精度较高（0.5 ~ 2.5 级），但易损。水银温度计测温范围为 -35 ~ 350 ℃，而酒精等有机液体温度计测温最大范围可达 -200 ~ 200 ℃。此类温度计使用时，要避免温度的骤变，并注意避免断液、液中气泡和视差现象的发生。在精密测量时，要考虑测量部分与露出部分的温差的影响。最常见的结构如图 10-3-1a 所示，图 10-3-1b 所示为工程上用的特殊结构的温度计。

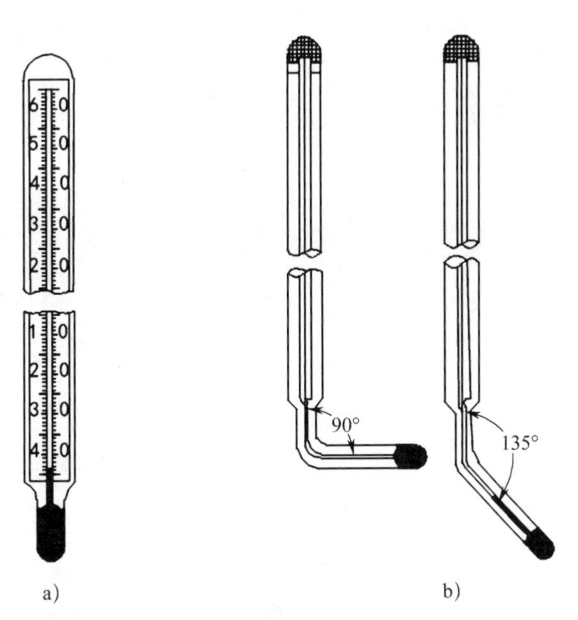

图 10-3-1　液体膨胀式温度计示意图

a）常见结构的温度计　b）特殊结构的温度计

图 10-3-2 所示为电接点液体膨胀式温度计，它有两组电极和一个给定值指示装置。既能用于一般指示，又可与断路器配合，广泛用于温度自动控制。

（2）压力推动式温度计

压力推动式温度计通常以液体、气体或沸点液体的饱和蒸汽为测温介质，依据被封闭的介质受热后体积膨胀或所受压力的变化来推动传动机构，实现温度值的输出。它的精度不高（1 级、1.5 级、2.5 级），测温范围因介质而异。应注意的是，使用这种温度计要将温包全部没入被测介质中，以减少测温误差。小型压力推动式温度计常用于内燃机和机械设备的冷却水、润滑油系统的测温。

压力表式温度计如图 10-3-3 所示，其测量范围为 -50 ~ 550 ℃，是工程上常用的测量仪表，其误差为 ±1.5%。这种温度计的优点是结构简单，耐振动，能远距离测量；缺点是必须经常检验，修理困难。

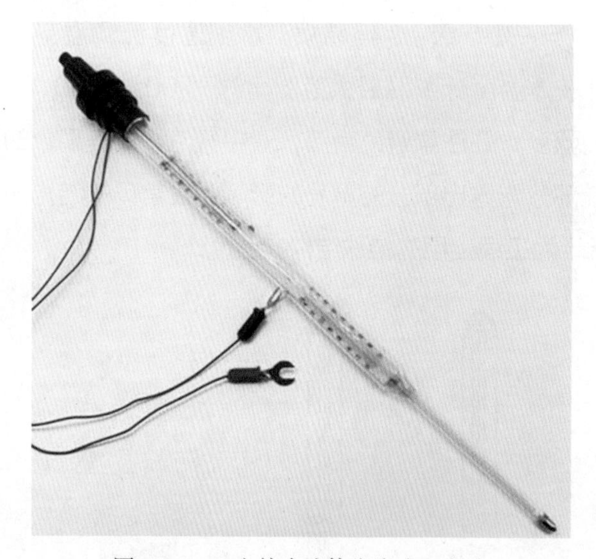

图 10-3-2　电接点液体膨胀式温度计

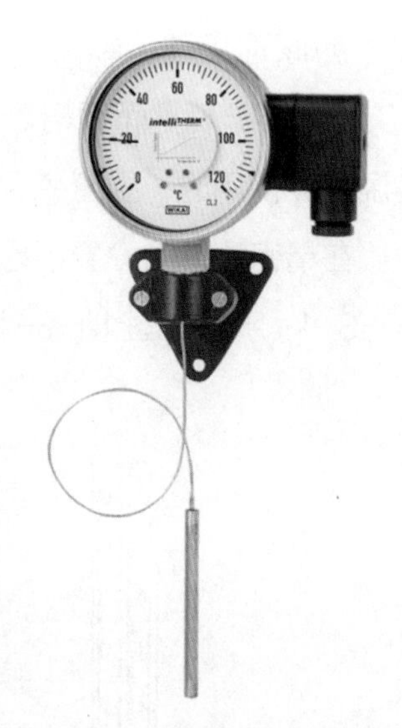

图 10-3-3　有管式弹簧的压力表式温度计

（3）热电式温度计

热电式温度计的优点是测量温度范围广，能与测量对象迅速达到热平衡，对测量对象的干扰效应少，所以在工业领域应用广泛；缺点是易被介质污染，防止氧化和保证绝缘有一定的难度。

1）热电阻温度计。它是用铂、铜、镍等金属导体或半导体制成的热敏电阻为测温介质，通过上述测温介质的电阻随温度的变化值在测温回路的转换，显示出被测的温度值。图 10-3-4 所示为一般热电阻温度计。

2）热电偶温度计。热电偶温度计是以铜、镍铬合金等热电偶为测温介质的，通过热电偶的两种导体接触部位的温度差产生的热电动势进行测温。电动势的大小与温度成正比，可用普通的电压表、电位差计测出电动势，灵敏度为 40 mV/ ℃。这种温度计用于测量高温或应用于温度骤变的场合，如图 10-3-5 所示。

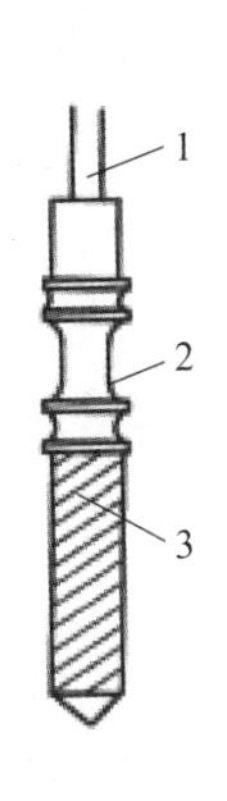

图 10-3-4　热电阻温度计

1—引出线　2—塑料骨架　3—铜漆包线

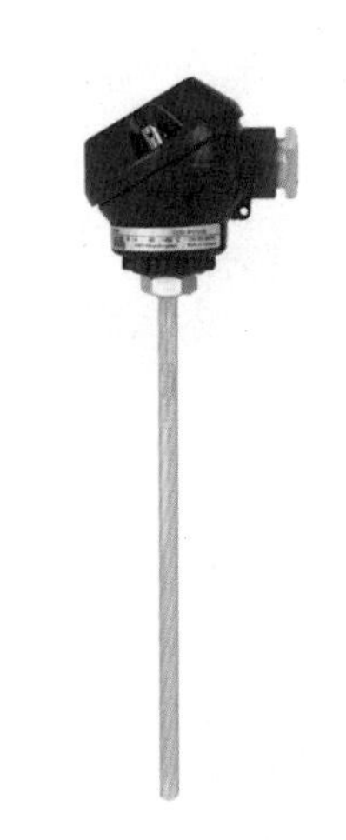

图 10-3-5　热电偶温度计

2. 非接触式温度测量仪

这种测温仪是通过接收热辐射的能量来实现测温的。测温元器件与被测物不接触，故其温度可大大低于被测介质的温度，而且其动态特性较好，可测运动、小目标、热容量小、温度变化快的对象表面温度及温度场的分布。它的不足之处是受物体的辐射率、环境状况的影响较大，故精度不高。根据测取温度的不同，辐射测温仪可分为亮度测温仪和比色测温仪两大类。亮度测温仪测取的是亮温，比色测温仪测取的是色温。

常用的非接触式测温仪有：

（1）光学高温计（图 10-3-6）

光学高温计属亮度测温仪，用加热的灯丝作测温元件。测温范围 700 ~ 3 200 ℃。它利用物体表面颜色同仪器内加热的灯丝作亮度对比来测量温度，误差小于 2%。

（2）全辐射温度计（图 10-3-7）

全辐射温度计属亮度测温仪，测温元件为热电元件或硫化铅元件，测温范围 40 ~ 4 000 ℃。它是通过上述测温元件来测量发热物体表面温度，一般应在

10 ~ 80 ℃下固定使用，若在 80 ℃以上的环境中，要进行水冷，如在空气中杂质较多的环境中使用，则要进行通风。

图 10–3–6　光学高温计

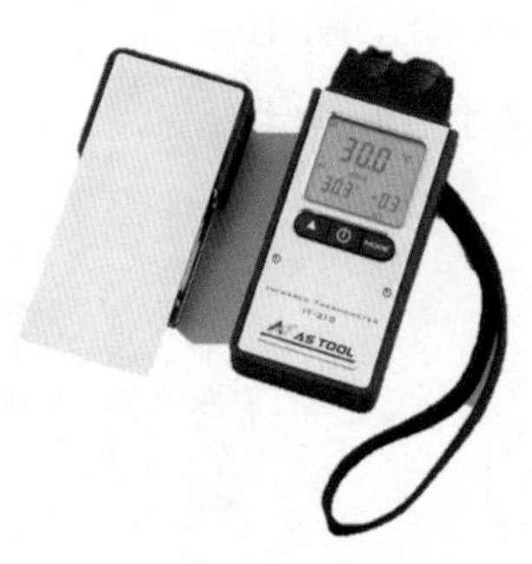

图 10–3–7　全辐射温度计

（3）比色测温仪（图 10–3–8）

比色测温仪包括双色测温仪和多色测温仪。它依据辐射功率随光谱波长的变化规律来测量，该温度为色温。它受发射率影响较小，能克服恶劣环境的影响。其中应用较广的是双色测温仪，它是由两个窄波段处的目标辐射率产生的探测器信号，通过电路系统的比较处理而实现测温的。

（4）红外测温仪（图 10–3–9）

其工作原理是被测物体发出的红外线，经透镜聚集后，射在红外探测器上而产生一个正比于辐射能量的电信号，该信号经放大、处理、变换而示温。它的优点是体积小、重量轻、携带方便、灵敏度高、响应快、操作简单，适用于现场热态监测和红外诊断。

图 10–3–8　比色测温仪

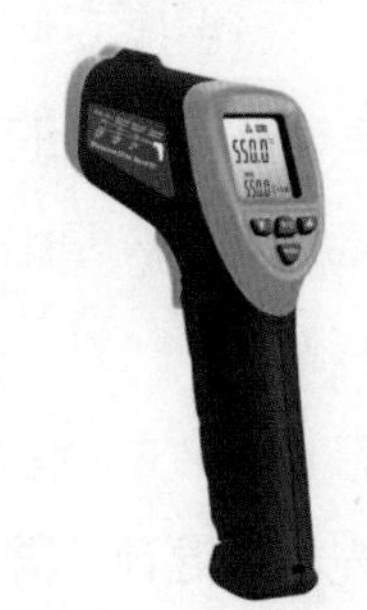
图 10–3–9　红外测温仪

四、温度测量仪的主要技术指标和选用方式

1. 主要技术指标

（1）精度

精度就是对国际通用温度标准值的不确定度或误差，也称作允许误差。

（2）稳定性

稳定性就是一定时间间隔内其示值的最大可能变化值，也称复现性，表示测温仪示值的可靠程度。稳定性有短期（时间间隔 24 h、一个月等）和长期（时间间隔半年、一年等）之分。

（3）温度分辨率

温度分辨率表示测温仪辨别被测温度变化的能力。它与测温仪的温度灵敏度、噪声电压和显示机构的误差有关。当了解被测温度的变化比了解其真实温度更重要时，必须知道温度分辨率。

（4）响应时间

响应时间是指被测温度从室温达到测温范围上限温度时，统一模拟信号输出的时间，也可以是测温示值达到稳定值的某一百分数时所需的时间，如 1 s（63%）即指达到稳定值的 63% 需 1 s 的时间。

2. 测温仪表的选用

（1）接触式与非接触式测温方法的比较

1）接触式测温要求有良好的热接触，且接触时不破坏被测温度场；而非接触式测温要求知道物体的发射率且检测器要充分吸收物体的辐射能。

2）接触式测温易破坏被测温度场，故小于限制值的物体不能测温。运动物体不能测温，因为响应慢不能进行瞬时测温。另外，检测器数随测量范围变宽而增多，而且也不能同时测量多个物体。接触式测温的这些缺点，恰恰是非接触式测温极易实现的。

3）接触式测温可测物体内部温度，而非接触式测温却无法实现测量。接触式测温过程简单，而非接触式测温过程要求严格。

（2）选用程序。根据上述接触式测温仪和非接触式测温仪的比较，结合作业条件选择出是采用接触式的还是非接触式的，再根据测温范围、精度等级、分度值范围及主要技术指标来选择具体规格和型号。

五、技能训练——机器运行时的温度测定

1. 机床上的温度测定

一般机床，如卧式车床、刨床、铣床等，其温度的测定较少作为机器运行时的性能指标，但一些大型机床，如有单独的润滑系统的液压机床等，当需要了解润滑

系统的温度、油箱及液压油的温度时，测量温度的工作是必不可少的。

2. 其他机器运行时的温度测定

压缩机在运行时需要测量压缩空气的温度以及轴承的油温等。锅炉设备、蒸汽轮机、燃气轮机、内燃机以及一些热能动力设备和机械，制冷机及空调设备等运行过程中，对温度的测定就显得特别重要了。这些机器是依靠测定温度来达到监视运行、控制载荷的目的。若要全面了解这些机器的性能，则其测温要求就更高了。

另外如一些蜗轮箱、水压机、泵站、压缩空气站等，也都要用到温度的测定。所以，温度的测定要通过被测机器的类别、测定的目的来决定测温的方法和使用的测温仪表。

3. 温度测定要点

（1）正确选择测温仪表，测温前了解仪表的量程是否与被测温度范围相符。

（2）仪表的选择必须根据温度测量的精度来考虑，若不恰当，则会造成浪费或达不到精度要求。

（3）要正确选择和布置测点。

（4）尽量消除测温过程中的各种不属于仪表本身误差的附加误差。

（5）注意仪表的定期校验和维修。

思考与练习

1. 试述温度及温度标尺的含义。
2. 结合实践，说出机械传动中产生温升的主要原因有哪些，并举例说明。
3. 常用温度测量仪有哪些？各应用于何种场合？
4. 温度测量仪有哪些主要技术指标？如何选用？
5. 红外线热成像和红外线测温有何区别？
6. 使用红外线热成像仪时应注意哪些事项？
7. 机器运行时的温度测定有哪些要求？
8. 完成用红外线热成像仪测温的练习，并结合练习简述其测温步骤。

模块十一 机械传动装调综合训练

按照工业机械装调世界技能标准规范，装调人员应根据设计要求自行安装和拆除机械传动系统，安装中对机械传动系统进行检测和对准，通电时按指示测试装置的完整功能，以确保机械装置能够正确运行。在前面模块中已经对带传动、链传动、齿轮传动等典型传动进行了阐述，并进行了相应装调的练习。本模块是在此基础上结合工业机械装调项目要求，并借助该赛项的训练平台，对整个机械传动装调部分进行综合训练，旨在提高学生在专业技能方面的整体协调性，并锻炼学生独立思考及解决问题的能力。

课题 1
链传动综合装调及试车

学习目标

1. 掌握链传动综合装调的任务要求，合理制订装调工艺。

2. 熟悉工业机械装调训练平台，做好装调前的准备工作。

3. 根据装配图要求构建机构的传动链，并合理布局。

4. 能独立完成链传动综合装调练习，并对安装精度进行检测与调整，达到任务所要求的装配精度。

5. 能对链传动系统进行试车，明确试车运行的要求。

6. 分析链传动系统常见故障的原因，并加以解决。

一、任务描述

以链传动构建的传动系统在工业机械中应用较多，本任务是依据链传动系统布局效果图 11-1-1 及任务要求确定合适的装配工艺，选择正确的零部件，完成传动系统

图 11-1-1　链传动系统布局效果图

的布局安装，电动机为顺时针旋转（面对电动机轴），并对链传动的安装精度进行检测与调整并达到任务所要求的装配精度；试运行机械传动系统，并对机械传动系统在通电运行状态下传动系统的稳定性和可靠性（轴承热平衡温升、传动比等）进行检测与调整。训练中应遵守安全文明生产，并做到操作过程规范。

二、任务要求

1. 装配前准备工作

装配前准备工作主要是检查电源，做好零部件、工量具、材料等的检查工作，具体要求如下：

（1）检查电源。

（2）检查工量具，合理摆放。

（3）检查零部件，对一些关键零件进行清理清洗，配合表面适量润滑。

2. 装配工作

在装配过程中要按效果图要求，确定合理的装配工艺，正确使用工具和量具，对链传动机构进行装配检测与调整，最终保证传动机构运行平稳，工作可靠。

根据效果图要求构建机构的传动链并合理布局进行预装配：

（1）所有型材的安装尺寸必须符合效果图的规定要求。

（2）联轴器进行粗对中，联轴器与电动机连接可靠。

（3）轴承与轴承座垫块安装正确，锁紧可靠。

（4）链轮安装正确，锁紧可靠。

（5）链条弹性接头安装正确。

（6）正确使用张紧器，安装锁紧可靠（采用松边外侧张紧）。

3. 链传动机构试运行

在试运行前须对机构进行必要的润滑，试运行时速度的调节应从低速到高速逐步增加，并检查以下内容是否合格。

（1）试运行前的检查与润滑。

（2）运行时电动机的转向应是顺时针旋转（面对电动机轴）。

（3）通电运行速度从低到高逐步增加进行运行。

（4）操作变频器外接面板设定频率为 15 Hz，设备运行 3 min，运行平稳，无卡滞、无异响且运行平稳。

三、任务实施

1. 设备说明

（1）设备构造及组成部分

YTLGC-5A 型机械传动装配与调试平台（图 11-1-2）主要由实训工作台、电控箱、零件存放盒、传动轴及联轴器组件、轴承座、机械传动组件、实物模型套件等组成，可完成带传动、链传动、齿轮传动、简易齿轮减速箱等安装、检测调整任务，可完成机械传动系统运行检测调试。通过任务实训，可掌握工业机械传动的组成，掌握工业机械系统装配精度检测，掌握现代工具及量具使用，培养社会生产中工业机械设备的安装、维护、维修所需的高技能技术型人才。

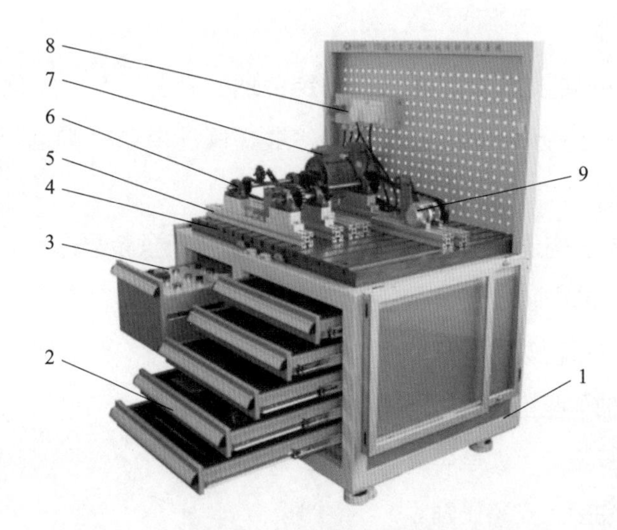

图 11-1-2 YTLGC-5A 型机械传动装配与调试平台

1—实训工作台 2—零件存放盒 3—电控箱 4—铸铁平板 5—上槽轨组件
6—机械传动组件 7—三相交流电动机 8—电源模块 9—末端输出模型

（2）技术参数

1）三相交流电源：AC（380±10%）V。

2）工作环境：温度为 -10 ~ 40 ℃，相对湿度 < 85%（25 ℃），海拔 < 4 000 m。

3）电流型漏电保护，$I_{\Delta n}\leqslant 30$ mA，动作时间 ≤ 0.1 s，容量 10 A。

4）外形尺寸：1 100 mm × 800 mm × 1 450 mm。

（3）电气设备介绍

1）运转设备前必须进行安全检查，注意不要触及或碰撞电线。

2）采用西门子 V20 系列工业变频器，额定功率 0.37 kW，有 62DO/2AI，支持 USS/MODBUS RTU 总线通信。

3）配有快动按钮 2 个、急停按钮 1 个、三位旋钮 1 个、指示灯 1 个、接触器 2 个、继电器 5 个、24 VDC/5 A 直流电源 1 个、RJ45 接电气部件。

4）外部操作面板具有工作状态液晶显示、工作模式控制、运行。

5）电控箱如图 11-1-3 所示。

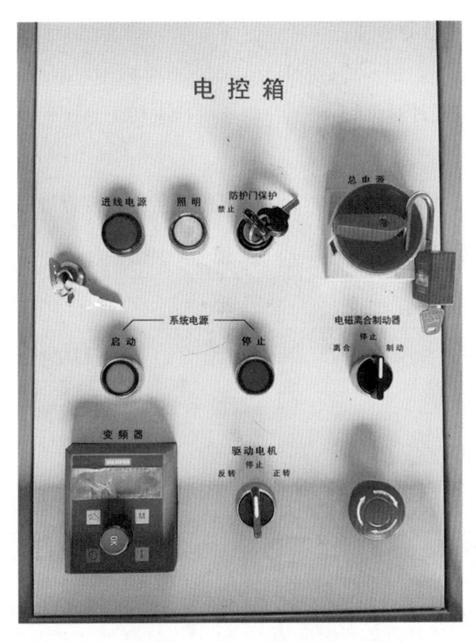

图 11-1-3　电控箱

2. 任务实施所需工具、量具及配件（表 11-1-1）

表 11-1-1　任务实施所需工具、量具及配件

序号	名称	数量	备注
1	橡胶锤	1 把	57-527-23
2	铁锤	1 把	92306
3	纯铜棒	1 把	92361
4	内六角扳手（9 件套）	1 套	09105
5	开口扳手套组（8 件）	1 套	08009（5.5 × 7–30 × 32）

续表

序号	名称	数量	备注
6	尖嘴钳	1 把	6 寸 03915
7	扭力扳手	1 套	96212
8	棘轮套筒扳手套装	1 套	12901 棘轮套筒扳手 22201-22207 内六角套筒共 7 件
9	截链器	1 把	420-530
10	板锉	1 把	6 寸 03915
11	整形锉	1 套	03850
12	油枪（含机油）	1 把	250 mL
13	不锈钢调整垫片 A 型	1 套	厚度：0.02 mm（10 片），0.05 mm（10 片） 0.1 mm（10 片），0.15 mm（10 片）， 0.2 mm（10 片），0.5 mm（10 片）
14	钢直尺	1 把	7110-500C（0 ~ 500）
15	钢卷尺	1 把	7140-3（3 m）
16	组合角尺	1 把	300 mm
17	数显游标卡尺	1 把	1108-150C（0 ~ 150 mm）
18	百分表	1 套	2308-10FAC 平后盖（0 ~ 10 mm）
19	杠杆百分表	1 套	149233
20	万向磁性表座	1 套	6210-80 夹持孔径 ϕ8 mm 带燕尾
21	袖珍磁性表座	1 套	6224-40 夹持孔径 ϕ8 mm 带燕尾
22	平测头（钢）	1 个	M2.5 × 0.45，D=20 mm
23	塞尺	1 把	
24	布卷尺	1 把	
25	测速仪	1 套	VC6236P，光电 / 接触式两用
26	红外线测温仪	1 套	UT301A
27	带座轴承	10 个	UCP204
28	单排滚子链条	1 根	08B，84 节
29	单排滚子链条	1 根	08B，100 节
30	单排滚子接头	5 只	
31	梅花型联轴器	1 套	XL3、轴孔、14/20、上黄油
32	梅花型联轴器	1 套	XL3、轴孔、20/20、上黄油

续表

序号	名称	数量	备注
33	凸缘联轴器	1 套	TL3、轴孔、14/20、上黄油
34	T 形槽螺母 M8 加大	30 只	外 M10 小，上宽 11.5，下宽 18，总高 14
35	T 形槽螺母 M8	60 只	上宽 9.8，下宽 16，总高 12
36	平键 5 × 5	1 根	—
37	平键 6 × 6	1 根	—
38	直线导轨 + 滑块	1 套	HGH25CAR410ZAH1
39	M8 × 20 圆柱头内六角螺钉	20 只	—
40	M8 × 30 圆柱头内六角螺钉	30 只	—
41	M8 × 35 圆柱头内六角螺钉	60 只	—
42	M8 × 45 圆柱头内六角螺钉	60 只	—
43	M8 不锈钢弹垫、平垫	60 套	
44	不锈钢加厚平垫	30 件	M8 × 21 × 4
45	M5 紧定螺钉	30 件	—
46	黄油	1 盒	—
47	除锈、防锈油	1 瓶	—

3. 任务实施所需零部件（表 11-1-2）

表 11-1-2　任务实施所需零部件

序号	名称	数量	备注
1	08B-1B15 链轮，d_1=14	1 件	含 M5 紧定螺钉
2	08B-1B15 链轮，d_1=20	1 件	含 M5 紧定螺钉
3	08B-1B20 链轮	1 件	含 M5 紧定螺钉
4	08B-1B25 链轮	1 件	含 M5 紧定螺钉
5	传动轴一（350 mm）	3 件	—
6	传动轴二（225 mm）	2 件	—
7	轴承座垫高块	10 件	—
8	轴上固定测量杆	2 件	—
9	轴上固定测量杆固定环	2 件	—

续表

序号	名称	数量	备注
10	轴承座调整块	2 件	—
11	滑块导向块	1 件	—
12	磁性座滑块	1 件	—
13	等高块	2 套	装 2 个 / 套 $\phi 25\times5$ 圆形磁铁涂防锈油
14	变频电动机组件	1 套	含电动机及安装基座
15	链轮张紧器组件	1 套	含张紧器、链轮及支架
16	滑轨一	6 件	—
17	滑轨二	4 件	—
18	滑轨三	4 件	—
19	磁性表座垫板	2 件	—

4. 链传动系统安装及调整过程

（1）根据布局效果图及清单正确选型，检验零部件尺寸及精度，工作台面进行清理和清洗。

（2）安装 T 形槽型材，如图 11-1-4 所示，并用扭力矩扳手紧固型材螺钉（图 11-1-5），装配螺钉必须要按要求锁紧，垫片齐全，并达到规定扭矩（表 11-1-3）。

图 11-1-4　安装 T 形槽型材

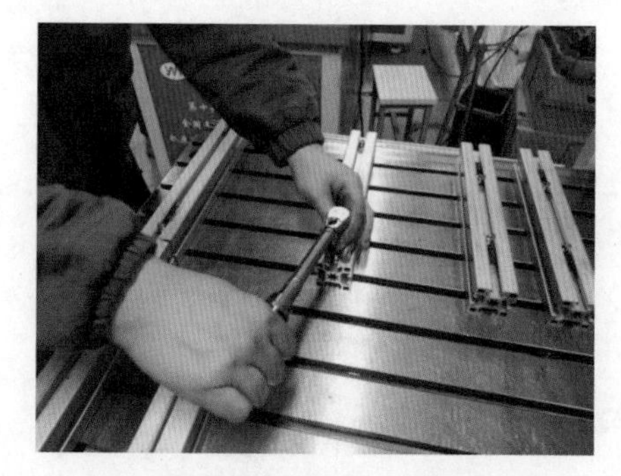

图 11-1-5　紧固型材螺钉

表 11-1-3　螺钉规格及紧固力矩

序号	螺钉规格	紧固力矩 /N · m
1	M6 内六角紧定螺钉	5 ~ 6
2	M5 内六角圆柱头螺钉	6 ~ 7
3	M8 内六角圆柱头螺钉	16 ~ 18

（3）安装电动机。将电动机安放在 T 形槽型材条框上，用内六角扳手将电动机的四个脚座用内六角螺钉预紧在材条上，用百分表检测电动机轴上母线高度，如图 11-1-6 所示。确认电动机轴前后等高后，用扭力矩扳手依次紧固螺钉。

图 11-1-6　检测电动机轴上母线等高

（4）安装联轴器于电动机轴端，并用紧固螺钉锁紧。

（5）安装轴承座垫高块和轴承座，将轴 I 装入轴承座中。并用百分表依次检测轴 I 两端高度差（图 11-1-7），根据等高差值，在轴承座下方垫相应的调整垫片（图 11-1-8），确保等高，并依次用扭力矩扳手紧固轴 I 两端轴承座固定螺钉。

图 11-1-7　轴 I 两端等高检测

图 11-1-8　调整轴 I 两端等高

（6）通过联轴器将电动机轴与轴 I 连接，为了保证运动的平稳性，需要进行对中操作。首先，用水平尺或刀口形直尺配合塞尺检查联轴器两端高度差，进行粗对中，如图 11-1-9 所示。粗对中过程中，若高度差太大，应在电动机机座下方或轴 I 轴承座下方加相应的调整垫片，调至等高。此外，还要用塞尺依次检查联轴器主动端和从动端间隙，保证 3 点、9 点、12 点方向间隙值均匀（图 11-1-10）。

图 11-1-9　联轴器粗对中

图 11-1-10　检测联轴器间隙

粗对中后，可根据实际情况使用激光对中仪进行精确对中。

（7）安装主动链轮平键及主动链轮，并旋紧主动链轮紧固螺钉，如图 11-1-11 所示。

（8）安装轴Ⅱ，并用百分表检测轴Ⅱ两端高度差（图 11-1-12），并根据两端高度差值，在相应位置的轴承座下方加调整垫片，保证轴Ⅱ两端高度差控制在 0.05 mm 以内。

图 11-1-11　安装主动链轮

图 11-1-12　安装轴Ⅱ

（9）用钢直尺测量并调整轴Ⅰ、轴Ⅱ中心距至图样要求。将直线导轨固定在磁性座上，用百分表检测直线导轨与轴Ⅰ的平行度（图 11-1-13），调整直线导轨使其与轴Ⅰ平行度控制在 0.03 mm 以内。然后用百分表检测轴Ⅱ与直线导轨的平行度（图 11-1-14），调整两者平行度至 0.05 mm 以内。

图 11-1-13　检测轴Ⅰ平行度

图 11-1-14　检测轴Ⅱ平行度

（10）安装从动链轮，用钢直尺检测主、从动链轮的共面误差，调整两链轮的中心平面共面误差在 0.2 mm 以内，如图 11-1-15 所示。根据安装链节数要求，采用截链器截链并安装链条。

（11）用扭力扳手及活扳手完成链轮张紧轮的安装，如图 11-1-16 所示。

图 11-1-15　安装从动链轮

图 11-1-16　安装链轮张紧轮

（12）链条下垂度调整：将轴中心距乘以 2%，计算出建议用于此链条传动的下垂度，确定链条松边处于上边，然后在两链轮的顶端放上不锈钢直尺，使用量尺在链条中间测量下垂度，如图 11-1-17 所示，记录下垂度数据，再用轴承座调整块螺丝组件调整张紧力，以达到建议张紧力。

图 11-1-17　链条下垂度检查

（13）链传动机构传动系统安装完毕，轴承加注润滑脂润滑，链条加注润滑油润滑，确认防护门关好后通电运行，设备运行 3 min，用转速仪测输入端转速（图 11-1-18），用红外测温仪测量各轴承位温度（图 11-1-19）。

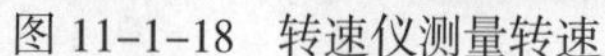
图 11-1-18　转速仪测量转速

图 11-1-19　测温仪测量温度

5. 安装调试注意事项

（1）在装配过程中严格按照装配要求进行操作，不得野蛮操作。装配过程中应选择合适的工具、量具并使用正确。配合面安装时需涂抹润滑油。

（2）安装调试过程中，所有的螺钉应安装正确（垫片、弹垫安装齐全），锁紧要可靠。

四、任务评价（见表 11-1-4）

表 11-1-4　任务评价表

序号	名称	项目描述	技术要求	分值	评分标准	得分	备注
1	装配前准备工作	电源检查	关闭电源并上锁	2	未关闭电源或未上锁不得分		
2		清理清洗	清理清洗配合面	2	清理清洗不到位不得分		
3	型材的安装	转矩、垫片	螺钉安装正确，转矩正确	3	超差不得分		
4		尺寸	型材安装尺寸正确	5	超差不得分		
5	电动机安装	螺钉、转矩	垫片齐全，转矩正确	3	超差不得分		
6	轴 I 的安装	转矩、垫片	螺钉安装正确，转矩正确	3	超差不得分		
7		轴 I 等高	0.05 mm	10	超差不得分		
8		联轴器对中	上母线、侧母线偏移量 ≤ 0.1	10	超差不得分		

续表

序号	名称	项目描述	技术要求	分值	评分标准	得分	备注
9	轴 II 的安装	转矩、垫片	螺钉安装正确，转矩正确	3	超差不得分		
10		轴 II 等高	0.05 mm	10	超差不得分		
11		侧母线平行	轴 II 与轴 I 侧母线平行度≤ 0.05 mm	10	超差不得分		
12		中心距正确	轴 I 与轴 II 的中心距符合要求	5	超差不得分		
13		链轮共面	≤ 0.2 mm	5	超差不得分		
14		链接头安装正确	安装齐全，卡片开口方向正确	2	卡口方向安装不正确不得分		
15		链条下垂度正确	≤ 2%*L* mm	5	超差不得分		
16		张紧轮安装正确	松边外侧中间或靠近小链轮处张紧	5	未达要求不得分		
17	试运行与检测	运行前润滑	传动部分润滑	2	润滑不良不得分		
18		试运行	运行平稳、无卡滞、无异响	5	未达要求不得分		
19		测量电动机的转速	测量正确	5	测量不正确不得分		
20		运行后测温	测量点及方法正确	5	测量点或方法不正确不得分		

思考与练习

1. 试运行后采用激光对中仪对联轴器进行精准对中，观察对中结果是否和采用直尺塞尺法粗对中结果一致，若不一致，思考存在的问题。

2. 联轴器轴系不对中是否可以通过观察发现而无须测量，分析不对中会出现哪些征兆。

3. 链轮在安装中应注意哪些事项？

4. 试运行后，传动系统安装精度是否发生变化，若发生变化说出其原因。

课题 2
齿轮传动综合装调及试车

学习目标

1. 掌握齿轮传动综合装调的任务要求，合理制订装调工艺。

2. 根据装配图要求构建机构的传动链，并合理布局。

3. 能独立完成齿轮传动综合装调练习，并对安装精度进行检测与调整，达到任务所要求的装配精度。

4. 能对齿轮传动系统进行试车，明确试车运行的要求。

5. 分析齿轮传动系统常见故障的原因，并加以解决。

一、任务描述

本任务是在课题 1 的基础上，添加齿轮传动机构。依据齿轮传动系统布局效果图 11-2-1 的要求确定合适的装配工艺，选择正确的零部件，完成传动机构的布局

图 11-2-1　齿轮传动系统布局效果图

安装；对链传动、齿轮传动的安装精度进行检测与调整，并达到任务所要求的装配精度；电动机为逆时针旋转（面对电动机轴），试运行传动机构并检测指定轴的轴承端温升以检验机构传动系统运行的可靠性依据。训练中应安全文明生产，并做到操作过程规范。

二、任务要求

1. 装配前准备工作

装配前准备工作主要是检查电源，做好零部件、工量具、材料等的检查工作，具体要求如下：

（1）检查电源。

（2）检查工量具，合理摆放。

（3）检查零部件，对一些关键零件进行清理清洗，配合表面适量润滑。

2. 装配工作

在装配过程中要按效果图要求，确定合理的装配工艺，正确使用工具和量具，并对齿轮传动系统各零部件间的位置精度（轴的对中、链轮对中、轴与轴间的平行度、垂直度、对称度以及齿轮的啮合精度等）进行检测与调整，最终保证传动机构运行平稳，工作可靠。

根据效果图要求构建机构的传动链并合理布局进行预装配；除满足上一课题要求外，还须做到齿轮安装正确，锁紧可靠。

3. 齿轮传动机构试运行

在试运行前须对机构进行必要的润滑，试运行时速度的调节应从低速到高速逐步增加，检查内容参照课题 1 要求。

三、任务实施

1. 任务实施所需工具、量具及配件见课题 1。

2. 任务实施所需增添零部件（见表 11-2-1）

表 11-2-1　任务实施所需增添零部件　　mm

序号	名称	数量	备注
1	直齿轮 m=2，z=30，d_1=14	1 件	含 M5 紧定螺钉
2	直齿轮 m=2，z=30，d_1=20	1 件	含 M5 紧定螺钉

续表

序号	名称	数量	备注
3	直齿轮 m=2，z=40，d_1=20	1 件	含 M5 紧定螺钉
4	直齿轮 m=1.5，z=48，d_1=20	1 件	装免键式轴套
5	直齿轮 m=1.5，z=60，d_1=20	3 件	装免键式轴套
6	直齿轮 m=2，z=50，d_1=20	2 件	含 M5 紧定螺钉
7	直齿轮 m=2，z=60，d_1=20	10 件	装免键式轴套

3. 链传动系统安装及调整过程

（1）根据课题 1 要求，完成链传动系统安装，并达到装配精度要求。

（2）在轴Ⅱ端部安装免键主动齿轮，如图 11-2-2 所示。

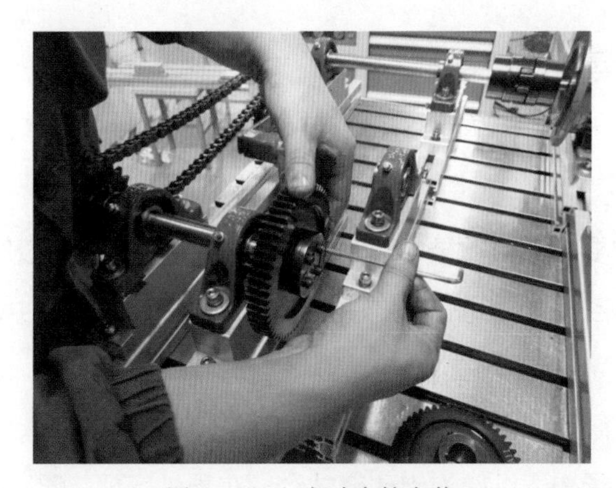

图 11-2-2　主动齿轮安装

为顺畅传送动力并获得长久使用寿命，必须谨慎、准确地安装齿轮，务必在安装前确认齿轮状况，查看齿轮与传动轴，是否有磨损的齿和毛边，切勿安装受损的齿轮。齿轮通常以轴套组装，以促进安装，免键式轴套如图 11-2-3 所示。安装后将紧定螺钉锁紧，缓慢手推转动齿轮，滴上几滴黄油润滑，确保传动顺畅，无异响。

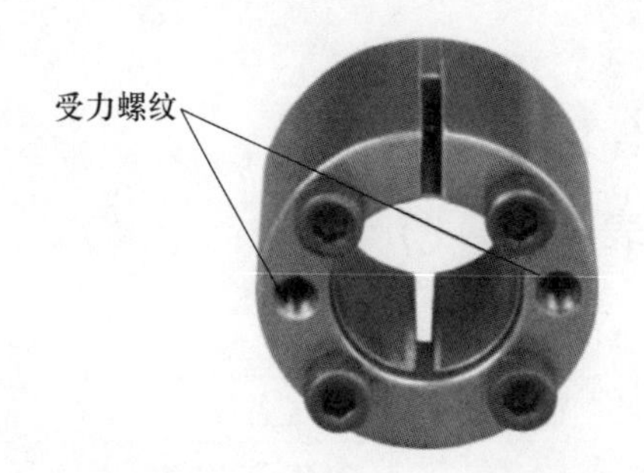

轴套尺寸	建议的转矩值/N·m
M3×16	2.1
M6×25	17
M8×35	40
M10×55	80

图 11-2-3　免键式轴套

（3）安装轴Ⅲ，用百分表检测轴Ⅲ两端的高度差，并通过在轴承座下方增减调整垫片的方法，保证轴Ⅲ两端高度差控制在 0.05 mm 以内，如图 11-2-4 所示。并将从动齿轮安装并固定在轴Ⅲ，用百分表检测轴Ⅲ与直线度导轨的平行度误差，调整轴Ⅲ使其与导轨平行度控制在 0.05 mm 以内，如图 11-2-5 所示。

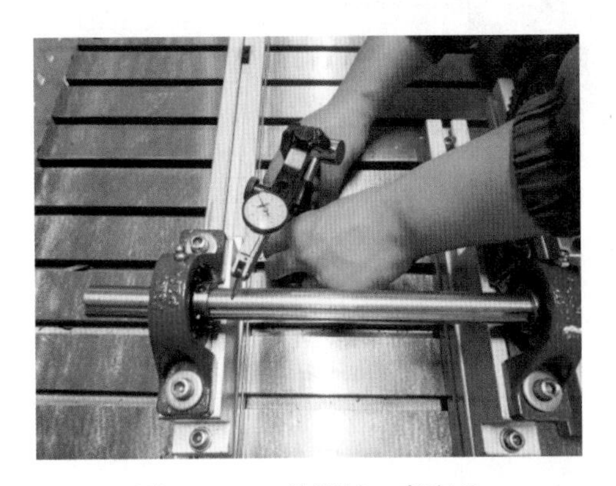

图 11-2-4　检测轴Ⅲ高度差

图 11-2-5　检测轴Ⅲ平行度

（4）齿轮传动的齿轮与轴必须精准对心，偏心的齿轮会导致齿轮和轴承过早磨损。

角度对心：将组合角尺靠着主动齿轮的正面位置，检验齿轮的垂直度对心，记录下气泡的位置。再将组合角尺靠着从动齿轮的正面位置，检验齿轮的垂直度对心，记录下气泡的位置，调整从动齿轮位置，必要时在轴承垫块下塞入不锈钢调整垫片，如图 11-2-6 所示。

图 11-2-6　角度对心

水平角度对心：将不锈钢直尺置于主、从动齿轮的正面位置，直到 A 与 B 相等，如图 11-2-7 所示。

图 11-2-7　水平角度对心

平行对心：将不锈钢直尺靠着从动齿轮的正面放置，然后将从动齿轮沿着轴向移动，直至两齿轮均与直尺接触。

（5）使用杠杠百分表测量齿隙，磁性表座以铸铁平板为基准，吸附在铸铁平板上，如图 11-2-8 所示，通过松动从动轴轴承座固定螺栓调节齿隙，必要时垫不锈钢调整垫片。

图 11-2-8　测量啮合齿轮侧隙

（6）齿轮传动机构传动系统安装完毕，检查确认安全的情况下，对机构进行必要的润滑，设备运行 3 min，观察运行是否平稳、无卡滞、无异响。

4. 安装调试注意事项

（1）在装配过程中严格按照装配要求进行操作，不得野蛮操作。装配过程中应选择合适的工具、量具并使用正确。配合面安装时需涂抹润滑油。

（2）安装调试过程中，所有的安装螺钉正确（垫片、弹垫安装完整），锁紧要可靠。

四、任务评价

任务评价表见表 11-2-2。

表 11-2-2　任务评价表

序号	名称	项目描述	技术要求	分值	评分标准	得分	备注
1	装配前准备工作	电源检查	关闭电源并上锁	2	未关闭电源或未上锁不得分		
2		清理清洗	清理清洗配合面	2	清理清洗不到位不得分		
3	型材的安装	转矩、垫片	螺钉安装正确，转矩正确	2	超差不得分		
4		尺寸	型材安装尺寸正确	3	超差不得分		
5	电动机安装	螺钉、转矩	垫片齐全，转矩正确	2	超差不得分		
6	轴 I 的安装	转矩、垫片	螺钉安装正确，转矩正确	2	超差不得分		
7		轴 I 等高	≤ 0.05 mm	5	超差不得分		
8		联轴器对中	上母线、侧母线偏移量≤ 0.1 mm	5	超差不得分		
9	轴 II 的安装	转矩、垫片	螺钉安装正确，转矩正确	2	超差不得分		
10		轴 II 等高	≤ 0.05 mm	5	超差不得分		
11		侧母线平行	轴 II 与轴 I 侧母线平行度≤ 0.05 mm	5	超差不得分		
12		中心距正确	轴 I 与轴 II 的中心距符合要求	3	超差不得分		
13		链轮共面	≤ 0.2 mm	5	超差不得分		

续表

序号	名称	项目描述	技术要求	分值	评分标准	得分	备注
14	轴Ⅱ的安装	链接头安装正确	安装齐全，卡口开口方向正确	2	卡口方向安装不正确不得分		
15		链条下垂度正确	≤ 2%L mm	5	超差不得分		
16		张紧轮安装正确	松边外侧中间或靠近小链轮处张紧	3	张紧轮安装不正确不得分		
17	轴Ⅲ的安装	转矩、垫片	螺钉安装正确，转矩正确	2	超差不得分		
18		轴Ⅲ等高	≤ 0.05 mm	5	超差不得分		
19		侧母线平行	轴Ⅲ与轴Ⅰ侧母线平行度≤ 0.05 mm	5	超差不得分		
20		中心距正确	轴Ⅲ与轴Ⅱ的中心距符合要求	3	超差不得分		
21		齿轮共面	≤ 0.05 mm	5	超差不得分		
22		齿侧间隙	0.08 ~ 0.13 mm	5	超差不得分		
23		主动齿轮跳动	测量出跳动值，≤ 0.05 mm	5	超差不得分		
24	试运行与检测	运行前润滑	传动部分润滑	2	润滑不良不得分		
25		试运行	运行平稳、无卡滞、无异响	5	未达要求不得分		
26		测量电动机的转速	测量正确	5	测量不正确不得分		
27		运行后测温	测量点及方法正确	5	测量点或方法不正确不得分		

三、任务实施

1. 任务实施所需增添工具、量具及配件（表 11-3-1）。

表 11-3-1　任务实施所需增添工具、量具及配件

序号	名称	数量	备注
1	传动带扳手	1 把	KEN5881500K
2	笔式传动带张力计	1 把	7401-0076
3	V 带	1 根	SPA1000

2. 任务实施所需增添零部件（表 11-3-2）。

表 11-3-2　任务所需增添零部件

序号	名称	数量	备注
1	A-80 V 带轮，d_1=14 mm	1 件	含 M5 紧定螺钉
2	A-80 V 带轮，d_1=20 mm	1 件	含 M5 紧定螺钉
3	A-100 V 带轮，d_1=20 mm	1 件	含 M5 紧定螺钉
4	A-125 V 带轮，d_1=20 mm	1 件	含 M5 紧定螺钉
5	传动带张紧器组件	1 套	含张紧器、张紧轮及支架

3. 链传动系统安装及调整过程

（1）根据课题 2 要求，完成链传动及齿轮传动系统安装，并达到装配精度要求。

（2）安装轴Ⅳ，如图 11-3-2 所示，装配螺钉必须要按要求锁紧，垫片齐全，并达到规定转矩。

（3）用百分表检测轴Ⅳ两端高度差，通过在轴承座下增减调整垫片的方式调整，使轴Ⅳ两端高度差控制在 0.05 mm 以内，如图 11-3-3 所示。

图 11-3-2　安装轴Ⅳ

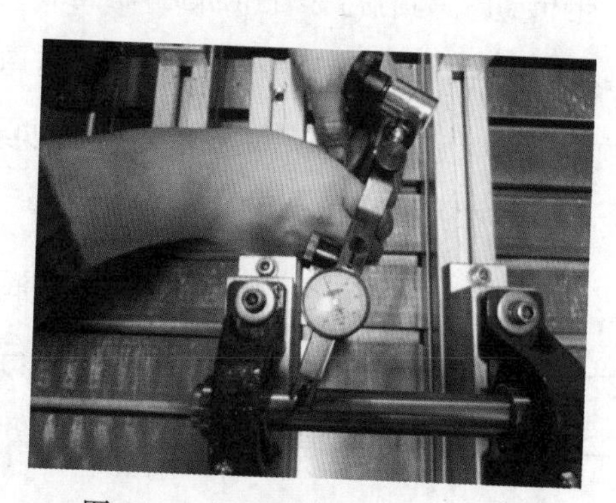

图 11-3-3　检测轴Ⅳ两端高度差

思考与练习

1. 啮合齿轮装配技术要求有哪些？齿侧间隙过大会对传动带来何影响？

2. 用杠杆百分表测量齿侧间隙需要注意哪些事项？除了此种方法，还有没有其他测量齿侧间隙的方法？

3. 试运行后传动系统有异响，分析并说出其原因。

课题 3
带传动综合装调及试车

学习目标

1. 掌握带传动综合装调的任务要求，合理制订装调工艺。

2. 根据装配图样的要求，构建机械传动系统（带传动、链传动、齿轮传动、轴承以及联轴器等）的布局及预装配。

3. 能独立完成带传动综合装调练习，并对机械传动系统各零部件间的位置精度（轴的对中、链轮对中、带轮对中、轴与轴间的平行度、垂直度、对称度以及齿轮的啮合精度等）进行检测与调整。

4. 能对机械传动系统在通电运行状态下传动系统的稳定性和可靠性（轴承热平衡温升、传动比等）进行检测与调整。

5. 分析带传动系统常见故障的原因，并加以解决。

6. 遵守安全文明生产，操作过程规范，合理选用并正确使用工具进行操作。

一、任务描述

本任务是在课题 2 的基础上，添加带传动机构。依据带传动系统布局效果图 11-3-1 的要求确定合适的装配工艺，选择正确的零部件，完成传动机构的布局安装；对链传动、齿轮传动、带传动的安装精度进行检测与调整，并达到任务所要求的装配精度；对机构传动链的传动比进行理论计算，并对输入和输出端转速进行检测以验算传动比是否合格；电动机为逆时针旋转（面对电动机轴），试运行传动机构并检测指定轴的轴承端温升以检验机构传动系统运行的可靠性。

图 11-3-1 带传动系统布局效果图

二、任务要求

1. 装配前准备工作

装配前准备工作主要是检查电源，做好零部件、工量具、材料等的检查工作，具体要求如下：

（1）检查电源。

（2）检查工量具，合理摆放。

（3）检查零部件，对一些关键零件（带轮、轴承、传动轴等）进行清理清洗，配合表面适量润滑。

2. 装配工作

在装配过程中要按效果图要求，确定合理的装配工艺，正确使用工具和量具，对带传动机构进行装配检测与调整，并对带传动系统处于手动状态下的运动精度（轴向窜动、径向跳动、直线度以及垂直度等）进行检测与调整。此外除满足上一课题要求外，还须保证带轮安装正确，锁紧可靠。

3. 带传动机构试运行

在试运行前须对机构进行必要的润滑，试运行时速度的调节应从低速到高速逐步增加，并对整个传动系统在通电运行状态下传动系统的稳定性和可靠性（轴承热平衡温计、传动比等）进行检测与调整。

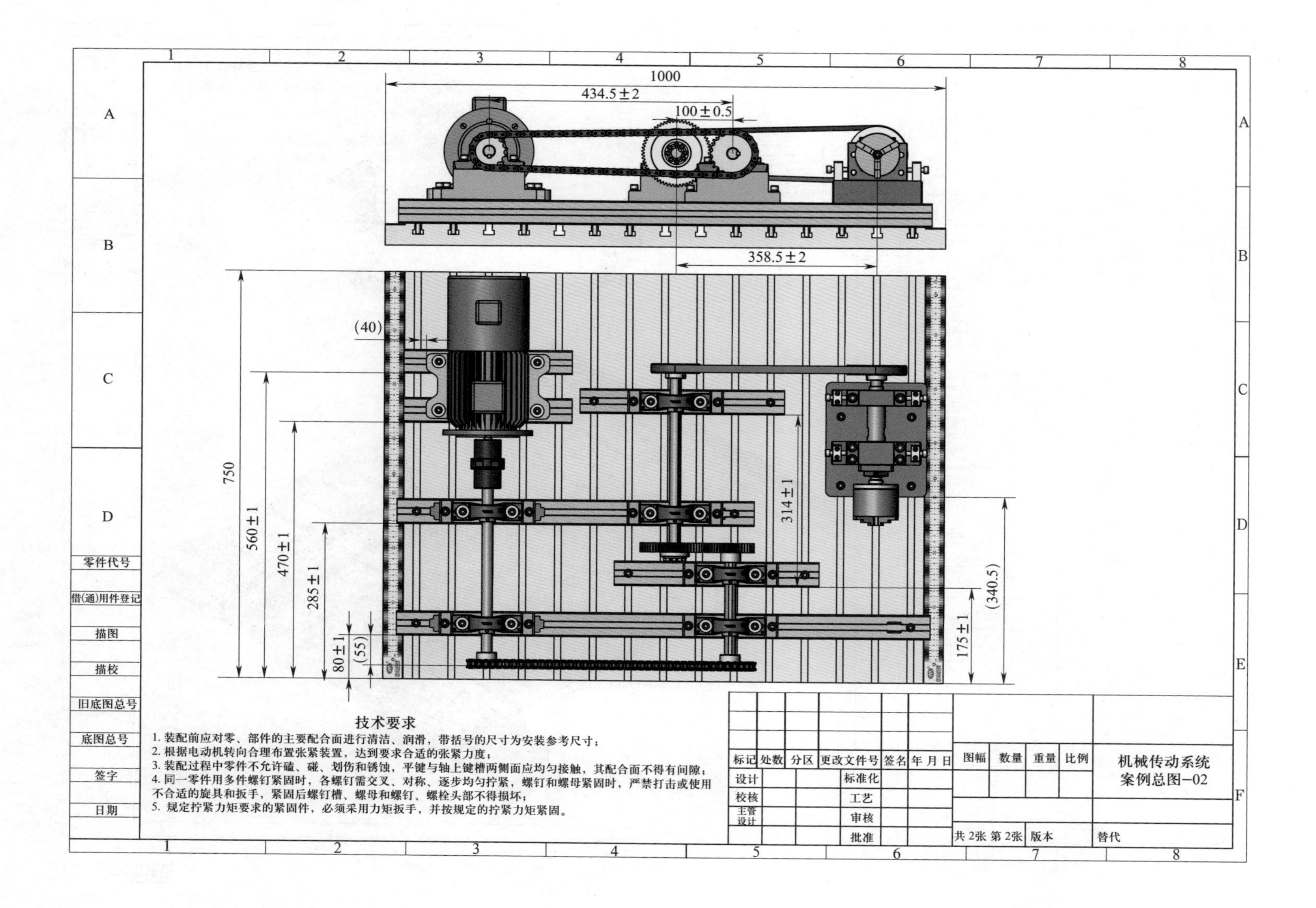

三、任务实施

1. 任务实施所需增添工具、量具及配件（表 11-3-1）。

表 11-3-1　任务实施所需增添工具、量具及配件

序号	名称	数量	备注
1	传动带扳手	1 把	KEN5881500K
2	笔式传动带张力计	1 把	7401-0076
3	V 带	1 根	SPA1000

2. 任务实施所需增添零部件（表 11-3-2）。

表 11-3-2　任务所需增添零部件

序号	名称	数量	备注
1	A-80 V 带轮，d_1=14 mm	1 件	含 M5 紧定螺钉
2	A-80 V 带轮，d_1=20 mm	1 件	含 M5 紧定螺钉
3	A-100 V 带轮，d_1=20 mm	1 件	含 M5 紧定螺钉
4	A-125 V 带轮，d_1=20 mm	1 件	含 M5 紧定螺钉
5	传动带张紧器组件	1 套	含张紧器、张紧轮及支架

3. 链传动系统安装及调整过程

（1）根据课题 2 要求，完成链传动及齿轮传动系统安装，并达到装配精度要求。

（2）安装轴Ⅳ，如图 11-3-2 所示，装配螺钉必须要按要求锁紧，垫片齐全，并达到规定转矩。

（3）用百分表检测轴Ⅳ两端高度差，通过在轴承座下增减调整垫片的方式调整，使轴Ⅳ两端高度差控制在 0.05 mm 以内，如图 11-3-3 所示。

图 11-3-2　安装轴Ⅳ

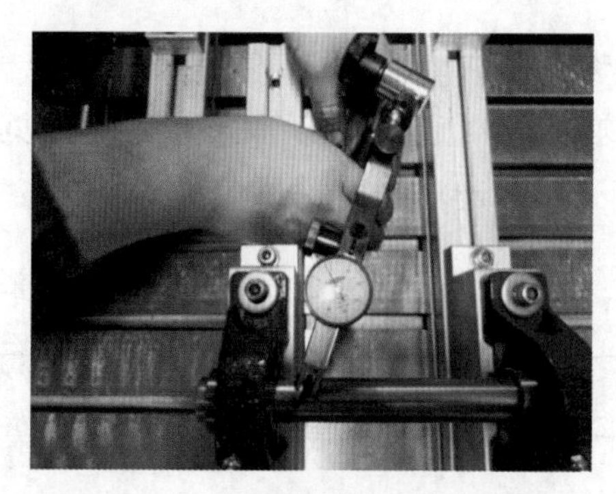

图 11-3-3　检测轴Ⅳ两端高度差

图 11-3-1　带传动系统布局效果图

二、任务要求

1. 装配前准备工作

装配前准备工作主要是检查电源，做好零部件、工量具、材料等的检查工作，具体要求如下：

（1）检查电源。

（2）检查工量具，合理摆放。

（3）检查零部件，对一些关键零件（带轮、轴承、传动轴等）进行清理清洗，配合表面适量润滑。

2. 装配工作

在装配过程中要按效果图要求，确定合理的装配工艺，正确使用工具和量具，对带传动机构进行装配检测与调整，并对带传动系统处于手动状态下的运动精度（轴向窜动、径向跳动、直线度以及垂直度等）进行检测与调整。此外除满足上一课题要求外，还须保证带轮安装正确，锁紧可靠。

3. 带传动机构试运行

在试运行前须对机构进行必要的润滑，试运行时速度的调节应从低速到高速逐步增加，并对整个传动系统在通电运行状态下传动系统的稳定性和可靠性（轴承热平衡温计、传动比等）进行检测与调整。

课题 3
带传动综合装调及试车

学习目标

1. 掌握带传动综合装调的任务要求，合理制订装调工艺。

2. 根据装配图样的要求，构建机械传动系统（带传动、链传动、齿轮传动、轴承以及联轴器等）的布局及预装配。

3. 能独立完成带传动综合装调练习，并对机械传动系统各零部件间的位置精度（轴的对中、链轮对中、带轮对中、轴与轴间的平行度、垂直度、对称度以及齿轮的啮合精度等）进行检测与调整。

4. 能对机械传动系统在通电运行状态下传动系统的稳定性和可靠性（轴承热平衡温升、传动比等）进行检测与调整。

5. 分析带传动系统常见故障的原因，并加以解决。

6. 遵守安全文明生产，操作过程规范，合理选用并正确使用工具进行操作。

一、任务描述

本任务是在课题 2 的基础上，添加带传动机构。依据带传动系统布局效果图 11-3-1 的要求确定合适的装配工艺，选择正确的零部件，完成传动机构的布局安装；对链传动、齿轮传动、带传动的安装精度进行检测与调整，并达到任务所要求的装配精度；对机构传动链的传动比进行理论计算，并对输入和输出端转速进行检测以验算传动比是否合格；电动机为逆时针旋转（面对电动机轴），试运行传动机构并检测指定轴的轴承端温升以检验机构传动系统运行的可靠性。

思考与练习

1. 啮合齿轮装配技术要求有哪些？齿侧间隙过大会对传动带来何影响？

2. 用杠杆百分表测量齿侧间隙需要注意哪些事项？除了此种方法，还有没有其他测量齿侧间隙的方法？

3. 试运行后传动系统有异响，分析并说出其原因。

（4）安装Ⅴ带轮，由于带轮是在传动带前安装，因此必须正确安装，以尽量获得最大的动力传送，并符合组件预期的使用寿命。用卷尺检测两带轮中心距，调整中心距以满足装配尺寸要求，如图 11-3-4 所示。

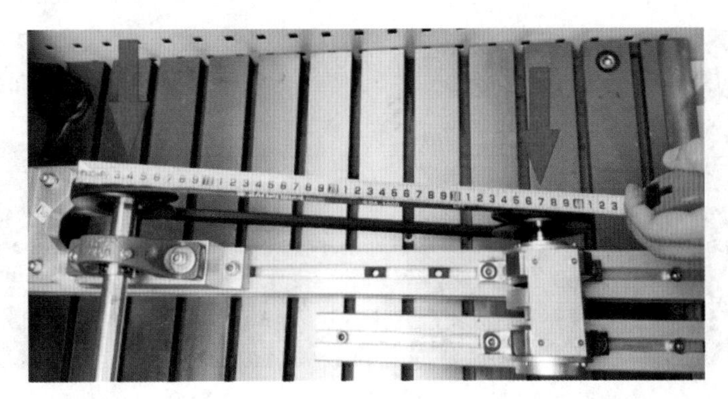

图 11-3-4　安装 V 带轮

带轮未对心是引发带传动性能问题最常见的来源之一，未对心的带轮会导致牵引力变高、皮带磨损不匀，以及大量噪声与高温，安装中应做好对心工作。

角度对心：将组合角尺靠着主动Ⅴ带轮的正面位置，检验Ⅴ带轮的垂直度对心，记录下气泡的位置。再将组合角尺靠着从动Ⅴ带轮的正面位置，检验齿轮的垂直度对心，记录下气泡的位置，调整从动Ⅴ带轮位置，必要时在轴承垫块下塞入不锈钢调整垫片，如图 11-3-5 所示。

水平角度对心：将不锈钢直尺置于主、从动Ⅴ带轮的正面位置，直到 A 与 B 距离相同，如图 11-3-6 所示。

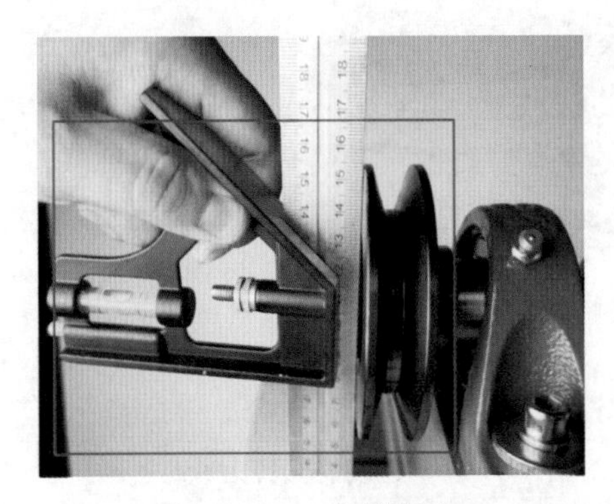

图 11-3-5　角度对心

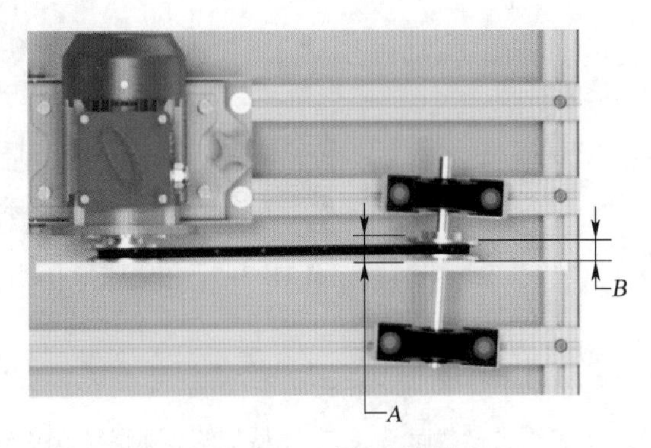

图 11-3-6　水平角度对心

平行对心：将不锈钢直尺靠着从动Ⅴ带轮的正面放置，然后将从动轮沿着轴向移动，直至两齿轮均与直尺接触。

（5）用百分表检测轴Ⅳ与直线导轨的平行度，调整两者平行度误差控制在 0.05 mm 以内（图 11-3-7）。并用钢直尺配合塞尺检测两轮中心平面的共面误差，控制共面误差在 0.2 mm 以内（图 11-3-8）。

图 11-3-7　检测平行度误差

图 11-3-8　检测共面误差

（6）安装 V 带，使用笔式张力测试仪检测 V 带张紧力。将传动带张力测试仪的大 O 形环置于零点测得皮带跨距，将小 O 形环置于零点测得偏转力。

横跨带轮放置不锈钢直尺，然后将张力测试仪直接置于皮带跨距中间，如图 11-3-9 所示，对垂直于不锈钢直尺的柱塞施力，直到大 O 形环底部与不锈钢直尺底部平齐。从小 O 形环底部读出施加的力量，比较施加力量的建议值（见表 11-3-3），并调整至建议值。

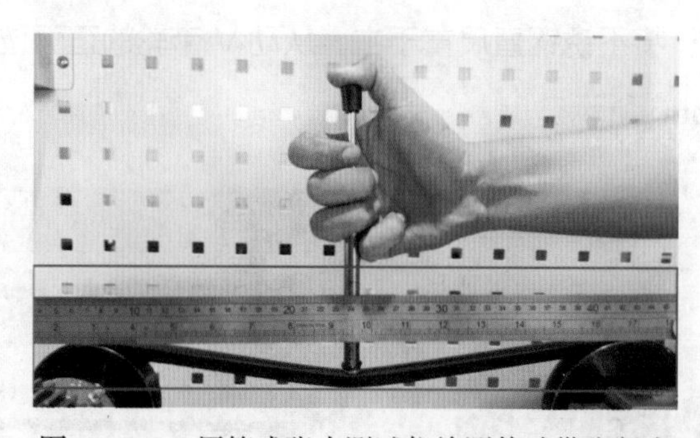
图 11-3-9　用笔式张力测试仪检测传动带张紧力

表 11-3-3　V 形带建议偏转力值

V 形带横截面	小型带轮节圆直径范围 /mm	建议的偏转力 /kg	
		磨合	标准
A	75 ~ 90	1.4	2.1
	91 ~ 120	1.7	2.6
	> 120	2.0	3.1

（7）带传动机构传动系统安装完毕，检查确认安全的情况下，对机构进行必要的润滑，设备运行 3 min，观察运行是否平稳，无卡滞、无异响。变频器频率设置 10 Hz，使用测速仪测量电动机输入端转速（图 11-3-10）和输出端转速（图 11-3-11），并计算电动机至轴Ⅳ传动系统的传动比。另用红外线测温仪检测轴Ⅰ与轴Ⅲ处轴承实时温度，并记录在案。

图 11-3-10　测量输入端转速

图 11-3-11　测量输出端转速

4. 安装调试注意事项

（1）在装配过程中严格按照装配要求进行操作，不得野蛮操作。装配过程中应选择合适的工具、量具并使用正确。配合面安装时需涂抹润滑油。

（2）安装调试过程中，所有的安装螺钉正确（垫片、弹垫安装完整），锁紧要可靠。

四、任务评价

任务评价表见表 11-3-4。

表 11-3-4　任务评价表

序号	名称	项目描述	技术要求	分值	评分标准	得分	备注
1	装配前准备工作	电源检查	关闭电源并上锁	2	未关闭电源或未上锁不得分		
2		清理清洗	清理清洗配合面	2	清理清洗不到位不得分		
3	型材的安装	转矩、垫片	螺钉安装正确，转矩正确	2	超差不得分		
4		尺寸	型材安装尺寸正确	3	超差不得分		

续表

序号	名称	项目描述	技术要求	分值	评分标准	得分	备注
5	电动机安装	螺钉、转矩	垫片齐全，转矩正确	2	超差不得分		
6	轴Ⅰ的安装	转矩、垫片	螺钉安装正确，转矩正确	2	超差不得分		
7		轴Ⅰ等高	≤ 0.05 mm	4	超差不得分		
8		联轴器对中	上母线、侧母线偏移量≤ 0.1	5	超差不得分		
9	轴Ⅱ的安装	转矩、垫片	螺钉安装正确，转矩正确	2	超差不得分		
10		轴Ⅱ等高	≤ 0.05 mm	4	超差不得分		
11		侧母线平行	轴Ⅱ与轴Ⅰ侧母线平行度≤ 0.05 mm	4	超差不得分		
12		中心距正确	轴Ⅰ与轴Ⅱ的中心距符合要求	3	超差不得分		
13		链轮共面	≤ 0.2 mm	3	超差不得分		
14		链接头安装正确	安装齐全，卡口开口方向正确	2	卡口方向安装不正确不得分		
15		链条下垂度正确	≤ $0.02L$ mm	4	超差不得分		
16		张紧轮安装正确	松边外侧中间或靠近小链轮处张紧	3	张紧力安装不正确不得分		
17	轴Ⅲ的安装	转矩、垫片	螺钉安装正确，转矩正确	2	超差不得分		
18		轴Ⅲ等高	≤ 0.05 mm	4	超差不得分		
19		侧母线平行	轴Ⅲ与轴Ⅰ侧母线平行度≤ 0.05 mm	5	超差不得分		
20		中心距正确	轴Ⅲ与轴Ⅱ的中心距符合要求	3	超差不得分		
21		齿轮共面	≤ 0.05 mm	4	超差不得分		
22		齿侧间隙	0.08 ~ 0.13 mm	4	超差不得分		
23		主动齿轮跳动	测量出跳动值，≤ 0.05 mm	3	超差不得分		

续表

序号	名称	项目描述	技术要求	分值	评分标准	得分	备注
24	轴Ⅳ的安装	转矩、垫片	螺钉安装正确，转矩正确	2	超差不得分		
25		两带轮中心平面共面	≤ 0.2 mm	1	超差不得分		
26		V 带挠度值正确	加载 14.7 N 的力，挠度 5 ～ 6 mm	5	超差不得分		
27	试运行与检测	运行前润滑	传动部分润滑	2	润滑不良不得分		
28		试运行	运行平稳、无卡滞、无异响	5	未达要求不得分		
29		测量输入端和输出端转速	测量正确	5	测量不正确不得分		
30		传动比计算正确	计算正确	3	计算不正确不得分		
31		运行后测温	测量点及方法正确	5	测量点或方法不正确不得分		

思考与练习

1. 带传动装配技术要求有哪些？带轮不对心会对传动带来何影响？

2. 用笔式张力测试仪检测传动带张紧力，根据测试结果判断张紧力是否符合要求。若张紧力不足，请用传动带张紧器组件完成张紧力的调整。

3. 如何利用轴平行测量套件控制轴Ⅰ、轴Ⅱ、轴Ⅲ和轴Ⅳ四根传动轴平行？

4. 测速仪在使用中，检测数据是否受其他因素影响，如何避免？

附录

机械装调技术竞赛模拟题

一、说明

1. 本模块竞赛时间 120 min（2 h），竞赛时选手应合理安排竞赛时间。

2. 在整个竞赛期间选手必须穿工作服、安全鞋并佩戴防护眼镜。如果在竞赛期间没有佩戴合适的防护装备会被暂停竞赛，暂停时间不作为补时依据。

3. 参赛选手首先按要求在试卷上填写场次、工位号等信息，不要在试卷上乱写乱画。

4. 参赛选手如果对试卷内容有疑问，应当先举手示意，等待裁判人员前来处理。

5. 选手在竞赛过程中应遵守竞赛规则和安全操作规程，如有违反按照相关规定处理；因违反操作规程操作，被裁判暂停竞赛，暂停时间不作为补时依据。

6. 选手在竞赛过程中上厕所、喝水等原因所占用的时间不作补时。

7. 在竞赛过程中需要注意和处理制件的锋利边缘，以免受伤。

8. 过程评分中，裁判未签字确定，该项目不得分。

9. 选手在得到竞赛结束的指令后，应立即停止操作按要求上交相关材料。

10. 选手违反操作规程导致损坏设备零件或人员伤害扣除该模块总成绩 1 ~ 10 分；选手出现产品加工缺陷或装配过程中导致零件或部件缺陷，一件扣除总分 0.5 ~ 1 分。

11. 出现未尽事宜，由现场裁判投票决定。

二、任务

根据装配图的要求确定合适的装配工艺，选择正确的零部件，完成机构的布局安装，电动机为逆时针旋转（面对电动机轴），对链传动、齿轮传动及带传动的安装精度进行检测与调整并达到任务所要求的装配精度；对机构传动链的传动比进行理论计算并对输入输出端转速进行检测以验算传动比是否合格；试运行传动机构并检测各轴轴承端的温升以检验机构传动系统运行的可靠性。

1. 装配图

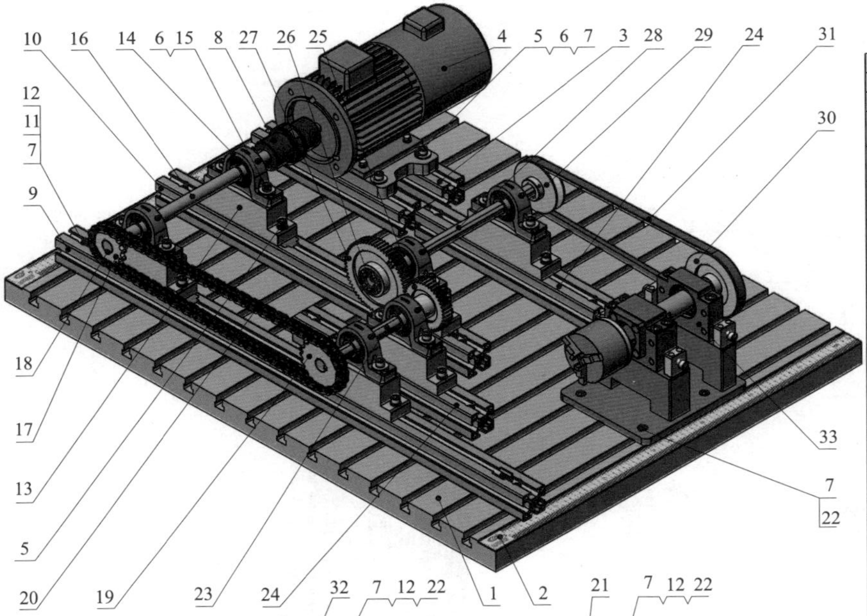

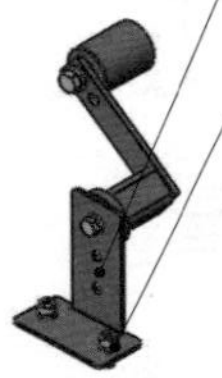

项目号	零件号	说明	数量	单位
33	机床主轴模型		1	套
32	皮带弹性张紧装置（含支架）		1	套
31	V带	SPA1−1000	1	根
30	从动带轮	A型，小节圆ϕ100，内孔ϕ20	1	件
29	主动带轮	A型，小节圆ϕ80，内孔ϕ20	1	件
28	传动轴三	$\phi20\times350$	1	件
27	从动齿轮	m=2.0，z=60，内孔ϕ38	1	件
26	免键式胀紧套	内孔ϕ20	1	件
25	主动齿轮	m=2.0，z=40，内孔ϕ20	1	件
24	滑轨三	45×45×365	2	件
23	传动轴二	$\phi20\times225$	1	件
22	不锈钢内六角圆柱头螺钉	M8×20	8	件
21	链轮弹性张紧装置（含支架）	L=350	1	套
20	链条	08B，86节	1	根
19	从动链轮	08B，z=20，内孔ϕ20	1	件
18	平键	6×6×30	7	
17	主动链轮	08B，z=15，内孔ϕ20	1	
16	传动轴一	$\phi20\times350$	1	
15	不锈钢内六角圆柱头螺钉	M8×30	12	件
14	带立式座外球面轴承	UCP204	6	件
13	轴承座垫块		6	件
12	平垫	ϕ8	28	件
11	不锈钢内六角圆柱头螺钉	M8×50	12	件
10	滑轨二	45×45×637	1	件
9	滑轨一	45×45×952	1	件
8	梅花形联轴器	XL3	1	件
7	不锈钢弹垫	ϕ8	48	件
6	加厚大平垫	ϕ8	16	件
5	不锈钢内六角圆柱头螺钉	M8×35	16	件
4	变频电动机组件(带键5*5*30)		1	套
3	电动机固定滑轨	45×45×300	2	件
2	标尺		2	件
1	铸铁平板		1	件

传动带弹性张紧装置（含支架）　链轮弹性张紧装置（含支架）

技术要求

1. 根据装配布局图进行零部件选型，安装前清洁零部件，并清点数量，完成预装配；
2. 根据电动机转向合理布置张紧装置。

标记	处数	分区	更改文件号	签名	年 月 日	图幅	数量	重量	比例	机械传动系统 案例总图−01
设计			标准化							
校核			工艺							
主管设计			审核							
			批准			共 2张 第 1张	版本		替代	

零件代号　借(通)用件登记　描图　描校　旧底图总号　底图总号　签字　日期

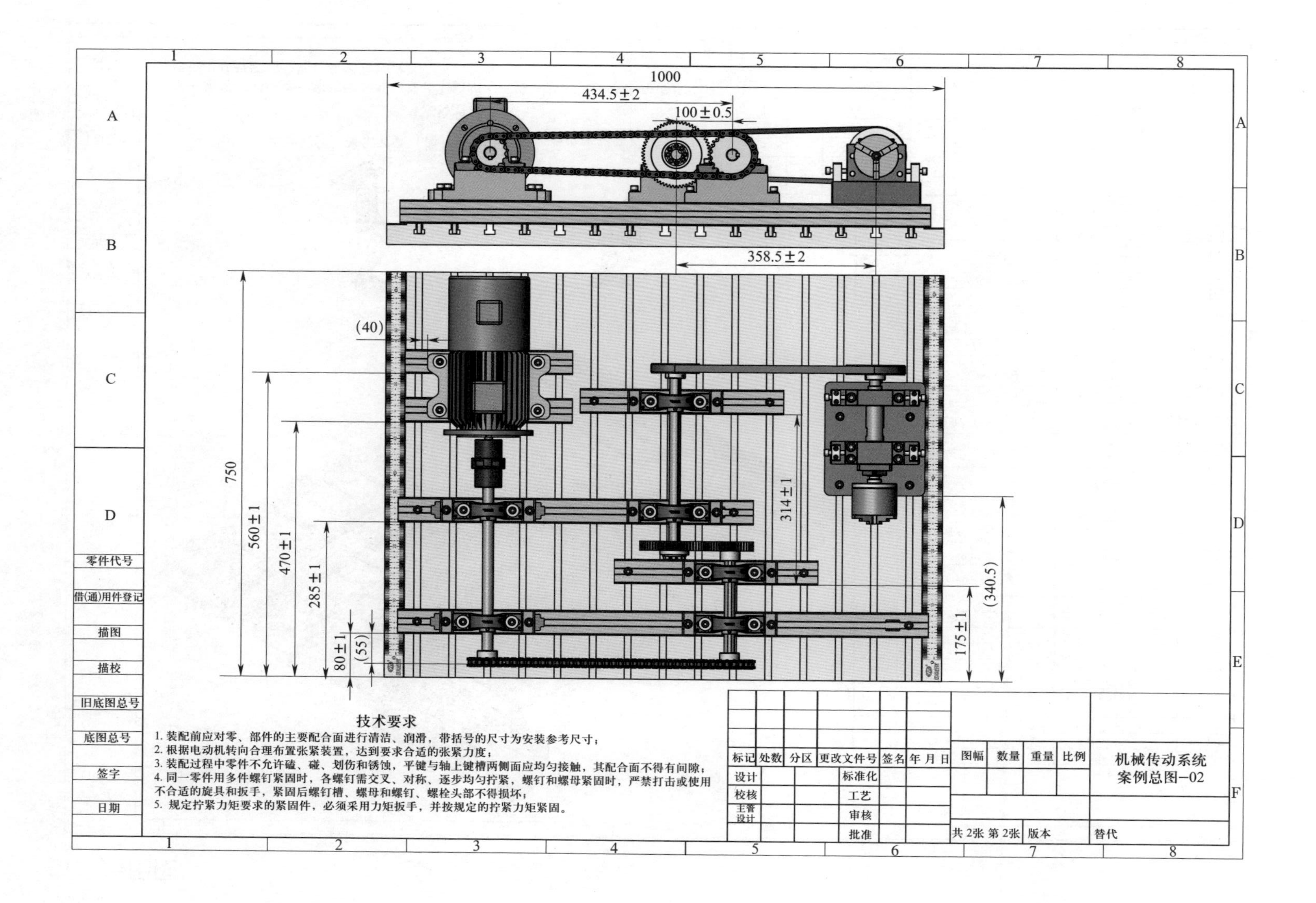
1000
434.5±2
100±0.5
358.5±2
750
560±1
470±1
285±1
80±1
(55)
(40)
314±1
175±1
(340.5)
技术要求
1. 装配前应对零、部件的主要配合面进行清洁、润滑，带括号的尺寸为安装参考尺寸；
2. 根据电动机转向合理布置张紧装置，达到要求合适的张紧力度；
3. 装配过程中零件不允许磕、碰、划伤和锈蚀，平键与轴上键槽两侧面应均匀接触，其配合面不得有间隙；
4. 同一零件用多件螺钉紧固时，各螺钉需交叉、对称、逐步均匀拧紧，螺钉和螺母紧固时，严禁打击或使用不合适的旋具和扳手，紧固后螺钉槽、螺母和螺钉、螺栓头部不得损坏；
5. 规定拧紧力矩要求的紧固件，必须采用力矩扳手，并按规定的拧紧力矩紧固。
标记
处数
分区
更改文件号
签名
年 月 日
设计
标准化
校核
工艺
主管设计
审核
批准
图幅
数量
重量
比例
共 2张 第 2张
版本
替代
机械传动系统
案例总图-02
零件代号
借(通)用件登记
描图
描校
旧底图总号
底图总号
签字
日期

2. 任务要求

（1）传动系统装调后应满足下表所示要求。

序号	技术要求及说明	允差	备注
1	所有的螺纹连接均须达到规定的转矩要求	—	转矩达不到，涉及的项目不得分
2	联轴器粗对中，上母线、侧母线偏移量	≤ 0.1 mm	—
3	联轴器主动端和从动端的间隙，3 点方向、9 点方向、12 点方向间隙值均匀	≤ 0.1 mm	间隙为 1.5 ~ 2.5 mm
4	传动轴一（16）的等高	≤ 0.05 mm	—
5	传动轴二（23）的等高	≤ 0.05 mm	—
6	传动轴二（23）与传动轴一（16）的中心距为 434.5 mm	± 2 mm	—
7	传动轴二（23）与传动轴一（16）的侧母线平行度	≤ 0.05 mm	—
8	两链轮的中心平面共面	≤ 0.20 mm	
9	链节数正确，调整链条的下垂度，达到合理的张紧力范围，下垂度值为 7 mm	≤ 1 mm	
10	传动轴三（28）的等高	≤ 0.05 mm	
11	传动轴三（28）与传动轴一（16）的侧母线平行度	≤ 0.05 mm	
12	两圆柱齿轮的中心平面共面（两处）	≤ 0.05 mm	
13	两圆柱齿轮的啮合齿侧间隙合理（两处）	0.08 ~ 0.13 mm	
14	测量出主动齿轮（25）的端面跳动值	≤ 0.05 mm	测量出具体的数值
15	机床主轴模型（33）的等高	≤ 0.05 mm	
16	机床主轴模型（33）与传动轴三（28）的侧母线平行度	≤ 0.05 mm	
17	两带轮的中心平面共面	≤ 0.2 mm	
18	测量并调整 V 带轮的挠度（加载 14.7 N 的力）挠度值为 6 mm	≤ 2 mm	
19	测量机床主轴模型的轴向窜动值	≤ 0.06 mm	测量出具体的数值
20	测量机床主轴模型的径向跳动值	≤ 0.06 mm	测量出具体的数值

（2）传动机构试运行

在试运行前须向裁判报告，在裁判检查确认安全的前提下，得到允许才能进行试运行，运行前须对机构进行必要的润滑，试运行时速度的调节应从低速到高速逐步增加，并检查以下内容是否合格。

1）试运行前的检查与润滑。

2）运行时电动机的转向应是逆时针旋转（面对电动机轴）。

3）通电运行速度从低（≤ 5 Hz）到高逐步增加。

4）操作变频器外接面板设定频率为 10 Hz，测量出电动机的输出转速和主轴模型的转速。

5）操作变频器外接面板设定频率为 15 Hz，设备运行 3 min，运行平稳，无卡滞、无异响且运行平稳。

6）设备运行 3 min 分别测量出传动轴一（16）、传动轴三（28）两端轴承的实时温度。

三、任务过程确认

在装配过程中有些任务需在装配过程中裁判确认，如果裁判没有确认，相应项目不得分。

1. 测量出主动齿轮（25）端面跳动值。

数值:____________________。

2. 测量机床主轴模型的轴向窜动值。

数值:____________________。

3. 测量机床主轴模型的径向跳动值。

数值:____________________。

4. 试运行前的检查与润滑。

检查□　　润滑□

5. 通电运行从低速到高速进行。

是□　　　否□

6. 变频器频率设置 10 Hz，传动系统输入、输出端速度。

电动机输出转速:___________________。

机床主轴模型转速:___________________。

7. 变频器频率设置 15 Hz，设备运行 3 min，传动轴一（16）与传动轴三（28）两端轴承的实时温度。

传动轴一（16）_________________、_________________。

传动轴三（28）________________、________________。

四、传动比计算

计算电动机至机床主轴模型传动系统的传动比。

五、评判标准

1. 评分说明

我国的装配钳工竞赛主要由手工加工（占总成绩的 60%）和机械传动装调（占总成绩的 40%）两部分组成。本书仅选取了机械装调技术模拟题。该题目的设计对接了世界技能大赛工业机械项目。

现场裁判对选手的装调过程进行数据记录和确认，评分裁判根据标准进行评分。

2. 评分方法

评分采取客观评判为主的方式，针对操作过程中在各个关键点所应呈现的测量方法、技术指标和实现的功能是否符合任务书的设计要求，列出各评判项、评判标准、测试方法以及技术指标，进行评判。具体评分方法如下：

（1）赛项裁判组负责赛项成绩评定工作，分为现场裁判和评分裁判。现场裁判对检测数据和操作行为进行记录；评分裁判对数据和结果进行评分和统分等；赛前对裁判进行统一标准的培训。

（2）参赛选手根据赛项任务书的要求进行操作，根据操作要求，需要记录的内容要记录在比赛现场发放的记录表相应栏目中。

六、竞赛安全

1. 赛场安全

（1）赛场所有人员（赛场管理与组织人员、裁判员、参赛人员以及观摩人员）不得在竞赛现场内外吸烟，不听劝阻者将通报批评或清退出比赛现场，造成严重后果的将依法处理。

（2）未经允许不得使用或移动竞赛场内的任何设施设备（包括消防器材等），工具使用后放回原处。

（3）选手参加实际操作竞赛前，应认真学习竞赛项目安全操作规程。竞赛中如发现问题应及时解决，无法解决的问题应及时向裁判长报告，裁判长视情况予以判定，并协调处理。

（4）选手在竞赛中必须遵守赛场的各项规章制度和操作规程，安全、合理地使用各种设施设备和工具，出现违章操作设备的，裁判视情节轻重进行批评指正或终止比赛并填写现场记录表。

（5）各类人员须严格遵守赛场规则，严禁携带比赛严令禁止的物品入内。

（6）严禁携带易燃易爆等危险品入内。

（7）赛场必须留有安全通道，必须配备灭火设备，应具备良好的通风、照明和操作空间的条件。同时做好竞赛安全、健康和公共卫生及突发事件预防与应急处理等工作。

（8）如遇突发严重事件，在安保人员指挥下，迅速按紧急疏散路线撤离现场。

（9）赛场必须配备医护人员和必需的药品。

2. 竞赛选手安全操作规程

（1）现场竞赛选手必须穿合格的绝缘鞋和工作服，女选手要戴安全帽。

（2）操作时应检查所用工具的绝缘性能是否完好，如有问题应立即更换。

（3）竞赛选手操作时必须严格遵守各项安全操作规程，不得玩忽职守。

（4）竞赛选手必须全面掌握所用设备的操作使用说明书内容，熟悉所用设备的一般性能和结构，禁止超性能使用。

（5）电源和电工设备及其线路，在没有查明是否带电之前均视为有电，不得擅自动用。

（6）通常情况下不许带电作业，必须带电作业时，要做好可靠的安全保护措施。

（7）停电作业时，必须先用电笔检查是否有电，确认无电后方可进行工作。

（8）安装维修操作时，要严格遵守停电送电规则，要做好突然送电的各项安全措施。

（9）设备装调完成需开机试机时应遵循先回零、手动、点动、自动的原则。设备运行应遵循先低速、中速、再高速的原则。当确定无异常情况后，方能开始其他工作。

（10）试机操作者应能看懂图纸、工艺文件、程序、加工顺序及编程原点，并且能够进行简单的编程。

（11）必须熟悉了解设备的安全保护措施，随时监控显示装置，出现报警信号时，能够判断报警内容及排除简单的故障。

七、机械传动装配与调试裁判评分表

机械传动装配与调试评分表（占总分的40%）

比赛日期	年　月　日		场次		工位号				
开赛时间		结赛时间		裁判					
项目	一	二	三	四	五	六	七	八	项目总得分
得分									

项目	序号	技术要求	配分	评分标准	检测记录	得分	备注
装配前准备工作（一）（1.5分）	1	检查电源	1	关闭电源并上锁	□		
	2	对有较高配合面的零部件进行清理清洗	0.5	清理清洗配合面	□		
						得分：______	
型材的安装（二）（4.5分）	1	螺钉安装正确，转矩正确（转矩过松，项目不得分）	1	垫片齐全，转矩为±2 N · m。不合格每处扣0.2分，扣完为止	□□□□□		
	2	尺寸470 mm	0.5	±1 mm，超差不得分	□		用钢直尺测量
	3	尺寸560 mm	0.5		□		
	4	尺寸80 mm	0.5		□		
	5	尺寸285 mm	0.5		□		
	6	尺寸314 mm	0.5		□		
	7	尺寸175 mm	0.5		□		
	8	尺寸340.5 mm	0.5		□		
						得分：______	

续表

项目	序号	技术要求	配分	评分标准	检测记录	得分	备注
联轴器对中（三）（4.6 分）	1	联轴器粗对中，上母线偏移量	1.2	≤ 0.06 mm 得 1.2 分，大于或等于 0.07 mm 且小于 0.12 mm 得 0.6 分，超过 0.12 mm，不得分	□		
	2	联轴器粗对中，侧母线偏移量	1.2		□		
	3	联轴器主动端和从动端的间隙，3 点方向、9 点方向、12 点方向间隙值均匀	1.2		□		
	4	轴 1（16）等高	1	≤ 0.05 mm，超差不得分	□		用百分表测量
						得分：______	
轴 2 的安装（四）（7.3 分）	1	螺钉安装正确，转矩正确（转矩过松该项目不得分）	1	垫片齐全，转矩为 ±2 N · m。不合格每处扣 0.2 分，扣完为止	□□□□□		
	2	轴 2（23）等高	1	≤ 0.05 mm，超差不得分	□		用百分表测量
	3	轴 1（16）与轴 2（23）侧母线平行度	1		□		
	4	轴 1（16）与轴 2（23）的中心距	0.5	±2 mm，超差不得分	□		
	5	两链轮中心平面共面	0.5	≤ 0.10 mm，超差不得分	□		
	6	张紧轮的安装正确	0.8	松边张紧	□		
	7	链接头安装正确（轴 2）	1	安装齐全，卡片开口方向正确，1 处	□		
	8	链条的下垂度	1.5	≤ 0.02 mm，超差不得分	□		
						得分：______	

续表

项目	序号	技术要求	配分	评分标准	检测记录	得分	备注
轴 3 的安装（五）（6.4 分）	1	螺钉安装正确，转矩正确（转矩过松及项目不得分）	1	垫片齐全，转矩为 ±2 N · m。不合格每处扣 0.2 分，扣完为止	□□□□□		
	2	轴 3（28）的等高	1	≤ 0.05 mm，超差不得分	□		用百分表测量
	3	轴 3 与轴 1 的侧母线平行度	1		□		
	4	齿轮中心平面共面	0.6	≤ 0.05 mm，超差不得分	□		
	5	齿侧间隙	1.5	0.08 ~ 0.13 mm，超差不得分	□		用百分表测量
	6	主动齿轮（25）端面跳动值	0.8	≤ 0.05 mm，超差不得分	□		
	7	中心距 100 mm	0.5	± 0.5 mm，超差不得分	□		
						得分：______	
机床主轴模型的安装（六）（4.3 分）	1	螺钉安装正确，转矩正确（转矩过松及项目不得分）	1	垫片齐全，转矩为 ±2 N · m。不合格每处扣 0.2 分，扣完为止	□□□□□		
	2	两带轮中心平面的共面	0.5	0.1 mm，超差不得分	□		
	3	V 带的挠度	1.2	（6 ± 1）mm，超差不得分	□		
	4	正确测量出机床主轴的轴向窜动和径向跳动	1.6	≤ 0.06 mm，超差不得分	□□		
						得分：______	

续表

项目	序号	技术要求	配分	评分标准	检测记录	得分	备注
试运行与检测（七）（7.4 分）	1	运行前润滑	0.3	传动部分润滑	□		
	2	运行速度从低速到高速进行运行	0.3	从低到高运行	□		
	3	设定变频器 10 Hz 运行	0.4	设置正确	□		
	4	测量电动机的转速	0.4	测量正确	□		
	5	测量减速机转速	0.4	测量正确	□		
	6	实际传动比计算正确（保留小数点后 1 位）	1	计算正确	□		
	7	理论传动比计算	1.5	计算步骤及结果正确	□		
	8	设定变频器 15 Hz，运行 3 min	0.3	设置正确	□		
	9	温度测量	0.8	测量点及方法正确（共 4 点）每点 0.2 分	□□□□		
	10	运行情况	2	运动不平稳，抖动较大，异响较大不得分 运动不均匀，有抖动，有异响得 1 分 运行平稳，有一定抖动，有一定的异响得 1.5 分 运动平稳，均匀，无异响得 2 分	□		
						得分：______	

续表

项目	序号	技术要求	配分	评分标准	检测记录	得分	备注
工作组织与管理（八）（4分）	1	保持工位的整洁，防护用品穿戴齐全	1	现场检查	□		
	2	工量具摆放整齐，没有叠放和混放	1	现场检查	□□		
	3	安全生产	2	现场检查（现场裁判记录，评分裁判讨论确定）	□□□		
	得分：______						

国家级职业教育规划教材
对接世界技能大赛技术标准创新系列教材
全国技工院校工业机械自动化装调专业教材

健康与安全常识
零件手工加工
焊接加工
零件车铣加工
机构制作
气液电综合控制技术
●机械传动与装调
工业机械自动化装调综合训练

世界技能大赛知识普及读本（第三版）
技能成就梦想（第二版）

责任编辑　姜华平
责任校对　薛宝丽
责任设计　郭　艳

天猫旗舰店

中国人力资源和社会保障出版集团

ISBN 978-7-5167-3552-7

定价：69.00 元